The
Complete Works
of
Yu Wujin

俞 吾 金 全 集

第 5 卷

问题域的转换

对马克思和黑格尔关系的当代解读

俞吾金 著

北京师范大学出版集团
BEIJING NORMAL UNIVERSITY PUBLISHING GROUP
北京师范大学出版社

俞吾金教授简介

俞吾金教授是我国著名哲学家，1948 年 6 月 21 日出生于浙江萧山，2014 年 10 月 31 日因病去世。生前任复旦大学文科资深教授、哲学学院教授，兼任复旦大学学术委员会副主任暨人文学术委员会主任、复旦大学学位委员会副主席暨人文社科学部主席、复旦大学国外马克思主义与国外思潮研究中心（985 国家级基地）主任、复旦大学当代国外马克思主义研究中心（教育部重点研究基地）主任、复旦大学现代哲学研究所所长；担任教育部社会科学委员会委员、教育部哲学教学指导委员会副主任、国务院哲学学科评议组成员、全国外国哲学史学会常务理事、全国现代外国哲学学会副理事长等职；曾任德国法兰克福大学和美国哈佛大学访问教授、美国 Fulbright 高级讲座教授。俞吾金教授是全国哲学界首位长江学者特聘教授、全国优秀教师和国家级教学名师。俞吾金教授是我国八十年代以来在哲学领域最具影响力的学者之一，生前和身后出版了包括《意识形态论》《从康德到马克思》《重新理解马克思》《问题域的转换》《实践与自由》《被遮蔽的马克思》等在内的 30 部著作（包括合著），发表了 400 余篇学术论文，在哲学基础理论、马克思主义哲学、外国哲学、国外马克思主义、当代中国哲学文化和美学等诸多领域都有精深研究，取得了令人瞩目的成就，为深入推进当代中国哲学研究做出了杰出和重要的贡献。

本卷编校组

曾德华

序　言

　　俞吾金教授是我国哲学界的著名学者，是我们这一代学人中的出类拔萃者。对我来说，他既是同学和同事，又是朋友和兄长。我们是恢复高考后首届考入复旦大学哲学系的，我们住同一个宿舍。在所有的同学中，俞吾金是一个好学深思的榜样，或者毋宁说，他在班上总是处在学与思的"先锋"位置上。他要求自己每天读 150 页的书，睡前一定要完成。一开始他还专注于向往已久的文学，一来是"文艺青年"的夙愿，一来是因为终于有机会沉浸到先前只是在梦中才能邂逅的书海中去了。每当他从图书馆背着书包最后回到宿舍时，大抵便是熄灯的前后，于是那摸黑夜谈的时光就几乎被文学占领了。先是莎士比亚和歌德，后来大多是巴尔扎克和狄更斯，最后便是托尔斯泰和陀斯妥耶夫斯基了。好在一屋子的室友都保留着不少的文学情怀，这情怀有了一个共鸣之地，以至于我们后来每天都很期待去分享这美好的时刻了。

　　但是不久以后，俞吾金便开始从文学转到哲学。我们的班主任老师，很欣赏俞吾金的才华，便找他谈了一次话，希望他在哲学上一展才华。不出所料，这个转向很快到来了。我们似乎突然发现他的言谈口吻开始颇有些智者派的风格了——这一步转得很合适也很顺畅，正如黑格尔所说，智者们就是教人熟悉思维，以代替"诗篇的知识"。还是在本科三年级，俞吾金就在《国内哲学动态》上发表了他的哲学论文《"蜡块说"小考》，这在班里乃至于系里都引起了不小的震动。不久以后，他便在同学中得了个"苏老师"（苏格拉底）的雅号。看来并非偶然，他在后来的研究中曾对智者派（特别是普罗泰戈拉）专门下过功夫，而且他的哲学作品中也长久地保持着敏锐的辩才与文学的冲动；同样并非偶然，后来复旦大学将"狮城舌战"（在新加坡举行的首届国际华语大专辩论赛）的总教练和领队的重任托付给他，结果是整个团队所向披靡并夺得了冠军奖杯。

本科毕业后我们一起考上了研究生，1984 年底又一起留校任教，成了同事。过了两年，又一起考上了在职博士生，师从胡曲园先生，于是成为同学兼同事，后来又坐同一架飞机去哈佛访学。总之，自 1978 年进入复旦大学哲学系以来，我们是过从甚密的，这不仅是因为相处日久，更多的是由于志趣相投。这种相投并不是说在哲学上或文学上的意见完全一致，而是意味着时常有着共同的问题域，并能使有差别的观点在其中形成积极的和有意义的探索性对话。总的说来，他在学术思想上始终是一个生气勃勃地冲在前面的追问者和探索者；他又是一个犀利而有幽默感的人，所以同他的对话常能紧张而又愉悦地进行。

作为哲学学者，俞吾金主要在三个方面展开他长达 30 多年的研究工作，而他的学术贡献也集中地体现在这三个方面，即当代国外马克思主义、马克思哲学、西方哲学史。对他来说，这三个方面并不是彼此分离的三个领域，毋宁说倒是本质相关地联系起来的一个整体，并且共同服务于思想理论上的持续探索和不断深化。在我们刚进复旦时，还不知"西方马克思主义"为何物；而当我们攻读博士学位时，卢卡奇的《历史与阶级意识》已经是我们必须面对并有待消化的关键文本了。如果说，这部开端性的文本及其理论后承在很大程度上构成了与"梅林—普列汉诺夫正统"的对立，那么，系统地研究和探讨国外马克思主义的立场、观点和方法，就成为哲学研究(特别是马克思主义哲学研究)的一项重大任务了。俞吾金在这方面是走在前列的，他不仅系统地研究了卢卡奇、科尔施、葛兰西等人的重要哲学文献，而且很快又进入到法兰克福学派、存在主义的马克思主义、弗洛伊德主义的马克思主义、结构主义的马克思主义，等等。不久，哲学系组建了以俞吾金为首的当代国外马克思主义教研室，他和陈学明教授又共同主编了在国内哲学界影响深远的教材和文献系列，并有大量的论文、论著和译著问世，从而使复旦大学在这方面成为国内研究的重镇并处于领先地位。2000 年，教育部在复旦建立国内唯一的"当代国外马克思主义研究中心"(人文社会科学重点研究基地)，俞吾金自此一直担任该基地的主任，直到 2014 年去世。他组织并领导了内容广泛的理论引进、不断深入的学术研究，以及愈益扩大和加深的国内外交流。如果说，40 年前人们对当代国外马克思主义还几乎一无所知，而今天中国的学术界已经能够非常切近地追踪到其前沿了，那么，这固然取决于学术界同仁的共同努力，但俞吾金却当之无愧地属于其中的居功至伟者之一。

当俞吾金负责组建当代国外马克思主义学科时，他曾很热情地邀请我加入团队，我也非常愿意进入到这个当时颇受震撼而又所知不多的新领域。但我所在的马克思主义哲学史教研室却执意不让我离开。于是他便对我说：这样也好，"副本"和"原本"都需要研究，你我各在一处，时常可以探讨，岂不相得益彰？看来他对于"原本"——马克思哲学本身——是情有独钟的。他完全不能满足于仅仅对当代国外马克思主义的各种文本、观点和内容的引进介绍，而是试图在哲学理论的根基上去深入地理解它们，并对之开展出卓有成效的批判性发挥和对话。为了使这样的发挥和对话成为可能，他需要在马克思哲学基础理论的研究方面获得持续不断的推进与深化。因此，俞吾金对当代国外马克思主义的探索总是伴随着他对马克思哲学本身的研究，前者在广度上的拓展与后者在深度上的推进是步调一致、相辅相成的。

在马克思哲学基础理论的研究领域，俞吾金的研究成果突出地体现在以下几个方面。第一，他明确主张马克思哲学的本质特征必须从其本体论的基础上去加以深入的把握。以往的理解方案往往是从近代认识论的角度提出问题，而真正的关键恰恰在于从本体论的层面去理解、阐述和重建马克思哲学的理论体系。我是很赞同他的这一基本观点的。因为马克思对近代哲学立足点的批判，乃是对"意识"之存在特性的批判，因而是一种真正的本体论批判："意识在任何时候都只能是被意识到了的存在，而人们的存在就是他们的现实生活过程。"这非常确切地意味着马克思哲学立足于"存在"——人们的现实生活过程——的基础之上，而把意识、认识等等理解为这一存在过程在观念形态上的表现。

因此，第二，就这样一种本体论立场来说，马克思哲学乃是一种"广义的历史唯物主义"。俞吾金认为，在这样的意义上，马克思哲学的本体论基础应当被把握为"实践—社会关系本体论"。它不仅批判地超越了以往的本体论(包括旧唯物主义的本体论)立场，而且恰恰构成马克思全部学说的决定性根基。因此，只有将马克思哲学理解为广义的历史唯物主义，才能真正把握马克思哲学变革的实质。

第三，马克思"实践"概念的意义不可能局限在认识论的范围内得到充分的把握，毋宁说，它在广义的历史唯物主义中首先是作为本体论原则来起作用的。在俞吾金看来，将实践理解为马克思认识论的基础与核心，相对于近代西方认识论无疑是一大进步；但如果将实践概念限制在认识论层面，就会忽视其根本而首要的本体论意义。对于马克思来说，至为关键的是，只有在实践的本体论层面上，人们的现实生活才会作为决定性的存在进入到哲学的把握中，从而，人们的劳动和交往，乃至于人们的全部社会生活和整个历史性行程，才会从根本上进入到哲学理论的视域中。

因此，第四，如果说广义的历史唯物主义构成马克思哲学的实质，那么这一哲学同时就意味着"意识形态批判"。因为在一般意识形态把思想、意识、观念等等看作是决定性原则的地方，唯物史观恰恰相反，要求将思想、意识、观念等等的本质性导回到人们的现实生活过程之中。

在此意义上，俞吾金把意识形态批判称为"元批判"，并因而将立足于实践的历史唯物主义叫做"实践诠释学"。所谓"元批判"，就是对规约人们的思考方式和范围的意识形态本身进行前提批判，而作为"实践诠释学"的历史唯物主义，则是在"元批判"的导向下去除意识形态之蔽，从而揭示真正的现实生活过程。我认为，上述这些重要观点不仅在当时是先进的和极具启发性的，而且直到今天，对于马克思哲学之实质的理解来说，依然是关乎根本的和意义深远的。

俞吾金的博士论文以《意识形态论》为题，我则提交了《历史唯物主义的主体概念》和他一起参加答辩。答辩主席是华东师范大学的冯契先生。冯先生不仅高度肯定了俞吾金对马克思意识形态批判理论的出色研究，而且用"长袖善舞"一词来评价这篇论文的特点。学术上要做到长袖善舞，是非常不易的：不仅要求涉猎广泛，而且要能握其枢机。俞吾金之所以能够臻此境地，是得益于他对哲学史的潜心研究；而在哲学史方面的长期探索，不仅极大地支持并深化了他的马克思哲学研究，而且使他成为著名的西方哲学史研究专家。

就与马哲相关的西哲研究而言，他专注于德国古典哲学，特别是康德、黑格尔哲学的研究。他很明确地主张：对马克思哲学的深入理解，一刻也离不开对德国观念论传统的积极把握；要完整地说明马克思的哲学革命及其重大意义，不仅要先行领会康德的"哥白尼式革命"，而且要深入把握由此而来并在黑格尔那里得到充分发展的历史性辩证法。他认为，作为康德哲学核心问题的因果性与自由的关系问题，在"按照自然律的因果性"和"由自由而来的因果性"的分析中，得到了积极的推进。黑格尔关于自由的理论可被视为对康德自由因果性概念的一种回应：为了使自由和自由因果性概念获得现实性，黑格尔试图引入辩证法以使自由因果性和自然因果性统一起来。在俞吾金看来，这里的关键在于"历史因果性"维度的引入——历史因果性是必然性的一个方面，也是必然性与自由相统一的关节点。因此，正是通过对黑格尔的精神现象学、法哲学和历史哲学等思想内容的批判性借鉴，马克思将目光转向人类社会发展中的历史因果性；但马克思又否定了黑格尔仅仅停留于单纯精神层面谈论自然因果性和历史因果性的哲学立场，要求将这两种因果性结合进现实的历史运动中，尤其是使之进入到对市民社会的解剖中。这个例子可以表明，对马克思哲学之不断深化的理解，需要在多大程度上深入到哲学史的领域之中。正如列宁曾经说过的那样：不读黑格尔的《逻辑学》，便无法真正理解马克思的《资本论》。

就西方哲学的整体研究而言，俞吾金的探讨可谓"细大不捐"，涉猎之广在当代中国学者中是罕见的。他不仅研究过古希腊哲学（特别是柏拉图和亚里士多德哲学），而且专题研究过智者派哲学、斯宾诺莎哲学和叔本华哲学等。除开非常集中地钻研德国古典哲学之外，他还更为宏观地考察了西方哲学在当代实现的"范式转换"。他将这一转换概括为"从传统知识论到实践生存论"的发展，并将其理解为西方哲学发展中的一条根本线索。为此他对海德格尔的哲学下了很大的功夫，不仅精详地考察了海德格尔的"存在论差异"和"世界"概念，而且深入地探讨了海德格尔的现代性批判及其意义。如果说，马克思的哲学变革乃是西方哲学范式转换中划时代的里程碑，那么，海德格尔的基础存在论便为说明这一转换提供了重要的思想材料。在这里，西方哲学史的研究再度与马克思哲学的研究贯通起来：俞吾金不仅以哲学的当代转向为基本视野考察整个西方哲学史，并在这一思想转向的框架中理解马克思的哲学变革，而且站在这一变革的立场上重新审视西方哲学，特别是德国古典哲学和当代西方哲学。就此而言，俞吾金在马哲和西哲的研究上可以说是齐头并进的，并且因此在这两个学术圈子中同时享有极高的声誉和地位。这样的一种研究方式固然可以看作是他本人的学术取向，但这种取向无疑深深地浸染着并且也成就着复旦大学哲学学术的独特氛围。在这样的氛围中，当代国外马克思主义的研究要立足于对马克思哲学本身的深入理解之上，而对马克思哲学理解的深化又有必要进入到哲学史研究的广大区域之中。

今年 10 月 31 日，是俞吾金离开我们 10 周年的纪念日。十年前我曾撰写的一则挽联是："哲人其萎乎，梁木倾颓；桃李方盛也，枝叶滋荣。"我们既痛惜一位学术大家的离去，更瞩望新一代学术星丛的冉冉升起。十年之后，《俞吾金全集》由北京师范大学出版社出版了——这是哲学学术界的一件大事，许多同仁和朋友付出了积极的努力和辛勤的劳动，我们对此怀着深深的感激之情。这样的感激之情不仅是因为这部全集的告竣，而且因为它还记录了我们这一代学者共同经历的学术探索道路。一代人有一代人的使命，俞吾金勤勉而又卓越地完成了他的使命：他将自己从事哲学的探索方式和研究风格贡献给了复旦哲学的学术共同体，使之成为这个共同体悠长传统的组成部分；他更将自己取得的学术成果作为思想、观点和理论播洒到广阔的研究领域，并因而成为进一步推进我国哲学学术的重要支点和不可能匆匆越过的必要环节。如果我们的读者不仅能够从中掌握理论观点和方法，而且能够在哲学与时代的关联中学到思想探索的勇气和路径，那么，这部全集的意义就更其深远了。

吴晓明

2024 年 6 月

主编的话

一

2014 年 7 月 16 日，俞吾金教授结束了一个学期的繁忙教学工作，暂时放下手头的著述，携夫人赴加拿大温哥华参加在弗雷泽大学举办的"法兰克福学派对资本主义的批判"的国际学术讨论会，并计划会议结束后自费在加拿大作短期旅游，放松心情。但在会议期间俞吾金教授突感不适，虽然他带病作完大会报告，但不幸的是，到医院检查后被告知脑部患了恶性肿瘤。于是，他不得不匆忙地结束行程，回国接受治疗。接下来三个月，虽然复旦大学华山医院组织了最强医疗团队精心救治，但病魔无情，回天无力。2014 年 10 月 31 日，在那个风雨交加的夜晚，俞吾金教授永远地离开了我们。

俞吾金教授的去世是复旦大学的巨大损失，也是中国哲学界的巨大损失。十年过去了，俞吾金教授从未被淡忘，他的著作和文章仍然被广泛阅读，他的谦谦君子之风、与人为善之举被亲朋好友广为谈论。但是，在今天这个急剧变化和危机重重的世界中，我们还是能够感到他的去世留下的思想空场。有时，面对社会的种种不合理现象和纷纭复杂的现实时，我们还是不禁会想：如果俞老师在世，他会做何感想，又会做出什么样的批判和分析！

俞吾金教授的生命是短暂的，也是精彩的。与期颐天年的名家硕儒相比，他的学术生涯只有三十多年。但是，在这短短的三十多年中，他通过自己的勤奋和努力取得了耀眼的成就。

1983 年 6 月，俞吾金与复旦大学哲学系的六个硕士、博士生同学一起参加在广西桂林举行的"现代科学技术和认识论"全国学术讨论会，他们在会上所做的"关于认识论的几点意见"（后简称"十条提纲"）的报告，勇敢地对苏联哲学教科书体系做了反思和批判，为乍暖还寒的思想解放和新莺初啼的马克思主义哲学新的探索做出了贡献。1993 年，俞吾金教授作为教练和领队，带领复旦大学辩论队参加在新加坡举办的首届国际大专辩论赛并一举夺冠，在华人世界第一次展现了新时代中国大学生的风采。辩论赛的电视转播和他与王沪宁主编的《狮城舌战》《狮城舌战启示录》大大地推动了全国高校的辩论热，也让万千学子对复旦大学翘首以盼。1997 年，俞吾金教授又受复旦大学校长之托，带领复旦大学学生参加在瑞士圣加仑举办的第 27 届国际经济管理研讨会，在该次会议中，复旦大学的学生也有优异的表现。会后，俞吾金又主编了《跨越边界》一书，嘉惠以后参加的学子。

俞吾金教授 1995 年开始担任复旦大学哲学系主任，当时是国内最年轻的哲学系主任，其间，复旦大学哲学系大胆地进行教学和课程体系改革，取得了重要的成果，荣获第五届全国高等学校优秀教学成果一等奖，由他领衔的"西方哲学史"课程被评为全国精品课程。在复旦大学，俞吾金教授是最受欢迎的老师之一，他的课一座难求。他多次被评为最受欢迎的老师和研究生导师。由于教书育人的杰出贡献，2009 年他被评为上海市教学名师和全国优秀教师，2011 年被评为全国教学名师。

俞吾金教授一生最为突出的贡献无疑是其学术研究成果及其影响。他在研究生毕业后不久就出版的《思考与超越——哲学对话录》已显示了卓越的才华。在该书中，他旁征博引，运用文学故事或名言警句，以对话体的形式生动活泼地阐发思想。该书妙趣横生，清新脱俗，甫一面世就广受欢迎，成为沪上第一理论畅销书，并在当年的全国图书评比中获"金钥匙奖"。俞吾金教授的博士论文《意识形态论》一脱当时国内博士论文的谨小慎微的匠气，气度恢宏，新见迭出，展现了长袖善舞、擅长宏大主题的才华。论文出版后，先后获得上海市哲学社会科学优秀成果一等奖和国家教委首届人文社会科学优秀成果一等奖，成为青年学子做博士论文的楷模。

俞吾金教授天生具有领军才能，在他的领导下，复旦大学当代国外马克思主义研究中心 2000 年被评为教育部人文社会科学重点研究基地，他本人也长期担任基地主任，主编《当代国外马克思主义评论》《国外马克思主义研究报告》《国外马克思主义与国外思潮译丛》等，为马克思主义的国际交流建立了重要的平台。他长期担任复旦大学哲学学院的外国哲学学科学术带头人，参与主编《西方哲学通史》和《杜威全集》等重大项目，为复旦大学成为外国哲学研究重镇做出了突出贡献。

俞吾金教授的学术研究不囿一隅，他把西方哲学和马克思哲学结合起来，提出了许多重要的概念和命题，如"马克思是我们同时代人""马克思哲学是广义的历史唯物主义""马克思哲学的认识论是意识形态批判""从康德到马克思""西方哲学史的三次转向""实践诠释学""被遮蔽的马克思""问题域的转换"等，出版了一系列有影响的著作和文集。由于俞吾金教授在学术上的杰出贡献和影响力，他获得各种奖励和荣誉称号，他是全国哲学界首位"长江学者奖励计划"特聘教授，在钱伟长主编的"20 世纪中国知名科学家"哲学卷中，他是改革开放以来培养的哲学家中的唯一入选者。俞吾金教授在学界还留下许多传奇，其中之一是，虽然他去世已经十年了，但至今仍保持着《中国社会科学》发文最多的记录。

显然，俞吾金教授是改革开放后新一代学人中最有才华、成果最为丰硕、影响最大的学者之一。他之所以取得令人瞩目的成就，不仅得益于他的卓越才华和几十年如一日的勤奋努力，更重要的是缘于他的独立思考的批判精神和"为天地立心、为生民立命"的济世情怀。塞涅卡说："我们不应该像羊一样跟随我们前面的羊群——不是去我们应该去的地方，而是去它去的地方。"俞吾金教授就是本着这样的精神从事学术的。在他的第一本著作即《思考与超越》的开篇中，他就把帕斯卡的名言作为题记："人显然是为了思想而生的；这就是他全部的尊严和他全部的优异；并且他全部的义务就是要像他所应该的那样去思想。"俞吾金教授的学术思考无愧于此。俞吾金教授以高度的社会责任感从事学术研究。复旦大学的一位教授在哀悼他去世的博文中曾写道："曾有几次较深之谈话，感到他是一位勤奋的读书人，温和的学者，善于思考社会与人生，关注现在，更虑及未来。记得 15 年前曾听他说，在大变动的社会，理论要为长远建立秩序，有些论著要立即发表，有些则可以暂存书箧，留给未来。"这段话很好地刻画了俞吾金教授的人文和道德情怀。

正是出于这一强烈担当的济世情怀，俞吾金教授出版和发表了许多有时代穿透力的针砭时弊的文章，对改革开放以来的思想解放和文化启蒙起到了推动作用，为新时期中国哲学的发展做出了重要贡献。但是，也正因为如此，他的生命中也留下了很多遗憾。去世前两年，俞吾金教授在"耳顺之年话人生"一文中说："从我踏进哲学殿堂至今，30 多个年头已经过去了。虽然我尽自己的努力做了一些力所能及的事情，但人生匆匆，转眼已过耳顺之年，还有许多筹划中的事情没有完成。比如对康德提出的许多哲学问题的系统研究，对贝克莱、叔本华在外国哲学史上的地位的重新反思，对中国哲学的中道精神的重新阐释和对新启蒙的张扬，对马克思哲学体系的重构等。此外，我还有一系列的教案有待整理和出版。"想不到这些未完成的计划两年后尽成了永远的遗憾！

二

俞吾金教授去世后，学界同行在不同场合都表达了希望我们编辑和出版他的全集的殷切希望。其实，俞吾金教授去世后，应出版社之邀，我们再版了他的一些著作和出版了他的一些遗著。2016年北京师范大学出版社出版了他的《哲学遐思录》《哲学随感录》《哲学随想录》三部随笔集，2017年北京师范大学出版社出版了《从康德到马克思——千年之交的哲学沉思》新版，2018年商务印书馆出版了他的遗作《新十批判书》未完成稿。但相对俞吾金教授发表和未发表的文献，这些只是挂一漏万，远不能满足人们的期望。我们之所以在俞吾金教授去世十年才出版他的全集，主要有两个方面的原因。一是俞吾金教授从没有完全离开我们，学界仍然像他健在时一样阅读他的文章和著作，吸收和借鉴他的观点，思考他提出的问题，因而无须赶着出版他的全集让他重新回到我们中间；二是想找个有纪念意义的时间出版他的全集。俞吾金教授去世后，我们一直在为出版他的全集做准备。我们一边收集资料，一边考虑体例框架。时间到了2020年，是时候正式开启这项工作了。我们于2020年10月成立了《俞吾金全集》编委会，组织了由他的学生组成的编辑和校对团队。经过数年努力，现已完成了《俞吾金全集》二十卷的编纂，即将在俞吾金教授逝世十周年之际出版。

俞吾金教授一生辛勤耕耘，留下650余万字的中文作品和十余万字的外文作品。《俞吾金全集》将俞吾金教授的全部作品分为三个部分：(1)生前出版的著作；(2)生前发表的中文文章；(3)外文文章和遗作。

俞吾金教授生前和身后出版的著作(包含合著)共三十部，大部分为文集。《俞吾金全集》保留了这些著作中体系较为完整的7本，包括《思考与超越——哲学对话录》《问题域外的问题——现代西方哲学方法论探要》《生存的困惑——西方哲学文化精神探要》《意识形态论》《毛泽东智慧》《邓小平：在历史的天平上》《问题域的转换——对马克思和黑格尔关系的当代解读》。其余著作则基于材料的属性全部还原为单篇文章，收入《俞吾金全集》的《马克思主义哲学研究文集（上、下）》《外国哲学研究文集（上、下）》以及《国外马克思主义研究文集（上、下）》等各卷中。这样的处理方式难免会留下许多遗憾，特别是俞吾金教授的一些被视为当代学术名著的文集（如《重新理解马克思》《从康德到马克思》《被遮蔽的马克思》《实践诠释学》《实践与自由》等）未能按原书形式收入到《俞吾金全集》之中。为了解决全集编纂上的逻辑自洽性以及避免不同卷次的文献交叠问题（这些交叠往往是由于原作根据的不同主题选择和组织材料而导致的），我们不得不忍痛割爱，将这些著作打散处理。

俞吾金教授生前发表了各类学术文章 400 余篇，我们根据主题将这些文章分别收入《马克思主义哲学研究文集（上、下）》《国外马克思主义哲学研究文集》《外国哲学研究文集（上、下）》《马克思主义中国化研究文集》《中国思想与文化研究》《哲学观与哲学教育论集》《散论集》（包括《读书治学》《社会时评》和《生活哲思》三卷）。在这些卷次的编纂过程中，我们除了使用知网、俞吾金教授生前结集出版的作品和在他的电脑中保存的材料外，还利用了图书馆和网络等渠道，查找那些散见于他人著作中的序言、论文集、刊物、报纸以及网页中的文章，尽量做到应收尽收。对于收集到的文献，如果内容基本重合，收入最早发表的文本；如主要内容和表达形式略有差异，则收入内容和形式上最完备者。在文集和散论集中，对发表的论文和文章，我们则按照时间顺序进行编排，以便更好地了解俞吾金教授的思想发展和心路历程。

除了已发表的中文著作和论文之外，俞吾金教授还留下了多篇已发表或未发表的外文文章，以及一系列未发表的讲课稿（有完整的目录，已完成的部分很成熟，完全是为未来出版准备的，可惜没有写完）。我们将这些外文论文收集在《外文文集》卷中，把未发表的讲稿收集在《遗作集》卷中。

三

　　《俞吾金全集》的编纂和出版受到了多方面的支持。俞吾金教授去世后不久，北京师范大学出版社就表达了想出版《俞吾金全集》的愿望，饶涛副总编辑专门来上海洽谈此事，承诺以最优惠的条件和最强的编辑团队完成这一工作，这一慷慨之举和拳拳之心让人感佩。为了高质量地完成全集的出版，出版社与我们多次沟通，付出了很多努力。对北京师范大学出版社饶涛副总编辑、祁传华主任和诸分卷的责编为《俞吾金全集》的辛勤付出，我们深表谢意。《俞吾金全集》的顺利出版，我们也要感谢俞吾金教授的学生赵青云，他多年前曾捐赠了一笔经费，用于支持俞吾金教授所在机构的学术活动。经同意，俞吾金教授去世后，这笔经费被转用于全集的材料收集和日常办公支出。《俞吾金全集》的出版也受到复旦大学和哲学学院的支持。俞吾金教授的同学和同事吴晓明教授一直关心全集的出版，并为全集写了充满感情和睿智的序言。复旦大学哲学学院原院长孙向晨也为全集的出版提供了支持。在此我们表示深深的感谢。

　　《俞吾金全集》的具体编辑工作是由俞吾金教授的许多学生承担的。编辑团队的成员都是在不同时期受教于俞吾金教授的学者，他们分散于全国各地高校，其中许多已是所在单位的教学和科研骨干，有自己的繁重任务要完成。但他们都自告奋勇地参与这项工作，把它视为自己的责任和荣誉，不计得失，任劳任怨，为这项工作的顺利完成付出自己的心血。

　　作为《俞吾金全集》的主编，我们深感责任重大，因而始终抱着敬畏之心和感恩之情来做这项工作。但限于水平和能力，《俞吾金全集》一定有许多不完善之处，在此敬请学界同仁批评指正。

汪行福　吴　猛

2024 年 6 月

今天，我们比任何时候都更应该看到，黑格尔的影子是最主要的幻影之一。必须进一步澄清马克思的思想，让黑格尔的影子回到茫茫的黑夜中去。

——路易·阿尔都塞

目　录

导　论　走向历史的深处

　　在当代哲学研究中，存在着一种片面地追随新思潮的倾向，却忽略了对一些遗留下来的基本理论问题的深入反思。其实，搁置一个问题并不等于解决一个问题，而只要这些基本的理论问题继续被搁置着，即使人们以为自己已经在哲学研究上取得了重大的成就，实际上他们仍然只是在原地踏步。历史和实践都表明，哲学的进展始终是以人们对基本理论问题的反省、超越或解决作为前提的。在这个意义上可以说，只要人们把基本理论问题搁置起来了，那么不管他们使用多么新颖的术语，搬用多么时尚的思潮，都不可能改变事情的实质，即人们只是在模仿，而不是在创造。我们将在下面重点加以探讨的正是这些基本理论问题中的一个。

第一节　问题的提出

　　无数事实告诉我们，无论是研究马克思哲学，还是研究黑格尔哲学；无论是探讨马克思哲学与西方哲学的关系，还是探讨西方马克思主义的发展史；无论是考察西方哲学演化史，还是重点考察德国哲学演化史，有一个问题是无法回避的，那就是马克思哲学与黑格尔哲学的关系问题。① 事实上，这个问题犹如一道分水岭，使人们在一系列重大的理论问题上发生分歧，而这些分歧又演绎出一系列的争论。

争论之一：黑格尔哲学的本质和秘密是什么？黑格尔为他的同时代人和后人留下的真正的思想遗产是什么？黑格尔在当代哲学研究中究竟造成了哪些灾难性的影响？为什么在 19 世纪六七十年代黑格尔会成为一条"死狗"，而从 20 世纪初至今又会出现黑格尔研究的复兴？如果我们借用意大利学者克罗奇的提问方式，就会提出如下的问题：究竟什么是黑格尔哲学中的"死东西"和"活东西"？

争论之二：如何理解马克思哲学的实质？为什么青年马克思会撰写题为《德谟克利特的自然哲学与伊壁鸠鲁的自然哲学的差别》②的博士论文？为什么青年马克思对市民社会和国家、劳动和异化的问题表现出巨大的兴趣？马克思是如何创立历史唯物主义理论的？马克思批判黑格尔哲学的根本切入点是什么？为什么当人们把黑格尔看作一条"死狗"的时候，马克思却反其道而行之，公开宣布自己是"这位大思想家的学生"呢？

争论之三：马克思是西方哲学传统的批判的继承者，还是全盘的反传统主义者？马克思从西方哲学史，特别是从德国古典哲学中汲取了哪些有价值的思想资源？马克思哲学在思想范式上究竟从属于近代西方哲学，还是从属于当代西方哲学？

争论之四：西方马克思主义阵营中的两大潮流——人文主义思潮和科学主义思潮的根本分歧点是什么？为什么辩证法问题会成为西方马克思主义思考的一个焦点？

毋庸讳言，所有这些争论都牵涉到这个隐藏在我们意识深处的基本

① 参阅俞吾金：《重新认识马克思的哲学和黑格尔哲学的关系》，《哲学研究》1995年第 3 期。

② 本书中或简称《博士论文》。"德谟克利特"或译为"德谟克里特"。

问题，即马克思哲学与黑格尔哲学的关系问题。只要这个基本问题还是悬而未决的，甚至还处于被搁置的状态中，那么，这些争论就会无穷无尽地演绎下去。当然，要在这个问题上取得共识也并不是那么容易的，然而，正视并深入地探索这一基本问题，总会使我们越来越接近问题的真相和实质，从而找到解决它的有效的途径。

迄今为止，就我们所接触到的文献而言，在对马克思哲学与黑格尔哲学关系的理解上，至少存在着以下三种不同类型的观点。虽然每一种类型的观点都包含着许多变种，但只要我们看问题不停留在表面上，不为某些偶然的、外观上的差异所迷惑，这样的划分就仍然是有意义的。下面，我们对这三种不同类型的观点逐一进行考察。

第一种观点可以称为"依附论"或"一致论"，即倾向于强调马克思对黑格尔的依附性，强调马克思思想始终是在黑格尔的拐杖的扶持下向前发展的。有的学者甚至认为，在一些重大的理论问题上马克思和黑格尔是完全一致的。这种观点实际上把马克思黑格尔化了，或者换一种说法，使马克思成了一个黑格尔主义者，仿佛马克思的哲学思考从来就没有超越过黑格尔。这一观点在德国哲学家欧根·杜林和匈牙利哲学家格奥尔格·卢卡奇的论著中以十分典型的方式表现出来。杜林在评述马克思的《资本论》[①]第1卷(1867)时，曾经这样写道：

> 这一历史概述(英国资本的所谓原始积累的产生过程)，在马克思的书中比较起来还算是最好的，如果它不但抛掉博学的拐杖，而且也抛掉辩证法的拐杖，那或许还要好些。由于缺乏较好的和较明白的方法，黑格尔的否定的否定不得不在这里执行助产婆的职能。靠它的帮助，未来便从过去的腹中产生出来。[②]

---

① 全称为《资本论：政治经济学批判》，本书中一般简称《资本论》。
② 转引自《马克思恩格斯选集》第3卷，人民出版社1995年版，第472页。

按照杜林的见解，马克思在叙述资本原始积累的历史时，借用了黑格尔的"辩证法的拐杖"，特别是让黑格尔的"否定的否定"的方法"在这里执行助产婆的职能"。杜林的这一见解是否构成对马克思与黑格尔关系的正确理解呢？我们的回答是否定的。诚然，在《资本论》第 1 卷第 24 章第 7 节中，马克思说过下面的话：

> 从资本主义生产方式产生的资本主义占有方式，从而资本主义的私有制，是对个人的、以自己劳动为基础的私有制的第一个否定。但资本主义生产由于自然过程的必然性，造成了对自身的否定。这是否定的否定。这种否定不是重新建立私有制，而是在资本主义时代的成就的基础上，也就是说，在协作和对土地及靠劳动本身生产的生产资料的共同占有的基础上，重新建立个人所有制。①

在这段话中，马克思确实使用了"否定的否定"的提法，然而，马克思对资本原始积累的历史趋势的诊断究竟是在黑格尔辩证法的"助产"下做出的，还是通过经济学方面的独立研究做出的？"否定的否定"究竟是马克思思索经济问题的逻辑前提，还是他不过是借用了这种提法来表述自己的研究结论？我们不妨看看恩格斯为马克思所做的申辩：

> 当马克思把这一过程称为否定的否定时，他并没有想到要以此来证明这一过程是历史地必然的。相反地，他在历史地证明了这一过程部分地实际上已经实现，部分地还一定会实现以后，才又指出，这是一个按一定的辩证规律完成的过程。这就是一切。由此可见，如果说杜林先生断定，否定的否定不得不在这里执行助产婆的职能，靠它的帮助，未来便从过去的腹中产生出来，或者他断定，马克思要求人们凭着否定的否定的信誉来确信土地和资本的公有

---

① 马克思：《资本论》第 1 卷，人民出版社 1975 年版，第 832 页。

（这种公有本身是杜林所说的"见诸形体的矛盾"）的必然性，那么这些论断又都是杜林先生的纯粹的捏造。①

在恩格斯看来，马克思思想和黑格尔思想之间存在着根本性的差异，他坚决反对杜林把马克思曲解为一个黑格尔主义者的错误见解。恩格斯的申辩之所以富有说服力，是因为事实上，马克思在考察一切历史现象时，都是坚持从具体的历史事实，而不是从黑格尔方法的"拐杖"出发的。凡是熟悉马克思哲学思想发展史的人都不会不知道下面这个故事。

1877 年 10 月，俄国的《祖国纪事》杂志刊登了民粹主义思想家尼·康·米海洛夫斯基的文章《卡尔·马克思在尤·茹柯夫斯基先生的法庭上》。该文同样包含着对马克思在《资本论》第 1 卷中叙述的资本原始积累和资本主义经济制度产生理论的错误的理解和解释。然而，与杜林不同，米海洛夫斯基试图把马克思的只适应于西欧资本主义产生和资本原始积累的历史概述解释为适应于一切民族的历史哲学理论。如果说，杜林是从否定的方面出发把马克思黑格尔化的话，那么，米海洛夫斯基则是从肯定的方面出发把马克思黑格尔化了，因为他抹杀了马克思的历史唯物主义与黑格尔的唯心主义的历史哲学之间的本质差异。这一次，马克思自己出来进行申辩了，他在写于 1877 年 11 月左右的《给〈祖国纪事〉杂志编辑部的信》（这封信当时未发出，后来恩格斯在马克思遗留下来的文件中发现了它，并把它发表了）中对米海洛夫斯基提出了如下的批评：

> 他一定要把我关于西欧资本主义起源的历史概述彻底变成一般发展道路的历史哲学理论，一切民族，不管他们所处的历史环境如何，都注定要走这条道路，——以便最后都达到在保证社会劳动生产力极高度发展的同时又保证人类最全面的发展的这样一种经济形态。但是我要请他原谅。他这样做，会给我过多的荣誉，同时也会

---

① 《马克思恩格斯选集》第 3 卷，人民出版社 1995 年版，第 477 页。

给我过多的侮辱。①

为了阐明类似的情况在不同的历史条件下可能产生的不同结果，马克思列举了古代罗马平民的例子。古代罗马平民脱胎于拥有小块耕地的自由农民，在罗马历史发展的过程中，他们的土地被剥夺了，从而成了自由民，但他们并没有成为现代意义上的雇佣工人，而是成了无所事事的游民。和他们同时发展起来的生产方式也不是现代意义上的资本主义，而是奴隶占有制度。马克思因而强调：

> 因此，极为相似的事情，但在不同的历史环境中出现就引起了完全不同的结果。如果把这些发展过程中的每一个都分别加以研究，然后再把它们加以比较，我们就会很容易地找到理解这种现象的钥匙；但是，使用一般历史哲学理论这一把万能钥匙，那是永远达不到这种目的的，这种历史哲学理论的最大长处就在于它是超历史的。②

在这里，马克思对这种"超历史的"历史哲学理论的批判实际上也就是对黑格尔的历史唯心主义学说的批判。事实上，早在《哲学的贫困》(1847)一书中，马克思就已经指出，蒲鲁东的经济形而上学的思想渊源是黑格尔的历史哲学，所以马克思在批判蒲鲁东时，也深入地阐明了黑格尔历史哲学理论的实质：

> 黑格尔认为，世界上过去发生的一切和现在还在发生的一切，就是他自己的思维中发生的一切。因此，历史的哲学仅仅是哲学的历史，即他自己的哲学的历史。③

---

① 《马克思恩格斯全集》第 19 卷，人民出版社 1963 年版，第 130 页。
② 同上书，第 131 页。
③ 《马克思恩格斯全集》第 4 卷，人民出版社 1958 年版，第 143 页。

这段论述充分表明，马克思的历史唯物主义理论与黑格尔的唯心主义的历史哲学之间存在着根本性的差异。无论是杜林的不负责任的批评之词，还是米海洛夫斯基的同样不负责任的溢美之词，都无法抹杀这种根本性的差异的存在。①

如果说，杜林对马克思的黑格尔化因为缺乏学术含量而未对理论界产生严重影响，那么，作为西方马克思主义思潮的奠基人和"黑格尔主义的马克思主义"的首席代表的卢卡奇，却从学理上强调了马克思哲学的黑格尔渊源，从而对理论界，尤其是后起的西方马克思主义者的思想形成了不可低估的影响。在《历史与阶级意识——关于马克思主义辩证法的研究》(1923)这部西方马克思主义者的"圣经"中，卢卡奇这样写道：

> 不是经济动因在历史解释中的优先性，而是总体的观点，构成马克思主义和资产阶级思想的决定性的区别。总体性范畴，整体对各个部分的全面的优先性，是马克思取自黑格尔并独立地把它转变为一门全新的科学的基础的方法论的本质。②

尽管卢卡奇也常常谈到马克思思想与黑格尔思想之间存在着的某些差异，并以赞同的口吻叙述了马克思对黑格尔的批评，甚至当卢卡奇批评库诺夫(Cunow)时也说过："显而易见，机会主义者从来没有把马克思克服黑格尔哲学的所有努力放在眼里。"③然而，从总体上看，卢卡奇所要强调的正是马克思思想的黑格尔渊源。或者换一种说法，卢卡奇所要阐述的正是马克思和黑格尔在思想上，特别是在思想方法论上的共同点。正如戴维·麦克莱伦在《马克思以后的马克思主义》(1979)一书中所

---

① 参阅俞吾金：《马克思哲学是历史哲学吗?》，《光明日报》1995 年 12 月 7 日。
② Georg Lukács, *History and Class Consciousness*：*Studies in Marxist Dialectics*，Cambridge：The MIT Press，1971，p. 27. 该书以下简称《历史与阶级意识》。
③ *Ibid.*，p. 26.

指出的：

> 卢卡奇用来概念化他的时代的问题的主要工具之一是黑格尔哲学。除了拉布里奥拉可能（相当小的可能）是个例外，卢卡奇是认真地估价黑格尔在马克思思想形成中的作用并重新抓住马克思主义中的黑格尔维度（在《精神现象学》和《逻辑学》中）的第一个马克思主义的思想家。①

在麦克莱伦看来，正是卢卡奇复活了人们对马克思学说中的黑格尔因素的兴趣。事实上，卢卡奇对异化、物化、总体性等概念的阐释，为同时代的和以后的西方马克思主义者批判资本主义社会及其文化奠定了基础。那么，麦克莱伦对卢卡奇在理解马克思和黑格尔关系上的基本倾向的评论是否是合理的呢？我们认为，大体上是合理的。实际上，早在麦克莱伦的《马克思以后的马克思主义》出版前十余年，在卢卡奇为《历史与阶级意识》所撰写的"再版前言"（1967）中，他已经就《历史与阶级意识》一书把马克思思想黑格尔主义化的错误倾向做了某种程度上的自我批评。尽管卢卡奇认为，《历史与阶级意识》代表了当时想要通过更新和发展黑格尔的辩证法来恢复马克思理论的革命本质的最激进的尝试，由于这一尝试又是像他这样的共产党人提出来的，因而产生了广泛的理论影响。然而，卢卡奇也坦然地承认，"我对黑格尔的非批判的态度当时还没有被克服"②。直到1930年，当卢卡奇开始在莫斯科的马克思恩格斯研究院参与对马克思的《1844年经济学哲学手稿》的整理时，他对《历史与阶级意识》中的黑格尔式的唯心主义的倾向才获得比较清晰的认识：

---

① David McLellan, *Marxism After Marx*, Boston: Houghton Mifflin Company, 1979, p. 158. 麦克莱伦甚至认为："《历史与阶级意识》一书的全部核心观念——物化、主体和客体辩证法、总体性——都根源于黑格尔。"

② Georg Lukács, *History and Class Consciousness*: *Studies in Marxist Dialectics*, Cambridge: The MIT Press, 1971, p. xxxv.

在阅读马克思手稿的过程中，《历史与阶级意识》中的所有的唯心主义的偏见都被一扫而光。毋庸讳言，我本来可以从以前已经读过的马克思的著作中发现那些现在对我有着如此大的震撼作用的同样的观念。然而，这样的事情并没有发生，显然是因为我一直是按照我自己的黑格尔主义的解释来读马克思的。①

当然，对卢卡奇在这里陈述的见解我们仍然可以有一定的保留，因为青年马克思的《1844 年经济学哲学手稿》虽然对黑格尔的《精神现象学》采取了批判的态度，但只要深入地阅读这部手稿，就会发现，它本身还未完全摆脱黑格尔哲学的影响。显然，一部本身还未完全摆脱黑格尔影响的手稿并不能使卢卡奇从黑格尔主义式的理解和解释方式中完全摆脱出来。事实上，在卢卡奇逝世前的《与新左派评论记者的谈话》（1971）中，他仍然表达了对黑格尔的崇拜之情：

> 直到今天，我仍然没有失去对黑格尔的崇敬。我认为，由马克思所开始的、把黑格尔哲学唯物主义化的工作必须继续被推进下去，甚至可以以超越马克思的方式来进行。我已经试图在我即将出版的《本体论》的某些段落中这样做。总而言之，在西方只有三个其他人无法比拟的真正伟大的思想家：亚里士多德、黑格尔和马克思。②

从这段谈话中可以看出，卢卡奇的"黑格尔情结"有多么深。然而，平心而论，卢卡奇的自我批评大体上还是可靠的。他是这样的一个哲学家，即致力于寻找和发现马克思与黑格尔在思想上的共同点。他的努力产生

---

① Georg Lukács, *History and Class Consciousness : Studies in Marxist Dialectics*, Cambridge : The MIT Press, 1971, p. xxxvi.

② Georg Lukács, *Record of a Life : An Autobiographical Sketch*, edited by István Eöersi, London : Verso, 1983, pp. 181-182.

了巨大的影响，事实上，在把马克思黑格尔化的同时，他也把黑格尔马克思化了，从而使黑格尔成了马克思主义的守护神。然而，以卢卡奇为代表的"黑格尔主义的马克思主义"由于忽视了马克思哲学思想与黑格尔哲学思想之间的本质性的差异，从而导致了对马克思哲学及其实质的严重误解。

第二种观点可以称为"扬弃论"或"批判继承论"，即倾向于把马克思与黑格尔之间的理论关系解释为"批判继承"的关系：一方面，马克思抛弃了黑格尔思辨唯心主义的哲学体系或"死东西"；另一方面，马克思又继承并保留了黑格尔的辩证法或"活东西"。在这一观点的持有者中，影响最大的是恩格斯、普列汉诺夫和列宁。他们的见解作为正统的、主流性的见解，曾经对苏联、东欧乃至中国的理论界产生了巨大的影响。显然，认真地对待并分析他们的相关见解，是马克思哲学研究中的一个重要课题。在本书中，这一工作将在第一章中详尽地展开。在这里，我们主要考察德国著名的马克思主义哲学家弗•梅林和卡尔•柯尔施的相关的观点。

我们先来考察梅林的观点。在其重要遗著《马克思传》(1919)中，梅林并没有辟出专门的篇章来讨论马克思和黑格尔在哲学思想上的联系和差别，因为在当时德国的理论氛围中，马克思的研究者们普遍地不重视马克思学说中的哲学维度，这当然与马克思在哲学方面的一些手稿和遗著尚未出版有着直接的联系。但在一些相关的论述中，梅林还是自觉地或不自觉地涉及这一主题。

梅林认为，马克思于 1836 年 10 月进入柏林大学后，听过黑格尔的学生爱德华•甘斯和加布勒尔的课。在第二个学期中，对于马克思来说：

> 黑格尔的哲学越来越明确地成为变换不息的现象中的一个固着点。当马克思初次接触到黑格尔哲学的片断时，他并不喜欢它的那种"古怪而粗犷的格调"，但是在又一次生病的时候，他从头到尾地

研究了它，并且加入了青年黑格尔派的"博士俱乐部"。①

在梅林看来，同博士俱乐部的其他成员之间的交往，为马克思开辟了一条通向黑格尔哲学的道路。实际上，对马克思影响最大的是博士俱乐部的两个最杰出的成员——柏林大学讲师布鲁诺·鲍威尔和多罗特恩施塔特实科中学教员科本。这两个人的思想，尤其是布鲁诺·鲍威尔的思想，深受黑格尔的影响。正是他们促使马克思关注黑格尔在其《哲学史讲演录》里提到的希腊化时期中的自我意识哲学，马克思关于德谟克利特和伊壁鸠鲁自然哲学的差别的博士论文正是在这样的背景下酝酿出来的。当然，马克思并没有停留在对伊壁鸠鲁自我意识哲学的抽象的理论兴趣上，其实，他只是借用伊壁鸠鲁的语言和思想，对德国哲学界进行政治启蒙。然而，他的博士论文的内容和写作风格仍然带着黑格尔哲学的深深的烙印。正如梅林所说的：

> 马克思的博士论文成了这位黑格尔的学生授给自己的毕业证书；他熟练地运用着辩证法，他的语言表现出那种为黑格尔所特有而他的学生们早已失去了的活力。但是在这部著作中，马克思还完全站在黑格尔哲学的唯心主义立场上。②

从 19 世纪 40 年代初起，马克思通过对现实的革命斗争的热情参与、对费尔巴哈的人本主义学说的某种认同和对国民经济学的潜心研究，开始转而批判黑格尔哲学，从而确立了自己和黑格尔思想之间的批判继承关系。有鉴于此，梅林写道：

> 马克思是个不知疲倦的思想家，对于他来说，思维就是最高的

---

① ［德］弗·梅林：《马克思传》，樊集译，生活·读书·新知三联书店 1965 年版，第 20 页。
② 同上书，第 42 页。

享受；在这方面，他是康德、费希特，特别是黑格尔的真正继承者。马克思常常重复黑格尔的话说："即使是恶棍的犯罪思想也比天上的一切奇迹更为崇高而辉煌。"但是和这些哲学家不同的是，思想不断地推动马克思走向行动。①

在这里，梅林试图告诉我们的是：一方面，马克思继承了德国古典哲学家，尤其是黑格尔崇尚理论和思维的学术传统；另一方面，马克思又不赞成这些哲学家只停留在单纯的理论思维上，而是坚决主张诉诸行动，把理论和实践紧密地结合起来。当然，在梅林看来，马克思从黑格尔那里批判地继承过来的最重要的哲学观点乃是历史发展的观点。他在谈到黑格尔的贡献时指出：

> 他比其他哲学家高明之处，就在于他从历史发展的观点来考察事物。这种观点使他有广泛的可能来理解历史，尽管这种理解所具有的唯心主义的形式好像通过一面凹镜来反映事物，把全部历史进程仅仅设想为观念发展的实际例证。黑格尔哲学的这个现实的内容，是费尔巴哈不曾领悟的，而黑格尔派则把它抛弃了。
>
> 马克思承受了黑格尔哲学的这个最可贵的因素，但是他把黑格尔哲学翻转过来，使得他的出发点不再是"纯粹思维"，而是现实这个无情的事实。这样，马克思就给唯物主义带来了历史辩证法，并因而使唯物主义获得了那种"能动的原则"，这种原则不仅要求说明世界，并且要求变革世界。②

梅林的上述见解并不是一种异乎寻常的见解，我们甚至可以说不过是一种老生常谈罢了。事实上，任何一个稍稍了解黑格尔和马克思关系的人

---

① ［德］弗·梅林：《马克思传》，樊集译，生活·读书·新知三联书店1965年版，第294页。

② 同上书，第168页。

都会得出这样的结论。即使这里出现的、关于马克思"把黑格尔哲学翻转过来"的提法，也不过是源自马克思在《资本论》第 1 卷第二版跋中写下的下面这段论述：

> 辩证法在黑格尔手中神秘化了，但这决不妨碍他第一个全面地有意识地叙述了辩证法的一般运动形式。在他那里，辩证法是倒立着的(steht bei ihm auf dem Kopf)，必须把它倒过来(umstuelpen)，以便发现神秘外壳(der mystischen Huelle)中的合理内核(den rationellen Kern)。①

梅林这里说的"翻转过来"和马克思在前面的论述中所说的"倒过来"，用的都是同一个德语动词 umstuelpen。显而易见，梅林只是笼统地肯定，青年马克思受到过黑格尔哲学的影响，后来，马克思清算了自己的信仰，创立了自己的历史唯物主义理论，从而与黑格尔之间形成了批判继承的关系。在梅林以平平淡淡的、缺乏激情的方式叙述出来的这些寻常的见解中，既缺乏对马克思与黑格尔关系这一基本理论问题的深切关注，也缺乏缜密而又富有独创性的思考和阐释。

现在，我们再来考察一下柯尔施的观点。与梅林的平静如水相对峙的是柯尔施的激情如火。在他的代表作《马克思主义和哲学》(1923)一书中，他敏锐地意识到马克思主义与哲学之间关系的极端重要性：一方面，必须充分地阐明马克思主义理论体系中哲学维度的重要性，从而在世人面前揭示出马克思在哲学研究领域中的独创性和伟大的贡献；另一方面，必须弄清楚马克思哲学思想的来源，特别是弄清楚马克思哲学与黑格尔哲学之间的关系，以便对马克思已经完成的、划时代的哲学革命做出准确的评价。

---

① 马克思：《资本论》第 1 卷，人民出版社 1975 年版，第 24 页。俞吾金老师为部分关键词句加注了德文，后同。——编者注

柯尔施尖锐地批评了当时的资产阶级学者和正统的马克思主义理论家对马克思主义与哲学关系的漠视。库诺·费舍(Kuno Fischer)在九卷本的《新哲学史》中论及黑格尔哲学与马克思哲学关系的只有两行字；在余柏威(Ueberweg)的《从 19 世纪初到当代的哲学史纲要》(第 11 版)中，也只拨出两页的篇幅，提及马克思和恩格斯的生平及其著作；朗格(F. A. Lange)只在《唯物主义史》的一些脚注中提到马克思，称他为"活着的最伟大的政治经济学史专家"。与这些资产阶级的学者一样，正统的马克思主义者也一再强调，马克思主义与哲学没有关系，并试图用康德、叔本华、马赫、狄慈根等人的哲学思想来补充马克思主义。柯尔施指出：

> 实际上，正是许多后来的马克思主义者，看上去非常正统地遵循导师的教导，然而却以同样随意的方式对待黑格尔哲学，甚至整个哲学。举例来说，弗兰茨·梅林不止一次简单地描述过他自己关于哲学问题的正统的马克思主义的立场，即"导师们(马克思和恩格斯)成功的前提"就是"对一切哲学幻想的拒斥"。①

在柯尔施看来，像梅林这样正统的马克思主义者，对马克思著作中的哲学思想几乎完全缺乏准确的理解和认识。而柯尔施却像当时的卢卡奇一样，看到了马克思主义与哲学之间的关系问题的极端重要性。在《马克思主义和哲学》一书中，他主要是围绕着这层关系展开深入的论述的，而在他的晚期著作《卡尔·马克思》(1938)中，柯尔施专门辟出两节的内容来讨论马克思哲学与黑格尔哲学之间的批判继承关系。有趣的是，虽然柯尔施眼光敏锐，充满激情，但他对马克思和黑格尔之间的理论关系的理解却和梅林一样，未能超越"倒立着的"和"倒过来"的比喻。他这样写道：

---

① Karl Korsch, *Marxism and Philosophy*, New York and London：NLB, 1970, p. 31.

马克思通过对黑格尔唯心主义的唯物主义倒转（materialistische Umstuelpung），把黑格尔在哲学上头足倒置的历史的社会世界的布局，重新颠倒过来，使之以足立地。①

比如，在黑格尔的法哲学中，市民社会仿佛只是国家的产物，而马克思则把这两者的关系颠倒过来了，在他看来，市民社会才是国家的真正的基础；再如，在黑格尔的一般哲学观念中，宗教的、道德的、艺术的、哲学的意识形态以一种至高无上的力量支配着社会物质生活，而马克思则把这种关系颠倒过来了，强调物质生活才是意识形态的现实的基础。柯尔施还指出，马克思不光颠倒了黑格尔理论的结构，甚至还颠倒了他关于发展问题的理论：

在马克思那里，黑格尔的"发展"概念也经历了"倒过来"（Umstuelpung）的同样的过程。马克思以社会的物质生产方式（生产力和生产关系）发展基础上的社会现实的历史发展取代了黑格尔的"观念"的超时间的发展。②

柯尔施认为，黑格尔的发展观是通过绝对精神"外化""复归"这样的唯心主义的、神秘主义的方式表现出来的，而马克思则撇开了这套神秘主义的术语，用生产方式、生产力和生产关系这类十分明晰的术语来表达自己的历史唯物主义的发展观念。在他看来，马克思和黑格尔在许多哲学观念上存在着相似性，而"批判继承"的关键只在于马克思倒转了黑格尔的唯心主义立场：

在马克思的唯物主义的模式中明确无误地显现出来的，是在变

---

① Karl Korsch, *Karl Marx*, Hamburg: Rowohlt Taschenbuch Verlag GmbH, 1981, S. 159.

② *Ebd.*, S. 160.

化了的现实层次的结构中黑格尔和马克思之间的差别和对立，而在马克思的关于物质生产力的真正的发展和按照黑格尔的观念所说的概念"发展"之间，在对黑格尔的模式做了唯物主义的倒转（der materialistischen Umstuelpung）之后，仍然存在着许多类似性。①

从上面的论述可以看出，柯尔施率先意识到并提出来的如此重大的问题，即马克思主义和哲学的关系问题，尤其是马克思哲学和黑格尔哲学的关系问题，却没有在他那里结出应有的理论果实，实在是令人遗憾的事情。尽管在政治观念上柯尔施是当时正统的马克思主义的反对者，他后来甚至被德国共产党开除，但在哲学观念上，他还是未能摆脱正统的马克思主义者思考问题的范式。所以，在对马克思哲学与黑格尔哲学关系的探讨中，他的全部思路也未能越出"倒立着的"和"倒过来"的这个影响深远的比喻。

第三种观点可以称为"否定论"或"断裂论"，即倾向于强调，在马克思思想和黑格尔思想之间存在着一条不可跨越的鸿沟。虽然马克思曾经是一个青年黑格尔主义者，然而，他的思想在 1845 年前后已经与黑格尔发生了根本性的断裂。之后，马克思与黑格尔就完全分道扬镳了。持有这种见解的学者认为，只有让马克思从黑格尔哲学的阴影中完全摆脱出来，才可能准确地把握马克思哲学的实质。在这一观点的持有者中，意大利的"新实证主义的马克思主义"者罗歇·科莱蒂和法国的"结构主义的马克思主义"者路易·阿尔都塞是最突出的代表。

我们先来探讨科莱蒂的观点。他的观点深受他的导师——德拉-沃尔佩的影响。对于德拉-沃尔佩来说，在马克思和黑格尔之间存在着一种对立的、断裂的关系，而这种关系在马克思的《黑格尔法哲学批判》（1843）中已经得到了充分的论述。科莱蒂在自己的一系列论著中沿着同

---

① Karl Korsch, *Karl Marx*, Hamburg：Rowohlt Taschenbuch Verlag GmbH, 1981, S. 161.

样的思路来探讨马克思和黑格尔的关系。在他的代表性著作《马克思主义和黑格尔》(1969)一书中，他从一个新的角度出发来考察马克思和黑格尔在理论上的对立关系。他写道：

> 这里存在着一个真正的、基本的两难困境：或者选择思想和存在的同一性(the identity)，或者选择思想和存在的异质性(the heterogeneity)，正是这一选择把独断论和批判的唯物主义区分开来了。①

在科莱蒂看来，黑格尔哲学作为独断论哲学，正是主张思想与存在的同一性的。按照黑格尔的看法，思想与存在的同一性也就是思想把存在统摄在自身之内，因此，思想范畴的运动也就是存在自身的运动，实在世界不可能越出思想、范畴和逻辑的世界。科莱蒂把这种黑格尔式的辩证法称为"物质辩证法"(the dialectic of matter)。他写道：

> 物质辩证法的要义如下：有限的东西是无限的，实在的东西是合乎理性的。换言之，决定性的或真正的对象，即唯一的"这一个"不再存在；而存在着的只是理性、观念、对立面的逻辑的包涵物，即与他者不可分离的这一个。……真正的对象被溶解在逻辑的矛盾中——这是第一个运动；在第二个运动中，逻辑的矛盾倒过来成了客观的和实在的。到现在为止哲学家成了一个完全的基督徒。②

简言之，在科莱蒂看来，黑格尔的所谓"物质辩证法"的实质也就是先把个别的、感性的存在物转变为思想或逻辑的存在物，再把思想或逻辑的存在物看作客观的、实在的存在物。要言之，用思想、观念和逻辑去吞

---

① Lucio Colletti, *Marxism and Hegel*, London：NLB, 1973, p. 97.
② *Ibid.*, p. 20.

并一切实在的存在物。或者换一种说法，把一切个别的、感性的存在物溶解在思想和逻辑之中。那么，为什么科莱蒂要把黑格尔的辩证法称为"物质辩证法"呢？人们通常不是把"物质"理解为一种客观实在的东西吗？其实，"物质"只是一个抽象的哲学范畴，只有在它蕴含的具体样态——事物中才具有感性的实在性。正是在这个意义上，英国哲学家乔治·贝克莱在《人类知识原理》(1710)一书中曾经写道：

> 假如你愿意的话，你可以把物质一词用成和别人所用的无物(nothing)一词的意义一样，而这样一来，在你的文体中，这两个名词就可以互用了。①

在贝克莱看来，"物质"也就是"无物"或"虚无"。许多人都把贝克莱的这句名言理解为对唯物主义的否定，甚至贝克莱自己也是这么看的，但这句名言却蕴含着一个极为合理的观念，即对抽象的"物质"概念的批判和否定。也正是在这个意义上，恩格斯在《自然辩证法》(1873—1882)一书中也表示：

> 注意。物质本身是纯粹的思想创造物和纯粹的抽象。当我们把各种有形地存在着的事物概括在物质这一概念下的时候，我们是把它们的质的差异撇开了。因此，物质本身和各种特定的、实存的物质不同，它不是感性地存在着的东西。如果自然科学企图寻找统一的物质本身，企图把质的差异归结为同一的最小粒子的结合所造成的纯粹量的差异，那末这样做就等于不要看樱桃、梨、苹果，而要看水果本身，不要看猫、狗、羊等等，而要看哺乳动物本身，要看气体本身、金属本身、石头本身、化合物本身、运动本身。②

---

① 北京大学哲学系外国哲学史教研室编译：《十六—十八世纪西欧各国哲学》，商务印书馆 1975 年版，第 563 页。

② 恩格斯：《自然辩证法》，人民出版社 1971 年版，第 233 页。

也就是说，真正存在的只是感性的、个别性的事物，"物质"不过是一个抽象范畴。事实上，科莱蒂也指出："物质只是一个理智的创造物(a creation of intellect)。"①这样我们就能理解科莱蒂把黑格尔的辩证法命名为"物质辩证法"不但不是为了强调黑格尔辩证法的客观性，恰恰相反，是为了强调它的主观任意性，即把思想的、逻辑的东西理解为完全与实在同一的东西，甚至理解为实在本身。正如科莱蒂所指出的：

> 思想并不能在它自身之内穷尽实在。逻辑的可能性并不就是实在的可能性(Logical possibility is not real possibility)。②

然而，在科莱蒂看来，以恩格斯、普列汉诺夫和列宁为代表的马克思主义者却错误地理解了黑格尔的哲学遗产，他们不但没有认识到黑格尔的"物质辩证法"的根本危害之所在，而且以一个略显不同的提法——"辩证唯物主义"(the dialectical materialism)——无批判地继续了黑格尔的唯心主义的哲学立场和思路，从而造成了对马克思的黑格尔批判的根本性的误读和误解。科莱蒂甚至认为："这是一个迄今为止仍然存在于近一个世纪以来的理论马克思主义发展基础中的错误。"③科莱蒂通过对恩格斯、普列汉诺夫和列宁关于黑格尔的大量论述的考察，明确地提出了如下的见解：

> 物质辩证法在其所有的方面都是与"辩证唯物主义"相一致的。一个必然的结论只能是：黑格尔是半个唯心主义者和半个唯物主义者；他的整个哲学被一个深刻的矛盾所分离，那就是"方法"和"体系"相互之间的永恒的冲突。要言之，恩格斯、普列汉诺夫和列宁

---

① Lucio Colletti, *Marxism and Hegel*, London：NLB, 1973，p. 164.
② *Ibid.*，p. 96.
③ *Ibid.*，p. 27.

对黑格尔的"解读"(应当注意，普列汉诺夫和列宁已经成了解读恩格斯的权威)已经被看作可以超越任何争论的自明的评价标准。①

在科莱蒂看来，特别是列宁，受到恩格斯的影响，在《哲学笔记》(1895—1911)中反复强调要以"唯物主义的方式"(materialistically)解读黑格尔，但既然唯物主义视之为基础的"物质"不过是一个抽象概念，所以这种解读不但没有完成对黑格尔哲学的唯物主义的改造，反而使马克思主义者应该坚持的唯物主义立场唯心主义化了。正是基于这样的思考，科莱蒂写道：

> 黑格尔是一个绝对融贯的唯心主义者，而"辩证唯物主义"则不过是一种未意识到自己本质的唯心主义。②

按照科莱蒂的看法，只有深刻地认识到马克思和黑格尔之间的对立关系，才不会对马克思哲学的实质发生误解。卢卡奇作为西方马克思主义的开创者，虽然在许多观点上与恩格斯、普列汉诺夫和列宁存在着分歧，然而，"在'辩证唯物主义'的阵营中，卢卡奇是一个肯定黑格尔和马克思主义之间存在着直接联系的主要的辩护者"③。按照科莱蒂的看法，在《历史与阶级意识》一书中，虽然卢卡奇提出了"物化"这一重要的哲学概念，然而，由于他无批判地接受了黑格尔的"物质辩证法"的基本见解，因而他的思考最终还是迷失了方向。

事实上，在科莱蒂看来，马克思不但没有认同黑格尔的"思想与存在的同一性"的基本理论，恰恰相反，他主张的是"思想与存在的异质性"。在对这种异质性的肯定方面，康德哲学起着十分重要的作用。正如科莱蒂所指出的：

---

① Lucio Colletti, *Marxism and Hegel*, London: NLB, 1973, p. 51.
② *Ibid.*, p. 61.
③ *Ibid.*, p. 57.

在对由莱布尼茨和所有旧的形而上学学派所造成的本体论的混淆的批判中，康德的一个基本的结论是：实在中的对立是某种完全不同于逻辑上的对立的东西(Opposition in reality is something other than logical opposition)。[1]

在康德看来，思想或逻辑与实在的同一性是不存在的，人们至多只能达到对实在所显现出来的现象的认识，却无法把握实在本身，因为实在对于思想或逻辑来说，完全是一种异质性的东西。不幸的是，这种卓有见地的观点却使康德获得了"一个不可知主义者"的恶名。遗憾的是，黑格尔也是沿着这种流行的误解方式去看待康德关于异质性的论述的。科莱蒂以不容置疑的口气阐明了这一点：

黑格尔拒斥了康德对本体论证明的批判，换言之，拒斥了这样一个主题，即存在并不是思想的一种姿态，不是一个概念，而是某种外在于或完全不同于思想本身的东西。[2]

而按照科莱蒂的看法，康德的这一极为重要的思想却在马克思的《1857—1858年经济学手稿》中得到了复兴和呼应。在这部手稿的导言中，马克思讨论了政治经济学的方法。他认为，"从具体上升到抽象"(from the concrete to the abstract)的方法构成了经济学在它产生的时期在历史上走过的道路，这是第一条道路；而"从抽象上升到具体"(from the abstract to the concrete)的方法显然是科学上正确的方法，可以称为第二条道路。马克思这样写道：

---

[1] Lucio Colletti, *Marxism and Hegel*, London: NLB, 1973, p. 98.
[2] *Ibid.*, p. 56.

具体之所以具体，因为它是许多规定的综合，因而是多样性的统一。因此它在思维中表现为综合的过程，表现为结果，而不是表现为起点，虽然它是实际的起点，因而也是直观和表象的起点。在第一条道路上，完整的表象蒸发为抽象的规定；在第二条道路上，抽象的规定在思维行程中导致具体的再现。

因此，黑格尔陷入幻觉，把实在理解为自我综合、自我深化和自我运动的思维的结果，其实，从抽象上升到具体的方法，只是思维用来掌握具体并把它当作一个精神上的具体再现出来的方式。但决不是具体本身的产生过程。①

科莱蒂引证了马克思的上述见解，认为这一见解之所以重要，是因为马克思深刻地揭示出黑格尔的以"思想与存在的同一性"为基础的"物质辩证法"的根本性的混淆之所在，即黑格尔把思想对具体的东西的把握误解为实在自身的产生过程。在马克思看来，正确的立场乃是肯定实在与思想的异质性，肯定实在对思想的不可还原性。科莱蒂写道：

马克思对政治经济学方法的整个批判都依赖于这样一个主题，即实在中的对立不可还原为逻辑上的对立。②

正因为马克思清醒地意识到自己的哲学思想，尤其是辩证法思想与黑格尔的"物质辩证法"之间的对立，所以，他才会在《资本论》第 1 卷的第二版跋中写下我们上面已经引证过的那段著名的论述：

辩证法在黑格尔手中神秘化了，但这决不妨碍他第一个全面地有意识地叙述了辩证法的一般运动形式。在他那里，辩证法是倒立

---

① 《马克思恩格斯全集》第 46 卷（上），人民出版社 1979 年版，第 38 页。

② Lucio Colletti, *Marxism and Hegel*, London：NLB，1973，p. 137.

着的(steht bei ihm auf dem Kopf)。必须把它倒过来(umstuelpen)，以便发现神秘外壳(der mystischen Huelle)中的合理内核(den rationellen Kern)。①

在科莱蒂看来，马克思在这段论述中所说的"合理内核"(den rationellen Kern/the rational kernel)指的是黑格尔关于理性的理论本身，这一理论系统化并深化了古希腊时期埃利亚主义的精神，揭示了理性本身的内在冲突；"神秘外壳"(der mystischen Huelle/the mystical shell)指的则是黑格尔把理性直接转化为实在的东西，也就是所谓"思想与存在的同一性"；而"倒立着的"(steht bei ihm auf dem Kopf/stands on its head)和"倒过来"(umstuelpen/turned right side up again)指的则是把本来处于颠倒状态的黑格尔的唯心主义立场再倒转过来，转换为马克思的唯物主义的立场。

马克思的这段论述表明，现成状态的黑格尔哲学，包括他的辩证法思想，是不可用的，只有摈弃黑格尔唯心主义辩证法的"神秘外壳"，真正地转到唯物主义赖以为基础的、"思想和存在的异质性"的基本立场上来，才算实质性地理解了马克思和黑格尔之间的关系。② 事实上，科莱蒂认为，马克思之所以特别重视异化这一普遍的社会现象，并对其进行了深刻的剖析，正是因为异化现象的存在是以思想与存在的异质性为前提的。虽然马克思是在黑格尔的影响下提出异化概念的，但在黑格尔那里，异化可以在绝对精神的内部被扬弃，而在马克思看来，作为社会现象而存在的异化是无法通过单纯的观念的力量来扬弃的，只有诉诸现实的实践活动，特别是政治革命和社会革命，摧毁异化得以产生的私有制

---

① 马克思：《资本论》第1卷，人民出版社1975年版，第24页。

② 参阅俞吾金：《从思维与存在的同质性到思维与存在的异质性——马克思哲学思想演化中的一个关节点》，《哲学研究》2005年第12期。该文并不主张抽象地批判并否认"思维与存在的同一性"，而是主张把这种同一性区分为两种不同的类型：一种是"以思维与存在的异质性为基础的同一性"，另一种是"以思维与存在的同质性为基础的同一性"。这两种"同一性"之间存在着本质性的差别。详见本书第三章第二节中的论述。

和相应的社会关系，才有可能从根本上消除异化现象。

科莱蒂认为，在马克思和黑格尔之间，存在着一个根本性的问题域的转换，那就是要把整个问题框架从黑格尔式的思想的、逻辑的层面上拖下来，转换到与思想和逻辑异质的另一个层面上，即现实生活的层面上，而这一层面的基础和核心则是"社会生产关系"（social relations of production）。科莱蒂批评了那种以恩格斯、普列汉诺夫、列宁为代表的，试图把马克思主义哲学归结为单纯的认识论的流行的见解：

> 在任何根本性的意义上，马克思主义至少不是一种认识论，在马克思的著作中，反映论几乎是完全不重要的。重要的是把认识论作为一个出发点，以便富有独创性地并撇开整个思辨的传统去理解像"社会生产关系"这样的概念是如何从古典哲学的发展和转变中产生出来的。①

科莱蒂主张，历史唯物主义在"社会生产关系"概念中达到了其基本点，而这个概念在马克思的《1844年经济学哲学手稿》中最初是以"类的自然存在"（generic natural being）的方式提出来的。后来在《德意志意识形态》②（1845—1846）、《哲学的贫困》（1847）、《雇佣劳动和资本》（1847）、《资本论》第1卷（1867）等著作中则上升为"社会生产关系"的概念。这一新概念的提出，表明马克思完全走出了黑格尔哲学的阴影，完成了"理论上的革命"（theoretical revolution），确立了自己的哲学思想。③

下面，我们再来考察一下阿尔都塞的观点。阿尔都塞对马克思和黑格尔的理论关系的探索与定位在相当程度上受到了德拉-沃尔佩和科莱

---

① Lucio Colletti, *Marxism and Hegel*, London：NLB, 1973, p. 199.
② 全称为《德意志意识形态：对费尔巴哈、布·鲍威尔和施蒂纳所代表的现代德国哲学以及各式各样先知所代表的德国社会主义的批判》，本书中一般简称《德意志意识形态》。
③ Lucio Colletti, *Marxism and Hegel*, London：NLB, 1973, p. 232.

蒂的影响。在他的代表作《保卫马克思》(1965)一书中，他这样写道：

　　由此可见，为了研究马克思主义哲学并得出它的定义，决不可把马克思对黑格尔的批判同费尔巴哈对黑格尔的批判混淆起来，即令马克思以自己的名义重复了费尔巴哈对黑格尔的批判。因为根据人们把马克思在 1843 年的各篇文章中对黑格尔的批判(其实，费尔巴哈的影响比比皆是)说成真是马克思的批判或不是马克思的批判，人们对马克思主义哲学最后本质的认识就会完全不同。我要指出这一点，因为它在当前对马克思主义哲学的解释中是个关键问题，我所说的解释是认真的和有系统的解释，是建立在真正具有哲学、认识论和历史知识基础上的解释，是依靠严格的阅读方法的解释，而决不是单凭一得之见而作出的解释(尽管人们单凭一得之见也可以写出书来)。例如，意大利的德拉-沃尔帕和柯莱蒂的著作，我认为就非常重要，因为在我们当代，只有这两位学者有意识地把马克思与黑格尔的不可调和的理论区别，以及把马克思主义哲学的特殊性，当作他们研究的中心问题。①

在这段常为人们所忽视的关键性的论述中，阿尔都塞不但肯定了如何确定马克思和黑格尔关系对于认识马克思主义哲学"最后本质"的重要性，而且也强调了德拉-沃尔佩和科莱蒂坚持马克思和黑格尔之间存在着"不可调和的理论区别"的见解的正确性。事实上，阿尔都塞也正是沿着德拉-沃尔佩和科莱蒂已经开启的思路来探索马克思和黑格尔之间的理论关系的。他指出：

　　今天，我们比任何时候都更应该看到，黑格尔的影子是最主要

---

① ［法］路易・阿尔都塞：《保卫马克思》，顾良译，商务印书馆 1984 年版，第 18 页。该书将"沃尔佩"和"科莱蒂"译为"沃尔帕"和"柯莱蒂"。

的幻影之一。必须进一步澄清马克思的思想，让黑格尔的影子回到茫茫的黑夜中去；或者，为了达到同一个目的，需要对黑格尔本人进行更多的马克思主义的解释。①

显然，阿尔都塞并不同意后一种选择，即"对黑格尔本人进行更多的马克思主义的解释"，而是认同前一种主张，即"让黑格尔的影子回到茫茫的黑夜中去"。当然，在指出阿尔都塞沿着与德拉-沃尔佩和科莱蒂同一个方向来诠释马克思与黑格尔关系的同时，我们也必须清醒地意识到他们之间存在的差别。

如果说，德拉-沃尔佩和科莱蒂倾向于把马克思于 1843 年出版的《黑格尔法哲学批判》作为马克思与黑格尔思想决裂的一个标志，那么，阿尔都塞则认为，马克思在撰写《黑格尔法哲学批判》一书时，其思想在相当程度上还处于费尔巴哈的影响下，而费尔巴哈作为青年黑格尔主义者，他的全部思考归根到底仍然停留在黑格尔哲学的地基上。在他看来，真正的决裂标志应该是马克思的《关于费尔巴哈的提纲》(1845)和《德意志意识形态》(1845—1846)。

此外，阿尔都塞的独特贡献在于，他从雅克·马丁(Jacques Martin)那里借用了"总问题"(problematic，又译"问题式")的概念，从他的导师加斯东·巴歇拉尔(Gaston Bachelard)那里借用了"认识论断裂"(epistemological break)的概念，从而运用结构主义的理路和方法，对马克思和黑格尔之间的对立关系做出了系统的论述。阿尔都塞对马克思撰写的著作做出了如下的分期：1840—1844 年，青年时期的著作；1845 年，断裂时期的著作；1845—1857 年，成长时期的著作；1857—1883 年，成熟时期的著作。

在这里，问题的焦点之一是如何看待青年时期马克思著作中的马克思哲学思想和黑格尔哲学思想之间的关系。阿尔都塞把这个时期又进一

---

① ［法］路易·阿尔都塞：《保卫马克思》，顾良译，商务印书馆 1984 年版，第 94 页。

步区分为"第一阶段",即 1840—1842 年的理性自由主义阶段和"第二阶段",即 1842—1844 年的理性共产主义阶段,并强调:

> 第一阶段的著作意味着存在一个康德和费希特类型的总问题。相反,第二阶段的著作则建立在费尔巴哈的人本学总问题的基础上。受黑格尔的总问题影响的著作只有一部,即《1844 年手稿》,严格地说,这部著作实际上是要用费尔巴哈的假唯物主义把黑格尔的唯心主义"颠倒"过来。由此产生了一个奇怪的结果:除了他的意识形态哲学时期的最后一部著作外,青年马克思实际上(学生时代的博士论文不算在内)从来不是黑格尔派,而首先是康德和费希特派,然后是费尔巴哈派。因此,广为流传的所谓青年马克思是黑格尔派的说法是一种神话。相反,种种事实表明,青年马克思在同他"从前的哲学信仰"决裂的前夕,却破天荒地向黑格尔求助,从而产生了一种为清算他的"疯狂的"信仰所不可缺少的、奇迹般的理论"逆反应"。在这以前,马克思一直同黑格尔保持距离;马克思在大学期间曾学习过黑格尔著作,他后来转到了康德和费希特的总问题,接着又改宗费尔巴哈的总问题,这个转变只能说明,马克思不但不向黑格尔靠拢,而是离他越来越远。①

与国际理论界通常把青年马克思解释为"青年黑格尔主义者"的流行见解不同,阿尔都塞认为,在青年马克思的著作中,具有决定意义的或者是"康德和费希特类型的总问题",或者是"费尔巴哈的人本学总问题"。尽管《1844 年经济学哲学手稿》归根到底"受黑格尔的总问题影响",但从其表现方式看,这部手稿的思想主要处于"费尔巴哈的人本学总问题"的支配之下。在论述到青年时期马克思对黑格尔思想的批判时,阿尔都塞用非常清晰的语言表达了这一见解:

---

① [法]路易·阿尔都塞:《保卫马克思》,顾良译,商务印书馆 1984 年版,第 16 页。

的确，马克思对黑格尔进行系统的批判不仅在 1845 年以后，而且从青年时期的第二阶段就已经开始了，这在《黑格尔法哲学批判》(1843 年手稿)、《〈黑格尔法哲学批判〉导言》、《1844 年手稿》和《神圣家族》①中都是可以看到的。可是，对黑格尔进行的这一批判，就其理论原则而言，无非是费尔巴哈对黑格尔多次进行的杰出批判的重复、说明、发挥和引申。这是一次对黑格尔哲学的思辨和抽象所进行的批判，一次根据人本学的异化总问题的原则而进行的批判，一次需要从抽象和思辨转变到具体和物质的批判，一次企图从唯心主义总问题得到解放、但依旧受这个总问题奴役的批判，因而也理应属于马克思在 1845 年与之决裂的理论总问题的一次批判。②

在这里，阿尔都塞从其结构主义的马克思主义的基本立场出发，强调了确定马克思思想发展中的断裂时期的极端重要性。在他看来，绝不能泛泛地谈论马克思对黑格尔的理论批判，事实上，在断裂时期前和断裂时期开始后，马克思对黑格尔的理论批判具有完全不同的性质。现在的关键问题是，判断哪个时期是断裂时期的根本标志究竟是什么？阿尔都塞认为，这个根本标志就是蕴藏在马克思著作或文本深处的总问题是否已经改变了。那么，究竟什么是"总问题"呢？阿尔都塞解释道：

……总问题并不是作为总体的思想的抽象，而是一个思想以及这一思想所可能包括的各种思想的特定的具体结构。例如费尔巴哈的人本学不仅能成为宗教的总问题(《基督教的本质》)，而且能成为政治的总问题(《论犹太人问题》)，甚至能成为历史和经济的总问题

---

① 全称为《神圣家族，或对批判的批判所做的批判》，本书中一般简称《神圣家族》。
② [法]路易·阿尔都塞：《保卫马克思》，顾良译，商务印书馆 1984 年版，第 18 页。

（《1844 年手稿》），而在本质上它依旧是人本学的总问题，即使费尔巴哈的"词句"已经被抛弃和扬弃。①

在阿尔都塞看来，不能把总问题曲解为卢卡奇式的"总体"（totality）概念，因为"总体"是一个含糊不清的概念，而总问题意谓的则是以某个根本性的问题为主导的特定结构的问题体系，总问题的改变也就是这一特定结构的问题体系的改变。哲学家们一般总是在自己认同的总问题的范围内进行思考，却很少把这一总问题作为自己反思的对象。事实上，只要一个哲学家还没有意识到必须对自己置身于其中的总问题做出批判性的自我反思，他的基本立场和全部思索就只能停留在这个总问题所许可的范围之内。

正是从这种"结构主义的马克思主义"的基本立场出发，阿尔都塞反复批判了从费尔巴哈以来开始流行的一种观点，即认为可以通过把黑格尔哲学"颠倒"（inversion）过来的方式对它进行改造。这个"颠倒"的比喻不但影响了马克思，也影响了马克思哲学的许多追随者和解释者。然而，阿尔都塞却对这个比喻进行了猛烈的抨击：

> 所谓"对黑格尔的颠倒"在概念上是含糊不清的。我觉得，这个说法严格地讲对费尔巴哈完全合适，因为他的确重新使"思辨哲学用脚站地"（不过，费尔巴哈根据严格的逻辑推理，从这次颠倒中只得出了唯心主义的人本学）。但是，这种说法不适用于马克思，至少不适用于已脱离了"人本学"阶段的马克思。②

在他看来，把一种哲学思想"颠倒"过来，并不能抛弃这种哲学思想所蕴含的总问题，关键在于提问的切入点、提问所使用的术语以及整个问题

---

① ［法］路易·阿尔都塞：《保卫马克思》，顾良译，商务印书馆 1984 年版，第 49 页。
② 同上书，第 67 页。

域的结构都要发生实质性的变化，才可能真正地扬弃原来的总问题而进入新的总问题之中。在对马克思和黑格尔关系的理解中，阿尔都塞十分赞成并引证了霍普纳（Hoeppner）的下述见解：

> 马克思单靠对黑格尔的辩证法作点修补是不能解决问题的，他依靠的主要是对历史、社会学和政治经济学等等所进行的十分具体的调查……马克思主义辩证法主要是在由马克思开垦的理论处女地上诞生的。……黑格尔和马克思不是喝同一口井里的水。①

显然，阿尔都塞也不同意马克思在《资本论》第 1 卷第二版跋中提及黑格尔的辩证法时关于"神秘外壳"和"合理内核"的比喻，因为这个比喻也会使人们忽略马克思和黑格尔的辩证法思想之间的结构性的差异。为此，他写道：

> 所以，马克思对黑格尔辩证法的"颠倒"完全不是单纯地剥去外壳。如果人们清楚地看到黑格尔的辩证法结构和黑格尔的"世界观"（即黑格尔的思辨哲学）所保持的紧密关系，那么，要真正地抛弃这种"世界观"，就不能不深刻地改造黑格尔辩证法的结构。否则，在黑格尔逝世已经一百五十年和马克思逝世将近一百年后的今天，不论你是否愿意，你就势必会继续拖着著名的"神秘外壳"这件破烂衣服。②

那么，究竟应该用什么样的语言来表达马克思与黑格尔思想之间的实质性差异呢？阿尔都塞又引入了两个新的术语，即"意识形态"（ideology）和"科学"（science）。在他看来，青年马克思的思想是在以康德、费希

---

① ［法］路易·阿尔都塞：《保卫马克思》，顾良译，商务印书馆 1984 年版，第 58 页注①。
② 同上书，第 81—82 页。

特、黑格尔、费尔巴哈，乃至布·鲍威尔和施蒂纳，尤其是以黑格尔的唯心主义哲学为基地、以费尔巴哈的哲学人本学总问题为主要表现形式的意识形态的氛围中发展起来的。如果马克思仍然处于这种意识形态的氛围的支配下，那么不论他提出多么激进的思想，他仍然没有超越这一意识形态的总问题。然而，马克思的卓越之处在于，他不但没有在这种意识形态的浓雾中迷失方向，恰恰相反，他"从意识形态的大踏步倒退中重新退回（to retreat）到起点，以便接触事物本身和真实历史，并正视在德意志意识形态的浓雾中若隐若现的那些存在。没有这一重新退回，马克思思想解放的历史就不能被理解；没有这一重新退回，马克思同德意志意识形态的关系，特别同黑格尔的关系，就不能被理解；没有向真实历史的这一退回（这在某种程度上也是一种倒退），青年马克思同工人运动的关系依然是个谜"①。在这里，阿尔都塞完全不使用诸如"颠倒"、剥去"神秘外壳"这样的比喻，而是明确地把马克思从当时德意志意识形态的襁褓中重新退回到真实的社会历史生活中的过程理解为马克思改造黑格尔哲学的关键。正是在重新退回到生活世界的过程中，马克思发现了完全不同于黑格尔的历史唯心主义的另一个思想基地——历史唯物主义，并在这一基地上形成了自己的新的总问题，即科学的思想体系。阿尔都塞指出：

> "颠倒"这个问题归根到底是不能成立的。因为把一种意识形态"颠倒过来"，是得不出一种科学的。谁如果要得到科学，就有一个条件，即要抛弃意识形态以为能接触到实在的那个领域，即要抛弃自己的意识形态总问题（它的基本概念的有机前提以及它的大部分基本概念），从而"改弦易辙"，在一个全新的科学总问题中确立新理论的活动。②

---

① ［法］路易·阿尔都塞：《保卫马克思》，顾良译，商务印书馆 1984 年版，第 57 页。
② 同上书，第 164 页。

要言之，按照阿尔都塞的看法，在马克思和黑格尔思想之间存在着一种断裂，这种断裂也就是以黑格尔和费尔巴哈为代表的意识形态总问题与马克思的科学的总问题之间的断裂。显然，看不到这种断裂的存在，也就无法把握马克思哲学的实质，无法理解马克思哲学革命的真正意义之所在。

第二节　答案的选择

上面，我们简要地论述了在马克思和黑格尔的关系问题上存在着的三种不同的代表性的观点。面对这些观点，我们将如何做出选择呢？

显然，第一种观点——"依附论"或"一致论"是站不住脚的。这不仅因为马克思就黑格尔的《精神现象学》《法哲学》等著作撰写过批判性的论著，也不仅因为马克思在许多著作中对黑格尔的哲学观念做过深刻的批判，而且因为马克思已经意识到，只有自觉地脱离黑格尔体系的基地，全面地批判黑格尔的历史唯心主义的体系，才可能形成新的、富有原创性的哲学理论。正是基于这样的考虑，马克思在批判青年黑格尔主义者时指出：

> 德国的批判，直到它的最后的挣扎，都没有离开过哲学的基地。这个批判虽然没有研究过它的一般哲学前提，但是它谈到的全部问题终究是在一定的哲学体系，即黑格尔体系的基地上产生的。不仅是它的回答，而且连它所提出的问题本身，都包含着神秘主义。对黑格尔的这种依赖关系正好说明了为什么在这些新出现的批判家中甚至没有一个人想对黑格尔体系进行全面的批判，尽管他们每一个人都断言自己已超出了黑格尔哲学。他们和黑格尔的论战以及互相之间的论战，只局限于他们当中的每一个人都抓住黑格尔体

系的某一方面来反对他的整个体系，或反对别人所抓住的那些方面。①

从这段极为重要的论述中可以看出，马克思不是主张对黑格尔的某一方面或某一些观点进行批判，而是主张从基础上、总体上对他的哲学体系做出全面的批判性的反思。事实上，也正是经过这种颠覆性的批判，马克思才创立了自己的历史唯物主义学说。这就启示我们，在研究马克思和黑格尔的关系时，必须着眼于他们各自理论的基础和总体结构上的本质差别，而不能以偏概全，从马克思和黑格尔在某些具体的观点或表述上的类似的地方出发，轻率地得出"依附论"或"一致论"这样错误的结论来。比如，马克思在《资本论》中叙述劳动过程和价值增殖过程时，曾经引证过黑格尔《哲学全书纲要·逻辑学》中的一段话：

理性何等强大，就何等狡猾。理性的狡猾总是在于它的间接活动，这种间接活动让对象按照它们本身的性质互相影响，互相作用，它自己并不直接参与这个过程，而只是实现自己的目的。②

在批判资本家总是寻找各种借口延长工人的劳动时间时，马克思又从黑格尔的同一部著作中引证了另一段论述：

在我们这个富于思考的和论辩的时代，假如一个人不能对于任何事物，即使是最坏的最无理的事物说出一些好理由，那他还不是一个高明的人。世界上一切腐败的事物之所以腐败，无不有其好理由。③

---

① 《马克思恩格斯全集》第3卷，人民出版社1960年版，第21页。
② 马克思：《资本论》第1卷，人民出版社1975年版，第203页注(2)。
③ 同上书，第292页注(102)。

如果人们也像杜林那样简单地看问题的话，很可能会轻而易举地从马克思对黑格尔观点的上述引证中得出"依附论"或"一致论"这样的结论来。实际上，成熟时期的马克思之所以不是一个黑格尔主义者，而是成了马克思主义的创立者，正因为他的哲学思想已经从基础上和总体结构上突破了黑格尔的哲学体系。

与此同时，我们发现，关于马克思和黑格尔关系的第三种观点——"否定论"或"断裂论"显然也是错误的。诚然，正如我们在前面已经指出过的那样，在马克思的思想和黑格尔的思想之间确实存在着根本性的差异，然而，是不是因为这种根本性的差异的存在，就能对马克思和黑格尔之间的思想联系采取完全否定的态度呢？显然不能这么做。事实上，成熟时期的马克思本人也承认，他和黑格尔在哲学思想，特别是辩证法思想上存在着不容抹杀的传承关系。19世纪六七十年代，当整个德国思想界把黑格尔看作一条"死狗"时，马克思却以大无畏的、坦诚的精神写道：

> 我要公开承认我是这位大思想家的学生，并且在关于价值理论的一章中，有些地方我甚至卖弄起黑格尔特有的表达方式。辩证法在黑格尔手中神秘化了，但这决不妨碍他第一个全面地有意识地叙述了辩证法的一般运动形式。①

尽管马克思声明自己的辩证法与黑格尔的辩证法是截然相反的，但他充分肯定，黑格尔是"第一个全面地有意识地叙述了辩证法的一般运动形式"的伟大的哲学家。在马克思看来，自觉地、批判地继承黑格尔的辩证法，乃是一个马克思主义者的义不容辞的责任。也正是出于这样的考虑，马克思在1858年1月14日致恩格斯的信中写道：

---

① 马克思：《资本论》第1卷，人民出版社1975年版，第24页。

完全由于偶然的机会——弗莱里格拉特发现了几卷原为巴枯宁所有的黑格尔著作，并把它们当做礼物送给了我，——我又把黑格尔的《逻辑学》浏览了一遍，这在材料加工的方法上帮了我很大的忙。如果以后再有功夫做这类工作的话，我很愿意用两三个印张把黑格尔所发现、但同时又加以神秘化的方法中所存在的合理的东西阐述一番，使一般人都能够理解。①

在这里，值得注意的是：一方面，马克思强调自己是又一次阅读黑格尔的《逻辑学》，足见他对这部著作的高度重视。事实上，这部著作为马克思研究资本主义社会的浩如烟海的思想资料提供了方法论上的引导。另一方面，马克思也提到了自己的一个愿望，即今后只要有时间的话，很愿意把蕴含在黑格尔《逻辑学》中并被神秘化的方法中"所存在的合理的东西阐述一番，使一般人都能够理解"。

在 1868 年 5 月 9 日致约·狄慈根的信中，马克思以更明确的口吻写道：

……一旦我卸下经济负担，我就要写《辩证法》。辩证法的真正规律在黑格尔那里已经有了，自然是具有神秘的形式。必须把它们从这种形式中解放出来……②

从马克思的这些重要的论述中可以看出，认为马克思对黑格尔哲学采取了根本否定，甚至全盘否定的态度的说法是站不住脚的。同样地，像阿尔都塞那样，认为在成熟时期的马克思和黑格尔之间存在着思想上的"断裂"的提法也是令人怀疑的，因为"断裂"这个词用在这里意味着：青年马克思和黑格尔之间曾经存在着思想联系，但通过《关于费尔巴哈的

---

① 《马克思恩格斯全集》第 29 卷，人民出版社 1972 年版，第 250 页。
② 《马克思恩格斯全集》第 32 卷，人民出版社 1974 年版，第 535 页。

提纲《德意志意识形态》这些所谓"断裂时期的著作"，这种联系完全中断了。然而，假如成熟时期的马克思与黑格尔之间真的已经完全中断了思想上的任何联系，为什么马克思还会重读黑格尔的《逻辑学》，并试图把这部著作中合理的东西叙述出来呢？为什么马克思还要公开承认自己是黑格尔的学生呢？

毋庸讳言，阿尔都塞的"断裂论"作为对传统的"依附论"或"一致论"的反拨，自然有其不可磨灭的理论贡献。然而，在强调马克思和黑格尔之间在思想上存在的本质差异的时候，他却滑向了另一个极端，即干脆否定了成熟时期的马克思和黑格尔之间的任何思想继承关系，仿佛接受黑格尔的影响只是青年时期的马克思的一个梦魇！他这样写道：

> 在马克思的概念体系和马克思前的概念体系之间，不存在继承的关系(即使古典政治经济学的情况也是如此)。我们把这种无继承关系、这种理论差别、这种辩证的"飞跃"叫做"认识论断裂"和"决裂"。①

这样一来，阿尔都塞的解释模式也犯了简单化的错误，即把马克思的思想和整个传统(当然也包括黑格尔的思想在内)完全割裂开来了，尤其是当他把成熟时期的马克思的思想作为"科学"而与作为"意识形态"的青年时期的马克思的思想截然对立起来时，这一错误就显得更为触目惊心了。尽管这种对立方式从总体上强调了成熟时期的马克思和青年时期的马克思在思想体系上的重大差异，而这一点恰恰是为"依附论"或"一致论"所完全忽略的，然而，这种表述方式却很难解释马克思思想是如何从纯粹"意识形态"跃向纯粹"科学"的。

应该看到，在青年时期的马克思的思想中，虽然黑格尔和费尔巴哈的影响起着主导性的作用，但青年马克思通过对现实斗争的参与，对国

---

① [法]路易·阿尔都塞：《保卫马克思》，顾良译，商务印书馆1984年版，第261页。

民经济学的批判性解读，对黑格尔思辨唯心主义哲学的某些部分，特别是对其法哲学和国家哲学的批判，已经酝酿着某些将来可能从总体上突破黑格尔、费尔巴哈哲学体系的新的思想酵素。看不到青年时期马克思思想中的这些新的思想酵素的存在，也就无法解释成熟时期的马克思如何脱离黑格尔和费尔巴哈思想的基地，创立自己的历史唯物主义学说。总之，人们无法用阿尔都塞式的、非此即彼的解释模式来阐明马克思和黑格尔之间的理论关系。

既然第一种观点，即"依附论"或"一致论"是站不住脚的，而第三种观点，即"否定论"或"断裂论"也是站不住脚的，那我们就只有回到第二种观点，即"扬弃论"或"批判继承论"上来了。显而易见，"扬弃论"或"批判继承论"坚持用辩证的眼光来看待马克思和黑格尔之间的理论关系。如果说，"扬弃论"肯定马克思对黑格尔思想的不同方面或见解既有保留，又有抛弃的话，那么，"批判继承论"则强调马克思对黑格尔的思想既有批判和清理，又有继承和弘扬。何况，无论是"扬弃论"，还是"批判继承论"，都蕴含着对折中主义的排拒。道理很简单，因为折中主义是以无原则的方式来处理不同，甚至是截然对立的思想要素之间的关系的，而"扬弃论"或"批判继承论"则显露出一种原则性的立场，并力图表明自己对任何理论观念的选择都贯穿着对这种原则性立场的认同。

这么说来，"扬弃论"或"批判继承论"似乎无可争议地成了理解马克思和黑格尔之间的理论关系的正确观点了。我们且慢下结论！因为人们在具体地运用这种观点的时候，完全有可能出现实际结果与理论出发点之间的错位。尽管人们可以把"扬弃"或"批判继承"这些理论用语一直挂在嘴上，但这并不等于说，在具体的分析和阐释活动中，他们就能准确地区分马克思所批判或抛弃的黑格尔思想中的糟粕和马克思所保留或继承的黑格尔思想中的精华。事实上，如果理论分析和阐释就像贴标签那么容易的话，它自己的存在价值也就被否定了。叔本华在谈到他十分敬仰的康德哲学时曾经这么说过：

所以康德的学说，除了在他自己的著作里，到任何地方去寻找都是白费劲；而康德的著作自始至终都是有教育意义的，即令是他错了的地方，失败了的地方，也是如此。凡对于真正的哲学家说来有效的，由于康德的独创性，对于他则是充类至极的有效；就是说人们只能在他们本人的著作中，而不能从别人的报道中认识他们。这是因为这些卓越人物的思想不能忍受庸俗头脑又加以筛滤。这些思想出生在〔巨人〕高阔、饱满的天庭后面，那下面放着光芒耀人的眼睛；可是一经误移入〔庸才们〕狭窄的、压紧了的、厚厚的脑盖骨内的斗室之中，矮檐之下，从那儿投射出迟钝的，意在个人目的的鼠目寸光，这些思想就丧失了一切力量和生命，和它们的本来面目也不相象了。是的，人们可以说，这种头脑的作用和哈哈镜的作用一样，在那里面一切都变了形，走了样；一切所具有的匀称的美都失去了，现出来的只是一副鬼脸。只有从那些哲学思想的首创人那里，人们才能接受哲学思想。因此，谁要是向往哲学，就得亲自到原著那肃穆的圣地去找永垂不朽的大师。每一个这样真正的哲学家，他的主要篇章对他的学说所提供的洞见常什百倍于庸俗头脑在转述这些学说时所作拖沓渺视的报告；何况这些庸才们多半还是深深局限于当时的时髦哲学或个人情意之中。可是使人惊异的是读者群众竟如此固执地宁愿找那些第二手的转述。从这方面看来，好象真有什么选择的亲和性在起作用似的；由于这种作用，庸俗的性格便物以类聚了，从而，即令是伟大哲人所说的东西，他们也宁愿从自己的同类人物那儿去听取。这也许是和相互教学法同一原理，根据这种教学法，孩子们只能从自己的同伴那儿才学习得最好。①

①　〔德〕叔本华：《作为意志和表象的世界》，石冲白译，商务印书馆 1982 年版，第18—19 页。

我们之所以把叔本华的这一长段论述引证下来，是因为它强调了分析和阐释伟大哲学家的思想的艰难性。然而，在今人的眼光中，特别是在那些研究大哲学家思想的学者的眼光中，还有什么事情是比转述大哲学家们的思想更容易的呢？因为这是一种永远不可能遭到大哲学家本人抗议的、缺席的转述。这些转述者们不但常常陷入这样的幻觉之中，即唯有他们的翻译、转述或阐释才是准确无误的，甚至还故意对大哲学家们所使用的基本概念做标新立异式的译介，以显示他们在理解上的独特性和准确性。然而，正如叔本华所指出的，在阐释大哲学家们的思想时，人们"多半还是深深局限于当时的时髦哲学或个人情意之中"，所以他们的阐释往往会把大哲学家们的思想庸俗化。不用说，在对马克思和黑格尔的理论关系的阐释中，人们也面临着同样的危险。以为只要使用"扬弃"或"批判继承"这样的语词，就能确保自己已经绝对准确地理解了马克思和黑格尔的关系，这无疑是可笑的。事实上，无论是黑格尔，还是马克思，还是其他的大哲学家，作为被阐释者，对于同时代人和后人能否准确地理解自己的思想，从来就抱着深深的疑虑，甚至根本上就抱着不信任的态度。海涅在《论德国宗教和哲学的历史》（1833）一书中论述费希特的哲学思想时，顺便提到这样的逸事：

> 我在这里触及了我国哲学家的一个滑稽的侧面。他们经常埋怨不为人理解。黑格尔临死时曾说："只有一个人理解我"，但他立刻烦恼地加了一句："就连这个人也不理解我。"[1]

也就是说，黑格尔在生前已经烦恼地预见到，同时代人和后人将以何种方式理解自己，而这些将来的、形形色色的理解会在多大程度上契合自己的思想。同样的烦恼也不断地折磨着马克思。正如恩格斯在 1890 年 8 月 27 日致保·拉法格的信中，谈到那些近年来涌入德国社会民主党内

---

[1]　张玉书编选：《海涅选集》，人民文学出版社 1983 年版，第 307 页。

的大学生、著作家和年轻的资产者时所指出的：

> 所有这些先生们都在搞马克思主义，然而他们属于 10 年前你在法国就很熟悉的那一种马克思主义者，关于这种马克思主义者，马克思曾经说过："我只知道我自己不是马克思主义者。"马克思大概会把海涅对自己的模仿者说的话转送给这些先生们："我播下的是龙种，而收获的却是跳蚤。"①

这些论述表明，即使人们选择了"扬弃论"或"批判继承论"这一理论上合理的阐释路径，也还不等于他们实际上已经能够准确地理解马克思和黑格尔之间的理论关系。那么，究竟如何找到理解并阐释马克思与黑格尔之间的理论关系的正确路径呢？

第三节 比喻的退场

正如我们在前面已经指出过的那样，"扬弃论"或"批判继承论"的认同者们几乎无例外地求助于前面已经引证过的、马克思在《资本论》第 1 卷第二版跋中的那段论述中所包含的两个著名的比喻：一个是"倒立着的"和"倒过来"的比喻，我们不妨称之为"颠倒之喻"；另一个是"神秘外壳"和"合理内核"的比喻，我们不妨称之为"外壳内核之喻"。

我们先来看"颠倒之喻"。阿尔都塞认为，这个比喻最早是由费尔巴哈提出来的。显然，这一见解并不是空穴来风。在《关于哲学改造的临时纲要》一文中，当费尔巴哈批判黑格尔的思辨唯心主义哲学思想时，曾经这样写道：

---

① 《马克思恩格斯选集》第 4 卷，人民出版社 1995 年版，第 695 页。

我们只需经常把宾词当做主词，而把作为主词的东西当做客体和原理，也就是说，只要把思辨哲学颠倒（umkehren）过来，就能得到无蔽的、纯粹的和明显的真理。①

虽然费尔巴哈在这里使用的德语动词是 umkehren，不同于马克思所使用的德语动词 umstuelpen，但这两个动词的含义十分接近，都可以解释为"颠倒"或"翻转"。事实上，当人们把"颠倒之喻"用到对马克思和黑格尔之间的理论关系的阐释上时，通常的含义是：马克思把黑格尔的唯心主义立场颠倒为唯物主义立场。有趣的是，马克思本人也是这么理解"颠倒之喻"的含义的。在 1868 年 3 月 6 日致路德维希·库格曼的信中，马克思在提到杜林的错误的哲学观点时，以十分明确的口吻写道：

　　他十分清楚地知道，我的阐述方法和黑格尔的不同，因为我是唯物主义者，黑格尔是唯心主义者。②

毋庸讳言，马克思本人在有些场合下使用"唯物主义"这一概念时，因为语境的关系而未对这一概念的含义做出相应的说明。之所以出现这样的情况，完全是可以理解的，然而，有些研究者却抓住马克思的只言片语，力图误解乃至曲解马克思的思想。我们发现，这些研究者通常是从一般唯物主义的立场出发去理解马克思所使用的"唯物主义"概念的，这是导致他们对马克思哲学的实质性误解的重要原因之一。限于导论的篇幅，我们在这里只是提及这一点而不详加论述。实际上，细心的读者自己就会发现，成熟时期的马克思所使用的"唯物主义"概念与其青年时期有着根本性的区别。我们至少可以说，成熟时期的马克思所使用的"唯物主义"概念至少具有以下三个基本的特征。

---

　　①　Ludwig Feuerbach, *Anthropologischer Materialismus*, Herausgegeben von Alfred Schmidt, München: Verlag Ullstein GmbH, 1985, S. 83.
　　②　《马克思恩格斯选集》第 4 卷，人民出版社 1995 年版，第 578—579 页。

其一，马克思的唯物主义是以人们的实践活动为出发点的，因而它实质上是一种"实践唯物主义"或"历史唯物主义"。而传统的、旧的唯物主义是以与人的实践活动相分离的自然界或物质世界为出发点的，因而它实质上是一种抽象的唯物主义。显然，马克思的唯物主义与传统的、旧的唯物主义之间存在着根本性的理论差异，正如马克思在《关于费尔巴哈的提纲》第一条中所明确地指出过的那样：

> 从前的一切唯物主义（包括费尔巴哈的唯物主义）的主要缺点是：对对象、现实、感性，只是从客体的或直观的形式去理解，而不是把它们当作感性的人的活动，当作实践去理解，不是从主体方面去理解。①

这段极为精辟的论述表明，马克思的唯物主义与传统的、旧的唯物主义，亦即一般唯物主义之间存在着根本性的差异。事实上，只有牢牢地记住这种根本性的差异，才能准确地理解马克思哲学的实质。然而，我们发现，在马克思哲学的传播史和阐释史上，这种根本性的差异渐渐地被淡忘了。当然，也有些研究者，自觉地或不自觉地受到某种意识形态的影响，试图磨平或干脆取消这种根本性的差异。不用说，在今天，重新理解并关注这种根本性的差异，正是为了恢复马克思哲学的本真精神。

其二，马克思认为，一般唯物主义的根本特征是承认自然界或物质世界的先在性。然而，从一般唯物主义的立场出发，亦即从与人的实践活动相分离的、抽象的自然界或物质世界出发，却无法引申出或推广出历史唯物主义。众所周知，费尔巴哈坚持的正是这种强调自然界先在性的一般唯物主义的立场。他这样向人们呼吁：

---

① 《马克思恩格斯选集》第 1 卷，人民出版社 1995 年版，第 54 页。

直观自然，直观人吧！在这里你们可以洞见哲学的秘密。①

按照马克思的看法，无论如何并不存在从一般唯物主义通向历史唯物主义去的桥梁。在《德意志意识形态》的"费尔巴哈"章中，他提醒我们：

> 当费尔巴哈是一个唯物主义者的时候，历史在他的视野之外；当他去探讨历史的时候，他决不是一个唯物主义者。在他那里，唯物主义和历史是彼此完全脱离的。②

在这里，马克思不但揭示出一般唯物主义的一个根本性的弱点——唯物主义与历史的相互分离，而且也告诫我们，从一般唯物主义的立场出发，永远"推广"不出历史唯物主义理论。然而，这一对理解马克思的哲学思想来说至关重要的结论却被与马克思同时代的和后来的正统的阐释者们掩蔽起来了。在"推广论"的持有者们看来，马克思先确立了费尔巴哈式的、一般唯物主义的立场，再把这一立场同从黑格尔哲学中取来的辩证法思想结合起来，形成了所谓的"辩证唯物主义"；然后再把"辩证唯物主义""推广"并"应用"到社会历史领域中去，建立了所谓"历史唯物主义"。这种"推广论"的盛行表明，作为马克思划时代的哲学革命结晶的"历史唯物主义"在这里已经蜕变为"辩证唯物主义"的应用性的或实证性的产物。

其三，马克思并没有在唯物主义和正确的东西、唯心主义和错误的东西之间简单地画等号，相反，他常常批评唯物主义的被动性，肯定唯心主义的能动性。在批评唯物主义不能从实践和主体出发去理解现实世界时，马克思尖锐地指出：

---

① Ludwig Feuerbach, *Anthropologischer Materialismus*, Herausgegeben von Alfred Schmidt, München: Verlag Ullstein GmbH, 1985, S. 95.

② 《马克思恩格斯全集》第 3 卷，人民出版社 1960 年版，第 51 页。

因此，和唯物主义相反，能动的方面却被唯心主义抽象地发展了，当然，唯心主义是不知道现实的、感性的活动本身的。①

也就是说，马克思解构了唯物主义和唯心主义之间的简单化的、抽象的对立。事实上，马克思之所以那么重视在黑格尔哲学中第一次得到系统表述的辩证法思想，并以批判继承的方式把它融合进自己的实践唯物主义的学说中，正是为了使实践唯物主义或历史唯物主义保持并发挥其积极的能动性。有感于马克思这方面的积极态度，列宁在《哲学笔记》中也写下了那段含义隽永而又不失幽默感的话：

聪明的唯心主义比愚蠢的唯物主义更接近于聪明的唯物主义。聪明的唯心主义这个词可以用辩证的唯心主义这个词来代替；愚蠢的这个词可以用形而上学的、不发展的、僵死的、粗糙的、不动的这些词来代替。②

显然，这一机智的说法消解了唯物主义和唯心主义之间的僵硬的对立，有利于我们以最有效的方式汲取蕴含在传统哲学中的合理因素。

从上面的论述可以看出，在马克思那里，"颠倒之喻"是有其独特的含义的。我们并不赞同阿尔都塞不分青红皂白地指责并否定"颠倒之喻"。在我们看来，必须把马克思的"颠倒之喻"与马克思的同时代人和后继者对这一比喻的理解和阐释严格地区分开来。同时，我们也清醒地认识到，比喻在任何时候都不可能是完全明晰的，对基本的或重大的理论问题的论述应该尽可能地诉诸明晰的理论用语。当然，我们也知道，

---

① 《马克思恩格斯选集》第 1 卷，人民出版社 1995 年版，第 54 页。

② 列宁：《哲学笔记》，人民出版社 1960 年版，第 305 页。有趣的是，列宁还发现了唯心主义的另一个优点："当一个唯心主义者批判另一个唯心主义者的唯心主义基础时，常常是有利于唯物主义的。见亚里士多德对柏拉图等人的批判，黑格尔对康德等人的批判。"（第 313 页）

并不是在任何时候都容易做到这一点的。

毋庸讳言，同"颠倒之喻"一样，"外壳内核之喻"在马克思那里也有其独特的含义。

一方面，马克思主要是在论述黑格尔辩证法时使用"外壳内核之喻"的。在《资本论》第 1 卷第二版跋中提出这个著名的比喻后，马克思随后写道：

> 辩证法，在其神秘形式中（in ihrer mystifizierten Form），成了德国的时尚，因为它似乎使现存事物显得光彩。辩证法，在其合理形态中（in ihrer rationellen Gestalt），引起资产阶级及其夸夸其谈的代言人的恼怒和恐怖，因为辩证法在对现存事物的肯定的理解中同时包含对现存事物的否定的理解，即对现存事物的必然灭亡的理解；辩证法对每一种既成的形式都是从不断的运动中，因而也是从它的暂时性方面去理解；辩证法不崇拜任何东西，按其本质来说，它是批判的和革命的（kritisch und revolutionaer）。[①]

在这段极为重要的论述中，马克思区分出两种不同类型的辩证法：一种是"在其神秘形式中"的辩证法，另一种是"在其合理形态中"的辩证法。这一区分对应的正是"神秘外壳"和"合理内核"。在这里，马克思着重论述的是后一种类型的辩证法的内涵和本质。从这些论述中可以看出，后一种类型的辩证法也就是马克思自己所坚持的辩证法。相反，前一种类型的辩证法则是当时德国流行的辩证法，尤其是黑格尔的辩证法。马克思的上述见解也可以从他五年前（即 1868 年 3 月 6 日）写给路德维希·库格曼的信中得到印证：

> 黑格尔的辩证法是一切辩证法的基本形式，但是，只有在剥去

---

① 马克思：《资本论》第 1 卷，人民出版社 1975 年版，第 24 页。原译文有不妥之处，为求准确理解马克思的原意，此处略作更动。Sehen Marx & Engels, *Ausgewaehlte Werke*, Band 23, Berlin: Dietz Verlag, 1973, S. 27.

它的神秘的形式之后才是这样，而这恰好就是我的方法的特点。①

由此可见，马克思这里所说的黑格尔辩证法的"神秘形式"，也就是其"神秘外壳"；而"合理内核"也就是指"在其合理形态中"的辩证法，也就是马克思本人所坚持的辩证法。马克思的上述论述启示我们，黑格尔的辩证法在其现成的形态上是不能拿来就用的，"只有在剥去它的神秘形式之后"才能加以使用。换言之，只有把"在其神秘形式中"的辩证法转换为"在其合理形态中"的辩证法，才能为我们所用。然而，遗憾的是，马克思的后继者们常常以全盘接收的态度对待黑格尔的辩证法，仿佛黑格尔哲学中的一切都可以现成地拿来就用。显然，这种非批判的、全盘接收的态度常常使人们满足于在黑格尔的理论语境中去阐释马克思的哲学思想，从而把本来在思想上已经完全独立的马克思重新推回到黑格尔哲学的怀抱中去。要言之，再度把马克思黑格尔化了。事实上，把马克思黑格尔化是我们经常可以见到的"魔化"马克思的主要方式之一。

另一方面，马克思对黑格尔辩证法的"神秘形式"或"神秘外壳"的内涵与本质有自己的明确的、批判性的理解。在《资本论》第 1 卷第二版跋中，马克思这样提示我们：

> 将近三十年以前，当黑格尔辩证法还很流行的时候，我就批判过黑格尔辩证法的神秘方面（die mystifizierende Seite）。②

众所周知，马克思撰写第二版跋的时候是 1873 年，他所说的"将近三十年以前"，也就是 1844、1845 年左右。事实上，在《1844 年经济学哲学手稿》中，马克思在论述黑格尔的辩证法把一切都理解为过程时，曾经指出：

---

① 《马克思恩格斯选集》第 4 卷，人民出版社 1995 年版，第 579 页。
② 马克思：《资本论》第 1 卷，人民出版社 1975 年版，第 24 页。

这个过程必须有一个承担者、主体；但主体首先必须是一个结果；因此，这个结果，即知道自己是绝对自我意识的主体，就是上帝（der Gott），绝对精神，就是知道自己并且实现自己的观念。现实的人和现实的自然界不过成为这个隐秘的、非现实的人和这个非现实的自然界的宾词、象征。因此，主词和宾词之间的关系被绝对地相互颠倒（Verkehrung）了：这就是神秘的主体—客体（mystisches Subjekt-Objekt），或笼罩在客体上的主体性，作为过程的绝对主体，作为使自己外化并且从这种外化返回到自身的、但同时又使外化回到自身的主体，以及作为这一过程的主体；这就是自身内部的纯粹的、不停息的旋转。①

我们发现，马克思在这里谈到的"神秘的主体—客体（mystisches Subjekt-Objekt），或笼罩在客体上的主体性"指的正是黑格尔辩证法的"神秘外壳"，即黑格尔先把非现实的主体设定为辩证运动过程中的现实的承担者或主体，再把本来是现实的承担者或主体的人和自然界转化为非现实的宾词和象征，转化为主体笼罩下的客体。众所周知，黑格尔于1817年出版的《哲学全书纲要》是由《逻辑学》《自然哲学》和《精神哲学》这三部著作构成的。《逻辑学》的研究对象是逻辑理念，逻辑理念作为绝对的主体外化出自然界，从而成为自然哲学研究的对象；而自然界在自身的运动中产生出"人"这种社会存在物并构成了为"人"所独有的精神领域，这就使精神哲学应运而生，而绝对理念也正是通过精神哲学返回到自身之中的。由此可见，黑格尔所叙述的辩证运动正是在这种"神秘外壳"中得以展开的。

此外，我们也注意到，马克思揭示出这一"神秘外壳"的本质，即"主词和宾词之间的关系被绝对地相互颠倒（Verkehrung）"。在这里，

---

① 《马克思恩格斯全集》第 42 卷，人民出版社 1979 年版，第 176 页。原中译文把 der Gott 译为"神"显然不妥，因为"神"可能以多样的方式存在，而"上帝"则是唯一的。所以，der Gott 应被译为"上帝"。Sehen Karl Marx, *Pariser Manuskripte*, Westberlin: Verlag das europaeische buch, 1987, S. 130.

"主词""宾词""颠倒"这样的概念均来自费尔巴哈。当然，就"颠倒"这个词的德语表达方式而言，费尔巴哈用的是动词 umkehren，马克思用的是与动词 verkehren 对应的名词 Verkehrung。我们发现，"外壳内核之喻"和"颠倒之喻"是密切关联在一起的。如果用成熟时期的马克思的话语来表达，"外壳内核之喻"也就是把作为黑格尔辩证法的基础的唯心主义颠倒为唯物主义，这也就等于剥去了其辩证法的"神秘外壳"，而当马克思把辩证法移置到唯物主义（请注意，正如我们在前面已经指出过的那样，这里指的是马克思理论视野中的唯物主义，即实践唯物主义或历史唯物主义）的基础上时，辩证法就成了"在其合理形态中"的辩证法了。

在马克思和恩格斯合著的《神圣家族》一书中，马克思以更明确的口气揭露了黑格尔辩证法的"神秘外壳"。在该书第五章中，马克思专门辟出一节的篇幅来揭露黑格尔的"思辨结构"（die spekulative Konstruktion）的秘密。所谓"思辨结构"，马克思有时称之为"思辨的、神秘的方式"（eine spekulative, mystische Weise）或"思辨的叙述"（die spekulative Darstellung）等，实际上都是对其神秘主义辩证法的不同的称谓。其基本的内涵是：先从现实存在的苹果、梨、草莓、扁桃等等中得出"果实"这个一般的观念；再把这个一般的观念设想为存在于我们身外的一种本质，即苹果、梨、草莓、扁桃等等的实体；最后再宣布，苹果、梨、草莓、扁桃等等不过是"果实"的不同的存在样态。于是，在黑格尔的思辨结构中，抽象的"果实"转化为最真实的、不会被时间销蚀的"实体"，而原来真实存在的、感性的苹果、梨、草莓、扁桃等等则转化为不真实的、偶然的现象。还需指出的是，在黑格尔的思辨结构中，"果实"并不是一种无差别的、静止的、僵死的"实体"，这种"实体"同时也就是"主体"，是一种活生生的、自相区别的、精神性的、能动的本质。马克思一针见血地指出：

　　显而易见，思辨哲学家之所以能完成这种不断的创造，只是因为他把苹果、梨等等东西中为大家所知道的、实际上是有目共睹的属性当做他自己发现的规定，因为他把现实事物的名称加在只有抽象的理智才能创造出来的东西上，即加在抽象的理智的公式上，最后，因为他把自己从苹果的观念推移到梨的观念这种他本人的活动，说成"一般果实"这个绝对主体的自我活动。

这种办法，用思辨的话来说，就是把实体了解为主体，了解为内部的过程，了解为绝对的人格。这种了解方式就是黑格尔方法的基本特征。①

不难发现，马克思在这里所揭露的黑格尔辩证法的"神秘外壳"，也就是其"思辨结构"或"思辨的、神秘的方式"。这是对《1844年经济学哲学手稿》中所说的"神秘的主体—客体"的产生和运作过程的更为明确的表述。然而，在正统的阐释者们那里，马克思的"外壳内核之喻"和"颠倒之喻"一样受到了曲解。在通常的情况下，正统的阐释者们把黑格尔辩证法的"神秘外壳"曲解为黑格尔的整个唯心主义哲学体系，而把"合理内核"曲解为黑格尔的辩证法。

然而，正如我们在前面已经指出过的那样，在马克思那里，无论是"外壳内核之喻"，还是"颠倒之喻"，都是就黑格尔的辩证法而言的，不是就黑格尔的整个哲学体系而言的。尽管辩证法构成黑格尔哲学体系中的一个基本的方面，但它却不能取代黑格尔的全部哲学，此其一。就"神秘外壳"而言，如果把它理解为黑格尔的整个哲学体系，那它相对于黑格尔的辩证法来说，就是一种外在的、叙述性的形式。虽然黑格尔哲学体系的构成方式也蕴含着神秘主义的因素，但比起马克思所说的"思辨结构"来，显然后者更本质性地体现为黑格尔辩证法的存在方式，即"神秘外壳"，此其二。如果简单地把黑格尔的辩证法理解为"合理内核"，这就等于说，黑格尔的辩证法根本不需要进行批判性的改造，只要拿过来就直接可以加以使用，此其三。显然，把"外壳内核之喻"理解

---

① 《马克思恩格斯全集》第2卷，人民出版社1957年版，第75页。

为抛弃"体系"和保留"方法"(即辩证法)的关系,完全误解了马克思这一比喻的内涵和本质。关于这方面的问题,我们在本书相关的章节中还会详尽地加以讨论。

通过上面的论述,我们不但确定了"扬弃"或"批判继承"的观点是理解马克思和黑格尔理论关系的合适的路径,而且也就这一路径经常关涉到的、马克思采用的"颠倒之喻"和"外壳内核之喻"的含义与本质做了系统的分析。此外,我们也不无担忧地提到了这一合适的研究路径在其实施的过程中可能出现的或已经遭遇到的种种歧途。

为了避免出现这种歧路亡羊的局面,一方面,我们必须深入地探讨马克思的这两个重要的比喻,正本清源,通过准确的阐释恢复它们在马克思本人那里的初始内容与准确的含义。在这里,特别需要加以说明的是,马克思的这两个比喻都是就黑格尔的辩证法而言的,而不是就整个黑格尔哲学体系而言的。另一方面,我们也必须清醒地认识到,比喻从来就不是严格的论证。我们应该有勇气超越这种单纯比喻的方式,用规范的理论术语来准确地表达马克思和黑格尔之间的理论关系。应该看到,德拉-沃尔佩、科莱蒂和阿尔都塞等西方马克思主义者已经在这方面做出了可贵的探索,尤其是阿尔都塞,在《保卫马克思》一书中专门辟出"矛盾与多元决定"一章来探讨马克思的这两个比喻。他这样写道:

> 如果马克思的辩证法"在本质上"同黑格尔的辩证法相对立,如果马克思的辩证法是合乎理性的而不是神秘的,这种根本的不同应该在辩证法的实质中,即在它的规定性和特有结构中得到反映。明白地说,这就意味着,黑格尔辩证法的一些基本结构,如否定、否定之否定、对立面的同一、"扬弃"、质转化为量、矛盾等等,到了马克思那里(假定马克思接受了这些结构,事实上他并没有全部接受)就具有一种不同于原来在黑格尔那里的结构。这也意味着,结构的这些不同是能够被揭示、描述、规定和思考的。既然是能够

的，那也就是必需的；我甚至认为，这对马克思主义是生死攸关的。我们不能满足于无休止地重复体系和方法的不同啦，哲学的颠倒或辩证法的颠倒啦，"合理内核"的发现啦，以及诸如此类的含糊术语，否则岂不是要让它们代替我们去思考；也就是说，我们自己不动脑筋，却一味相信那些早已用滥了的词句能够魔术般地完成马克思的事业。我所以说生命攸关，因为我坚信，马克思主义的哲学发展当前就取决于这一项任务。①

在这里，一方面，阿尔都塞竭力阐明，马克思的这两个比喻应当从马克思和黑格尔对辩证法的基本结构的理解上存在着的根本性的差异的角度去加以把握，这充分显示出他的"结构主义的马克思主义"的立场对他的思想的决定性的影响；另一方面，阿尔都塞认为，对这两个比喻的理解和阐释，也间接地关系到对马克思哲学与黑格尔哲学的关系的理解，以及对马克思哲学的实质的理解等。他也主张不应该求助于含糊的比喻，而应该诉诸明晰的论证来阐明马克思和黑格尔之间的理论关系。

虽然阿尔都塞的研究受到他的结构主义的背景和立场②的影响，然而，他毕竟启发了我们的思绪。每个细心的读者都会发现，阿尔都塞的一个重要贡献是提出了"总问题"这一新的、重要的概念，并把它理解为我们判断每一个不同的理论体系的根本依据：

---

① ［法］路易·阿尔都塞：《保卫马克思》，顾良译，商务印书馆1984年版，第71—72页。

② 有趣的是，阿尔都塞竭力把自己的学说与结构主义的整个背景分离开来。他在《阅读资本论》的"意大利版的序言"中写道："我们十分在意地使自己同'结构主义'的意识形态区分开来（我们非常明确地表示，马克思著作中的'结合'概念与'组合'概念是毫无关系的），由于我们使用了一些与'结构主义'完全不同的范畴（归根到底意义上的决定、支配、多元决定、生产过程等），尽管我们使用的术语在许多方面同'结构主义'的术语是十分相近的，但并没有造成模棱两可的状况。除极少数例外（某些敏锐的批评家把我们与结构主义区分开来），在目前流行的看法中，我们对马克思的解释，普遍地被看作和判断为'结构主义'的解释。我们确信，尽管我们的著作在术语上有些含混不清，但它们的深刻意向与'结构主义'的意识形态并没有任何联系。"Louis Althusser, "Foreword to the Italian Edition," in *Reading* Capital, New York: Panttheon Books, 1970.

每一种理论本质上都是一个总问题，也就是说，与这一理论的研究对象相关的每一个问题的设定都植根于这一理论性的—系统性的母胎（the theoretico-systematic matrix）。①

阿尔都塞启示我们，每一个理论体系都有自己的"总问题"，亦即自己的问题群落，与每一个理论体系的研究对象相关的任何具体的问题都只能在这个问题群落中被提出来。当我们把两种不同的理论，如黑格尔的理论和马克思的理论放在一起时，判断它们之间的关系的标准就是看它们各自的"总问题"之间的关系究竟如何。如果这两种理论的"总问题"是没有矛盾的，那么这两种理论就是一致的；如果它们是有差异的，甚至是根本对立的，那么这两种理论也是有差异的，甚至是根本对立的。如前所述，阿尔都塞还进一步把错误理论和正确理论分别设定为"意识形态"和"科学"。由于青年马克思的思想处于黑格尔和费尔巴哈的"总问题"的影响下，因而从属于"意识形态"；而成熟时期的马克思则形成了自己正确描述现实生活的"总问题"，因而从属于"科学"。而在青年时期的马克思和开始形成自己的独立的哲学理论的马克思之间则存在着"一个认识论的断裂"。

阿尔都塞的这套阐释方案的提出，确实在理论界产生了振聋发聩的影响。"总问题"的概念由于融入了结构主义的思想酵素，也显得比卢卡奇的"总体性"概念具有更多的解释权。然而，一方面，阿尔都塞对"总问题"概念的阐述还缺乏明晰性，有时候他把它理解为一个问题结构或问题体系，有时候又把它理解为一个理论体系中的主导性问题。这就使这个重要的概念缺乏含义上的明晰性。事实上，他也未能运用这一概念对任何一个理论体系内部的问题结构做出具体的、令人信服的分析，而关于"理论性的—系统性的母胎"这样的提法，表明他仍然没有完全超越运用比喻的方式进行理论阐释的传统的思路。另一方面，"意识形态"

---

① Louis Althusser, *Reading* Capital, New York: Panttheon Books, 1970, p. 155.

"科学""认识论断裂"这样的提法完全否认了马克思与黑格尔之间存在的理论继承关系，也完全否认了成熟时期的马克思与青年时期的马克思在思想上的内在联系，从而使我们上面已经提及的许多理论现象无法得到合理的解释。

所以，在深入分析阿尔都塞和其他西方马克思主义者的阐释方案，充分借鉴当代西方哲学家的研究成果，如托马斯·库恩的"范式"（para-digm）理论、拉卡托斯的"科学研究纲领"（scientific research programme）等理论的基础上，我们决定提出一套新的术语来阐明马克思与黑格尔之间的理论关系，并对马克思哲学的实质提出明确的见解。

第四节　阐释的更新

我们提出的第一个阐释性的概念是**"思想酵素"**（ferment of thought），它的含义是：任何一个理论体系都不可能是凭空产生出来的，它总是一个或一些理论家通过对自己置身于其中的总体思想资源的选择、组合、改造和原创性的阐释过程中形成起来的。我们把这种从总体思想资源中选择出来的、构成一个或一些理论家思考的起点和依据的某些思想资源称为"思想酵素"。不管一个或一些理论家对自己视为思考的出发点的思想酵素是取完全认同的态度，还是取批判乃至否定的态度，他的整个理论体系是不可能完全脱离某些根本性的思想酵素而形成起来的。有的理论家从来没有自觉地意识到这一点，所以很容易掉进唯我论的陷阱中，以为自己独立地创造了一个理论体系。实际上，他在构建自己的理论体系的过程中，向前人和同时代人借贷的思想酵素比他自己所认可的要多得多。当然，也有的理论家自觉地意识到了这一点，并希望读者通过熟悉他的理论体系所从出的思想酵素的方式来理解他的整个理论体系。叔本华就属于后一类哲学家，他在《作为意志和表象的世界》的"第一版序"（1818）中曾经开宗明义地写道：

所以康德的哲学对于我这里要讲述的简直是唯一要假定为必须彻底加以理解的哲学。除此而外，如果读者还在神明的柏拉图学院中留连过，那么，他就有了更好的准备，更有接受能力来倾听我的了。再说，如果读者还分享了《吠陀》给人们带来的恩惠，而由于《邬波尼煞昙》(Upanishad)给我们敞开了获致这种恩惠的入口，我认为这是当前这个年轻的世纪对以前各世纪所以占有优势的最重要的一点，因为我揣测梵文典籍影响的深刻将不亚于十五世纪希腊文艺的复兴；所以我说读者如已接受了远古印度智慧的洗礼，并已消化了这种智慧；那么，他也就有了最最好的准备来倾听我要对他讲述的东西了。①

在这段话中，叔本华以十分明确的口吻告诉我们，构成他的理论体系的主要思想酵素源自康德、柏拉图和印度的典籍《乌波尼煞昙》中的哲学智慧。② 由此可见，任何理论体系都是在前人已经提供的一定的思想酵素的基础上形成并发展起来的，纯粹意义上的所谓"独立创造"是根本不可能的。

我们提出的第二个阐释性的概念是**"问题域"**（problem sphere）。其含义是：任何一个理论体系本质上都是通过问题域这种存在方式来构建自身的。在这个意义上可以说，一个理论体系本质上也就是一个问题域，而一个问题域也就是指某一理论体系可能提出的全部问题的总和。问题域不等于在实际研究过程中已经提出的那些问题的总和，而是指在逻辑上可能提出的全部问题的总和。要言之，问题域划出来的是一个提

---

① ［德］叔本华：《作为意志和表象的世界》，第一版序，石冲白译，商务印书馆1982年版，第5—6页。该书将《乌波尼煞昙》译为《邬波尼煞昙》。

② 对思想酵素的确定正是我们解开任何一种理论得以发生的谜语的一把钥匙。参阅俞吾金：《论哲学发生学》，见俞吾金：《寻找新的价值坐标——世纪之交的哲学文化反思》，复旦大学出版社1995年版，第348—372页。

问的逻辑可能性的空间。在通常的情况下，它总是处于不饱和的状态中。

乍看起来，人们的提问方式及提问的方向和范围似乎完全是任意的和开放的，即人们仿佛可以提出自己愿意提出的任何问题。然而，实际上，他们的提问范围、方式和方向无不受制于他们先于提问而已然接受的那个问题域的约束。有趣的是，人们使用的"视而不见"这个用语还拥有比他们通常的理解所达到的更深刻的含义。在这里，"视"有两种不同的含义：一是指感性上的、可见的"视"，即人的眼睛能够或不能够看到某物；二是指观念上的、不可见的"视"，这里的"视"就是思考，这个意义上的"视而不见"就是"根本想不到"的意思。它深刻地启示我们，人们通常只能发现并提出自己已然接受的问题域范围内的问题，至于这个问题域之外的其他任何问题，即使每天出现在他们的感性的眼睛之前，他们也会视而不见的。① 进一步的研究使我们确信，任何问题域所包含的诸多问题都不可能处于"无政府主义"的状态之下。从结构上看，它们通常蕴含着以下三个不同的问题层。

首先是"第一问题"（the first problem），它是以单数的形式出现的，在整个问题域中具有基础性的、核心的地位和作用。它的提问方式和解答方式完全决定于在逻辑上先于它而为提问者所接受的问题域。假如人们把哲学作为自己的探讨对象，他们提出的第一问题通常是："什么是哲学?"乍看起来，他们在提问之前似乎预先假定了自己对"哲学"处于无知的状态之下。其实，这种无知状态完全是虚构出来的，因为实际情形是：在他们提出问题之前，他们已经自觉地或不自觉地接受了某个或某些哲学体系及相应的问题域，但他们却试图使自己保持在这样的错觉中，即仿佛自己对哲学是一无所知的。事实上，不管他们自己是否愿意，他们的提问完全是按照他们已然接受的理论体系所蕴含的问题域来

① 参阅俞吾金：《问题域外的问题——现代西方哲学方法论探要》，上海人民出版社1988年版。该书的"导论"部分已对"问题域"的概念作了初步的论述。

展开的。这里出现的有趣的，也是令人困惑的悖论是：结论似乎总是先于问题而存在的，即人们不是先提出问题，然后再去寻找相应的结论，而是先拥有结论，然后才去设定相应的问题的。在这个意义上可以说，逻辑上在先的并不是问题，而是问题所从出的结论（提问者在提问之前已经认同的理论体系和相应的问题域）。

其次是"基本问题"（basic problems），它们通常是以复数的形式存在的。当然，它们在内容上并不是任意的，而是从属于"第一问题"的提问方式和解答方式的，并把这一提问方式和解答方式化解为若干在理论思考中具有重要意义的"基本问题"。尽管"基本问题"通常是以复数的形式存在的，但它们在数量上是非常有限的，因为它们只是第一问题的本质内涵的展开。假如某人把哲学作为自己的探讨对象，那么只要他确定了"第一问题"的内容和提问方式，可能提出的"基本问题"也就相应地被确定下来了。

最后是"具体问题"（concrete problems），它们也是以复数的方式出现的，而且在数量上是巨大的。实际上，任何一个问题域都蕴含着大量的"具体问题"。就结构关系而言，所有这些可能提出的"具体问题"都从属于上面提到的"基本问题"。换言之，它们是从"基本问题"中化出来的。假如某人把哲学作为自己的探讨对象，那么一旦他设定了"第一问题"和"基本问题"，可能演绎出来的"具体问题"的范围也就大致上被确定下来了。

我们提出的第三个阐释性的概念是**"问题域的认同"**（identity of problem sphere），其含义是：假如一个理论体系所蕴含的"第一问题"的提问方式和解答方式本质上未超出先已存在的某个理论体系所蕴含的"第一问题"的提问方式和解答方式，那么这里出现的就是"问题域的认同"。值得注意的是，"问题域的认同"只是表明两个理论体系实质上是一致的，但并不意味着这两个理论体系所蕴含的问题域是完全等同或相互重合的，它主要强调的是从属于不同问题域的"第一问题"在提问方式和解答方式实际上达到的雷同程度。当然，即使从属于不同问题域的

"第一问题"在提问方式和解答方式上是类似的，也并不排除这样的可能性，即这两个问题域在"基本问题"和"具体问题"的设定和表述上仍然或多或少地存在着某些差别。

我们提出的第四个阐释性的概念是**"问题域的转换"**（transformation of problem sphere），其含义是：任何一个理论体系，如果在其发展的过程中，原来所蕴含的"第一问题"的提问方式和解答方式已经被新的提问方式和解答方式取代，而前后两种提问方式和解答方式之间又存在着根本性的差别，那么这里涉及的就是"问题域的转换"了。它意味着旧的理论体系和旧的问题域已经被完全异质的新的理论体系和新的问题域取代，意味着理论观点上的根本性的改变。当然，必须指出，这种理论上的根本性的变动通常是通过对旧问题域的"具体问题""基本问题"和"第一问题"的答案的逐层反思而向前展开的。其根本性的标志则是旧问题域的"第一问题"的解答方案遭到怀疑、批判，甚至否定，"第一问题"的旧的提问方式和解答方式被新的提问方式和解答方式所取代。但是，在我们看来，新问题域的确立并不像阿尔都塞所描绘的那样，是一种突然的"认识论的断裂"，而是一个需要一定的时间跨度的、结构上的"转换"过程。历史和实践一再表明，一旦"第一问题"的新的提问方式和解答方式被确立起来，从而新的问题域取代了旧的问题域的时候，新问题域中的"基本问题"层和"具体问题"层仍然有可能与旧问题域中的"基本问题"层和"具体问题"层纠缠在一起。只有把"问题域的转换"理解为一个历史过程，并自觉地创制出新的、相应的理论术语，严格地限定旧的理论术语的含义及使用方式和范围时，"问题域的转换"过程才能以比较彻底的方式进行。当然，我们必须学会从新、旧理论术语之间的差异上去识别新旧问题之间的差异。

我们提出的第五个阐释性的概念是**"转换的起始点"**（the starting-point of transformation）。正如我们在上面已经指出过的那样，从一个旧的理论体系和相应的旧的问题域向一个新的理论体系和相应的新的问题域的转换通常表现为一个过程，但这个过程并不是一个单纯量变的过程，它同时也是一个质变的过程，而质变的根本标志就体现在"转换的起始点"上，而"转换的起始点"也就是"第一问题"的旧的提问方式和解答方式被抛弃，新的提问方式和解答方式被确立的那个关节点。实际上，我们之所以肯定问题域的转换是一个历史过程，并进而肯定这一过程中存在着一个象征质的变化的"转换的起始点"，目的正是超越阿尔都塞提出的简单化的、所谓"认识论断裂"的公式，从而建立一种更为严格的阐释理论。

我们提出的第六个阐释性的概念是**"术语更新"**（terminological renewal）。无数事实表明，在问题域的转换中，适用于旧的问题域的一些理论术语在新的问题域中并不会完全消失，而新的问题域为了与旧的问题域划清界限，也不得不创制出一些新的理论术语。这样一来，"术语的更新"就获得了两种不同的表现方式：一方面，在新的问题域中，某些旧的术语仍然被使用，但我们必须注意到，这些旧术语的内涵已经发生了实质性的变化。因此，当某些旧的理论术语仍然出现在新的问题域中时，我们千万不能望文生义，而是应该深入地探讨这些理论术语在旧的问题域和新的问题域中分别拥有的不同的含义。另一方面，创制新的理论术语也必定会成为新的问题域的建构过程中无法回避的基本任务。恩格斯在《资本论》第 1 卷的英文版序言中曾经说过：

> 可是，有一个困难是我们无法为读者解除的。这就是：某些术语的应用，不仅同它们在日常生活中的含义不同，而且和它们在普通经济学中的含义也不同。但这是不可避免的。一门科学提出的每一种新见解，都包含着这门科学的术语的革命。化学是最好的例证，它的全部术语大约每二十年就彻底变换一次，几乎很难找到一种有机化合物不是先后拥有一系列不同的名称的。①

---

① 马克思：《资本论》第 1 卷，人民出版社 1975 年版，第 34 页。

如果说，化学、政治经济学这样的科学都无法回避理论术语的更新，那么，哲学理论上的根本性变动自然也无法回避术语上的更新。在这个意义上可以说，要准确地理解马克思和黑格尔之间的理论关系，就不能不对马克思新创制的术语和他继续沿用的黑格尔的或其他哲学家的术语的内涵做出具体的、深入的梳理和分析。假如这方面的梳理和分析是缺席的，人们的理解工作和阐释工作也必定会是肤浅的、简单化的。应当看到，以英国学者柯亨（G. A. Cohen）为代表的"分析的马克思主义"（Analytical Marxism）已经在这方面做了大量的深入细致的工作，值得我们认真地加以借鉴。

我们提出的第七个阐释性的概念是"**含义差异**"（difference of implication），即同一术语在不同的问题域或不同的使用状态下可能出现的含义上的差别。探讨"含义差异"主要包含以下两方面的工作：一是分析同一个术语在被同一个理论家在不同的历史时期或不同的场合下使用时含义上存在的差异，二是分析不同的理论家在使用同一个术语时赋予它的不同的含义。总之，在规范性的理论研究中，对一些反复出现的、具有重要性的理论术语的"含义差异"的分析是必不可少的。

下面，我们试图运用这些阐释性的概念，对马克思和黑格尔的理论关系做出总体上的、非比喻性的说明。众所周知，黑格尔作为西方哲学，尤其是德国古典哲学的集大成者，其包罗万象的哲学体系植根于他从传统哲学文化中汲取的极为丰富多彩的思想酵素。在这些思想酵素中，我们只限于指出以下三项最重要的内容：一是从以柏拉图为代表的古希腊哲学到以黑格尔为集大成者的德国古典哲学的发展中所蕴含的知识论哲学传统；二是促使黑格尔关心需要、劳动、异化等等问题的英国古典经济学；三是法国大革命的理论启示。如果说，第一思想酵素使黑格尔的哲学思想从属于西方的理性主义传统，从而使理性在他的哲学体系中发挥着基础和核心的作用，第二思想酵素使他的哲学思想密切地关注现实生活，那么，第三思想酵素则促使他把理论与现实贯通起来。我们知道，法国大革命是在法国启蒙运动的推动下发生的，它蕴含着的一个基本的信念是：凡是思维上、观念上合理的东西(亦即启蒙运动中提出的种种思想观念)一定会转化为现实。正如海涅早已告诉我们的那样：

> 马克西米利安·罗伯斯比尔不过是卢梭(J. Rousseau)的手而已，一只从时代的母胎中取出一个躯体的血手，但这个躯体的灵魂却是卢梭创造的。①

这个信念在康德以后的德国哲学，特别是黑格尔哲学中被提炼、概括、上升为著名的"同一哲学"(philosophy of identity)，而这一哲学理论又在黑格尔关于"思维与存在同一性"的学说中得到了最充分的体现。那么，在黑格尔的思辨唯心主义哲学所蕴含的问题域中，"第一问题"究竟是什么呢？虽然他没有明确地以"什么是哲学？"的方式提问，但他对哲学所下的定义及对它的最高目的的论述实际上隐含着他对"什么是哲学？"这个"第一问题"的明确的解答：

> 概括讲来，哲学可以定义为对于事物的思维着的考察(denk-ende Betrachtung)。如果说"人之所以异于禽兽在于他能思维"这话是对的(这话当然是对的)，则人之所以为人，全凭他的思维在起作用。不过哲学乃是一种特殊的思维方式，——在这种方式中，思维成为认识，成为把握对象的概念式的认识。②
>
> 同样也可以说，哲学的最高目的就在于确认思想与经验的一致，并达到自觉的理性与存在于事物中的理性的和解，亦即达到理性与现实的和解。③

---

① 张玉书编选：《海涅选集》，人民文学出版社 1983 年版，第 291 页。
② ［德］黑格尔：《小逻辑》，贺麟译，商务印书馆 1980 年版，第 38 页。
③ 同上书，第 43 页。

从这些论述可以看出，黑格尔把哲学理解为一种理性思维或概念认识，强调其最高使命是达到理性与现实的和解，从而对现实做出合理的解释。黑格尔这里说的理性与现实的和解常常也被称为思维与存在的和解。在《哲学史讲演录》中，他在评述近代哲学时指出：

> 所以全部兴趣仅仅在于和解这一对立，把握住最高度的和解，也就是说，把握住最抽象的两极之间的和解。这种最高的分裂，就是思维与存在的对立，一种最抽象的对立；要掌握的就是思维与存在的和解。从这时起，一切哲学都对这个统一发生兴趣。①

于是，从黑格尔对隐含着的"第一问题"的解答方式中可以化解出下列基本问题：

1. 思维与存在（或理性与现实、思想与客观性、精神与自然界）的关系；

2. 逻辑与历史（现实史和观念史）的关系；

3. 必然性与人的自由的关系；

4. 认识论、辩证法和逻辑学的关系；

5. 形式逻辑与辩证法的关系。

再从这些"基本问题"出发，又可以化解出许许多多的"具体问题"。所有这些可能提出的"具体问题""基本问题"和"第一问题"的总和构成了黑格尔思辨唯心主义哲学体系的问题域。

那么，蕴含在马克思哲学体系中的问题域又是什么呢？毋庸讳言，与黑格尔比较起来，马克思的哲学体系也植根于极为丰富的思想酵素。

---

① ［德］黑格尔：《哲学史讲演录》第 4 卷，贺麟、王太庆译，商务印书馆 1978 年版，第6页。

在这些思想酵素中，我们可以抉出下面五项最重要的内容：一是马克思对现实的政治活动、革命斗争的参与、体验和理论总结；二是马克思对从希腊到德国的、以理性和自由的追求为特征的哲学传统的批判和继承；三是马克思对国民经济学著作的解读和对资本主义社会的解剖；四是马克思对欧洲空想社会主义学说的批判；五是马克思对非欧社会（如亚细亚生产方式、俄国农村公社、美洲印第安人生活方式等）的研究。[①]假如我们把这些思想酵素综合起来，就会发现，马克思的哲学体系实质上是以经济哲学作为切入点的，因此，在他的理论体系中，生产劳动始终居于基础性的、核心的地位上。当然，马克思建立这一哲学体系的目的并不仅仅是确立一种新的经济哲学理论，而是为他心目中的政治革命和社会革命奠定理论基础。当然，他心目中所期待的政治革命和社会革命都不是任意的，而是人类社会历史运动本身提出的客观诉求。正是这些思想酵素表明，马克思的问题域与黑格尔的问题域之间存在着根本性的差别。

马克思一直十分重视哲学的作用。青年时期的马克思甚至说过："没有哲学我就不能前进。"[②]在对自己青年时期的哲学信仰进行清算后，马克思形成了自己的哲学理论。我们可以把这一理论称为"实践唯物主义"或"历史唯物主义"。在被恩格斯称为"新世界观的天才萌芽的第一个文件"[③]的《关于费尔巴哈的提纲》中，虽然马克思和黑格尔一样，未明确地设定"什么是哲学？""哲学的意义何在？"或"哲学的根本特征是什

---

① 我们认为，第五项思想酵素并没有引起列宁的充分重视，这也许是因为他没有看到马克思关于非欧社会研究的手稿。列宁在 1913 年出版的《启蒙》杂志上发表了题为《马克思主义的三个来源和三个组成部分》的著名论文，把构成马克思理论的思想酵素理解为德国哲学、英国经济学和法国的社会主义，虽然他抓住了问题的主要方面，但也包含着一种危险，即把马克思理解为一个单纯的欧洲主义者。事实上，马克思对非欧社会的大量研究表明，他是一个世界主义者。参阅俞吾金：《马克思主义的第四个来源与第四个组成部分》，见俞吾金：《寻找新的价值坐标——世纪之交的哲学文化反思》，复旦大学出版社 1995 年版，第 320—333 页。

② 《马克思恩格斯全集》第 40 卷，人民出版社 1982 年版，第 13 页。

③ 《马克思恩格斯选集》第 4 卷，人民出版社 1995 年版，第 213 页。

么?"这样的"第一问题",但他下面的见解表明,实际上他正在思索并回应哲学研究的"第一问题":

> 哲学家们只是用不同的方式解释世界,问题在于改变世界。①
>
> 人的思维是否具有客观的[gegenstaendliche]真理性,这不是一个理论的问题,而是一个实践的问题。人应该在实践中证明自己思维的真理性,即自己思维的现实性和力量,自己思维的此岸性。关于思维——离开实践的思维——的现实性或非现实性的争论,是一个纯粹经院哲学的问题。②
>
> 费尔巴哈不满意抽象的思维而喜欢直观;但是他把感性不是看作实践的、人的感性活动。③

我们上面引证的马克思的这三段论述各有自己的意义和价值。第一段论述表明,马克思把自己的哲学观(即对隐含着的哲学"第一问题"的解答)和以往的全部旧哲学区分开来了。也就是说,在以往的哲学家看来,哲学不过是对世界的解释,而马克思则认为,哲学的本质性意义在于,它力图通过人的实践活动改变世界。晚年海德格尔在1969年主持的讨论班上曾对马克思的这一见解做过如下的评论:

> 现今的"哲学"满足于跟在科学后面亦步亦趋,这种哲学误解了这个时代的两重独特现实:经济发展与这种发展所需要的架构。
>
> 马克思主义懂得这〔双重〕现实。然而他还提出了其他的任务:"哲学家们只是以不同的方式解释世界,而问题在于改变世界。"〔让我们〕来考察以下这个论题:解释世界与改变世界之间是否存在着真正的对立?难道对世界的每一个解释不都已经是对世界的改变了

---

① 《马克思恩格斯选集》第1卷,人民出版社1995年版,第57页。
② 同上书,第55页。
③ 同上书,第56页。

吗？对世界的每一个解释不都预设了：解释是一种真正的思之事业吗？另一方面，对世界的每一个改变不都把一种理论前见（Vorblick）预设为工具吗？①

海德格尔不主张把"改变世界"和"解释世界"截然对立起来，毫无疑问，这是对的。事实上，马克思在这段论述中使用的"只是"（nur）表明，他并没有把"改变世界"与"解释世界"截然对立起来，他反对的不过是以往的哲学家"只是"停留在对世界的解释上，而忽略了"改变世界"的重要性和必要性。至于海德格尔的设问"难道对世界的每一个解释不都已经是对世界的改变了吗？"，显然是站不住脚的。我们假定一个人关在房子里想出了一套"解释世界"的理论，但世界实际上是否已经按照他的解释模式发生变化了呢？如果海德格尔的上述设问能够成立的话，那任何一个无聊的白日梦就都能"改变世界"了！诚然，马克思并不否认，对世界的任何改变都离不开对它的解释，然而，在实践缺席的情况下，任何单纯的理论解释并不能"改变世界"。海德格尔的这一不合理的设问显露出他同马克思曾经批判过的青年黑格主义者立场的某种一致性，换言之，它暴露出海德格尔在哲学上坚持的历史唯心主义的立场。正如马克思在嘲讽青年黑格尔主义者时所指出的：

> 有一个好汉一天忽然想到，人们之所以溺死，是因为他们被关于重力的思想迷住了。如果他们从头脑中抛掉这个观念，比方说，宣称它是宗教迷信的观念，那末他们就会避免任何溺死的危险。②

事实上，前面引证的马克思的第一段论述把他自己的哲学观与以往的哲学观从根本上区分开来了。这段话表明，马克思已经初步形成自己的独

---

① ［法］F. 费迪耶等辑录：《晚期海德格尔的三天讨论班纪要》，丁耘摘译，《哲学译丛》2001 年第 3 期。

② 《马克思恩格斯全集》第 3 卷，人民出版社 1960 年版，第 16 页。

创性的哲学理论体系及与这一体系相适应的问题域。

第二段论述表明，在马克思的实践唯物主义与黑格尔的思辨唯心主义之间存在着根本性的理论差别。尽管这段话没有直接提到黑格尔的名字，但以非实践的方式强调人的思维的客观真理性的正是黑格尔哲学的基本倾向之一，而在马克思看来，一旦脱离了人的实践活动，这种片面地叙述思维作用的理论倾向不过是经院哲学的现代版本罢了！

第三段论述表明，在马克思的实践唯物主义与费尔巴哈的直观唯物主义之间存在着根本性的理论差别，因为费尔巴哈从来都是以撇开实践活动的方式去直观人和直观自然界的。换言之，在费尔巴哈的语境中，"感性"这一用语与"实践活动"是无涉的。

在《关于费尔巴哈的提纲》中，我们看到，马克思已经初步形成了自己的问题域，也就是说，在他和黑格尔、费尔巴哈，乃至一切旧哲学之间出现了问题域的转换。在随后撰写的《德意志意识形态》一书中，为了与当时德国的思想界划清界限，马克思力图通过术语创新的方式，进一步阐明自己的新的哲学观：

> 这种历史观就在于：从直接生活的物质生产出发来考察现实的生产过程，并把与该生产方式相联系的、它所产生的交往形式，即各个不同阶段上的市民社会，理解为整个历史的基础；然后必须在国家生活的范围内描述市民社会的活动，同时从市民社会出发来阐明各种不同的理论产物和意识形式，如宗教、哲学、道德等等，并在这个基础上追溯它们产生的过程。……这种历史观和唯心主义历史观不同，它不是在每个时代中寻找某种范畴，而是始终站在现实历史的基础上，不是从观念出发来解释实践，而是从物质实践出发来解释观念的东西。①

---

① 《马克思恩格斯全集》第3卷，人民出版社1960年版，第42—43页。

……实际上和对实践的唯物主义者，即共产主义者说来，全部问题都在于使现存世界革命化，实际地反对和改变事物的现状。①

在这两段重要的论述中，马克思不但把自己的哲学观和以黑格尔为代表的唯心主义历史观尖锐地对立起来，而且提出了"物质生产""生产方式""交往形式""实践唯物主义"等新的术语。如果我们再结合马克思在《〈政治经济学批判〉序言》(1859)中系统地叙述历史唯物主义理论时所使用的新概念，如"物质生产力""经济基础""上层建筑""社会形态"等，那么马上就会发现，与马克思的"实践唯物主义"或"历史唯物主义"相应的整个新的问题域已经建立起来了。在马克思的新的理论体系中，包含着一个基本倾向，即对德国唯心主义的"同一哲学"，尤其是黑格尔的"思维与存在同一说"的扬弃。一方面，正如科莱蒂和阿尔都塞所强调的，马克思主张退回到现实生活中去，这本身就表明了他对思维与存在的异质性的认同，即绝不能像黑格尔那样，从思想、思维和逻辑范畴出发去解释存在或现实生活，而应该承认存在或现实生活是与思想、思维和逻辑范畴异质的东西，必须从存在或现实生活的本质——实践，尤其是作为实践的基本形式的生产劳动出发去解释这些思想、思维和逻辑范畴何以产生以及它们具有什么样的内涵；另一方面，马克思也批判地继承了黑格尔的"思维与存在的同一"的学说中所包含的合理因素，反对用思维去吞并存在，主张在实践的基础上重建"思维与存在的同一"。马克思的哲学观由于突出了实践的基础的、核心的作用，因而把隐含着的"第一问题"化解为下列"基本问题"：

1. 社会实践(尤其是生产劳动)是人类生存和发展的前提；
2. 生产力、生产关系、经济基础和上层建筑(包括意识形态)的关系；

---

① 《马克思恩格斯全集》第3卷，人民出版社1960年版，第48页。

3. 社会认识论和意识形态批判；

4. 社会历史辩证法；

5. 社会需要、社会价值、社会关系和社会革命。

毋庸讳言，再从这些"基本问题"出发，又可以化解出无数个"具体问题"，而所有这些"具体问题""基本问题"和隐含着的"第一问题"的总和则构成了马克思哲学的整个问题域，从而显露出问题的逻辑可能性的空间。

综上所述，成熟时期的马克思哲学的问题域与黑格尔哲学的问题域之间存在着根本性的区别。换言之，马克思对黑格尔哲学实现了问题域的转换，而转换的起始点则是《关于费尔巴哈的提纲》。在问题域转换的过程中，马克思尽可能地进行了术语方面的更新，但他仍然从黑格尔、费尔巴哈和其他传统的哲学家与国民经济学家那里借贷了一些旧概念，如"唯物主义""唯心主义""辩证法""对象化""异化""物化""扬弃""市民社会""意识形态""价值""资本"等。当然，应该看到，马克思对这些旧概念采取了含义更新的办法。由此可见，深入地分析马克思和黑格尔在理解并使用这些术语中存在的"含义差异"，仍然是我们面临的一项紧迫的任务。可是，在这里我们必须打住了，因为导论的使命已经完成了。

第一章　传统阐释路线的确立[①]

众所周知，当马克思还在世的时候，他的学说已经产生巨大的影响。于是，对马克思和黑格尔关系的形形色色的阐释也就应运而生。在各种不同的阐释路线中，有一条阐释路线，即以恩格斯、普列汉诺夫、列宁和苏联的哲学教科书为代表的阐释路线，渐渐地获得了主导性的地位，从而对国际理论界（当然也包括中国理论界在内）产生了经久不衰的影响。

我们知道，作为马克思主义的创始人之一，恩格斯不但是马克思的忠实的战友，而且他的思想曾对马克思产生过重要的影响。正如英国的马克思主义研究专家特瑞尔·卡弗（Terrell Carver）所指出的：

> 在遇到马克思之前，作为一个青年黑格尔派思想家，恩格斯已经相当成熟和引人注目了，事实上，他是该学派中唯一一个真正感觉到需要研究政治经济学和应当将政治批判与阶级斗争实践联系起来的人。我认为，他的这种启发和理论支撑，对马克思始终是

---

① 本章部分文字载于《哲学研究》2008 年第 3 期；《中国社会科学文摘》2008 年第 6 期转载。收录于俞吾金：《实践与自由》，武汉大学出版社 2010 年版，第 252—274 页。

很重要的。①

然而，由于恩格斯与马克思在知识背景和理论分工上的不同，这使他们在对某些理论问题的理解和阐释上存在着差异。毋庸讳言，这些差异的存在是不言而喻的，然而，当今理论界流行的见解却是：马克思和恩格斯对所有理论问题的看法都是完全一致的。不少研究者，如特瑞尔·卡弗就不同意这种"完全一致论"的看法，他评论道：

> 这忽略了他们具有不同的天资、能力、背景、教育的机会、经历和理论证据，也由此违背了我们所了解的、他们作为具有高度个性化生活史的人物的事实。他们是具有不同观念和不同背景的人，是能够发展自己的观点、相互合作与交流、容忍差异、经常争论的个性鲜明的人物。假定他们是一个硬币的两面，或互为对方的映像，简直就是辱没了他们的才智，将他们降低为普通人。②

平心而论，卡弗的评论是有根据的，但他对"完全一致论"的批评又显得过于简单。显而易见，说马克思和恩格斯在所有理论问题上的看法都是完全一致的，这是不符合历史事实的，但说他们在许多理论问题上的见解是一致的，却是站得住脚的。实际上，马克思本人在《〈政治经济学批判〉序言》中早已告诉我们：

> 自从弗里德里希·恩格斯批判经济学范畴的天才大纲（在《德法年鉴》上）发表以后，我同他不断通信交换意见，他从另一条道路

---

① 参阅张亮：《超越传统，探索解读马克思的新方法——特瑞尔·卡弗教授访谈录》，见张一兵主编：《社会批判理论纪事》第 1 辑，中央编译出版社 2006 年版，第 274 页。

② ［英］特瑞尔·卡弗：《"马克思和恩格斯"，还是"马克思对恩格斯"？——在东京弗里德里希·恩格斯国际研讨班上的演讲》，载张一兵主编：《社会批判理论纪事》第 1 辑，中央编译出版社 2006 年版，第 283—284 页。

（参看他的《英国工人阶级状况》）得出同我一样的结果，当 1845 年春他也住在布鲁塞尔时，我们决定共同阐明我们的见解与德国哲学的意识形态的见解的对立，实际上是把我们从前的哲学信仰清算一下。……在我们当时从这方面或那方面向公众表达我们见解的各种著作中，我只提出恩格斯与我合著的《共产党宣言》和我自己发表的《关于自由贸易问题的演说》。我们见解中有决定意义的论点，在我的 1847 年出版的为反对蒲鲁东而写的著作《哲学的贫困》中第一次作了科学的、虽然只是论战性的概述。①

从马克思本人的这段极为重要的论述中我们可以引申出如下的结论：第一，马克思和恩格斯的思想之间是存在着差异的：一方面，恩格斯的思想对马克思产生了一定的影响，但他是从"另一条道路"得出与马克思相同的结论来的；另一方面，他们"不断通信交换意见"也表明，他们之间存在着不同的看法。第二，马克思这里的表述，如"同我一样的结果""我们的见解""我们从前的哲学信仰"等等表明，他们在很多理论问题上都有着共同的见解，或者换一种说法，在不少问题上，他们的观点是一致的。第三，当马克思说"我们见解中有决定意义的论点，在我的 1847 年出版的为反对蒲鲁东而写的著作《哲学的贫困》中第一次作了科学的、虽然只是论战性的概述"时，他已经暗示我们，在他与恩格斯共同创立的理论中，"有决定意义的论点"都是由他提出来的。事实上，我们这里引申出来的结论也在恩格斯的一些论述中得到了印证。在写于 1886 年初的《路德维希·费尔巴哈和德国古典哲学的终结》一书的一个注中，恩格斯这样写道：

我不能否认，我和马克思共同工作 40 年，在这以前和这个期间，我在一定程度上独立地参加了这一理论的创立，特别是对这一

① 《马克思恩格斯选集》第 2 卷，人民出版社 1995 年版，第 33—34 页。

理论的阐发。但是，绝大部分基本指导思想（特别是在经济和历史领域内），尤其是对这些指导思想的最后的明确的表述，都是属于马克思的。我所提供的，马克思没有我也能做到，至多有几个专门的领域除外，至于马克思所做到的，我却做不到。马克思比我们大家都站得高些，看得远些，观察得多和快些。马克思是天才，我们至多是能手。没有马克思，我们的理论永远不会是现在这个样子。所以，这个理论用他的名字命名是理所当然的。①

在这个重要的注中，恩格斯也坦然承认，虽然他在一定程度上也独立地参加了这一理论的创立，但他的主要作用是阐发这一理论，而这一理论中的"绝大部分基本指导思想"都是属于马克思的。那么，恩格斯这里说的"至多有几个专门的领域除外"又是什么意思呢？从上下文可以看出，恩格斯认为马克思特别熟悉的是"经济和历史领域"，而按照恩格斯在《反杜林论》第二版序言中的说法，他比较系统地加以研究的则是数学和自然科学。②而"在各种专业上互相帮助，这早就成了我们的习惯"③。从恩格斯的上述论述中也可以引申出如下的结论：第一，马克思和恩格斯在天赋、能力、思想的深刻程度等方面是存在着差异的。第二，马克思

---

① 《马克思恩格斯选集》第 4 卷，人民出版社 1995 年版，第 242 页注①。在《反杜林论》的第二版序言（写于 1885 年 9 月 23 日）中，恩格斯也指出："顺便指出：本书所阐述的世界观，绝大部分是由马克思确立和阐发的，而只有极小的部分是属于我的，所以，我的这部著作不可能在他不了解的情况下完成，这在我们相互之间是不言而喻的。在付印之前，我曾把全部原稿念给他听，而且经济学那一编的第十章（《〈批判史〉论述》）就是由马克思写的，只是由于外部的原因，我才不得不很遗憾地把它稍加缩短。"参阅《马克思恩格斯选集》第 3 卷，人民出版社 1995 年版，第 347 页。在《共产党宣言》的 1888 年英文版序言中，恩格斯也以同样的口吻写道："虽然《宣言》是我们两人共同的作品，但我认为自己有责任指出，构成《宣言》核心的基本思想是属于马克思的。"参阅《马克思恩格斯选集》第 1 卷，人民出版社 1995 年版，第 257 页。

② 恩格斯写道："当我退出商界并移居伦敦，从而获得了研究时间的时候，我尽可能地使自己在数学和自然科学方面来一次彻底的——像李比希所说的——'脱毛'，八年当中，我把大部分时间用在这上面。"参阅《马克思恩格斯选集》第 3 卷，人民出版社 1995 年版，第 349 页。

③ 《马克思恩格斯选集》第 3 卷，人民出版社 1995 年版，第 347 页。

和恩格斯在理论研究方面的侧重点是不同的。马克思侧重于经济和历史领域，而恩格斯则侧重于数学和自然科学的领域。第三，在马克思和恩格斯共同创立的理论中，马克思起着决定性的作用。正是在这个意义上，恩格斯强调："没有马克思，我们的理论永远不会是现在这个样子。所以，这个理论用他的名字命名是理所当然的。"

综上所述，马克思和恩格斯的关系是一个值得深入地加以研究的问题。我们的基本观点是：第一，新理论（即历史唯物主义）是由马克思和恩格斯共同创立的，其中绝大部分基本指导思想是由马克思提出来的，这也正是这一理论以马克思的名字来命名的根本原因；第二，马克思和恩格斯在不少理论问题上的见解是一致的，但说他们的思想是"完全一致的"则是不符合历史事实的，也是不符合马克思、恩格斯本人的陈述的；第三，马克思和恩格斯在个性特征、知识背景、思想道路和理论分工上存在着差异，他们自己也是承认这些差异的存在的。而在今天，我们之所以要认真地考察这些差异，正是为了全面地、完整地、准确地理解马克思的理论。

众所周知，马克思于 1883 年去世后，阐发马克思理论的主要任务就落到恩格斯的身上。正是通过《反杜林论》《家庭、私有制和国家的起源》《路德维希·费尔巴哈和德国古典哲学的终结》《自然辩证法》和一些重要的书信，恩格斯对马克思理论的阐释方向做出了明确的定位。之后，经过普列汉诺夫、列宁和斯大林的努力，一条完整的阐释路线被确立起来了。它通过马克思主义哲学教科书对学术界形成了决定性的影响。就中国理论界来说，谁都不会否认，从毛泽东、艾思奇、李达这一辈人到今日中国的马克思主义哲学的阐释者们，基本上都是在这一阐释路线的基础上去理解并解释马克思的理论的。于是，深入地考察并总结这一阐释路线的来龙去脉、基本观点、思想影响和理论得失，对于我们正确地理解并阐释马克思的理论来说，就成了一个绕不过去的话题。

第一节　阐释方向的定位

犹如青年马克思一样，青年恩格斯一度也对黑格尔和黑格尔哲学情有独钟。在 1839 年 11 月 13—20 日致威廉·格雷培(Wilhelm Graebe)的信中，恩格斯这样写道：

> ——我正处于要成为黑格尔主义者的时刻。我能否成为黑格尔主义者，当然还不知道，但施特劳斯帮助我了解黑格尔的思想，因而这对我来说是完全可信的。何况他的(黑格尔的)历史哲学本来就写出了我的心里话。[1]

这封信传递了一个重要的信息，即在当时的德国哲学界，尤其是在施特劳斯的影响下，青年恩格斯希望自己能够成为一个够格的黑格尔主义者。在 1840 年 1 月 21 日致弗里德里希·格雷培的信中，他进一步表达了自己的愿望：

> 由于施特劳斯，我现在走上了通向黑格尔主义的阳关大道。我当然不会成为象欣里克斯等人那样顽固的黑格尔主义者，但是我应当汲取这个精深博大的体系中最重要的要素。黑格尔关于神的观念已经成了我的观念，于是，我加入了莱奥和亨斯滕贝格所谓的"现代泛神论者"的行列，我很清楚，泛神论这个词本身就会引起不会思考的牧师们的大惊小怪。[2]

---

[1] 《马克思恩格斯全集》第 41 卷，人民出版社 1982 年版，第 540 页。
[2] 同上书，第 544 页。

在同一封信中，恩格斯还提道：

> 此外，我正在钻研黑格尔的《历史哲学》，一部巨著；这本书我
> 每晚必读，它的宏伟思想完全把我吸引住了。

从这两段论述可以看出，当时的恩格斯不但承认自己走上了黑格尔主义的道路，而且还具体地阐明了黑格尔的神学和历史哲学思想对自己的巨大影响。此外，在黑格尔逝世 10 年后，即 1841 年，弗里德里希·威廉四世特意邀请黑格尔青年时期的朋友和对手——谢林到柏林大学演讲，试图以此消除黑格尔和青年黑格尔主义者的学说激起的某种革命情绪。恩格斯以旁听生的身份倾听了谢林在柏林大学的演讲①，对谢林硬加到黑格尔身上的种种侮辱表示极度的愤慨。在《谢林论黑格尔》(1841)一文中，恩格斯写道：

> 说实在的，我们这些得益于黑格尔要比黑格尔得益于谢林更多
> 的人，难道能够容忍，在死者的墓碑上刻写这种侮辱性的话而不向
> 他的敌人——不管这个敌人多么咄咄逼人——提出挑战以维护他的
> 荣誉吗？无论谢林怎么说，他对黑格尔的评价是一种侮辱，尽管其
> 形式仿佛是科学的。②
>
> 我们的任务是注意他(指谢林——引者)的思路，保卫大师(指
> 黑格尔——引者)的茔墓不受侮辱。③

---

① 戴维·麦克莱伦写道："1841 年 11 月谢林在热烈和期待的气氛中作了关于'启示哲学'课的第一堂讲演。在听他讲演的人中有巴枯宁(M. Bakunin)、恩格斯和凯尔克郭尔(S. Kierkegaard)。讲演的效果决不象通常人们断言的那样是一种悲惨的失败。1842 年初，罗森克兰茨(Karl Rosenkranz)曾用这样一段话描写了柏林哲学界的情景：今年除了谢林就是谢林的，他确实是该当受此隆遇的，一个大人物可真把一切都搅动起来了！接连几个月过去了，所有的报刊杂志和小册子仍然充塞着有关谢林的事情。"参见[英]戴维·麦克莱伦：《青年黑格尔派与马克思》，夏威仪等译，商务印书馆 1982 年版，第 28—29 页。
② 《马克思恩格斯全集》第 41 卷，人民出版社 1982 年版，第 202 页。
③ 同上书，第 204 页。

从这些充满激情的论述中可以看出，当时的恩格斯不但已经成为一个坚定不移的黑格尔主义者，而且自觉地把维护黑格尔理论形象的工作视为自己义不容辞的使命。在写于 1843 年 10—11 月的《大陆上社会改革运动的进展》一文中，恩格斯在谈到由康德所肇始的德国哲学革命时，充满感情地指出：

> 从人们有思维以来，还从未有过像黑格尔体系那样包罗万象的哲学体系。逻辑学、形而上学、自然哲学、精神哲学、法哲学、宗教哲学、历史哲学，——这一切都结合成为一个体系，归纳成为一个基本原则。①

在这篇论文中，尽管恩格斯对黑格尔的哲学体系做出了高度的评价，但他的批判意识也开始萌动了。他批评黑格尔过分地埋头于抽象问题，以至于未摆脱当时德国的政治制度和宗教制度的偏见。毋庸讳言，如果把恩格斯当时的著作与马克思同期的论著，如 1843 年撰写的《黑格尔法哲学批判》比较起来，恩格斯对黑格尔的态度可以说是景仰多于批评。1844 年 8 月底到 9 月初，恩格斯与马克思在巴黎会面后，合著了《神圣家族》一书。在恩格斯撰写的该书第四章第一节中，他以不同往常的口吻描述了黑格尔哲学：

> 它是一个老太婆，而且将来仍然是一个老太婆；它是年老色衰、孀居无靠的黑格尔哲学。这个哲学搽脂抹粉，把她那干瘪得令人厌恶的抽象的身体打扮起来，在德国的各个角落如饥似渴地物色求婚者。②

---

① 《马克思恩格斯全集》第 1 卷，人民出版社 1956 年版，第 588—589 页。
② 《马克思恩格斯全集》第 2 卷，人民出版社 1957 年版，第 22 页。

显而易见，与前几年的情况比较起来，恩格斯对待黑格尔的态度起了急剧的变化。或许可以说，这种变化在相当程度上是由马克思促成的，因为在同一部著作中马克思对黑格尔的批判不但表现得十分激烈，而且也表现得非常深入。而恩格斯主要批评的是黑格尔哲学在表述方式上的抽象性和晦涩性，他没有像马克思那样，既对黑格尔思辨唯心主义哲学的结构进行深入的反思，又对黑格尔哲学的最高成果——法哲学和国家哲学进行猛烈的批判。

我们知道，马克思在写于1859年的《〈政治经济学批判〉序言》中，曾经回忆起1845年春他和恩格斯一起在布鲁塞尔时开始合著《德意志意识形态》，以清算以前的哲学信仰，而"这个心愿是以批判黑格尔以后的哲学的形式来实现的"①。也就是说，当时的马克思和恩格斯并没有对黑格尔哲学本身进行系统的批判性的论述。在写于1873年的《资本论》第1卷第二版跋中，马克思又强调，自己在40年代曾"批判过黑格尔辩证法的神秘方面"②。然而，晚年马克思潜心于《资本论》的其他部分的写作和人类学方面的研究，在他逝世前并没有留出充分的时间来撰写一部系统地评论黑格尔哲学的著作。这样一来，阐明马克思和黑格尔之间真实的理论关系的任务竟成了马克思本人的一个遗愿。所以，恩格斯力图借《反杜林论》(1876—1878)、《自然辩证法》(1873—1886)，尤其是《路德维希·费尔巴哈和德国古典哲学的终结》(1886)等著作的写作，来实现马克思的这一遗愿。在为《路德维希·费尔巴哈和德国古典哲学的终结》撰写的"单行本序言"(1888)中，恩格斯回忆起他和马克思在40年代时的理论活动，随后指出：

> 从那时起已经过了四十多年，马克思也已逝世，而我们两人谁也没有过机会回到这个题目上来。关于我们和黑格尔的关系，我们

---

① 《马克思恩格斯选集》第2卷，人民出版社1995年版，第34页。
② 马克思：《资本论》第1卷，人民出版社1975年版，第24页。

曾经在一些地方作了说明，但是无论哪个地方都不是全面系统的。至于费尔巴哈，虽然他在好些方面是黑格尔哲学和我们的观点之间的中间环节，我们却从来没有回顾过他。

……

在这种情况下，我感到越来越有必要把我们同黑格尔哲学的关系，我们怎样从这一哲学出发又怎样同它脱离，作一个简要而又系统的阐述。同样，我也感到我们还要还一笔信誉债，就是要完全承认，在我们的狂飙时期，费尔巴哈给我们的影响比黑格尔以后任何其他哲学家都大。①

从这两段论述中，可以引申出以下的结论：第一，晚年恩格斯意识到了"关于我们和黑格尔的关系"这一问题在理论上的重要性；第二，从马克思和恩格斯合著《神圣家族》以来一直到恩格斯撰写《路德维希·费尔巴哈和德国古典哲学的终结》前，无论是马克思，还是恩格斯，都没有留下系统地反思他们和黑格尔哲学之间关系的论著；第三，马克思和恩格斯都是从黑格尔哲学出发的，后来他们又同它脱离了关系；第四，要正确理解马克思、恩格斯和黑格尔之间的理论关系，尤其是要解开马克思和恩格斯后来为何又脱离了黑格尔哲学这一谜语，就不能撇开费尔巴哈这一"中间环节"。在某种意义上可以说，这两段话既是《路德维希·费尔巴哈和德国古典哲学的终结》一书的纲要，也是恩格斯对马克思和黑格尔理论关系的阐释方向的定位。

众所周知，在马克思和恩格斯的心目中，费尔巴哈是一个唯物主义者。②

---

① 《马克思恩格斯选集》第 4 卷，人民出版社 1995 年版，第 211—212 页。

② 当然，这是就费尔巴哈所强调的自然界存在的先在性而言的。与此同时，马克思和恩格斯都批评了费尔巴哈在探讨社会历史领域的问题时所表现出来的唯心主义倾向。有趣的是，费尔巴哈本人并不愿意以唯物主义者自居。他这样写道："唯物主义、唯心主义、生理学、心理学都不是真理；只有人本学是真理，只有感性、直观的观点是真理，因为只有这个观点给予我整体性和个别性。"参阅[德]路德维希·费尔巴哈：《费尔巴哈哲学著作选集》上卷，荣震华、李金山等译，商务印书馆 1984 年版，第 205 页。

所以，恩格斯强调，费尔巴哈是他们和黑格尔哲学之间的"中间环节"，这一影响深远的见解蕴含着下面这样的阐释方向，即只有从费尔巴哈式的唯物主义立场出发，重新解读黑格尔著作、解读马克思评论黑格尔的各种文本和片断性的陈述，才能真正把握马克思和黑格尔之间的理论关系的实质。当恩格斯谈到从笛卡尔①到黑格尔和从霍布斯到费尔巴哈这一长段时间内，真正推动哲学家前进的，不是纯粹思想的力量，而主要是自然科学和工业的强大而日益迅猛的进步时，曾经明确地指出：

> 在唯物主义者那里，这已经是一目了然的了，而唯心主义体系也越来越加进了唯物主义的内容，力图用泛神论来调和精神和物质的对立；因此，归根到底，黑格尔的体系只是一种就方法和内容来说唯心主义地倒置过来的唯物主义（einen nach Methode und Inhalt idealistisch auf den Kopf gestellten Materialismus）。②

这里所说的"倒置"（auf den Kopf gestellten），无疑沿用了马克思的"颠倒之喻"。显而易见，恩格斯的阅读方向是：把黑格尔的唯心主义哲学颠倒过来，当作唯物主义哲学来读，而使这种颠倒成为可能的正是对费尔巴哈的一般唯物主义立场的采纳。换言之，在恩格斯看来，马克思和黑格尔理论关系的全部实质也就是唯物主义和唯心主义之间的颠倒与对立。具体说来，恩格斯对阐释方向的定位主要包含以下七个方面的内容。

第一，接纳黑格尔哲学所蕴含的问题域，特别是黑格尔关于思维与存在关系的论述，并把它提升为一切哲学的基本问题。在《路德维希·费尔巴哈和德国古典哲学的终结》一书中，恩格斯这样写道：

---

① 也译为"笛卡儿"。
② 《马克思恩格斯选集》第4卷，人民出版社1995年版，第226页。Sehen Marx & Engels, *Ausgewaehlte Werke*, Band Ⅵ, Berlin: Dietz Verlag, 1990, S. 278.

全部哲学，特别是近代哲学的重大的基本问题，是思维和存在的关系(dem Verhaeltnis von Denken und Sein)问题。①

因此，思维对存在、精神对自然界(des Geistes zur Natur)的关系问题，全部哲学的最高问题(die hoechste Frage der gesamten Philosophie)，像一切宗教一样，其根源在于蒙昧时代的愚昧无知的观念。②

在恩格斯看来，思维与存在的关系问题，也就是精神与自然界的关系问题，它不但是全部哲学的"基本问题"，同时也是任何哲学理论都无法规避的"最高问题"。在这里，恩格斯不光赋予思维与存在的关系问题以普遍性的意义，而且也把它理解为区分唯物主义阵营和唯心主义阵营的根本标准，从而把它的重要性提升到前所未有的高度上：

哲学家依照他们如何回答这个问题而分成了两大阵营。凡是断定精神对自然界说来是本原的，从而归根到底承认某种创世说的人（而创世说在哲学家那里，例如在黑格尔那里，往往比在基督教那里还要繁杂和荒唐得多），组成唯心主义阵营。凡是认为自然界是本原的，则属于唯物主义的各种学派。

除此之外，唯心主义和唯物主义这两个用语本来没有任何别的意思，它们在这里也不是在别的意义上使用的。③

读者或许会申辩说，恩格斯在这里不是批评了黑格尔在解答思维与存在关系问题上的唯心主义态度了吗？是的，我们并不否认这一点，但全部

---

① 《马克思恩格斯选集》第4卷，人民出版社1995年版，第223页。Sehen Marx & Engels, *Ausgewaehlte Werke*, Band Ⅵ, Berlin: Dietz Verlag, 1990, S. 275.
② 同上书，第224页。Sehen Marx & Engels, *Ausgewaehlte Werke*, Band Ⅵ, Berlin: Dietz Verlag, 1990, S. 276.
③ 同上书，第224—225页。

问题在于，把黑格尔哲学的基本问题拿过来，仅仅把它"倒过来"，就能对它进行根本性的改造吗？还是这样做必定会潜伏着一种危险，即不但认同了黑格尔思辨唯心主义哲学的问题域，而且还可能向黑格尔借贷更多的实质性的思想内容？正如我们在前面已经指出过的那样，阿尔都塞对这种"倒过来"的阅读方式始终抱着质疑的态度：

> 用头着地的人，转过来用脚走路，总是同一个人！在这个意义上，哲学的颠倒无非是位置的颠倒，是一种理论比喻：事实上，哲学的结构、问题，问题的意义，始终由同一个总问题贯穿着。①

在某种意义上可以说，恩格斯的阐释方式只是颠倒了黑格尔对哲学问题的表述方式，但并没有提供一条走出黑格尔问题域的道路。

第二，肯定黑格尔哲学包含着一个根本性的矛盾，那就是唯心主义的、保守的哲学体系与革命的方法，即辩证法之间的矛盾。为了叙述的方便，我们不妨把这个矛盾简称为"体系、方法之争"。在恩格斯看来，黑格尔哲学的真实意义和革命性质正在于它彻底地否定了关于人的思维和行动的一切结果具有最终性质的看法，然而：

> 黑格尔并没有这样清楚地作出如上的阐述。这是他的方法（Methode）必然要得出的结论，但是他本人从来没有这样明确地作出这个结论。原因很简单，因为他不得不去建立一个体系（ein System），而按照传统的要求，哲学体系是一定要以某种绝对真理来完成的。……但是这样一来，黑格尔体系的全部教条内容就被宣布为绝对真理，这同他那消除一切教条东西的辩证方法是矛盾的；这样一来，革命的方面就被过分茂密的保守的方面所窒息。②

---

① ［法］路易·阿尔都塞：《保卫马克思》，顾良译，商务印书馆1984年版，第54页。
② 《马克思恩格斯选集》第4卷，人民出版社1995年版，第217—218页。

那么，为什么黑格尔要去建立一个包罗万象的哲学体系呢？为什么彻底革命的思想方法会产生极其温和的政治结论呢？恩格斯认为，这种结局正是由以下的情形造成的：

> 黑格尔是一个德国人，而且和他的同时代人歌德一样，拖着一根庸人的辫子。歌德和黑格尔在各自的领域中都是奥林波斯山上的宙斯，但是两人都没有完全摆脱德国庸人的习气。①

按照恩格斯的看法，只要抛弃黑格尔的唯心主义哲学体系这一外壳，汲取其革命的辩证法的内核就行了。这样一来，"体系、方法之争"又显露出与"外壳内核之喻"的内在联系。然而，正如我们在前面已经指出过的，在马克思那里，"神秘外壳"和"合理内核"都是就黑格尔的辩证法而言的。这就启示我们，现成的、具有神秘主义倾向的黑格尔的辩证法并不是革命的东西，并不能拿来就用，必须把它从"神秘形式"转化为"合理形态"，它才能获得马克思所说的"批判的和革命的"本质。可是，恩格斯却改换了马克思的话题，把马克思关于黑格尔辩证法的讨论改换成黑格尔的保守的哲学体系和革命的辩证法之间的关系的讨论，而这一讨论实际上是以下述结论为前提的，即黑格尔的辩证法在其现成的形式上就是革命的，全部问题只是抛弃其唯心主义的哲学体系，而无需对黑格尔辩证法本身进行革命性的改造。正如阿尔都塞所评论的：

> 原封不动地照搬黑格尔形式的辩证法只能使我们陷入危险的误解，因为根据马克思在解释任何意识形态现象时所遵循的原则，说辩证法能够像外壳包裹着的内核一样在黑格尔体系中存身，这是不可思议的事。我讲这段话是想指出，不能想象黑格尔的意识形态在黑格尔自己身上竟没有传染给辩证法的本质，同样也不能想象黑格

---

① 《马克思恩格斯选集》第4卷，人民出版社1995年版，第218—219页。

尔的辩证法一旦被"剥去了外壳"就可以奇迹般地不再是黑格尔的辩证法而变成马克思的辩证法（既然说到了"传染"，那就势必假定辩证法在被传染前是纯洁的）。①

也许有人会申辩说，尽管在"体系、方法之争"中恩格斯把"方法"简单地作为革命的因素而与作为保守因素的"体系"对立起来，但在一些场合下，他也十分严厉地批评过黑格尔的辩证法。比如，在《路德维希·费尔巴哈和德国古典哲学的终结》中，当恩格斯谈到马克思对黑格尔的辩证法的改造时，曾经写道：

> 黑格尔不是简单地被放在一边，恰恰相反，上面所阐述的他的革命方面即辩证方法被接过来了。但是这种方法在黑格尔的形式中是无用的。在黑格尔那里，辩证法是概念的自我发展（die Selbstentwicklung des Begriffs）。……这种意识形态上的颠倒（diese ideologische Verkehrung）是应该消除的。我们重新唯物地把我们头脑中的概念看作现实事物的反映，而不是把现实事物看作绝对概念的某一阶段的反映。这样，辩证法就归结为关于外部世界和人类思维的运动的一般规律的科学，这两个系列的规律在本质上是同一的，但是在表现上是不同的，这是因为人的头脑可以自觉地应用这些规律，而在自然界中这些规律是不自觉地、以外部必然性的形式、在无穷无尽的表面的偶然性中实现的，而且到现在为止在人类历史上多半也是如此。这样，概念的辩证法（die Begriffsdialektik）本身就变成只是现实世界的辩证运动的自觉的反映，从而黑格尔的辩证法就被倒转过来了，或者宁可说，不是用头立地而是重新用脚立地了（damit wurde die Hegelsche Dialektik auf den Kopf, oder vielmehr vom Kopf, auf dem sie stand, wieder auf die Fuesse gestellt）。而且值得注

---

① ［法］路易·阿尔都塞：《保卫马克思》，顾良译，商务印书馆1984年版，第69页。

意的是，不仅我们发现了这个多年来已成为我们最好的工具和最锐利的武器的唯物主义辩证法（die materialistische Dialektik），而且德国工人约瑟夫·狄慈根不依靠我们，甚至不依靠黑格尔也发现了它。①

从恩格斯这段极为重要的论述中我们可以引申出如下结论：其一，恩格斯似乎只是轻描淡写地提了一下辩证法"在黑格尔的形式中是无用的"，但更倾向于把它理解为黑格尔哲学中的"革命方面"。其二，虽然恩格斯把黑格尔的辩证法看作"概念的自我发展"，但这似乎并不是对黑格尔的批评，因为在他看来，这种概念辩证法本身就是对现实世界的辩证运动的自觉的反映。其三，在恩格斯看来，黑格尔辩证法的全部问题在于它是头足倒置的，只要把它"倒转过来"，一切问题也就解决了。显然，恩格斯在这里的论述仍然没有超越我们前面提到过的"颠倒之喻"。其四，把黑格尔的唯心主义辩证法颠倒过来究竟是什么呢？恩格斯在这里创制了一个新名词，即"唯物主义辩证法"（die materialistische Dialektik），并肯定，这种新的学说也被狄慈根独立地发现了。"唯物主义辩证法"这个新名词之所以重要，是因为它成了后来盛行的"辩证唯物主义"概念的雏形。毋庸讳言，这个新名词与恩格斯对阅读方向的定位是完全一致的。

第三，认定马克思之所以从信奉黑格尔学说的青年黑格尔主义者转

---

① 《马克思恩格斯选集》第 4 卷，人民出版社 1995 年版，第 242—243 页。Sehen Marx & Engels, *Ausgewaehlte Werke*, Band Ⅵ, Berlin: Dietz Verlag, 1990, S. 296-297. 确实，在其他场合下，恩格斯也表述过类似的看法，如在写于 1859 年的《卡尔·马克思〈政治经济学批判·第一分册〉》一文中，他指出："黑格尔的方法在它现有的形式上是完全不能用的。它实质上是唯心的，而这里要求发展一种比从前所有世界观都更加唯物的世界观。"然而，这样的批判在恩格斯的著作中始终起着边缘化和形式化的作用。在同一篇文章中，他又写道："黑格尔的思维方式不同于所有其他哲学家的地方，就是他的思维方式有巨大的历史感作基础。形式尽管是那么抽象和唯心，他的思想发展却总是与世界历史的发展平行着，而后者按他的本意只是前者的验证。"（参见《马克思恩格斯选集》第 2 卷，人民出版社 1995 年版，第 41—42 页）由此可见，对黑格尔的辩证法，乃至他的整个哲学，恩格斯的态度始终是赞赏多于批判。在恩格斯的著作中，见不到对黑格尔的马克思式的深入的批判。事实上，凡是认真读过马克思的《黑格尔法哲学批判》《1844 年经济学哲学手稿》《哲学的贫困》等著作的人都不会怀疑这一点。

化为马克思主义者，是由于返回到费尔巴哈式的唯物主义立场而发生的。恩格斯以十分明确的口吻写道：

> 同黑格尔哲学的分离在这里也是由于返回到唯物主义立场（die Rueckkehr zum materialistischen Standpunkt）而发生的。这就是说，人们决心在理解现实世界（自然界和历史）时按照它本身在每一个不以先入为主的唯心主义怪想来对待它的人面前所呈现的那样来理解；他们决心毫不怜惜地抛弃一切同事实（从事实本身的联系而不是从幻想的联系来把握的事实）不相符合的唯心主义怪想。①

读者也许会提出这样的疑问，即恩格斯这里只是说"返回到唯物主义立场"，并没有说它一定就是费尔巴哈式的唯物主义的立场。乍看起来，这个疑问是有道理的，但只要认真地解读恩格斯的《路德维希·费尔巴哈和德国古典哲学的终结》一书，答案就不难找到。事实上，恩格斯在论述 19 世纪 40 年代初黑格尔学派的解体过程时，曾经指出：

> 这时，费尔巴哈的《基督教的本质》出版了。它直截了当地使唯物主义重新登上王座，这就一下子消除了这个矛盾。自然界是不依赖任何哲学而存在的；它是我们人类（本身就是自然界的产物）赖以生长的基础；在自然界和人以外不存在任何东西，我们的宗教幻想所创造出来的那些最高存在物只是我们自己的本质的虚幻反映。魔法被破除了；"体系"被炸开并被抛在一旁了，矛盾既然仅仅是存在于想象之中，也就解决了。——这部书的解放作用，只有亲身体验

---

① 《马克思恩格斯选集》第 4 卷，人民出版社 1995 年版，第 242 页。Sehen Marx & Engels，*Ausgewaehlte Werke*，Band Ⅵ，Berlin：Dietz Verlag，1990，S. 296. 原中译本把 die Rueckkehr zum materialistischen Standpunkt 译为"返回到唯物主义观点"欠妥，这里的 Standpunkt 不应译为"观点"而应译为"立场"，因为有些唯物主义的观点还不等于就有坚定的唯物主义立场。

过的人才能想象得到。那时大家都很兴奋：我们一时都成为费尔巴哈派了。马克思曾经怎样热烈地欢迎这种新观点，而这种新观点又是如何强烈地影响了他(尽管还有种种批判性的保留意见)，这可以从《神圣家族》中看出来。①

恩格斯的这段论述告诉我们：正是费尔巴哈于 1841 年出版的《基督教的本质》"使唯物主义重新登上王座"，而"我们一时都成为费尔巴哈派了"。这就印证了恩格斯在前面一段论述中所说的"返回到唯物主义立场"指的正是费尔巴哈式的唯物主义立场。换言之，在恩格斯看来，马克思是由于接受了费尔巴哈唯物主义的影响才得以脱离黑格尔哲学的。确实，从《1844 年经济学哲学手稿》《神圣家族》《关于费尔巴哈的提纲》和《德意志意识形态》中的"费尔巴哈"章的相关论述中，我们既可以看到费尔巴哈对马克思的影响，也可以看到马克思对这种影响的反思和清算。然而，发人深省的是，马克思在《〈政治经济学批判〉序言》中回顾自己思想发展的历程时，却完全没有提到费尔巴哈：

> 为了解决使我苦恼的疑问，我写的第一部著作是对黑格尔法哲学的批判性的分析，这部著作的导言曾发表在 1844 年巴黎出版的《德法年鉴》上。我的研究得出这样一个结果：法的关系正像国家的形式一样，既不能从它们本身来理解，也不能从所谓人类精神的一般发展来理解，相反，它们根源于物质的生活关系，这种物质的生活关系的总和，黑格尔按照 18 世纪的英国人和法国人的先例，概括为"市民社会"，而对市民社会的解剖应该到政治经济学中去寻求。②

---

① 《马克思恩格斯选集》第 4 卷，人民出版社 1995 年版，第 222 页。
② 《马克思恩格斯选集》第 2 卷，人民出版社 1995 年版，第 32 页。

这段很少为研究者们真正重视的论述表明，马克思在其思想发展的进程中，虽然受到过费尔巴哈思想的影响，但归根到底，这种影响不是基本立场上的影响。① 事实上，对马克思思想造成实质性影响的仍然是黑格尔。那么，恩格斯是否夸大了费尔巴哈的《基督教本质》一书对马克思的影响呢？至少麦克莱伦是这么看的：

> 恩格斯对该书影响的评述完全是与事实不符的。"体系"远没有被"炸开"，青年黑格尔派普遍认为费尔巴哈的著作是黑格尔学说的继续，是同布鲁诺·鲍威尔的《对无神论者，反基督者黑格尔的最后审判》一样站在同一路线上的。②

> 总的来说，该书和费尔巴哈的一般著作对恩格斯产生的影响要比对马克思产生的影响更深远。这种影响对他大概要比对大多数青年黑格尔分子更强烈。马克思曾经特别仔细研究过黑格尔，他从来没有摆脱过黑格尔的影响，这证明黑格尔对他的影响要比费尔巴哈对他的影响深得多。相反，恩格斯是一个自修者，并没有象马克思那样受过同样的大学训练，因此比较容易接受费尔巴哈质朴而通俗的文本。③

实际上，这里的分歧在于：在马克思脱离黑格尔哲学时，是否"返回到"费尔巴哈式的一般唯物主义立场上。显然，恩格斯的回答是肯定的。在他看来，费尔巴哈所坚持的是一种纯粹唯物主义的立场：

> 物质不是精神的产物，而精神本身只是物质的最高产物。这自

---

① 参阅俞吾金：《让马克思从费尔巴哈的阴影中走出来》，见《俞吾金集》，学林出版社 1998 年版，第 153—162 页。

② ［英］戴维·麦克莱伦：《青年黑格尔派与马克思》，夏威仪等译，商务印书馆 1982 年版，第 96 页。

③ 同上书，第 98—99 页。

然是纯粹的唯物主义（reiner Materialismus）。但是费尔巴哈到这里就突然停止不前了。①

显而易见，按照恩格斯的看法，马克思返回到费尔巴哈的唯物主义立场是毫无疑问的。当然，恩格斯也指出了马克思的唯物主义与费尔巴哈的唯物主义之间存在的两个差别。

一是由于费尔巴哈在打破黑格尔体系的时候，只是简单地把它抛在一边，并没有汲取黑格尔体系中最有价值的珍宝——辩证法，而马克思既返回到费尔巴哈的唯物主义立场，又接受了黑格尔的辩证法，从而创建了"唯物主义辩证法"这一新的理论体系。恩格斯的这一阐释性的思路对后来的马克思主义者产生了重大的影响。事实上，后来的马克思主义哲学教科书中的一个根本性的观点——黑格尔哲学中的"合理内核"（即辩证法）＋费尔巴哈哲学中的"基本内核"（即唯物主义）＝马克思主义哲学（即"辩证唯物主义"）——正是这么形成并发展起来的。

二是费尔巴哈的唯物主义只是停留在对自然界的说明中，他没有把自己的唯物主义推广和应用到其他知识领域，特别是社会历史领域里去，而马克思则"第一次对唯物主义世界观采取了真正严肃的态度，把这个世界观彻底地（至少在主要方面）运用到所研究的一切知识领域里去了"。② 恩格斯还发挥道：

> 费尔巴哈说得完全正确：纯粹自然科学的唯物主义虽然"是人类知识的大厦的基础，但不是大厦本身"。因为，我们不仅生活在自然界中，而且生活在人类社会中，人类社会同自然界一样也有自己的发展史和自己的科学。因此，问题在于使关于社会的科学，即所谓历史科学和哲学科学的总和，同唯物主义的基础协调起来，并

---

① 《马克思恩格斯选集》第 4 卷，人民出版社 1995 年版，第 227 页。Sehen Marx & Engels，*Ausgewaehlte Werke*，Band Ⅵ，Berlin：Dietz Verlag，1990，S. 279.

② 《马克思恩格斯选集》第 4 卷，人民出版社 1995 年版，第 242 页。

在这个基础上加以改造。①

也就是说，按照恩格斯的看法，马克思先是返回到费尔巴哈式的一般唯物主义的立场上，然后再把这一立场和黑格尔的辩证法结合起来，从而建立了"唯物主义辩证法"；再把"唯物主义辩证法"推广和应用到一切知识领域，特别是社会历史领域，从而最终确立了历史唯物主义的理论。于是，我们发现，在列宁和后来的马克思主义哲学教科书中得到明确叙述的"推广论"，早在恩格斯那里，就以萌芽和雏形的方式存在着了。这就是恩格斯在解读马克思和黑格尔理论关系时的基本思路和阐释方向，也是他反复强调费尔巴哈是马克思和黑格尔之间的"中间环节"的根本原因之所在。

然而，实际上，在青年马克思思想发展的历程中并不存在对费尔巴哈式的一般唯物主义立场的返回。正如笔者在以前的研究成果中已经指出过的那样：

> 一言以蔽之，在马克思哲学思想的发展史上，费尔巴哈的影响是存在的，而且是比较重要的，但马克思确实从未返回到费尔巴哈式的唯物主义的立场上去。②

无数事实告诉我们，马克思在脱离黑格尔哲学的过程中，并不像恩格斯所说的那样，只受到费尔巴哈这一"中间环节"的影响，事实上，马克思对黑格尔法哲学的研究、他在担任《莱茵报》主编期间对现实的物质利益问题的密切关注以及他对国民经济学的深入探讨和对市民社会的认真解剖，使他还是一个青年黑格尔主义者的时候，其探索的焦点已经集中到社会历史问题上，而不是像费尔巴哈那样，喋喋不休地谈论着抽象的

---

① 《马克思恩格斯选集》第 4 卷，人民出版社 1995 年版，第 230 页。
② 俞吾金：《重新理解马克思哲学与费尔巴哈哲学的关系》，见《俞吾金集》，学林出版社 1998 年版，第 150 页。

"自然界"和抽象的"人"。即使当马克思在费尔巴哈问题域的影响下谈论"自然界"和"人"这两个概念时，他也总是赋予它们以确定的社会历史内涵。比如，早在《1844 年经济学哲学手稿》中，马克思已经反复强调：

> 在人类历史中即在人类社会的产生过程中形成的自然界是人的现实的自然界；因此，通过工业——尽管以异化的形式——形成的自然界，是真正的、人类学的自然界。①

显然，按照马克思的看法，在一般唯物主义立场(不但费尔巴哈持这样的立场，而且以往的英国唯物主义者和法国唯物主义者也持同样的立场)上谈论与社会历史分离的、抽象的自然界是没有意义的。当马克思在《黑格尔法哲学批判导言》中谈到"人"的问题时，也以同样坚定的口吻指出：

> 人并不是抽象地栖息在世界以外的东西。人就是人的世界，就是国家，社会。②

所有这些论述都表明，即便在马克思的思想仍然处于费尔巴哈的影响下时，他思考问题的出发点就已经完全不同于那些持一般唯物主义立场的哲学家。事实上，马克思关注的始终是社会历史问题。因此，我们可以说，在马克思脱离黑格尔哲学的过程中，费尔巴哈式的唯物主义或许对他产生过一定的影响，但这种影响绝不是根本性的、决定性的。正如笔者以前曾经指出过的那样：

---

① 《马克思恩格斯全集》第 42 卷，人民出版社 1979 年版，第 128 页。
② 《马克思恩格斯全集》第 1 卷，人民出版社 1956 年版，第 452 页。

在马克思哲学思想的演化中，并不存在一个以一般唯物主义立场为特征的所谓费尔巴哈的阶段。事实上，马克思从来就没有返回到费尔巴哈的以抽象自然界和抽象的人为前提的唯物主义立场上去。凭借其法哲学研究和现象学研究的背景，马克思理论关注的重点始终落在人类社会，尤其是市民社会上。也就是说，费尔巴哈之所以引起马克思的兴趣，不是因为他的抽象的唯物主义的立场，不是因为他高谈自然界或物质世界在存在上的优先性，而主要是他关于异化和人本主义方面的思想。正是这方面的思想与国民经济学研究中对劳动问题的考察的结合，才使马克思有可能提出一种崭新的哲学世界观。①

既然马克思感兴趣的是费尔巴哈的人本主义思想，而不是他的一般的唯物主义立场，既然对社会历史问题的关切构成马克思一生理论思考的主导性方向，那么我们完全可以引申出如下的结论，即马克思绝不可能返回到与社会历史生活相分离的、费尔巴哈式的、直观的唯物主义立场上去。正如马克思早已指出过的那样：

> 当费尔巴哈是一个唯物主义者的时候，历史在他的视野之外，当他去探讨历史的时候，他决不是一个唯物主义者。在他那里，唯物主义和历史是彼此完全脱离的。②

也就是说，在社会历史领域里，费尔巴哈始终是一个唯心主义者，当他思考这个领域里的问题时，他从来就没有离开过黑格尔的历史唯心主义的基地，所以，马克思哲学立场的转变并不是沿着"黑格尔式的唯心主义→费尔巴哈式的一般唯物主义→唯物主义辩证法（即后来的辩证唯物

---

① 参阅俞吾金：《重新理解马克思哲学与费尔巴哈哲学的关系》，见《俞吾金集》，学林出版社 1998 年版，第 147—148 页。

② 《马克思恩格斯全集》第 3 卷，人民出版社 1960 年版，第 51 页。

主义)(再推广到)→唯物主义历史观(即后来的历史唯物主义)"这样的过程发生的,而是以"黑格尔式的历史唯心主义→对现实斗争的参与+对国民经济学的探讨+对黑格尔法哲学的批判+对费尔巴哈人本学理论的探索→马克思的历史唯物主义"这样的过程发生的。要言之,成熟时期的马克思哲学就是历史唯物主义,这个时期的马克思没有提出过历史唯物主义以外的任何其他的哲学理论。正是基于这样的认识,我们发现,在马克思的哲学中,并不存在能够作为历史唯物主义基础的所谓"唯物主义辩证法"或"辩证唯物主义"。关于这方面的见解,我们在本书后面的章节中还将详加论述。①

第四,试图把黑格尔的自然哲学改造为唯物主义的自然观。众所周知,从 19 世纪 50 年代起,恩格斯已经对自然哲学的研究产生浓厚的兴趣。在 1858 年 7 月 14 日致马克思的信中,他这样写道:

> 顺便提一下:请把已经答应给我的黑格尔的《自然哲学》寄来。目前我正在研究一点生理学,并且想与此结合起来研究一下比较解剖学。在这两门科学中包含着许多从哲学观点来看非常重要的东西,但这全是新近才发现的;我很想知道,所有这些东西老头子(指黑格尔,编者注)是否一点也没有预见到。毫无疑问,如果他现在要写一本《自然哲学》,那末论据会从四面八方向他飞来。②

这段话表明,恩格斯不但认真地阅读了黑格尔的《自然哲学》,而且他希望从这部著作中找到黑格尔对自然科学发展的某些"预见"。在这里,我

---

① 参阅俞吾金:《论两种不同的历史唯物主义概念》,《中国社会科学》1995 年第 6 期。

② 《马克思恩格斯全集》第 29 卷,人民出版社 1972 年版,第 324 页。阿尔弗莱特·施密特在《马克思的自然概念》一书的一个注中提到了恩格斯这封信,并指出:"从 1858 年以来,恩格斯已经试图对自然科学进行辩证的重构。"See Alfred Schmidt, *The Concept of Nature in Marx*, London:NLB, 1971, p. 206.

们发现，同样是对黑格尔著作的解读，在马克思和恩格斯那里，却为有差异的阅读方向和阅读旨趣所引导。从马克思撰写的《黑格尔法哲学批判》和《1844 年经济学哲学手稿》可以看出，马克思更关切的是黑格尔关于人类历史和市民社会方面的观念；而从恩格斯撰写的《自然辩证法》和《反杜林论》可以看出，恩格斯更关切的是黑格尔关于自然哲学和逻辑学方面的见解。尽管晚年恩格斯在《反杜林论》的"第二版序言"中坦然承认，深入地批判杜林的哲学思想也是他后来系统地钻研自然科学的动因之一，但那是始于 19 世纪 70 年代的事，而恩格斯对自然哲学的兴趣在 50 年代就已经萌发了。恩格斯在许多场合下批判过黑格尔的自然哲学，而他下面这段话可以说是一个批判黑格尔自然哲学的总的纲领：

> 旧的自然哲学，特别是在黑格尔的形式中，具有这样的缺陷：它不承认自然界有时间上的发展，不承认"先后"，只承认"并列"。这种观点，一方面是由黑格尔体系本身造成的，这个体系把历史的不断发展仅仅归给"精神"，另一方面，也是由当时自然科学的总的状况造成的。所以在这方面，黑格尔远远落后于康德，康德的星云说已经宣布了太阳系的起源，而他关于潮汐延缓地球自转的发现也已经宣布了太阳系的毁灭。最后，对我来说，事情不在于把辩证规律硬塞进自然界，而在于从自然界中找出这些规律并从自然界出发加以阐发。①

显而易见，恩格斯在这里指出了黑格尔自然哲学的两个主要的缺陷：一是"不承认自然界有时间上的发展"，因为黑格尔把自然界理解为绝对精神的外化和异化，而发展仅仅体现在精神的运动中，而康德已经在自己的一系列研究中表明自然界是有时间上的发展的；二是"把辩证规律硬

---

① 《马克思恩格斯选集》第 3 卷，人民出版社 1995 年版，第 350—351 页。

塞进自然界"，而不是从自然界自身的发展中总结出这些规律。正是从这样的批判性考察入手，恩格斯站在一般唯物主义立场上，建立了自己的自然观。在《自然辩证法》一书中，恩格斯写道：

> 唯物主义的自然观不过是对自然界本来面目的朴素的了解，不附加以任何外来的成分，所以它在希腊哲学家中间从一开始就是不言而喻的东西。①

显然，这里关于"不附加以任何外来的成分"的自然界的说法主要是针对黑格尔的自然哲学而言的，因为黑格尔把自然界理解为精神外化的产物。在恩格斯看来，这无异于把一种外在的成分附加到自然界身上去。那么，恩格斯这里谈论的是否只是古希腊哲学家眼中的自然界呢？我们的回答是否定的。实际上，在《路德维希·费尔巴哈和德国古典哲学的终结》中论述自然界和人类社会的差异时，恩格斯也以同样的口吻说过：

> 但是，社会发展史却有一点是和自然发展史根本不相同的。在自然界中（如果我们把人对自然界的反作用撇开不谈）全是没有意识的、盲目的动力，这些动力彼此发生作用，而一般规律就表现在这些动力的相互作用中。②

显而易见，当恩格斯在一般意义上谈论自然界时，也主张"把人对自然界的反作用撇开不谈"。这就是说，恩格斯心目中的自然界乃是按其本来面目存在着的自然界，应该把任何外来的因素，甚至把人的实践活动造成的自然界的变化的因素也通通撇开。其实，应该意识到，黑格

---

① 恩格斯：《自然辩证法》，人民出版社 1971 年版，第 177 页。
② 《马克思恩格斯选集》第 4 卷，人民出版社 1995 年版，第 247 页。

尔哲学不是一般的唯心主义，而是历史唯心主义。进而言之，黑格尔把自然界理解为绝对精神的外化，也不是一般唯心主义的观点，而是历史唯心主义的观点。换言之，在自然哲学中被黑格尔视为自然界之灵魂的精神乃是现实的人和现实的人类。这就启示我们，黑格尔关于绝对精神外化出自然界的说法乃是以历史唯心主义的晦涩语言说出了这样一个重要的真理，即真正的自然界恰恰是以现实的人和现实的人类的实践活动为媒介的自然界，如果把人的实践活动这一中介因素撇开，自然界就成了孤立的、抽象的、毫无意义的存在物。让我们来看看马克思在《神圣家族》一书中究竟是怎么说的：

> 在黑格尔的体系中有三个因素：斯宾诺莎（Spinoza）的实体，费希特的自我意识以及前两个因素在黑格尔那里的必然的矛盾的统一，即绝对精神。第一个因素是形而上学地改了装的、脱离人的自然。第二个因素是形而上学地改了装的、脱离自然的精神。第三个因素是形而上学地改了装的以上两个因素的统一，即现实的人和现实的人类。①

这就暗示我们，把黑格尔的历史唯心主义颠倒过来，不是一般意义上的唯物主义，而应该是马克思所强调的历史唯物主义。同样地，把黑格尔关于自然界的历史唯心主义观点颠倒过来，也不是只考察自然界"自身运动"的一般唯物主义的自然观，而应该是以现实的人和现实的人类的实践活动为基础和媒介的历史唯物主义的自然观，亦即马克思所说的

---

① 《马克思恩格斯全集》第 2 卷，人民出版社 1957 年版，第 177 页。

"人化的自然界"。① 显然，这方面的考察表明，不应该在一般唯物主义所认可的、撇开人对自然界反作用的自然观的基础上来理解马克思对黑格尔的自然哲学的批判，而应当在以现实的人和现实的人类的实践活动为基础和媒介的历史唯物主义的自然观的基础上来理解马克思对黑格尔的自然哲学的批判。在本书第五章中，我们将对恩格斯的"自然辩证法"理论和马克思的"人化自然辩证法"理论之间的差异展开更深入的讨论。

第五，赞同黑格尔关于逻辑与历史辩证统一的观念。众所周知，黑格尔是在探讨哲学史发展规律的时候提出逻辑与历史辩证统一的观点的。在《小逻辑》中，黑格尔明确地指出：

> 在哲学历史上所表述的思维进展的过程，也同样是在哲学本身里所表述的思维进展的过程，不过在哲学本身里，它是摆脱了那历史的外在性或偶然性，而纯粹从思维的本质去发挥思维进展的逻辑

---

① 平心而论，在有些场合下，恩格斯也是看到现实的人类的活动对自然界的反作用的。比如，他在《自然辩证法》中批判自然主义的历史观时曾经说过："自然科学和哲学一样，直到今天还完全忽视了人的活动对他的思维的影响；它们一个只知道自然界，另一个又只知道思想。但是，人的思维的最本质和切近的基础，正是人所引起的自然界的变化，而不单独是自然界本身；人的智力是按照人如何学会改变自然界而发展的。因此，自然主义的历史观（例如，德莱柏和其他一些自然科学家都或多或少有这种见解）是片面的，它认为只是自然界作用于人，只是自然条件到处在决定人的历史发展，它忘记了人也反作用于自然界，改变自然界，为自己创造新的生存条件。日耳曼民族移入时期的德意志'自然界'，现在只剩下很少很少了。地球的表面、气候、植物界、动物界以及人类本身都不断地变化，而且这一切都是由于人的活动，可是德意志自然界在这个时期中没有人的干预而发生的变化，实在是微乎其微的。"（参见恩格斯：《自然辩证法》，人民出版社 1971 年版，第 208—209 页。）在另一处他也说过："一句话，动物仅仅利用外部自然界，单纯地以自己的存在来使自然界改变；而人则通过他所作出的改变来使自然界为自己的目的服务，来支配自然界。这便是人同其他动物的最后的本质的区别，而造成这一区别的还是劳动。"（参见恩格斯：《自然辩证法》，人民出版社 1971 年版，第 158 页。）由此可见，恩格斯的观点充满了矛盾：有时候，他希望只考察自然界本身，排除一切外来因素（包括人对自然界的反作用）；有时候，他又把人的实践活动，特别是劳动，看作考察自然界的出发点。正如施密特所评论的："值得注意的是，在恩格斯那里，被社会中介了的自然概念与独断的、形而上学的自然概念毫无关系地并存着。"Alfred Schmidt, *The Concept of Nature in Marx*, London: NLB, 1971, p. 206.

过程罢了。①

实际上，黑格尔关于逻辑和历史辩证统一的观念是在批判某些哲学史家所持有的虚无主义哲学史观的基础上提出来的。按照这种虚无主义的哲学史观，哲学史似乎只是一个哲学家们相互否定、相互"残杀"的死亡之谷：

> 全部哲学史这样就成了一个战场，堆满着死人的骨骼。它是一个死人的王国，这王国不仅充满着肉体死亡了的个人，而且充满着已经推翻了的和精神上死亡了的系统，在这里面，每一个杀死了另一个，并且埋葬了另一个。②

在黑格尔看来，这种虚无主义的见解只看到哲学史上不同的哲学系统之间存在着的差异性和冲突性，却看不到它们之间的内在联系和一致性。按照黑格尔的看法，如果我们把哲学史上每个重要的哲学系统的偶然的历史形式加以剥除，留下来的就是一个个逻辑范畴。如巴门尼德可以化约为"存在"范畴，赫拉克利特可以化约为"变易"范畴，斯宾诺莎可以化约为"实体"范畴，等等。在这个意义上可以说，哲学史的发展是有规律的，这一规律正体现在逻辑与历史的辩证统一中：

> 历史上的那些哲学系统的次序，与理念里的那些概念规定的逻辑推演的次序是相同的。我认为：如果我们能够对哲学史里面出现的各个系统的基本概念，完全剥掉它们的外在形态和特殊应用，我们就可以得到理念自身发展的各个不同的阶段的逻辑概念了。反之，如果掌握了逻辑的进程，我们亦可从它里面的各主要环节得到

---

① ［德］黑格尔：《小逻辑》，贺麟译，商务印书馆 1980 年版，第 55 页。
② ［德］黑格尔：《哲学史讲演录》第 1 卷，贺麟、王太庆译，商务印书馆 1959 年版，第 21—22 页。

历史现象的进程。不过我们当然必须善于从历史形态所包含的内容里去认识这些纯粹概念。〔也许有人会以为，哲学在理念里发展的阶段与在时间里发展的阶段，其次序应该是不相同的；但大体上两者的次序是同一的。〕①

从这段经典性的论述中可以引申出如下的结论：其一，哲学史的发展是在时间和空间中展开的，而逻辑范畴的运动则是超越时间和空间的，换言之，是在超越经验的理念世界中展开的；其二，哲学史的发展常常受到各种外在的、偶然性的影响，而逻辑范畴的推演则完全是以必然的方式表现出来的；其三，哲学史发展的不同阶段和逻辑范畴推演的不同阶段大致上是同一的、对应的；其四，如果人们掌握了逻辑范畴推演的进程，也就大致能够对哲学史发展的进程做出准确的断言。

我们发现，在黑格尔关于逻辑与历史的辩证统一关系的论述中，他强调得最多的恐怕还是逻辑对历史的主导性的、支配性的作用。在《小逻辑》中，他告诉我们：

> ……哲学史总有责任去确切指出哲学内容的历史开展与纯逻辑理念的辩证开展一方面如何一致，另一方面又如何有出入。但这里须首先提出的，就是逻辑开始之处实即真正的哲学史开始之处。我们知道，哲学史开始于爱利亚学派，或确切点说，开始于巴曼尼得斯②的哲学。③

正是基于这样的考虑，黑格尔的逻辑学是从"存在"范畴开始的。事实上，黑格尔《哲学全书纲要》的结构"逻辑学→自然哲学→精神哲学"也表

---

① ［德］黑格尔：《哲学史讲演录》第 1 卷，贺麟、王太庆译，商务印书馆 1959 年版，第 34 页。

② 一般译为巴门尼德。

③ ［德］黑格尔：《小逻辑》，贺麟译，商务印书馆 1980 年版，第 191 页。

明，逻辑学始终起着基础性的、主导性的作用。毋庸讳言，强调逻辑对历史的前提性的、支配性的作用，是完全符合黑格尔所继承的理性主义传统的，也是完全符合他所坚持的历史唯心主义的哲学立场的。

恩格斯试图以唯物主义的方式重新解读黑格尔关于逻辑和历史辩证统一的观念。他除了强调唯物主义的历史观应该成为逻辑方式的出发点以外，几乎全盘接受了黑格尔这方面的观念。在《卡尔·马克思〈政治经济学批判·第一分册〉》一文中，当恩格斯谈到经济范畴的运动时，他以自己的方式叙述了逻辑与历史辩证统一的观念：

> 对经济学的批判，即使按照已经得到的方法，也可以采用两种方式：按照历史或者按照逻辑。既然在历史上也像在它的文献的反映上一样，大体说来，发展也是从最简单的关系进到比较复杂的关系，那么，政治经济学文献的历史发展就提供了批判所能遵循的自然线索，而且，大体说来，经济范畴出现的顺序同它们在逻辑发展中的顺序也是一样的。这种形式看来有好处，就是比较明确，因为这正是跟随着现实的发展，但是实际上这种形式至多只是比较通俗而已。历史常常是跳跃式地和曲折地前进的，如果必须处处跟随着它，那就势必不仅会注意许多无关紧要的材料，而且也会常常打断思想进程；并且，写经济学史又不能撇开资产阶级社会的历史，这就会使工作漫无止境，因为一切准备工作都还没有做。因此，逻辑的方式是唯一适用的方式。但是，实际上这种方式无非是历史的方式，不过摆脱了历史的形式以及起扰乱作用的偶然性而已。历史从哪里开始，思想进程也应当从哪里开始，而思想进程的进一步发展不过是历史过程在抽象的、理论上前后一贯的形式上的反映；这种反映是经过修正的，然而是按照现实的历史过程本身的规律修正的，这时，每一个要素可以在它完全成熟而具有典型性的发展点上

加以考察。①

在这段重要的论述中，恩格斯表述了如下的思想：第一，由于历史进程充满了偶然性，这就使历史的方式也变得不确定，因而"逻辑的方式是唯一适用的方式"；第二，逻辑的方式在本质上是与历史的方式一致的：一方面，"历史从哪里开始，思想进程也应当从哪里开始"；另一方面，"大体说来，经济范畴出现的顺序同它们在逻辑发展中的顺序也是一样的"；第三，强调要"按照现实的历史过程本身的规律"对思想进程，即逻辑范畴的运动进行"修正"。然而，由于"现实的历史过程本身的规律"也是用逻辑范畴来表达的，所以在理论研究中，对思想进程或逻辑范畴运动的"修正"其实并没有超出逻辑的范围。更何况，由于恩格斯赋予逻辑的方式以至高无上的地位，因而历史发展进程中可能出现的一些极为重要而又逸出了逻辑视野的因素就必定会作为"无关紧要的材料"或"偶然性"被排除掉。于是，一种潜伏着的危险，即忽视历史发展进程中出现的任何新鲜经验，把全部历史研究仅仅理解为对观念的逻辑次序的解读的倾向，也随之而发展起来。

在这里，特别需要指出的是，虽然恩格斯强调要以唯物主义的立场来解读黑格尔，但他并没有注意到，同时也应该对黑格尔的"泛理性主义"(pan-rationalism)的思想倾向进行批判性的考察。众所周知，黑格尔早已告诉我们：

理性学，即逻辑。②

而逻辑只承认必然的东西，因而必定轻视历史上存在的偶然性和差异性。事实上，作为历史进程的基础的个人活动，不但受人的理性的制

① 《马克思恩格斯选集》第2卷，人民出版社1995年版，第43页。
② ［德］黑格尔：《法哲学原理》，范扬、张企泰译，商务印书馆1961年版，序言第9页注①。

约，也受人的本能、欲望、意志和情感这些非理性因素的制约。为什么黑格尔在《哲学史讲演录》中论述当时德国的哲学现状时，完全撇开了叔本华的思想？道理很简单，因为叔本华的具有强烈的非理性主义倾向的哲学根本不可能进入黑格尔的泛理性主义或泛逻辑主义的"法眼"之中。然而，意想不到的是，就在黑格尔逝世后不久，他的哲学竟成了一条"死狗"，而叔本华的著作却突然变得洛阳纸贵，甚至如日中天了。今天，又有哪一位哲学史家不把叔本华的思想写进现代西方哲学呢？这充分表明，只要人们沉湎于单纯逻辑的方法，而对历史的偶然性、生动性和差异性不屑一顾的话，他们是无法脱离黑格尔的历史唯心主义的思想基地的。

我们知道，在如何看待黑格尔关于逻辑与历史辩证统一关系的观念上，马克思的态度和恩格斯的态度之间存在着差异。如果说，恩格斯更注重这一观念的重要作用和普遍意义，那么，马克思则更注重其起作用的限度；如果说，恩格斯更注重逻辑与历史的一致性，那么，马克思则更注重逻辑与历史的异质性和差异性，尤其注重的是在不同文明的框架内发展着的历史现象之间的差异性。在《1857—1858年经济学手稿》中，马克思谈到，黑格尔的法哲学是从"占有"开始的，而"占有"是主体的最简单的法的关系，因而这个起始点是正确的，但实际上"占有"并不是最早出现的历史现象，它是在家庭或主奴关系出现后才产生的现象：

> 因此，从这一方面看来，可以说，比较简单的范畴可以表现一个比较不发展的整体的处于支配地位的关系或者一个比较发展的整体的从属关系，这些关系在整体向着以一个比较具体的范畴表现出来的方面发展之前，在历史上已经存在。在这个限度内，从最简单上升到复杂这个抽象思维的进程符合现实的历史过程。
>
> 另一方面，可以说，有一些十分发展的、但在历史上还不成熟的社会形式，其中有最高级的经济形式，如协作、发达的分工等等，却不存在任何货币，秘鲁就是一个例子。就在斯拉夫公社中，货币以及作为货币的条件的交换，也不是或者很少是出现在各个公

社内部，而是出现在它们的边界上，出现在与其他公社的交往中，因此，把同一公社内部的交换当作原始构成因素，是完全错误的。相反地，与其说它起初发生在同一公社内部的成员间，不如说它发生在不同公社的相互关系中。其次，虽然货币很早就全面地发生作用，但是在古代它只是在片面发展的民族即商业民族中才是处于支配地位的因素。甚至在最文明的古代，在希腊人和罗马人那里，货币的充分发展——在现代的资产阶级社会中这是前提——只是出现在他们解体的时期。因此，这个十分简单的范畴，在历史上只有在最发达的社会状态下才表现出它的充分的力量。它决没有历尽一切经济关系。例如，在罗马帝国，在它最发达的时期，实物税和实物租仍然是基础。那里，货币制度原来只是在军队中得到充分发展。它也从来没有掌握劳动的整个领域。①

在这里，马克思以"占有"这一简单的范畴为例，十分明确地指出了逻辑和历史的统一关系的限度，即在"比较简单的范畴可以表现一个比较不发展的整体的处于支配地位的关系或者一个比较发展的整体的从属关系，这些关系在整体向着以一个比较具体的范畴表现出来的方面发展之前，在历史上已经存在"的这一限度内，从最简单上升到复杂这个抽象思维的进程符合现实的历史过程。而一旦超出这一限度，情况就完全不同了。比如，在秘鲁，已经具备协作、发达的分工这样最高级的经济形式，却不存在任何货币；又如，虽然货币很早就全面地发生作用，但在古代，只有在商业民族中，它才成为支配性的因素。甚至在罗马帝国这样高度文明的社会形式中，实物税和实物租始终是基础性的，货币制度只是在军队里才得到充分的发展。马克思由此引申出如下的结论：

　　可见，比较简单的范畴，虽然在历史上可以在比较具体的范畴

---

① 《马克思恩格斯选集》第 2 卷，人民出版社 1995 年版，第 20—21 页。

之前存在，但是，它在深度和广度上的充分发展恰恰只能属于一个复杂的社会形式，而比较具体的范畴在一个比较不发展的社会形式中有过比较充分的发展。①

这个结论所显示的正是逻辑与历史的异质性和差异性，即一个简单的范畴，在逻辑理念的进程中，它出现得比较早，但在现实历史中，它的充分的发展和它的意义的全面展示却往往是在高度发展的、复杂的社会形式中；同样地，一个比较具体的范畴，在逻辑理念的进程中，它的出现是比较晚的，然而，在现实的历史中，它却完全有可能在古代的、相对不发展的社会形式中有过比较充分的发展。从这个结论可以看出，马克思实际上已经解构了黑格尔关于逻辑与历史辩证统一的观念。至少，在马克思看来，即便在理论研究中运用黑格尔的这一观念，也必须十分谨慎，必须牢牢记住它可能适用的限度，并努力使自己的目光超出单纯的逻辑范畴的结构和次序，面向丰富多彩的历史的偶然性、差异性和新鲜经验，而不屑于玩弄"概念来，概念去"的逻辑游戏。

与马克思不同的是，在恩格斯的阐释活动中，黑格尔的这一观念不但没有被边缘化，而且始终处于核心位置上。事实上，这一观念的影响一直延续至今。在今天的理论界，又有谁不把自己的研究方法理解并解释为"历史与逻辑的一致"呢？毋庸讳言，这一黑格尔式的思辨观念的流行，一方面助长了人们以逻辑观念任意地裁剪现实生活的历史唯心主义的思想倾向，另一方面也助长了空洞的历史主义思维方式的蔓延。在大多数情况下，逻辑研究变形为对逻辑起点的追寻，而对逻辑起点的追寻又变形为对历史起点的崇拜和对历史过程的无穷后溯。如果说，前一方面的结果助长了逻辑对历史的主宰，从而使历史唯心主义变得不可避免，那么，与此相反，后一方面的结果却导致了逻辑在历史中的溶解。关于黑格尔的这一观念在后来的正统的马克思主义阐释者那里产生的消

---

① 《马克思恩格斯选集》第 2 卷，人民出版社 1995 年版，第 21 页。

极影响，我们将在后面详加论述。

第六，强调黑格尔哲学所研究的大部分对象都可以让渡给实证科学，从而断言哲学只剩下了一个纯粹思想的领域。在《路德维希·费尔巴哈和德国古典哲学的终结》中，当对马克思的历史观做了一个概述以后，恩格斯笔锋一转，写道：

> 这种历史观结束了历史领域内的哲学，正如辩证的自然观使一切自然哲学都成为不必要的和不可能的一样。现在无论在哪一个领域，都不再要从头脑中想出联系，而要从事实中发现联系了。这样，对于已经从自然界和历史中被驱逐出去的哲学来说，要是还留下什么的话，那就只留下一个纯粹思想的领域(das Reich des reinen Gedankens)：关于思维过程本身的规律的学说，即逻辑和辩证法(die Logik und Dialektik)。①

在这段非常著名的、但很少成为马克思哲学的研究者和阐释者们的反思对象的论述中，蕴含着以下的观点：其一，既然哲学"已经从自然界和历史中被驱逐出去"，那就表明，无论是辩证的自然观也好，还是马克思创立的历史唯物主义也好，都不属于哲学的范围。显然，如果它们不属于哲学，那就只能属于实证科学，或至多只能成为实证科学范围内的基础理论部分。这样一来，马克思所创立的历史唯物主义学说就被非哲学化和实证科学化了。恩格斯这方面的想法也可以从他的《自然辩证法》中的相关论述中得到印证：

> 自然科学家满足于旧形而上学的残渣，使哲学还得以苟延残喘。只有当自然科学和历史科学接受了辩证法的时候，一切哲学垃

----

① 《马克思恩格斯选集》第 4 卷，人民出版社 1995 年版，第 257 页。Sehen Marx & Engels, *Ausgewaehlte Werke*, Band Ⅵ, Berlin: Dietz Verlag, 1990, S. 313.

圾——除了关于思维的纯粹理论(der reinen Lehre vom Denken)——才会成为多余的东西，在实证科学(der positiven Wissenschaft)中消失掉。①

在这里，恩格斯非常明确地告诉我们，"除了关于思维的纯粹理论"，"一切哲学垃圾"都会消失在实证科学中。也就是说，除了纯粹思维的领域，余下来的就是实证科学，而马克思的历史唯物主义既然不属于纯粹思维的领域，那就只能属于实证科学的范围了。从这些论述可以看出，恩格斯的思想已经在一定程度上受到了实证主义的哲学立场和思维方式的影响。正统的阐释者们完全看不到这一点，实在令人奇怪。其二，在把自己的大部分研究领域让渡出去后，哲学只保留了"一个纯粹思想的领域"，即"逻辑和辩证法"。在这里，恩格斯实际上已经以某种方式重新认同并返回到黑格尔的哲学观上去了。谁都不会忘记，黑格尔在《小逻辑》中曾对哲学做过经典性的论述：

> 我们所意识到的情绪、直观、欲望、意志等规定，一般被称为表象。所以大体上我们可以说，哲学是以思想、范畴，或更确切地说，是以概念去代替表象。②

他又说：

> ……哲学知识的形式是属于纯思和概念的范围。③

不用说，在黑格尔的心目中，哲学也好，形而上学也好，实质上就是逻辑学：

---

① 恩格斯：《自然辩证法》，人民出版社 1971 年版，第 187—188 页。Sehen Friedrich Engels, *Dialektik der Natur*, Berlin: Dietz Verlag, 1952, S. 223.
② ［德］黑格尔：《小逻辑》，贺麟译，商务印书馆 1980 年版，第 40 页。
③ 同上书，第 43 页。

我们可以说逻辑学是研究思维、思维的规定和规律的科学。……

……逻辑学……所处理的题材，不是直观，也不象几何学的题材，是抽象的感觉表象，而是纯粹抽象的东西，而且需要一种特殊的能力和技巧，才能够回溯到纯粹思想（den reinen Gedanken），紧紧抓住纯粹思想，并活动于纯粹思想之中。①

我们发现，恩格斯在提到"纯粹思想"时，所使用的语词几乎与黑格尔完全相同。这充分表明，恩格斯从黑格尔那里，尤其从他的逻辑学中借贷过来的东西远比他自己认可的要多。然而，在恩格斯对哲学发展趋向的这种广有影响的理解方式和阐释方式中，已经潜伏着某种明眼人一下子就能观察出来的倾向，即如果哲学只留下了"一个纯粹思想的领域"，那么马克思关于实践、异化、自由和共产主义的论述又该放到何处去论述呢？

第七，认同黑格尔关于必然与自由关系问题的论述，把自由这一从属于本体论领域的问题理解并阐释为单纯的认识论问题。这一阐释方式造成的影响是如此之深远，以至于迄今为止马克思哲学的研究仍然未从相应的阐释结论中摆脱出来。② 人所共知，关于自然必然性和人的自由的关系的系统探索始于康德。在康德看来，自然必然性属于理论理性研究的范围，是认识论问题；而人的自由则属于实践理性研究的范围，是本体论问题。如果说知性为自然立法，那么理性则为自由立法。在康德那里，自然必然性与人的自由处于分离的、对立的状态中。黑格尔认为，这种对立不光体现在康德哲学中，而且也是整个近代哲学的基本特

---

① ［德］黑格尔：《小逻辑》，贺麟译，商务印书馆 1980 年版，第 63 页。Sehen G. W. F. Hegel, *Enzyklopaedie der philosophischen Wissenschaften*，Ⅰ，Frankfurt am Main：Suhrkamp Verlag，1986，S. 67.

② 参阅俞吾金：《论两种不同的自由观》，见《俞吾金集》，黑龙江教育出版社 1995 年版，第 124—129 页；亦可参阅俞吾金：《自由概念两题议》，《开放时代》2000 年第 7 期。

征之一。他在叙述近代哲学所蕴含的四组对立时，其中的第三、四两组对立均涉及这一问题：

> 丙、第三组对立的形式是人的自由与必然性的对立。(1)个人有自主权，是自己决定自己的，是决定的绝对开端。在我、自我之内，有一个绝对决定者，它并不是外来的，只是在自身内作决定的。这一点，与唯有上帝是绝对的决定者发生矛盾。人们把上帝的决定理解为上帝的先知，即天意，虽然要发生的事情是在将来的。上帝所知道的东西，同时也是存在的；上帝的知识并非仅仅是主观的。此外，人的自由也与上帝是唯一的绝对决定者相对立。(2)其次是人的自由与作为自然规定性的必然性相对立。(3)客观上，这种对立就是目的因与产生效果的原因的对立，就是必然性的作用与自由的作用的对立。
>
> 丁、第四，这种人的自由与自然必然性的对立(人以外的自然界和人内部的本性，就是与人的自由相对立的人的必然性，人是依赖于自然的)，还有一种进一步的形式，就是灵魂与肉体的交感(commercium animi cum corpore)。灵魂是单纯的，理念性的，自由的，——肉体则是多方面的，有形体的，物质性的，必然的。①

在这里，我们发现，黑格尔谈论的"人的自由与必然性的对立"又可以进一步具体化为以下三组对立：一是具有自主性的个人和作为绝对决定者的、以必然的方式发生作用的上帝之间的对立；二是"人的自由与自然必然性的对立"，即在人与自然的关系中，人的目的、自由与自然界的

---

① [德]黑格尔：《哲学史讲演录》第 4 卷，贺麟、王太庆译，商务印书馆 1978 年版，第 10—11 页。Sehen G. W. F. Hegel，*Vorlesungen ueber die Geschichte der Philosophie*，Ⅲ，Frankfurt am Main：Suhrkamp Verlag，1986，S. 68-69. 译文有更动。其中 Das Individuum 不应译为"人"而应译为"个人"；Gott 不应译为"神"而应译为"上帝"；wirkenden Ursachen 不应译为"动力因"，而应译为"产生效果的原因"，实际上也就是因果律。

因果性之间的对立；三是"灵魂与肉体的交感"，即人的灵魂的自由与自己的肉体所服从的必然性之间的对立。显然，在这三组对立中，第一组涉及宗教方面的内容；第二组涉及哲学方面的内容，它实际上正是康德哲学探讨的核心问题；第三组则既涉及宗教，也涉及哲学。必须指出，这三组对立还未穷尽黑格尔关于必然性与人的自由关系问题的思考。在《小逻辑》中，他又指出：

> 必然性只有在它尚未被理解时才是盲目的(blind)。因此，假如把以认识人类事变的必然性(die Erkenntnis der Notwendigkeit dessen, was geschehen ist)为历史哲学的课题的学说，斥责为宿命论，那实在是再谬误不过了。①

显然，这里涉及的是人的自由与必然性对立的第四种形式，即人类事变的必然性与人的自由之间的对立关系。在黑格尔看来，历史哲学的使命正是在于认识人类事变，即社会历史发展的必然性，从而追求并实现人的自由。作为辩证法大师，黑格尔不主张把人的自由与必然性对立起来，在叙述必然性向自由转化的可能性和过程时，他指出：

> 由此也可以看出，认自由与必然性(die Freiheit und die Notwendigkeit)为彼此互相排斥的看法，是如何地错误了。无疑地，必然性作为必然性还不是自由，但是自由以必然性为前提，包含必然性在自身内，作为被扬弃了的东西。②

---

① [德]黑格尔：《小逻辑》，贺麟译，商务印书馆 1980 年版，第 307 页。Sehen G. W. F. Hegel, *Enzyklopaedie der philosophischen Wissenschaften*, Ⅰ, Frankfurt am Main：Suhrkamp Verlag, 1986, S. 290.
② [德]黑格尔：《小逻辑》，贺麟译，商务印书馆 1980 年版，第 323 页。Sehen G. W. F. Hegel, *Enzyklopaedie der philosophischen Wissenschaften*, Ⅰ, Frankfurt am Main：Suhrkamp Verlag, 1986, S. 303. 译文有更动。在原中译文中，die Notwendigkeit 时而被译为"必然性"，时而被译为"必然"，我们这里一律把它译为"必然性"，以防产生歧义。

综上所述，在黑格尔那里，人的自由与必然性之间的关系有多种不同的表现形式，其中在哲学上具有重要意义的主要是以下两种形式：一是人的自由与自然必然性的关系；二是人的自由与人类事变，亦即社会历史发展的必然性之间的关系。我们不妨把第一种关系中的自由称为"认识论意义上的自由"，这种关系只涉及人对自然必然性，即对自然界的规律的认识及对自然界的改造；我们也不妨把第二种关系中的自由称为"本体论意义上的自由"，因为这种自由既涉及人的生命、情感、自由和信仰，也涉及人与人之间的关系以及人对社会关系的改造。有趣的是，在黑格尔所说的人的自由与必然性的关系中，恩格斯主要关注的是人的自由与自然必然性之间的关系。在《反杜林论》中，他这样写道：

> 黑格尔第一个正确地叙述了自由和必然性之间的关系。在他看来，自由是对必然性的认识（ist die Freiheit die Einsicht in die Notwendigkeit）。"必然性只有在它尚未被理解时才是盲目的。"自由不在于幻想中摆脱自然规律而独立，而在于认识这些规律，从而能够有计划地使自然规律为一定的目的服务。这无论对外部自然的规律，或对支配人本身的肉体存在和精神存在的规律来说，都是一样的。这两类规律，我们最多只能在观念中而不能在现实中把它们互相分开。因此，意志自由只是借助于对事物的认识来作出决定的能力。因此，人对一定问题的判断越是自由，这个判断的内容所具有的必然性就越大；而犹豫不决是以不知为基础的，它看来好像是在许多不同的和相互矛盾的可能的决定中任意进行选择，但恰好由此证明它的不自由，证明它被正好应该由它支配的对象所支配。因此，自由就在于根据对自然界的必然性的认识来支配我们自己和外部自然；因此它必然是历史发展的产物。最初的、从动物界分离出来的人，在一切本质方面是和动物本身一样不自由的；但是，文化

上的每一个进步，都是迈向自由的一步。①

在某种意义上可以说，这段话是恩格斯论述自由问题的总纲。在这段话中，我们至少可以引申出如下四个结论：首先，黑格尔是第一个正确地叙述了自由和必然性关系的哲学家。其次，黑格尔认为，自由是对必然性的认识，而必然性在未被认识之前是盲目的，必然性就是支配外部自然界或支配人的肉体存在和精神存在的规律；从而自由本质上也就是借助于对这些规律的认识而做出判断和决定的能力。再次，人们的判断越是自由，这些判断所具有的必然性就越大，而犹豫不决则是以不知为基础的。最后，在人类社会的发展中，文化上的每一个进步都意味着向自由迈出了新的一步。

深入的分析表明，在这些结论中蕴含着三个没有言明的、但实际上被默许的前提：其一，自由本质上是人对自然必然性，即自然规律的认识，而不是本体论意义上的实践问题。这就启示我们，恩格斯在这里谈论的自由只是"认识论意义上的自由"。其二，在两类规律，即外部自然的规律和支配人本身的肉体存在和精神存在的规律之间，并不存在根本性的差异。其三，人类文化越发展、越进步，人类就越自由。然而，我们发现，恩格斯所默认的这三个前提却在现实生活中受到了严峻的挑战。

首先，如果自由可以还原为单纯的认识论问题，即自由是对自然必然性的认识的话，那么拥有丰富专业知识的自然科学家、工程师、技术人员、社会学家、医生、心理学家等必定是世界上最自由的人。然而，实际情形并非如此。在很多情况下，人的"犹豫不决"不是由"不知"引起的。事实上，即使人们拥有完备的、关于对象和自己生活方面的知识，他们在做决定时仍然会"犹豫不决"，而这种"犹豫不决"完全可能是由其

---

① 《马克思恩格斯选集》第 3 卷，人民出版社 1995 年版，第 455—456 页。Sehen Marx & Engels, *Ausgewaehlte Werke*, Band V, Berlin: Dietz Verlag, 1989, S. 127-128. 译文略有更动，die Notwendigkeit 一律译为"必然性"。

他原因引起的，如政治信念与生命的冲突、宗教信仰与亲情的冲突、道德观念与友谊的冲突等等。其实，只有这些社会历史因素对人的行为发生影响时，真正意义上的自由，即"本体论意义上的自由"问题才会显现出来。康德早已告诫我们，只关涉自然必然性的所谓"认识论意义上的自由"实际上是不存在的。正是康德，在阐述他的自由理论时，反复重申了上述差异。在《实践理性批判》一书中，他提出了两种不同的因果观：

> 作为自然必然性的因果性概念与作为自由的因果性概念是有差异的，前者只关系到物的实存，就这一实存是在时间中被规定而言，它是作为现象而与物自体的因果性相对立的。①

在康德看来，作为自然必然性的因果性关涉到的是"物"，而物是属于在时间中发生的现象领域的。反之，自由的因果性则关涉到"人"这一理性存在物的意志和行为，它超越了现象世界和认识论，属于物自体或本体论的领域。所以，绝不能用"认识论意义上的自由"去取代"本体论意义上的自由"。也正是在这个意义上，康德指出：

> 如果人们还想拯救自由，就只有一条途径，把只有在时间中才可规定的事物，从而也把按照自然必然性法则的因果性只赋予现象，但把自由赋予作为物自体的同一个存在者。②

这就启示我们，自然必然性只属于纯粹认识论的范围，而真正的人的自由则与自然必然性无关，它涉及的只是道德、政治、法律、宗教等实践理性领域中的必然性（即法则）。所以，康德强调，如果把实践理性与理论理性、本体与现象、本体论与认识论混淆起来，从而把自由建筑在对

---

① I. Kant, *Werkausgabe* Ⅶ, Herausgegeben von W. Weischedel, Frankfurt am Main: Suhrkamp Verlag, 1989, S. 219.

② *Ebd.*, S. 220.

自然必然性的认识和把握上：

> 人就会成为一个由最高匠师制作的、上紧了发条的木偶或一架
> 伏加松式的自动机。①

尽管黑格尔在自由理论上对康德有所批判，也有所超越，但他从来也没有把自由理解为一种单纯的认识理论。这一点是我们在这里不得不加以辨明的。在《历史哲学讲演录》中，黑格尔强调，只有在国家中，自由才获得自己的客观性：

> 因为法律是精神的客观性，是精神真理性的意志；而只有服从法律的意志才是自由的，因为它所服从的正是它自己，它是独立的，也是自由的。当国家或祖国构成一种共同存在的时候，当人类的主观意志服从法律的时候，自由与必然性之间的对立（der Gegensatz von Freiheit und Notwendigkeit）便消失了。②

这就告诉我们，黑格尔总是把自由问题置于本体论的领域，即实践理性，特别是法哲学的范围内来加以讨论。换言之，"本体论意义上的自由"与属于现象界的、作为自然规律的必然性之间并没有任何直接的联系，与之相关的只是实践理性范围内的必然性，即政治、法律、道德、历史、宗教、艺术等领域中的必然性。

其次，如果外部自然的规律和支配人本身的肉体存在和精神存在的规律，亦即社会历史规律之间并不存在根本性的差异，那么社会历史和自然界又有什么区别呢？事实上，这两者之间存在着重大的差别。如果

---

① I. Kant, *Werkausgabe* Ⅶ, Herausgegeben von W. Weischedel, Frankfurt am Main：Suhrkamp Verlag, 1989, S. 182.

② G. W. F. Hegel, *Vorlesungen ueber die Philosophie der Geschichte*, Frankfurt am Main：Suhrkamp Verlag, 1986, S. 57.

说，在与自然界打交道的过程中涉及的是人和自然之间的关系，而在处理这一关系时，人们必须遵循自然规律的话；那么，社会历史领域涉及的则是人与人之间的关系，而在处理这一关系时，人们必须遵循的则是由他们自己按照一定的程序制定出来的规则和规范，如政治规则、道德规范、宗教诫律等等。在某种意义上可以说，要深刻领悟马克思所创立的历史唯物主义理论的划时代贡献，其前提是正确认识这两类规律之间存在着的根本差异。如果自然规律和社会历史规律是同质的，那么只要把伽利略和牛顿的自然科学理论引入社会历史领域就可以了，还需要马克思去创立历史唯物主义理论吗？事实上，一旦人们把这两类规律等同起来，他们的思想就只能停留在"认识论意义上的自由"。也就是说，他们必然与"本体论意义上的自由"失之交臂。

最后，如果人类文化越发展他们就越自由的话，那又如何理解当代人在科学技术高度发展的情况下所陷入的异化和物化困境呢？那又如何解释社会革命存在的必要性呢？人们似乎只要像古代诗人贺拉斯笔下的乡下佬那样等在河边就行了：

> 乡下佬等候在河边，
> 企望着河水流干；
> 而河水流啊、流啊，
> 永远流个不完。①

所有这些论述表明，把"本体论意义上的自由"理解并阐释为"认识论意义上的自由"，不但没有继承康德、黑格尔哲学中真正有价值的东西，相反，却把真正有价值的东西严严实实地遮蔽起来了。②

综上所述，恩格斯对马克思理论的阐释方向的定位，即马克思以一

---

① 转引自[德]康德：《任何一种能够作为科学出现的未来形而上学导论》，庞景仁译，商务印书馆1978年版，第5页。

② 参阅俞吾金：《自由概念两题议》，《开放时代》2000年第7期。

般唯物主义的方式理解并阐释黑格尔的思辨唯心主义哲学，不仅为以后的正统的阐释者们探索马克思和黑格尔的理论关系确定了基调，而且也为他们探讨马克思哲学，甚至一般哲学和哲学史理论、伦理学和美学理论规定了方向。首先，他关于马克思曾经返回到费尔巴哈式的一般唯物主义立场的观点为后来兴起的、至今仍有广泛影响的"推广论"奠定了基础。其次，他关于黑格尔的"体系、方法之争"和"逻辑与历史的辩证统一"的观点至今仍旧影响着人们对黑格尔哲学的评价以及对黑格尔方法论的无批判的借贷。再次，他关于哲学基本问题（即思维与存在的关系问题）和哲学向"一个纯粹思想的领域"发展的观点也极大地影响了正统的阐释者们对哲学，尤其是马克思哲学的本质的理解。最后，他对自由和必然关系的单纯认识论角度的阐释，不仅使康德、黑格尔实践哲学中的自由理论湮没无闻，而且也把其他相关领域，如伦理学、美学领域中人们对自由的理解引上了单纯"认识论意义上的自由"的道路。

第二节　阐释路径的拓展

在传统阐释路线的形成和发展的过程中，普列汉诺夫起着十分重要的作用。一方面，普列汉诺夫沿着恩格斯开启的阐释方向去理解马克思和黑格尔的理论关系以及马克思哲学的实质；另一方面，列宁又是沿着普列汉诺夫的思想轨迹和阐释策略去接受马克思和恩格斯的学说以及关于马克思和黑格尔理论关系的结论的。

我们先来看普列汉诺夫和恩格斯之间的亲密关系。1889 年，普列汉诺夫参观了巴黎的国际博览会以后，顺道去伦敦拜访恩格斯。他后来在《伯恩格斯坦与唯物主义》(1898)一文中回忆道：

> 我很高兴我能在几乎整整一个星期中和他就各种实际和理论的
> 问题作长时间的谈话。有一次我们谈到哲学。恩格斯严厉地斥责施

泰恩，说他所用的"自然哲学的唯物主义"一词是极不精确的。我问道："那末，依您的意思，斯宾诺莎老人把思想与广延说成无非是同一个实体的两个属性，该是对的了？"恩格斯回答说："当然，斯宾诺莎老人是完全对的。"①

从这段话中不但可以见出普列汉诺夫对恩格斯的敬仰以及他们之间的亲密关系，也表明恩格斯关于"思维与存在同一性"的学说不仅直接受到黑格尔的影响，也间接地受到斯宾诺莎的影响。不久以后，为了纪念黑格尔逝世 60 周年，普列汉诺夫在《新时代》上撰写了一组文章。恩格斯认真地读了这些文章，并情不自禁地在 1891 年 12 月 3 日致考茨基的信中写道："普列汉诺夫的几篇文章好极了。"②普列汉诺夫后来得知恩格斯对自己的文章的评价后，非常高兴，马上写信给恩格斯：

> 我得知，您在给考茨基的信中对我关于黑格尔的文章写了一些好话。如果这是正确的，我再不想得到其他的表扬了。我所希望的就是作一名多少无愧于马克思和您这样导师的学生。③

1892 年，普列汉诺夫把恩格斯的著作《路德维希·费尔巴哈和德国古典哲学的终结》译成了俄语，并为译本加上了序言和注释。1894 年 7 月，普列汉诺夫再度去了伦敦，他经常去拜访恩格斯，以致约夫楚克指出：

> 恩格斯让普列汉诺夫利用自己的藏书，其中有他和马克思著作的珍本。恩格斯常常谈起马克思，把马克思的手稿拿给他看。有一

---

① 《普列汉诺夫哲学著作选集》第 2 卷，生活·读书·新知三联书店 1961 年版，第 404 页。

② 《马克思恩格斯全集》第 38 卷，人民出版社 1972 年版，第 236 页。

③ [苏]米·约夫楚克、伊·库尔巴托娃：《普列汉诺夫传》，宋洪训等译，生活·读书·新知三联书店 1980 年版，第 145 页。

次，普列汉诺夫来访时，恩格斯不在家，他留了一个便笺，其中写了这样一句诚挚的话："我认为，我毕生的任务就是宣传您和马克思的思想。"①

事实上，恩格斯对普列汉诺夫也一直有着很高的评价，他甚至对维·伊·查苏利奇说："我认为只有两个人理解和掌握了马克思主义，这两个人是：梅林和普列汉诺夫。"②恩格斯的赞扬至少表明，无论是就普列汉诺夫对马克思和恩格斯学说的理解来说，还是就他对马克思和黑格尔理论关系的阐释来说，都是切合恩格斯的原意的。显然，恩格斯之所以对普列汉诺夫的论文和著作赞赏有加，而且与他保持着通信联系，甚至愿意把自己的藏书和手稿让他使用，都和他们在理解并阐释马克思理论中的基本理论问题上的一致是分不开的。

作为俄国著名的马克思主义理论家，普列汉诺夫对马克思和恩格斯理论的阐释路径也对列宁思想的形成和发展产生了重大的影响。1895年，列宁流亡到瑞士时，曾经与普列汉诺夫促膝长谈，双方都留下了深刻的印象，以后又长时间地保持通信联系并一起从事革命工作。普列汉诺夫对列宁的才智、谦虚与充沛的精力做了高度的评价。同样地，列宁也把普列汉诺夫看作俄国马克思主义的伟大先驱。尽管列宁后来批评过普列汉诺夫思想中存在的种种错误观点，但他对普列汉诺夫始终怀着敬意，他多次向人们，特别是年轻人发出呼吁，希望他们认真学习普列汉诺夫的著作：

> 不研究——正是研究——普列汉诺夫所写的全部哲学著作，就不能成为一个自觉的、真正的共产主义者，因为这些著作是整个国

---

① ［苏］米·约夫楚克、伊·库尔巴托娃：《普列汉诺夫传》，宋洪训等译，生活·读书·新知三联书店 1980 年版，第 155 页。

② 同上书，第 156 页。

际马克思主义文献中的优秀作品。①

在普列汉诺夫的著作中，列宁特别喜爱的是他的《论一元历史观之发展》，他甚至认为，这本书"培养了一整代俄国马克思主义者"②。

从上面的论述可以看出，正因为普列汉诺夫构成了恩格斯和列宁在理论发展上的中间环节，所以探讨他如何理解、阐释和传播恩格斯的学说，特别是恩格斯关于马克思和黑格尔理论关系的学说，就成了一个无法回避的课题。我们发现，普列汉诺夫不仅翻译了恩格斯的《路德维希·费尔巴哈和德国古典哲学的终结》，为这部著作撰写了序言和注释，而且完全接受了它的基本观点。事实上，在普列汉诺夫的一系列重要论著中，我们都可以读到他对《路德维希·费尔巴哈和德国古典哲学的终结》一书的大量引证。因而说《路德维希·费尔巴哈和德国古典哲学的终结》是普列汉诺夫理解马克思哲学的实质及马克思和黑格尔理论关系的引导性著作的话，恐怕一点也不为过。下面，我们就普列汉诺夫对马克思和恩格斯理论的阐释路径做一个简要的考察。

第一，普列汉诺夫接受了恩格斯关于思维与存在关系问题的论述，并把这个问题看作是贯通于黑格尔、费尔巴哈、马克思思想中的基础性的问题。在《马克思主义的基本问题》(1907)一书中，普列汉诺夫写道：

> 这种对存在和思维的关系的观点被马克思和恩格斯当作唯物主义历史观的基础，这种观点是批评黑格尔唯心主义的重要结果，而这种批评基本上是费尔巴哈所完成的，他的结论可以简单地叙述如下：
>
> 费尔巴哈认为黑格尔的哲学消除了康德哲学中特别明显地表现出来的存在和思维间的矛盾。但是，据费尔巴哈的意见，黑格尔的

---

① 《列宁选集》第 4 卷，人民出版社 1995 年版，第 419—420 页。
② ［苏］米·约夫楚克、伊·库尔巴托娃：《普列汉诺夫传》，宋洪训等译，生活·读书·新知三联书店 1980 年版，第 162 页。

哲学虽然消除了这种矛盾，然而矛盾还继续留在它的内部，即继续留在它的要素之一——思维的内部。黑格尔认为思维就是存在："思维是主体，存在是客体"。从这里可以得出结论说，黑格尔以及一般的唯心主义，只是用消除矛盾的组成要素之一，即消除存在、物质、自然的方法来消除矛盾。但是消除矛盾的组成要素之一决不是说解决了这个矛盾。……唯心主义不曾建立存在和思维的统一，而且也不能建立这种统一；它只是破坏这种统一。……正和唯心主义者所说的相反，现实的、物质的实体便成了主体，思维成了客体。这就是解决存在和思维间的矛盾的唯一可能的方法，而唯心主义解决这个矛盾的努力却是徒劳的。这里没有消除矛盾中的任何一个要素，它们两个都保存着，并显出了它们的真正的统一。①

按照普列汉诺夫的理解，在近代西方哲学的发展中，思维与存在的关系问题最早是被康德觉察到的，但是在他那里，这两者的关系却被割裂开来并抽象地对立起来了。康德的不可知论正是这种对立的一个象征。到了黑格尔那里，这种抽象的对立在"同一哲学"中被扬弃了，但这种"同一"却是通过思维吞并存在，即消除存在这一要素的方式加以实现的。所以，完全可以说，黑格尔的"同一哲学"并没有真正解决这个矛盾，而只是取消了这个矛盾。在普列汉诺夫看来，费尔巴哈的唯物主义才真正地解决了这个矛盾，它把存在理解为主体，把思维理解为客体，从而正确地解决了这个矛盾，而马克思和恩格斯则无保留地接受了费尔巴哈的下述结论：

关于主体和客体统一的学说、思维和存在统一的学说，是同样为费尔巴哈和马克思及恩格斯所固有的，这也是十七世纪和十八世

---

① 《普列汉诺夫哲学著作选集》第 3 卷，生活·读书·新知三联书店 1962 年版，第 141—143 页。

纪最杰出的唯物主义者的学说。①

在普列汉诺夫看来，以唯物主义的方式建立思维与存在之间的统一关系，不光是费尔巴哈、马克思和恩格斯的事业，也是 17 世纪和 18 世纪的唯物主义者的事业。正如他在前面已经指出过的那样，不能正确地建立思维与存在之间的统一关系的则是像康德、黑格尔那样的唯心主义哲学家。显而易见，普列汉诺夫的这些论述也完全契合恩格斯试图把思维与存在的关系理解为一切哲学，尤其是近代哲学的基本问题的阐释方向。

第二，普列汉诺夫也接受了恩格斯关于在黑格尔的思辨唯心主义的哲学中存在着保守的体系和革命的方法之间的矛盾的见解。在《从唯心主义到唯物主义》(1915)一文中，他叙述了黑格尔在各个研究领域中表现出来的辩证法思想，然后发挥道：

> 在上述一切之后，恐怕没有必要再来说，海涅正确地说明了黑格尔哲学的辩证性质。但是不应该忘记，黑格尔是力图利用辩证法来建立绝对唯心主义体系的。
>
> ……黑格尔的绝对唯心主义同他的辩证方法有着不可调和的矛盾，请注意，这点并不仅仅表现在哲学思维方面。……在社会关系方面，过去是有运动的，而现在运动则应该停止。这就是说，在社会关系的学说中，黑格尔的绝对唯心主义也同他的辩证方法发生了矛盾。
>
> 总之，黑格尔的哲学有两个方面：进步的方面(同他的方法紧密相联系)和保守的方面(同他掌握绝对真理的奢望同样紧密地相联系)。保守的方面逐年大大增加，而进步方面则大大减少。②

从普列汉诺夫对黑格尔哲学的理解和叙述可以看出，他完全认同恩格斯

---

① 《普列汉诺夫哲学著作选集》第 3 卷，生活·读书·新知三联书店 1962 年版，第 147 页。
② 同上书，第 746—747 页。

在《路德维希·费尔巴哈和德国古典哲学的终结》中确立起来的阐释方向，在某些地方几乎可以说是逐字逐句地重复了恩格斯的相关见解。不用说，从这样的阐释方向出发，关于马克思和黑格尔理论关系的阐释路径也就相应地被确定了，即马克思抛弃了黑格尔的绝对唯心主义的体系，汲取了其合理的内核——辩证法。所以，普列汉诺夫指出：

> 一般说来，马克思和恩格斯在唯物主义方面的最伟大的功绩之一，就是他们制定了正确的方法。……这个空白已经由马克思和恩格斯填补起来了，他们知道，如果只反对黑格尔的思辨哲学，而忽视他的辩证法，那是错误的。有些批评者断定，马克思在同唯心主义断绝关系的最初一个时期中，对于辩证法也是很冷淡的。但是这种有着某种可能性的外貌的意见，也被我们上面指出的一个事实所推翻了，这个事实就是恩格斯在《德法年鉴》中早已说过：方法就是新的观点体系的灵魂。①

这段话充分表明，普列汉诺夫完全是沿着恩格斯所确立的阐释方向去评判黑格尔的思辨唯心主义哲学的，也完全是按同样的思路去理解马克思和黑格尔之间的理论关系的。

第三，普列汉诺夫接受了恩格斯关于马克思在与黑格尔哲学分离时返回到费尔巴哈式的唯物主义立场上去的观点。在《约瑟夫·狄慈根》(1907)一文中，普列汉诺夫写道：

> 马克思的理论是通过批判的途径来自费尔巴哈哲学的，正如费尔巴哈的哲学是通过同样的途径来自黑格尔的哲学一样。②

---

① 《普列汉诺夫哲学著作选集》第 3 卷，生活·读书·新知三联书店 1962 年版，第 158 页。

② 同上书，第 115 页。

普列汉诺夫的这一见解看起来是有道理的，实际上却把问题简单化了。就哲学理论而言，马克思确实受过费尔巴哈的影响，但也受过阿尔诺德·卢格、莫泽斯·赫斯、布·鲍威尔、黑格尔、费希特乃至康德的影响。众所周知，马克思博士论文的研究课题——伊壁鸠鲁和德谟克利特的自然哲学的差别，就是在黑格尔和布·鲍威尔思想的影响下对古希腊和希腊化时期的哲学思想所进行的深入的探索。此外，马克思的理论也在一定程度上接受了荷兰哲学家斯宾诺莎、法国哲学家卢梭，以及英国哲学家培根、霍布斯、贝克莱、休谟等人的影响。何况，马克思的哲学理论也同他对现实斗争的积极参与、对国民经济学的批判性解读密切联系在一起，以为他的哲学理论主要来自费尔巴哈的见解显然是站不住脚的。然而，普列汉诺夫不仅肯定马克思的哲学理论来自费尔巴哈，甚至直接把他们的思想等同起来：

> 马克思的认识论是直接从费尔巴哈的认识论发生出来的，或者要是你愿意的话，也可以说马克思的认识论实际就是费尔巴哈的认识论，只不过因为马克思做了天才的修正而更加深刻化罢了。①

在《马克思主义的基本问题》一书中，普列汉诺夫甚至把"费尔巴哈、马克思、恩格斯的唯物主义"都称为"最新的唯物主义"。② 他也批评过狄尔等人提出来的下述观点，即马克思和恩格斯只是在某一个时期是费尔巴哈思想的信奉者，这个时期过去以后，马克思和恩格斯的思想就发生了重大的变化，从而形成了与费尔巴哈完全不同的世界观。令人匪夷所思的是，普列汉诺夫竟然批评狄尔的见解是"一个极大的错误"，并指出：

> 并不是思维自身决定着存在，而是存在自身决定着思维。这个

---

① 《普列汉诺夫哲学著作选集》第 3 卷，生活·读书·新知三联书店 1962 年版，第 146—147 页。

② 同上书，第 148 页。

思想是费尔巴哈全部哲学的基础。这个思想也被马克思和恩格斯当作唯物史观的基础。马克思和恩格斯的唯物主义是比费尔巴哈的唯物主义更加发展的学说，但是马克思和恩格斯的唯物主义观点是在费尔巴哈哲学的内在逻辑所指示的同一方向上发展起来的。所以，谁如果不努力弄明白到底费尔巴哈哲学的哪一部分加入科学社会主义创始人的世界观中作为一个构成要素，那他就永远不能完全明白马克思和恩格斯的这些观点，尤其是这些观点的哲学方面。①

在这段论述中，普列汉诺夫十分明确地把费尔巴哈的一般唯物主义看作马克思的历史唯物主义的哲学基础。使我们感到困惑的是，既然马克思的唯物主义观点"是在费尔巴哈哲学的内在逻辑所指示的同一方向上发展起来的"，那么，马克思又以何种方式对费尔巴哈的唯物主义"做了天才的修正"了呢？普列汉诺夫的回答是：

> 费尔巴哈没有达到历史唯物主义，也就不能具有对社会生活的辩证观点。辩证法只有在马克思和恩格斯那里，才获得了应有的地位，他们两人破天荒第一次地把辩证法放在唯物主义的基础上。②

显然，把费尔巴哈没有达到历史唯物主义作为他观察社会生活时缺乏辩证观点的理由是站不住脚的。实际上，在马克思创立历史唯物主义学说之前，所有的学者都不可能有历史唯物主义的观点，但他们中有些人仍然可能对社会生活做出辩证的说明。比如，黑格尔对社会现象的观察处处充满了辩证的眼光，但他坚持的却是历史唯心主义的学说。但有一点是可以肯定的，即在普列汉诺夫看来，费尔巴哈的唯物主义是缺乏辩证法精神的，而马克思对他的唯物主义学说的"天才的修正"无非就是"把

---

① 《普列汉诺夫哲学著作选集》第 3 卷，生活·读书·新知三联书店 1962 年版，第155 页。
② 同上书，第 779 页。

辩证法放在唯物主义的基础上"。在《恩格斯〈费尔巴哈与德国古典哲学的终结〉一书俄译本第二版的译者序言》(1905)中,普列汉诺夫明确地指出:"马克思和恩格斯的哲学不仅是唯物主义的哲学,而且是辩证的唯物主义。"①在《卡尔·马克思和列夫·托尔斯泰》(1911)一文中,普列汉诺夫说得更为明确:"马克思的世界观是辩证唯物主义。"②如果说,恩格斯把费尔巴哈式的一般唯物主义与辩证法的结合的产物称之为"唯物主义辩证法"的话,那么,普列汉诺夫则称之为"辩证唯物主义"。③

---

① 《普列汉诺夫哲学著作选集》第 3 卷,生活·读书·新知三联书店 1962 年版,第79 页。

② 《普列汉诺夫哲学著作选集》第 5 卷,生活·读书·新知三联书店 1984 年版,第737 页。

③ 由于恩格斯在《路德维希·费尔巴哈和德国古典哲学的终结》中说过:"……值得注意的是,不仅我们发现了这个多年来已成为我们最好的工具和最锐利的武器的唯物主义辩证法,而且德国工人约瑟夫·狄慈根不依靠我们,甚至不依靠黑格尔也发现了它。"(《马克思恩格斯选集》第 4 卷,人民出版社 1995 年版,第 243 页)恩格斯对狄慈根所做的过高的评价常常引起人们的误解,以为狄慈根是最早提出"唯物主义辩证法"概念的人。

其实,马克思和恩格斯对狄慈根是有一个认识过程的,而且从总体上来看,对他的评价也并不高。恩格斯在 1867 年 11 月 26 日致马克思的信中提到了狄慈根:"哲学在雅科布·伯麦的时代还只不过是鞋匠,现在前进了一步,采取了制革工人的形象。"(《马克思恩格斯全集》第 31 卷,人民出版社 1972 年版,第 394 页)马克思在 1867 年 12 月 7 日致路德维希·库格曼的信中表示同意恩格斯对狄慈根的评价,并补充说:"另外除了'德国的'工人,其他任何工人都没有能力从事这样的脑力生产。"(《马克思恩格斯全集》第 31 卷,人民出版社 1972 年版,第 578 页)1868 年 5 月 9 日,马克思在给狄慈根的信中这样写道:"……一旦我卸下经济负担,我就要写《辩证法》。辩证法的真正规律在黑格尔那里已经有了,自然是具有神秘的形式。必须把它们从这种形式中解放出来……(《马克思恩格斯全集》第 32 卷,人民出版社 1974 年版,第 535 页)既然马克思谈起自己的辩证法研究计划,也就表明,他并不认为在狄慈根那里会有系统的辩证法思想。

马克思在 1868 年 10 月 4 日致恩格斯的信中提到狄慈根的手稿,并表示:"我的意见是:约·狄慈根如能用两印张阐明他的全部思想,亲自署名刊出,强调他是制革工人,那最好不过了。如按他自己所设想的篇幅发表,就会因缺少辩证发挥和重复过多而损害他的声誉。"(《马克思恩格斯全集》第 32 卷,人民出版社 1974 年版,第 164 页)但在 1868 年10 月 28 日致齐格弗里特·迈耶尔和奥古斯特·福格特的信中,马克思在谈到狄慈根时,称他为"这是我所知道的最有天才的工人之一"。(《马克思恩格斯全集》第 32 卷,人民出版社 1974 年版,第 564 页)恩格斯在 1868 年 11 月 6 日致马克思的信中,也就狄慈根的这部手稿这样写道:"要对这本书作出完全确定的评价是困难的;这个人不是天生的哲学家,况且是一个一半靠自学出来的人。从他使用的术语上一下子就可以看出他的一部分知识来源(例如,费尔巴哈、你的书和关于自然科学的各种毫无价值的通俗读物),很难说他此外

这一概念的作用和影响是如此之深远，以至它不仅影响了列宁、斯大林

（续注）还读过什么东西。术语自然还很混乱，因此缺乏精确性，并且常常用不同的表达方式重复同样的东西。其中也有辩证法，但多半是象火花一样地闪耀，而不是有联系地出现。"（《马克思恩格斯全集》第 32 卷，人民出版社 1974 年版，第 182 页）但恩格斯仍然肯定他对自在之物的描述是"很出色的，甚至是天才的"，并肯定他有"出色的写作才能"。

　　马克思在 1868 年 11 月 7 日致恩格斯的信中，对狄慈根的评论略显缓和："狄慈根的论述，除去费尔巴哈等人的东西，一句话，除去他的那些来源之外，我认为完全是他的独立劳动。此外，我完全同意你所说的。关于重复的问题，我将向他提一下。他恰恰没有研究过黑格尔，这是他的不幸。"（《马克思恩格斯全集》第 32 卷，人民出版社 1974 年版，第 185 页）但马克思在 1868 年 12 月 12 日致路德维希·库格曼的信中又以怀疑的口气谈到狄慈根："他的传记不完全象我所想象的那样。但我总是听到一些风言风语，说他'和埃卡留斯那样的工人不一样'。的确，他为自己制定那样的哲学观点需要一定的宁静和空闲时间，而这不是一个每天做工的工人所能具有的。"（《马克思恩格斯全集》第 32 卷，人民出版社 1974 年版，第 570—571 页）

　　马克思在 1882 年 1 月 5 日致恩格斯的信中又写道："从附上的狄慈根的信中你可看出，这个不幸的人倒退地'发展了'，并正好'走到了'《现象学》那里。我认为这件事情是无可挽救的。"（《马克思恩格斯全集》第 35 卷，人民出版社 1971 年版，第 28 页）事实上，马克思对狄慈根一直是有保留的。正如我们在前面已经引证过的那样，在写于 1886 年年初的《路德维希·费尔巴哈和德国古典哲学的终结》一书中，恩格斯仍然对狄慈根做了较高的评价。然而，同年 6 月初，狄慈根在芝加哥出版的、具有无政府主义倾向的《工人报》上发表了一篇论文。同年 9 月 16—17 日，恩格斯在致弗里德里希·阿道夫·左尔格的信中对此事做出了如下的反应："不过，狄慈根的关于无政府主义者的文章我也不能赞同。他有他的特殊的做法。如果有人对某个问题的看法有些褊狭，那末狄慈根就要竭尽全力并且往往是过分地强调指出，这个问题还有另外一个方面。但是现在，因为纽约人举止卑劣，他就突然站到了对立面一边，并且想把我们所有的人都说成是无政府主义者。这在现时也许是可以原谅的，但在关键时刻他毕竟不应当忘记他的全部辩证法。不过他这个毛病大概早已好了，并已重新走上了正确轨道；我并不替他担心。"（《马克思恩格斯全集》第 36 卷，人民出版社 1975 年版，第 521—522 页）

　　我们之所以不厌其烦地把马克思和恩格斯有关狄慈根的主要论述罗列出来，是为了表明，恩格斯在《路德维希·费尔巴哈和德国古典哲学的终结》中对狄慈根所做的评价是不妥当的。从任何意义上来讲，生活在后黑格尔时期而又对黑格尔一无所知的人，是不可能独立发现"唯物主义辩证法"或像其他人所说的那样，发现"辩证唯物主义"的。事实上，恩格斯在通信中已经指出，狄慈根的思想源于费尔巴哈、马克思等人，他怎么又可能做出独立的发现呢？**总之，应该结束这个流传已久的"狄慈根神话"了。**

　　在《约瑟夫·狄慈根》一文中，普列汉诺夫引证了巴·达乌盖的下述观点："约瑟夫·狄慈根与马克思和恩格斯同时，并且——正如恩格斯公开宣称——不依靠他们而独立地发现了辩证唯物主义！"（《普列汉诺夫哲学著作选集》第 3 卷，生活·读书·新知三联书店 1962 年版，第 118 页）并对这一观点进行了有力的驳斥。当约瑟夫·狄慈根的儿子欧根·狄慈根把他父亲的哲学著作说成是对马克思主义的"重要补充"时，普列汉诺夫一针见血地指出："使约·狄慈根受到最大损害的是他的那些过分热心的崇拜者：拿他同黑格尔和马克思这样的巨人来比，就使他比实际上渺小得多了。"（《普列汉诺夫哲学著作选集》第 3 卷，生活·读书·新知三联书店 1962 年版，第 133 页）

和各种马克思主义哲学教科书，而且迄今为止依然规定着相当一部分哲学教科书对马克思哲学的实质的理解和阐释。

第四，普列汉诺夫接受了恩格斯的唯物主义自然观，并把它视为辩证法的基础。在《恩格斯〈费尔巴哈与德国古典哲学的终结〉一书俄译本第二版的译者序言》中，他毫不犹豫地指出：

> 唯物主义自然观是我们辩证法的基础。辩证法是以它为根据的；如果唯物主义被驳倒了，那末我们的辩证法也是站不住脚的。……黑格尔的辩证法是和形而上学符合的，而我们的辩证法是以自然学说为依据的。①

正如我们在前面已经指出过的那样，黑格尔哲学不是一般的唯心主义哲学，而是历史唯心主义哲学，因而把他的哲学颠倒过来，其结果也不是以抽象的自然为基础的一般唯物主义，而应该是以社会历史为基础的历史唯物主义。

普列汉诺夫上面的论述表明，他对黑格尔哲学和马克思哲学实质的理解基本上是与恩格斯一致的。事实上，按照普列汉诺夫的阐释路径，正如我们在前面已经指出过的那样，费尔巴哈的唯物主义的出发点正在他关于自然的学说中，而他所理解的自然又是与人的实践活动完全相分离的。在这里，我们又一次发现，传统的哲学观念，尤其是传统哲学关于自然的观念是如此根深蒂固地支配着马克思哲学的最初的阐释者们的大脑，以至他们看不到马克思的新唯物主义，即"实践唯物主义"在对自然观的重新理解上的划时代的意义。

---

① 《普列汉诺夫哲学著作选集》第 3 卷，生活·读书·新知三联书店 1962 年版，第 87 页。

第三节　阐释路线的形成

正如马克思首先是一个革命家一样，列宁也首先是一个革命家。列宁之所以如饥似渴地阅读理论书籍，特别是马克思的著作和其他哲学社会科学方面的书籍，目的也正是解答自己在现实和革命过程中所遭遇到的各种问题。在列宁的一生中，出现过以下几个读书的高潮。第一个高潮是1889—1893年。当时的列宁作为喀山大学的学生，因为参加反对大学里的警察制度的学生抗议大会而被捕，并被开除学籍，流放到喀山附近的柯库什基诺村。流放结束后：

> 1889年，列宁移居于萨玛拉（即现在的库毕谢夫城）。他在那里所消磨的四年半的岁月正是他拼命读书的时候。列宁学了几种外国语，特别是德语，为的是好读马克思和恩格斯底著作，这些著作底大部份，还没有译成俄文。①

1893年，列宁到彼得堡以后，积极组织并参与工人运动。1895年被捕后，在狱中被关押了14个月，并于1897年2月被流放到西伯利亚。流放的3年成了列宁的第二个读书高潮：

> 在他被放逐的几年里，列宁对于哲学也作了一番深刻的研究。他重新阅读了马克思与恩格斯底哲学著作，研究了过去的伟大哲学著作以及资产阶级哲学底主要著作。②

---

① ［苏］普·凯尔任采夫：《列宁传》，企程·朔望译，生活·读书·新知三联书店1950年版，第6页。
② 同上书，第43页。

1900 年 2 月，流放结束后，由于被禁止在彼得堡等大城市居住，列宁开始了长达 5 年半的政治侨居生活。他于同年 7 月动身去慕尼黑，后来转移到伦敦和日内瓦。据列宁的妻子娜·康·克鲁普斯卡娅的回忆，在离日内瓦市中心不远的地方：

> 那儿有一个巨大的图书馆和很好的工作条件，可以看到大量的法文、德文、英文的报纸和杂志。……伊里奇可以占用整个一间屋子，在这个屋子里他可以写作，可以从一个墙脚踱到另一个墙脚，可以考虑要写的文章，可以从书架上拿任何一本书。[①]

对于列宁来说，这可以说是他的第三个读书高潮。1905 年革命爆发后，列宁回到俄国，但随着革命的失败，列宁于 1907 年年底再度开始了长达 9 年半的侨居生活。他先后到过日内瓦、巴黎、伯尔尼、苏黎士等地。在反动时期，甚至俄国革命者的思想也十分低落，受到种种唯心主义和神秘主义的侵袭：

> 列宁看到有坚决抑制这些唯心论的必要，就着手写一本维护马克思主义哲学的书。为了这目的，列宁透澈地研究了两百种以上的哲学著作，并且特地到伦敦去以便利用大英博物馆中的图书馆。[②]

我们知道，列宁所写的就是《唯物主义和经验批判主义》这部重要的著作。这可以说是他的第四次读书高潮。无数事实表明，列宁的读书和思考总是与革命斗争的具体实践密切相关的，这使他的思想具有高度的现实性和灵活性。

---

① ［苏］娜·康·克鲁普斯卡娅：《列宁回忆录》，杨树人译，生活·读书·新知三联书店 1960 年版，第 91 页。
② ［苏］普·凯尔任采夫：《列宁传》，企程·朔望译，生活·读书·新知三联书店 1950 年版，第 136 页。

然而，利用革命实践斗争的间隙读书，且每次读书都有明确的实践目的，这也容易形成另一个结果，即他不可能平心静气地对一般哲学理论和马克思的哲学理论，尤其是对恩格斯和普列汉诺夫的哲学见解进行系统的反思。他基本上是沿着恩格斯和普列汉诺夫对马克思哲学的阐释方向和阐释路径来理解并阐发马克思的哲学思想的。我们知道，虽然列宁生前没有读到恩格斯的手稿《自然辩证法》（初版于1925年），但他对已经出版的恩格斯的哲学论著都是十分熟悉的。在《马克思主义的三个来源和三个组成部分》（1913）一文中，列宁这样写道：

> 在恩格斯的著作《路德维希·费尔巴哈》和《反杜林论》里最明确最详尽地阐述了他们的观点，这两部著作同《共产党宣言》一样，都是每个觉悟工人必读的书籍。[1]

事实上，凡是认真读过列宁哲学著作的人都十分清楚，他的许多见解都来自恩格斯的这两部著作。与此同时，尽管列宁与普列汉诺夫在政治立场上发生了分歧[2]，但他在哲学思想上仍然深受普列汉诺夫的影响。列宁不但充分地肯定了普列汉诺夫在俄国马克思主义传播史上的地位和作用，并号召青年人认真读他的著作，而且在其《哲学笔记》中也留下了他认真阅读普列汉诺夫的《马克思主义的基本问题》《尼·加·车尔尼雪夫斯基》等著作的札记。

下面，我们通过对列宁的主要哲学著作——《唯物主义和经验批判主义》（1908）、《哲学笔记》（1895—1916）等的解读，来看看列宁对马克思理论的阐释路线究竟是如何形成并发展起来的。

第一，列宁反复引证了恩格斯在《路德维希·费尔巴哈和德国古典

---

① 《列宁选集》第2卷，人民出版社1995年版，第310页。

② 据娜·康·克鲁普斯卡娅回忆："伊里奇最感到难受的是跟普列汉诺夫彻底分手。"参见［苏］娜·康·克鲁普斯卡娅：《列宁回忆录》，杨树人译，生活·读书·新知三联书店，1960年版，第88页。

哲学的终结》中提出的关于哲学基本问题（即思维与存在的关系，或精神与自然界的关系问题）的理论，不但把这一问题视为判断一个哲学家的思想是唯物主义还是唯心主义的根本依据，而且进一步把它提升到党性原则的高度上。列宁写道：

> 恩格斯在他的《路德维希·费尔巴哈》中宣布唯物主义和唯心主义是哲学上的基本派别。唯物主义认为自然界是第一性的，精神是第二性的，它把存在放在第一位，把思维放在第二位。唯心主义却相反。恩格斯把唯心主义和唯物主义的"各种学派"的哲学家所分成的"两大阵营"之间的这一根本区别提到首要地位，并且直截了当地谴责在别的意义上使用唯心主义和唯物主义这两个名词的那些人的"混乱"。①

毋庸讳言，在列宁对恩格斯哲学遗产的接纳中，他最重视的是恩格斯关于思维与存在关系问题的理论，因为正是这一理论，给了列宁一个识别和评判形形色色的哲学思潮和派别的根本标准，也给了列宁事业的追随者以同样的标准，使他们不至于在现代社会的芜杂的哲学思潮的侵袭下迷失方向。所以，列宁按照恩格斯的阐释方向和普列汉诺夫的阐释路径，建立了自己阅读并阐释一切理论文本，尤其是马克思的理论文本的路线。不仅如此，比普列汉诺夫做得更为出色的是，列宁在下述方面积极地推进了恩格斯的理论。

首先，列宁强调了唯物主义和唯心主义斗争的普遍性。虽然恩格斯把思维与存在的关系看作全部哲学的基本问题，但在黑格尔的影响下，他的论述的重点主要落在近代哲学史上。列宁则明确地把由思维与存在关系的争论所引发的唯物主义与唯心主义之间的斗争看作贯通整个哲学史的斗争。他告诉我们：

---

① 《列宁选集》第2卷，人民出版社1995年版，第73页。

在两千年的哲学发展过程中，唯心主义和唯物主义的斗争难道会陈腐吗？哲学上柏拉图的和德谟克利特的倾向或路线的斗争难道会陈腐吗？宗教和科学的斗争难道会陈腐吗？否定客观真理和承认客观真理的斗争难道会陈腐吗？超感觉知识的维护者和反对者的斗争难道会陈腐吗？①

我们发现，列宁不但强调了唯物主义与唯心主义的斗争对整个哲学史的普遍性，而且也把它看作全部宗教史、科学史、知识史和真理史的题中应有之义。这就等于把思维与存在关系的问题作为贯穿人类全部思想文化史的一个基本理论。换言之，对人类一切文化成果的考察，都应该置于这一理论的视角之下。也就是说，列宁把恩格斯的这一理论的重要性提升到前所未有的高度上。

其次，列宁在恩格斯提出的"唯物主义"和"唯心主义"这"两大阵营"理论的基础上，进一步提出了认识论中"两条基本路线"的新概念。那么，究竟什么是"两条基本路线"呢？他写道：

我们现在谈的完全不是唯物主义的这种或那种说法，而是唯物主义和唯心主义的对立，哲学上两条基本路线的区别。从物到感觉和思想呢，还是从思想和感觉到物？恩格斯坚持第一条路线，即唯物主义的路线。马赫坚持第二条路线，即唯心主义的路线。②

在这里，列宁实际上已把思维与存在的关系问题引入认识论的领域中，从而使认识论研究中历来存在的两种对立的倾向被主题化了。在这样做的同时，列宁干脆主张，把认识论改造为"反映论"：

---

① 《列宁选集》第 2 卷，人民出版社 1995 年版，第 89 页。
② 同上书，第 37 页。

> 　　我们的感觉、我们的意识只是外部世界的映象；不言而喻，没有被反映者，就不能有反映，但是被反映者是不依赖于反映者而存在的。唯物主义自觉地把人类的"素朴的"信念作为自己的认识论的基础。①

这种反映论的理论很容易使我们联想起柏拉图和亚里士多德谈到的"蜡块说"和洛克提出的"白板说"。当然，列宁竭尽全力把反映论表述成一种革命的、能动的反映论，然而，不管如何，它的前提毕竟是这样一个错误的假设，即认识的对象先于认识者而存在。不用说，这里说的"先于"不是指"逻辑在先"，而是指"时间在先"。但即使是"时间在先"也是错误的。事实上，只要我们一进入认识论的语境，认识者、认识对象和作为认识媒介的语言显然已经作为前提而存在。

　　如果我们把列宁的上述见解与马克思的《关于费尔巴哈的提纲》，尤其是其中的第一条提纲进行比较，就会发现，列宁在强调马克思认识论的唯物主义性质的时候，走向了另一个极端，即磨平了马克思的认识论与旧唯物主义的认识论之间的根本差别。问题在于，在康德对传统的、独断论的认识论提出挑战后，不但不应该再把"人类的'朴素的'信念"作为马克思认识论的"基础"，而应该倒过来，在以实践论为基础和核心的马克思认识论的基础上，对"人类的'朴素的'信念"做出新的、批判性的反思。

　　再次，列宁运用哲学基本问题的理论揭露了哲学上以休谟、康德为代表的"中间派"的实质。众所周知，恩格斯在《路德维希·费尔巴哈和德国古典哲学的终结》中阐述哲学基本问题的理论时，批判了休谟和康德的"不可知主义"，列宁进一步扩大了这一批判的意义，即把哲学基本问题理解为揭露"中间派"本质和其真实哲学倾向的有力武器。列宁以充满逻辑力量的笔调写道：

---

　　① 《列宁选集》第2卷，人民出版社1995年版，第66页。

一切知识来自经验、感觉、知觉。这是对的。但试问："属于知觉"的，也就是说，作为知觉的源泉的是客观实在吗？如果你回答说是，那你就是唯物主义者。如果你回答说不是，那你就是不彻底的，你不可避免地会陷入主观主义，陷入不可知论；不论你是否认自在之物的可知性和时间、空间、因果性的客观性（像康德那样），还是不容许关于自在之物的思想（像休谟那样），反正都一样。①

这就启示我们，虽然以休谟、康德为代表的"中间派"把知觉和经验视为知识的源泉，但由于他们不承认知觉和经验所蕴含的内容是客观的，所以最终仍然倒向唯心主义。列宁也以同样的方式分析了以马赫、阿芬那留斯为代表的经验批判主义对他们所肯定的经验认识中的客观真理的否定。因此，乍看起来，经验批判主义从康德出发，似乎既不偏袒唯物主义，也不偏袒唯心主义，处处以"中间派"自居，实际上，他们通过对康德的"自在之物"的清洗，归根到底导向唯心主义和内在论。

最后，列宁提出了哲学的"党性"原则，进一步把唯物主义和唯心主义的斗争与政治上的党派斗争联系起来，从而强化了对隐蔽在任何哲学思想背后的政治倾向的认知。列宁写道：

在经验批判主义认识论的烦琐语句后面，不能不看到哲学上的党派斗争，这种斗争归根到底表现着现代社会中敌对阶级的倾向和思想体系。最新的哲学像在 2000 年前一样，也是有党性的。唯物主义和唯心主义按实质来说，是两个斗争着的党派，而这种实质被冒牌学者的新名词或愚蠢的无党性所掩盖。②

---

① 《列宁选集》第 2 卷，人民出版社 1995 年版，第 87 页。
② 同上书，第 240 页。

这段重要的论述表明，列宁进一步把哲学上的不同倾向与政治党派上的不同倾向联系起来。不用说，在严酷的阶级斗争，特别是政治斗争的背景下，对可能隐藏在各种哲学倾向后面的政治倾向保持高度的警惕是十分必要的。事实上，没有这方面的敏感性，没有对哲学争论的政治和意识形态背景的充分的认识，哲学争论就成了一种无聊的语言游戏。正是在这个意义上，列宁指出：

> 马克思和恩格斯在哲学上自始至终都是有党性的，他们善于发现一切"最新"流派对唯物主义的背弃，对唯心主义和信仰主义的纵容。①

毋庸讳言，在当时的政治背景下，列宁关于哲学"党性"原则的阐述是有其充分的理由的。但在十月革命以后，当列宁提出的这一"党性"原则被简单地作为裁决一切哲学问题的政治倾向的最高标准时，真正学术性的哲学争论也就变得不可能了。无数事实表明，我们应该谨慎地看待哲学见解与政治倾向之间的关系：一方面，应该看到，哲学见解和政治倾向各有其相对的独立性，绝不能把两者简单地等同起来，也不能不加分析地在"唯物主义和政治进步"与"唯心主义和政治反动"之间画等号。现实生活是无限复杂的，必须坚持具体问题具体分析的灵活的原则。另一方面，尽管对某种哲学见解和其可能蕴含的政治倾向之间的内在联系也应该保持清醒的意识，但在做出任何结论之前，必须有充分的依据。只有采取这样实事求是的态度，哲学争论才可能沿着健康的轨道向前发展。

第二，虽然列宁没有像恩格斯那样，辟出专门的篇幅来谈论黑格尔唯心主义哲学体系和它的革命辩证法之间的矛盾关系，但他对恩格斯这方面的见解无疑是认同的。在《弗里德里希·恩格斯》(1895)一文中，列宁写道：

---

① 《列宁选集》第 2 卷，人民出版社 1995 年版，第 231 页。

黑格尔的哲学谈论精神和观念的发展，它是唯心主义的哲学。它从精神的发展中推演出自然界、人以及人与人的关系即社会关系的发展。马克思和恩格斯保留了黑格尔关于永恒的发展过程的思想，而抛弃了那种偏执的唯心主义观点；他们面向实际生活之后看到，不能用精神的发展来解释自然界的发展，恰恰相反，要从自然界，从物质中找到对精神的解释……①

这段论述表明，列宁看到了黑格尔哲学的唯心主义性质，但他并没有像恩格斯那样，把黑格尔的哲学体系（作为保守的东西）与它的方法（作为革命的东西）尖锐地对立起来。有趣的是，列宁在《谈谈辩证法问题》(1915)一文中引入了一个生动的比喻来评论哲学唯心主义：

　　　　它无疑地是一朵不结果实的花，然而却是生长在活生生的、结果实的、真实的、强大的、全能的、客观的、绝对的人类认识这棵活生生的树上的一朵不结果实的花。②

然而，对黑格尔的思辨唯心主义哲学，列宁却始终保持着一种崇敬的态度。在《怎么办？》(1901—1902)一书中，他甚至这样写道：

　　　　如果不是先有德国哲学，特别是黑格尔哲学，那么德国科学社会主义，即过去从来没有过的唯一的科学社会主义，就决不可能创立。③

这段话不仅表明了黑格尔哲学对科学社会主义理论的重要性，也表明了它对列宁的重要性。那么，列宁是否主张对黑格尔的思辨唯心主义的哲学体系采取无批判的、容忍的态度呢？当然并不是这样。列宁完全赞同

---

① 《列宁选集》第1卷，人民出版社1995年版，第90—91页。
② 列宁：《哲学笔记》，人民出版社1960年版，第412页。
③ 《列宁选集》第1卷，人民出版社1995年版，第313页。

恩格斯在《路德维希·费尔巴哈和德国古典哲学的终结》中提出的"归根到底，黑格尔的体系只是一种就方法和内容来说唯心主义地倒置过来的唯物主义"①的见解，主张以唯物主义的方式来解读并阐释黑格尔的哲学著作和思想体系。在《哲学笔记》中，他反复强调：

> 我总是竭力用唯物主义观点来读黑格尔的著作：黑格尔学说是倒立的唯物主义（恩格斯的说法）——就是说，我大抵抛弃神、绝对、纯粹观念等等。②

在这里，尽管列宁没有像恩格斯那样明确地提出要抛弃黑格尔的思辨唯心主义哲学体系，但他主张"用唯物主义的观点来读黑格尔的著作"实际上已经蕴含着这样的意思，只不过这一层意思表达得比较委婉罢了。与列宁对黑格尔的思辨唯心主义哲学体系所采取的委婉态度不同，他对黑格尔的辩证法却是赞赏有加的。在《哲学笔记》中，列宁指出：

> 要继承黑格尔和马克思的事业，就应当辩证地研究人类思想、科学和技术的历史。③

显然，在列宁看来，马克思的事业和黑格尔的事业、马克思的辩证法和黑格尔的辩证法完全是可以相提并论的。尽管有时候列宁也强调，马克思是把黑格尔辩证法的合理形式运用于政治经济学的研究，但是，上述表达方式已经蕴含着一种潜在的倾向，即忽略马克思的辩证法与黑格尔的辩证法之间的差异。换言之，只以求同的眼光来看待马克思和黑格尔的理论关系。或许正是基于这样一种潜在的思维方式，列宁写道：

---

① 《马克思恩格斯选集》第4卷，人民出版社1995年版，第226页。
② 列宁：《哲学笔记》，人民出版社1960年版，第104页。
③ 同上书，第154页。

不钻研和不理解黑格尔的全部逻辑学，就不能完全理解马克思的《资本论》，特别是它的第 1 章。因此，半个世纪以来，没有一个马克思主义者是理解马克思的！！①

在这里，列宁实际上为阅读和理解《资本论》提出了一个新的标准，即一定要先行地理解黑格尔的全部逻辑学。有人也许会申辩说：为什么列宁只提黑格尔的逻辑学呢？难道黑格尔的其他著作，如《精神现象学》，对于阅读马克思的《资本论》就没有一点启迪作用吗？原来列宁是这样看问题的：

黑格尔逻辑学的总结和概要、最高成就和实质，就是辩证的方法，——这是绝妙的。还有一点：在黑格尔这部最唯心的著作中，唯心主义最少，唯物主义最多。"矛盾"，然而是事实！②

这就是说，列宁强调黑格尔逻辑学对马克思的重要性，主要是基于两方面的原因：一方面，逻辑学是黑格尔辩证法思想的最集中的体现；另一方面，这部最为抽象的唯心主义著作中所包含的唯物主义最多。然而，毋庸讳言，列宁的这一见解包含着下面的危险：由于黑格尔的《逻辑学》同时也是一部哲学史著作，所以，实际上，不了解整个哲学史，也就不可能懂得黑格尔的逻辑学。而任何初入哲学门径的人都不可能轻易地把握整个哲学史和黑格尔的逻辑学，也就是说，对于他们来说，马克思的《资本论》如同外星人的语言，是完全不可理解的。而这样的见解同时也预设了下面的结果，即缺少文化素养，尤其是哲学素养的工人阶级是无法理解马克思的《资本论》的。不管如何，列宁写下的这些片断，一方面

---

① 列宁：《哲学笔记》，人民出版社 1960 年版，第 191 页。

② 同上书，第 253 页。在《卡尔·马克思》(1914) 一文中，列宁对黑格尔辩证法的重要性做了更透彻的发挥："马克思和恩格斯认为，黑格尔辩证法这个最全面、最富有内容、最深刻的发展学说，是德国古典哲学的最大成就。"参见《列宁选集》第 2 卷，人民出版社 1995 年版，第 421 页。在《谈谈辩证法问题》一文中，列宁写道："辩证法也就是（黑格尔和）马克思主义的认识论。"参见列宁：《哲学笔记》，人民出版社 1960 年版，第 410 页。

表明了他对黑格尔辩证法的高度重视；另一方面也表明了他的主要倾向是强调马克思和黑格尔在方法论上的一致性，而不是差异性。在《论战斗唯物主义的意义》(1922)一文中，列宁甚至建议：

> 依我看，《在马克思主义旗帜下》杂志的编辑和撰稿人这个集体应该是一种"黑格尔辩证法唯物主义之友协会"。①

尽管列宁强调，应该像恩格斯那样，学会从唯物主义的角度出发去理解和阐释黑格尔的辩证法，但列宁并没有深入地阐述马克思辩证法与黑格尔辩证法之间的根本性差异。也就是说，这种差异性被掩蔽起来了。而这种差异性的被掩蔽正表明了，在列宁的观念中，马克思哲学和黑格尔哲学之间的关系还没有上升为一个紧迫的理论问题。

第三，列宁继承了恩格斯和普列汉诺夫的阐释思路，坚信马克思对黑格尔哲学的批判是以马克思返回到费尔巴哈式的、一般唯物主义的立场作为前提的。在《唯物主义和经验批判主义》一书中，他这样写道：

> 费尔巴哈、马克思、恩格斯的整个学派，从康德那里向左走，走向完全否定一切唯心主义和一切不可知论。②

在这里，既然列宁把费尔巴哈、马克思和恩格斯的哲学思想理解为"整个学派"，这就必然蕴含着这样一个预设，即马克思和恩格斯是认同费尔巴哈的一般唯物主义立场的。那么，有人也许会问：难道列宁就没有注意到马克思的唯物主义与费尔巴哈的唯物主义之间的差别吗？我们的回答是否定的。事实上，列宁下面的论述已经表明他注意到了这种差别：

---

① 《列宁选集》第 4 卷，人民出版社 1995 年版，第 652 页。
② 《列宁选集》第 2 卷，人民出版社 1995 年版，第 168 页。

马克思和恩格斯的学说是从费尔巴哈那里产生出来的，是在与庸才们的斗争中发展起来的，自然他们所特别注意的是修盖好唯物主义哲学的上层，也就是说，他们所特别注意的不是唯物主义认识论，而是唯物主义历史观。因此，马克思和恩格斯在他们的著作中特别强调的是**辩证**唯物主义，而不是辩证**唯物主义**，特别坚持的是**历史**唯物主义，而不是历史**唯物主义**。①

在这里，列宁明确地告诉我们，马克思和恩格斯的哲学是从费尔巴哈那里产生出来的。在《哲学笔记》中，他在论及哲学史上的"圆圈"时，写道：

黑格尔——费尔巴哈——马克思。②

在这个"圆圈"中，费尔巴哈成了马克思和黑格尔之间的中间环节。显而易见，列宁这方面的想法也来自恩格斯的《路德维希·费尔巴哈和德国古典哲学的终结》及普列汉诺夫的相关的见解。在列宁看来，马克思和恩格斯曾在费尔巴哈的影响下，从青年黑格尔主义者转变为费尔巴哈式的一般唯物主义者。也就是说，就一般唯物主义的立场而言，马克思、恩格斯和费尔巴哈是完全一致的。马克思、恩格斯的哲学思想与费尔巴哈的差异仅仅在于：一方面，他们把一般唯物主义的立场与从黑格尔那里接受过来的"合理内核"——辩证法相结合，形成了辩证唯物主义；另

---

① 《列宁选集》第2卷，人民出版社1995年版，第225页。列宁提出这一见解绝不是偶然的，在他关于拉萨尔的《爱非斯的晦涩哲人赫拉克利特的哲学》一书的札记中，他以同样的口吻写道："马克思在1844—1847年离开黑格尔走向费尔巴哈，又进一步从费尔巴哈走向历史（和辩证）唯物主义。"参见列宁：《哲学笔记》，人民出版社1960年版，第386—387页。这一见解所蕴含的理论危险是：费尔巴哈式的一般唯物主义竟成了马克思哲学的基础。因而要恢复马克思哲学的本真精神，重新阐述马克思思想与费尔巴哈思想之间的差异就上升为一个重要的话题。请参阅俞吾金：《重新理解马克思哲学与费尔巴哈哲学的关系》，见《俞吾金集》，学林出版社1998年版，第139—152页。

② 列宁：《哲学笔记》，人民出版社1960年版，第411页。

一方面，他们进一步把**辩证**唯物主义的观念应用并推广到社会历史领域中，从而形成了**历史**唯物主义。于是，我们发现，正是在列宁那里，马克思主义哲学的实质和形式得到了初步的规定。在《马克思主义的三个来源和三个组成部分》(1913)一文中，列宁明确地指出：

> 马克思主义的哲学就是唯物主义。①

也就是说，马克思主义哲学是从属于唯物主义的。当然，这种说法只肯定了马克思主义哲学与其他一切唯物主义哲学学说之间的共同性，却并没有揭示出马克思主义哲学的特殊性。所以，在另一些场合下，列宁也强调：

> 马克思主义哲学是辩证唯物主义。②

列宁甚至这样写道：

> 所有这些人都不会不知道，马克思和恩格斯几十次地把自己的哲学观点叫作辩证唯物主义。③

这就明确地告诉我们，马克思主义哲学的实质是辩证唯物主义。显然，列宁在这里的说法具有某种论战性的、夸张的味道。凡是认真地研读过马克思、恩格斯著作的人都知道，马克思从未使用过"辩证唯物主义"这一概念；恩格斯也从未使用过这个概念，正如我们在前面的论述中已经指出过的那样，恩格斯只创制了"唯物主义辩证法"这一概念，而"辩证唯物主义"的概念似乎是从普列汉诺夫那里才开始使用的。尽管如此，

---

① 《列宁选集》第 2 卷，人民出版社 1995 年版，第 310 页。
② 同上书，第 10 页。
③ 同上书，第 12 页。

在通常的情况下，人们仍然把恩格斯看作"辩证唯物主义"概念的创制者。比如，波亨斯基（I. M. Bochenski）在《当代欧洲哲学》一书中曾经写道：

> 马克思本人主要是一个政治经济学家、社会学家和社会哲学家。他是历史唯物主义的奠基人，而历史唯物主义的一般哲学基础则是辩证唯物主义体系，它本质上是恩格斯研究的结果。①

这显然是一个别出心裁的解释！但这个解释却准确地道出了一个久已在马克思主义哲学史上流传着的神话，即马克思创立了历史唯物主义，恩格斯创立了辩证唯物主义，辩证唯物主义是历史唯物主义的基础。这样一来，马克思主义哲学的体系架构——辩证唯物主义和历史唯物主义——也就被规定下来了。这种形式就是我们前面提到的著名的"推广论"，即马克思把费尔巴哈的一般唯物主义（"基本内核"）加上黑格尔的辩证法（"合理内核"），创立了辩证唯物主义，再把辩证唯物主义推广或应用到社会历史领域内，从而创立了历史唯物主义。其实，每一个不存偏见的人都会发现，列宁早已对"推广论"做了如下的表述：

> 马克思加深和发展了哲学唯物主义，而且把它贯彻到底，把它对自然界的认识推广到对人类社会的认识。马克思的历史唯物主义是科学思想中的最大成果。②

而在列宁的影响下，斯大林则在《论辩证唯物主义和历史唯物主义》（1938）一书中开宗明义地指出：

---

① I. M. Bochenski，*Contemporary European Philosophy*，Berkeley：University of California Press，1957，p. 62.

② 《列宁选集》第 2 卷，人民出版社 1995 年版，第 311 页。

辩证唯物主义是马克思列宁主义党的世界观。它所以叫做辩证唯物主义，是因为它对自然界现象的看法、它研究自然界现象的方法、它认识这些现象的方法是**辩证的**，而它对自然界现象的解释、它对自然界现象的了解、它的理解是**唯物主义的**。

历史唯物主义就是把辩证唯物主义的原理推广去研究社会生活，把辩证唯物主义的原理应用于社会生活现象，应用于研究社会，应用于研究社会历史。①

在这里，一切都得到了明确的规定，即马克思主义哲学的实质是辩证唯物主义，其表现形式则是"推广论"，即从辩证唯物主义推广出历史唯物主义。如果我们沿着斯大林、列宁的阐释路线进行逆溯的话，就会发现，所有这些规定，已经以萌芽的形式存在于恩格斯的哲学著作中了。

如前所述，尽管恩格斯没有使用过"辩证唯物主义"这一概念，但他始终把与这个概念的内涵相同的另一些概念，如"唯物辩证法"或"自然辩证法"理解为马克思主义哲学的实质。同时，无论是在《反杜林论》中，还是在《路德维希·费尔巴哈和德国古典哲学的终结》中，当恩格斯以比较系统的方式来谈论哲学时，他总是先谈自然界，后谈社会历史。比如，当恩格斯在《路德维希·费尔巴哈和德国古典哲学的终结》中谈到马克思及马克思向费尔巴哈式的一般唯物主义立场的返回时，他这样写道：

不过在这里第一次对唯物主义世界观采取了真正严肃的态度，把这个世界观彻底地(至少在主要方面)运用到所研究的一切知识领域里去了。②

①　斯大林：《列宁主义问题》，人民出版社 1964 年版，第 629 页。
②　《马克思恩格斯选集》第 4 卷，人民出版社 1995 年版，第 242 页。

恩格斯这里所说的"主要方面"也就是指社会历史领域。由此可见，"推广论"实际上滥觞于恩格斯，经过普列汉诺夫和列宁的媒介，最终在斯大林那里得到了明确的表述。事实上，迄今为止，正统的阐释者们对马克思主义哲学的实质的理解和阐释始终是在这一阐释方向和阐释框架的范围内发生的。

第四，列宁赞同恩格斯的下述观点：随着实证科学的发展，哲学只留下了"一个纯粹思想的领域"，即关于思维规律的学说。在《卡尔·马克思》一文中，他这样写道：

> 辩证唯物主义"不再需要任何凌驾于其他科学之上的哲学"。以往的哲学只留下了"关于思维及其规律的学说——形式逻辑和辩证法"。而辩证法，按照马克思的理解，同样也根据黑格尔的看法，其本身包括现在称之为认识论的内容，这种认识论同样应当历史地观察自己的对象，研究并概括认识的起源和发展，从不知到知的转化。①

众所周知，在列宁的这段话中，带双引号的都是恩格斯的论述，这表明列宁完全同意恩格斯对哲学发展趋向的判断。事实上，列宁不仅认同了恩格斯的见解，还以下述方式推进了他的见解：一方面，列宁强调了认识论与辩证法的一致性。其实，在我们上面引证过的那段话中，列宁已经暗示我们，辩证法包括"认识论的内容"，而认识论也必须以辩证的方式看待自己对象的思想。在《谈谈辩证法问题》一文中，列宁这方面的思想得到了更为明确的表述：

> 辩证法是活生生的、多方面的(方面的数目永远增加着的)认识，其中包含着无数的各式各样观察现实、接近现实的成分(包含

---

① 《列宁选集》第2卷，人民出版社1995年版，第422页。

着从每个成分发展成的整个哲学体系），——这就是它比起"形而上学的"唯物主义来所具有的无比丰富的内容，而形而上学的唯物主义的根本缺陷就是不能把辩证法应用于反映论，应用于认识的过程和发展。①

另一方面，列宁也强调了认识论与逻辑学的一致性。他反复申述如下的观点：

> 逻辑不是关于思维的外在形式的学说，而是关于"一切物质的、自然的和精神的事物"的发展规律的学说，即关于世界的全部具体内容及对它的认识的发展规律的学说，换句话说，逻辑是对世界的认识的历史的总计、总和、结论。②

在他看来，逻辑不是一种单纯形式的、外在的东西，而是关于对世界全部事物的认识的发展规律的学说。人们的思维和认识不能凭空进行，而必须借助于语言和逻辑范畴，而逻辑范畴正是人们思维和认识世界过程中的一些小阶段，是帮助人们理解和掌握种种自然现象的网上之结。这样一来，在列宁的哲学中，逻辑、辩证法和认识论的统一性就因此而建立起来了。马克思主义哲学的问题域也因此而被限定了。不用说，列宁的这一思想对理论界以后的发展产生了不可低估的影响。

与此同时，列宁进一步把恩格斯所说的"形式逻辑和辩证法"的关系阐述为形式逻辑和辩证逻辑的新关系。我们知道，在《反杜林论》中，恩格斯曾经把形式逻辑和辩证法的关系比喻为初等数学与高等数学之间的关系。列宁完全同意恩格斯的比喻，他认为，形式逻辑适合于最常见的事物，它运用形式上的定义，适合于中小学的学生，然而：

---

① 列宁：《哲学笔记》，人民出版社 1960 年版，第 411 页。
② 同上书，第 89—90 页。

辩证逻辑则要求我们更进一步。要真正地认识事物，就必须把握住、研究清楚它的一切方面、一切联系和"中介"。我们永远也不会完全做到这一点，但是，全面性这一要求可以使我们防止犯错误和防止僵化。这是第一。第二，辩证逻辑要求从事物的发展、"自己运动"（像黑格尔有时所说的）、变化中来考察事物。……第三，必须把人的全部实践——作为真理的标准，也作为事物同人所需要它的那一点的联系的实际确定者——包括到事物的完整的"定义"中去。第四，辩证逻辑教导说，"没有抽象的真理，真理总是具体的"……①

值得注意的是，列宁提出了"辩证逻辑"的新概念，并阐述了它所包含的四点主要的内容。尽管列宁在上面的论述后声明自己还没有把"辩证逻辑"的全部涵义说完，但他也明确地告诉我们，把握了上面四点内容，也就大体上把握了"辩证逻辑"。虽然理论界曾经就是否存在"辩证逻辑"的问题进行过激烈的争论，但有一点是无可怀疑的，即列宁完全赞同恩格斯确立起来的阐释方向，把哲学探讨的眼光转向"纯粹思想"，转向逻辑问题。

值得注意的是，列宁还揭示了逻辑范畴在实践中的起源。在列宁看来，黑格尔已经在《逻辑学》中天才地猜测到：逻辑形式和逻辑规律不是空洞的外壳，而是客观世界在人脑中的反映。当然，黑格尔的猜测是通过唯心主义的方式表达出来的。他把行动、实践理解为逻辑的推理或逻辑的格，而实际情形正好相反：人的实践经过亿万次的重复，在人的意识中以逻辑的格的形式固定下来了。列宁写道：

人的实践活动必须亿万次地使人的意识去重复各种不同的逻辑

---

① 《列宁选集》第 4 卷，人民出版社 1995 年版，第 419 页。

的格，以便这些格能够获得公理的意义。①

乍看起来，列宁似乎已经打破传统哲学关于逻辑范畴不可能来自经验生活的见解，揭示出它们与人的实践活动之间的内在联系，从而证明逻辑范畴是人的无数次实践活动在意识中构成的格。这样一来，笼罩在逻辑范畴上的神秘的迷雾似乎散去了。然而，列宁没有注意到，上述见解是以强调"时间在先"的发生学理论为出发点的。假如我们从强调"逻辑在先"的规范主义的立场来看问题，就会发现，理论和逻辑通常是以先于观察和思考的方式发生作用的。况且，不论人的实践活动的面有多宽，相对于逻辑范畴蕴含的逻辑可能性空间来说，永远是狭窄的。列宁的上述见解表明，他对康德的先验主义哲学和先验逻辑还缺乏系统的、深入的研究。

综上所述，列宁作为世界上第一个社会主义国家的缔造者，他的政治智慧，尤其是政治判断力是无与伦比的，然而，从哲学上看，他自始至终追随恩格斯的下述见解：费尔巴哈的唯物主义，即"基本内核"＋黑格尔的辩证法，即"合理内核"＝马克思主义哲学，即"唯物主义辩证法"，并步普列汉诺夫的后尘，把"辩证唯物主义"理解为马克思哲学的实质，而把马克思创立的历史唯物主义仅仅理解为辩证唯物主义在社会历史领域里的"推广"和"应用"。列宁的阐释路线不仅缩小了马克思创立的历史唯物主义学说的伟大意义，而且也在一定的程度上模糊了马克思的实践唯物主义与费尔巴哈式的直观唯物主义、马克思的历史唯物主义与黑格尔的历史唯心主义之间的本质差别。

---

① 列宁：《哲学笔记》，人民出版社 1960 年版，第 203 页。

第四节　主导话语的传播

列宁逝世以后，他的阐释路线经过斯大林起草的《联共(布)党史简明教程》第四章第二节"论辩证唯物主义和历史唯物主义"，终于演绎成苏联、东欧和中国等社会主义国家的马克思主义哲学教科书的主导性话语。其实，细心的读者自己也会发现，《联共(布)党史简明教程》本身就采取了教科书的形式。换言之，它正是后来流行于苏联、东欧和中国的马克思主义哲学教科书的雏形。由此可见，在这里简要地分析一下《联共(布)党史简明教程》第四章第二节的内容是必要的。它的基本观点可以归纳如下。

第一，斯大林引证了恩格斯关于思维与存在关系问题的论述，叙述了马克思的哲学唯物主义的内容：

> 唯心主义认为世界是"绝对观念""宇宙精神""意识"的体现，而马克思的哲学唯物主义却与此相反，它认为，世界按其本质说来是物质的；世界上形形色色的现象是运动着的物质的不同形态；辩证方法所判明的现象的相互关系和相互制约，是运动着的物质的发展规律；世界是按物质运动规律发展的，并不需要什么"宇宙精神"。[1]

在这段重要的论述中，斯大林沿袭了恩格斯和列宁的阐释思路，以"物质"和"物质运动"概念为核心，阐述了马克思的哲学唯物主义，而完全没有考虑到马克思的唯物主义作为"实践唯物主义"或"历史唯物主义"与

---

[1]　联共(布)中央特设委员会编：《联共(布)党史简明教程》，人民出版社 1975 年版，第 123 页。

以往的旧唯物主义之间的根本差别。事实上，早在《1844 年经济学哲学手稿》中，马克思就已经批判了那种与人的社会实践活动相分离的、"抽象物质的或者不如说是唯心主义的方向"①。在马克思看来，哪怕是一个具有唯物主义倾向的学者，只要他从与人的社会实践活动相分离的角度出发去谈论"物质"，他就必定会蜕变成一个唯心主义者，因为"抽象物质"的观点本质上就是唯心主义的观点。要言之，当斯大林谈论"马克思的哲学唯物主义"的时候，他只是注意到了马克思的唯物主义与旧唯物主义之间的某些共同点，而完全忽略了它们之间存在着的根本差异。毋庸讳言，这一见解后来成了苏联、东欧和中国的马克思主义哲学教科书的"基本原理"。比如，由弗朗克·菲德勒等人编写的《辩证唯物主义与历史唯物主义》（作为东德高等学校马克思列宁主义教科书）就曾指出：

> 辩证唯物主义与历史唯物主义认为物质对意识来说是本原的，意识是物质世界的反映，在这一唯物主义的观点上它同以前的一切唯物主义是一致的。②

在这样的表述中，人们很容易发现，引起马克思主义哲学教科书关注的是马克思的唯物主义与旧唯物主义之间的共同点，而不是根本差异。不用说，在这样的阐释思路的引导下，马克思的实践唯物主义或历史唯物主义的特殊性以及马克思所发动的、划时代的哲学革命的伟大意义也就被湮没了。

第二，斯大林采纳了恩格斯和列宁的阐释路线，把马克思对传统哲学的改造主要理解为马克思对黑格尔的保守的思辨唯心主义哲学体系的摈弃和对其"合理内核"——辩证法的接受。斯大林这样写道：

---

① 《马克思恩格斯全集》第 42 卷，人民出版社 1979 年版，第 128 页。
② ［德］弗朗克·菲德勒等：《辩证唯物主义与历史唯物主义》，郑伊倩等译，求实出版社 1985 年版，第 50 页。

其实，马克思和恩格斯从黑格尔的辩证法中采取的仅仅是它的"合理的内核"，而摈弃了黑格尔的唯心主义的外壳，并且向前发展了辩证法，赋予辩证法以现代的、科学的形态。①

有趣的是，尽管斯大林在这里谈到的"外壳内核"的隐喻源自马克思在《资本论》第1卷第二版跋中写下的那段著名的论述，但实际上，他仍然是从恩格斯的视角出发来理解并阐释马克思的这段论述的。因为在马克思那里，"外壳"指的是黑格尔辩证法的神秘的表达方式，"内核"则指其合理的思想方式；而在恩格斯那里，"外壳"是指黑格尔整个思辨唯心主义的哲学体系，"内核"则指其辩证法。显然，在恩格斯的见解中，黑格尔的辩证法本身是合理的、革命的，不过为其唯心主义的、保守的哲学体系所窒息。而按照马克思的看法，不仅黑格尔的思辨唯心主义的哲学体系需要受到批判，而且他的辩证法本身也是神秘的，如它的思辨性、非批判性和"正题—反题—合题"这样死板的表达方式等等，必须彻底地对黑格尔的辩证法加以改造，使之从神秘的形态转化为合理的形态。然而，斯大林的上述见解表明，他似乎完全没有意识到马克思与恩格斯在如何对待黑格尔辩证法的态度上存在着分歧。不用说，斯大林的思维盲点也成了苏联、东欧和中国的马克思主义哲学教科书的思维盲点。比如，李达主编的《唯物辩证法大纲》也以同样的口吻指出：

> 黑格尔的体系与方法的矛盾之科学的解决，就是打破那非科学的体系，救出那有积极意义的方法。这种工作，是由马克思和恩格斯所完成的。②

显而易见，只看到"体系、方法之争"，不注意区分黑格尔辩证法的"神

---

① 联共(布)中央特设委员会编：《联共(布)党史简明教程》，人民出版社1975年版，第116页。
② 李达主编：《唯物辩证法大纲》，人民出版社1978年版，第127页。

秘形态"与马克思辩证法的"合理形态"，是很难以正确的态度对待黑格尔的辩证法的。事实上，辩证法思想之所以在今天普遍地蜕变为无原则的诡辩或形而上学的思辨，就与其本身的神秘主义特征未得到充分的批判和清理有着千丝万缕的联系。那么，在斯大林的视野中，"唯物主义辩证法"或"辩证唯物主义"究竟有何特征呢？斯大林阐述了这种辩证法的四个基本特征，而所有这些特征都是围绕着自然界的普遍联系、运动变化、新陈代谢等现象而展开的。然后，斯大林指出：

> 不难了解，把辩证方法的原理推广去研究社会生活和社会历史，该有多么巨大的意义；把这些原理应用到社会历史上去，应用到无产阶级党的实际活动上去，该有多么巨大的意义。①

从斯大林的上述见解可以看出，他完全是在恩格斯的"自然辩证法"的意义上去理解"唯物主义辩证法"或"辩证唯物主义"概念的。既然在他那里社会历史领域一定要在"辩证唯物主义"处于被"推广"的状态下才可能被涉及，那么在"辩证唯物主义"被"推广"之前，人们就只能在与社会历史领域完全分离的情况下来谈论自然界的辩证法。显然，这种所谓的"自然辩证法"必定是抽象的，是与人的社会实践活动相脱离的。

第三，斯大林也接受了恩格斯和列宁的见解，认定马克思的哲学唯物主义乃是对费尔巴哈的一般唯物主义立场的回归：

> 其实，马克思和恩格斯是从费尔巴哈唯物主义中采取了它的"基本的内核"，把它进一步发展成为科学的哲学唯物主义理论，而摈弃了它那些唯心主义的和宗教伦理的杂质。②

---

① 联共(布)中央特设委员会编：《联共(布)党史简明教程》，人民出版社 1975 年版，第 121 页。
② 同上书，第 116 页。

按照斯大林的思路，马克思也是先退回到费尔巴哈的一般唯物主义的立场上，再通过把它与从黑格尔那里取来的辩证法相结合的方式，形成了自己的"科学的哲学唯物主义理论"。显然，与恩格斯和列宁比较起来，斯大林的这一见解为苏联、东欧和中国的马克思主义哲学教科书提供了一种更为简单明了的、权威式的阐释话语，即黑格尔的"合理内核"（辩证法）＋费尔巴哈的"基本内核"（唯物主义）＝"科学的哲学唯物主义理论"＝辩证唯物主义＝马克思主义哲学；而把辩证唯物主义"推广"到社会历史领域里，也就产生了历史唯物主义。因此，斯大林随即写道：

> 历史唯物主义就是把辩证唯物主义的原理推广去研究社会生活，把辩证唯物主义的原理应用于社会生活现象，应用于研究社会，应用于研究社会历史。①

毋庸讳言，这种打上斯大林烙印的、以如此这般的方式来阐释马克思哲学实质的教科书话语，同时也是斯大林创造出来的一个哲学神话。它对苏联、东欧和中国的马克思主义哲学教科书的影响是非常严重的。比如，肖前等人主编的中国高等学校的哲学教科书《辩证唯物主义原理》几乎逐字逐句地重复了这一神话：

> 马克思和恩格斯在总结工人运动的丰富经验和自然科学最新成果的基础上，剥掉了黑格尔哲学的唯心主义外壳，批判地吸收了它辩证法思想的合理内核，排除了费尔巴哈哲学中的宗教的、伦理的唯心主义杂质，批判地吸取了它唯物主义的基本内核，并溶入自己的新发现，从而创立了马克思主义哲学——辩证唯物主义和历史唯物主义。②

---

① 联共（布）中央特设委员会编：《联共（布）党史简明教程》，人民出版社1975年版，第116页。

② 肖前等主编：《辩证唯物主义原理》，人民出版社1981年版，第30页。

从此以后，这一"'合理内核'＋'基本内核'＝马克思哲学"的神话也就成了这些地区和国家的马克思主义哲学教科书的经典性的、不容置疑的主导性话语。其实，任何一个细心的研究者都会发现，马克思绝不可能把费尔巴哈的一般唯物主义立场当作自己哲学的出发点。在《关于费尔巴哈的提纲》一文中，他曾经断然写道：

> 费尔巴哈不满意抽象的思维而喜欢直观；但是他把感性不是看作实践的、人的感性的活动。①

而马克思则强调自己是"实践的唯物主义者"②。也就是说，他的唯物主义与费尔巴哈的唯物主义之间存在着根本性的差别。一言以蔽之，费尔巴哈的唯物主义是以对自然、对单个人的直观为出发点的，而马克思的实践唯物主义则是通过社会实践的媒介去考察人与自然、人与人之间的辩证关系的。总之，由于斯大林创造的哲学神话忽略了马克思的唯物主义与费尔巴哈的唯物主义之间的根本差别，从此以后，几乎所有的马克思主义哲学的教科书都染上了同样的病症。

综上所述，斯大林的"论辩证唯物主义和历史唯物主义"为苏联、东欧和中国的马克思主义哲学教科书确定了一个至高无上的范本。这一范本从根本上贯彻了以恩格斯、普列汉诺夫和列宁为代表的阐释路线。从此以后，下面这些观点就成了权威性的结论：马克思哲学就是辩证唯物主义；辩证唯物主义是在费尔巴哈的"基本内核"和黑格尔的"合理内核"的基础上形成起来的；把辩证唯物主义推广到社会历史领域，就形成了历史唯物主义。其实，顺着这样的阐释路线思索下去，必定会在理论上遭遇到如下的难题。

---

① 《马克思恩格斯选集》第 1 卷，人民出版社 1995 年版，第 56 页。
② 同上书，第 75 页。

其一，既然辩证唯物主义是研究与社会历史相分离的自然的，而历史唯物主义则只研究社会历史，这样一来，马克思的整个哲学体系就被二元化了，仿佛自然与社会历史是两个截然无关的领域。其实，早在《1844年经济学哲学手稿》中，马克思就已经告诉我们：

> 社会是人同自然界的完成了的本质的统一，是自然界的真正复活，是人的实现了的自然主义和自然界的实现了的人道主义。①

在马克思看来，自然与社会历史之间从来就不是相互分离的。人既是自然界的一部分，又是社会存在物，人本身就是沟通自然与社会的桥梁。实际上，自有人类以来，就既不存在着自然以外的社会，也不存在着社会以外的自然。因此，"辩证唯物主义与历史唯物主义"这样的阐释方式把自然和社会历史割裂开来，并不符合马克思的本意。

其二，"推广论"得以成立的理论预设是：社会现象与自然现象是同质的。然而，正如我们在前面已经指出过的那样，以自然必然性为特征的自然现象同以人的意志自由为基础的社会现象之间存在着根本性的差别，因而从关于自然现象的理论中是推广不出关于社会现象的理论的。事实上，马克思早已提醒我们：

> 当费尔巴哈是一个唯物主义者的时候，历史在他的视野之外，当他去探讨历史的时候，他决不是一个唯物主义者。②

在马克思看来，只要一个人脱离社会历史背景去研究自然，哪怕他在自然领域里是一个唯物主义者，但只要他一跨入社会历史领域，他也注定会变成一个历史唯心主义者。实际上，马克思的上述论断已经从根本上

---

① 《马克思恩格斯全集》第42卷，人民出版社1979年版，第122页。
② 《马克思恩格斯全集》第3卷，人民出版社1960年版，第51页。

堵塞了"推广论"的思路。我们不妨说，对任何一个阐释者来说，只要他把自然与社会历史割裂开来，即使他把唯物主义和辩证法结合起来，确立了辩证唯物主义的思维方式，但只要他把这种思维方式推广到社会历史领域里，他也必定会陷入历史唯心主义的泥坑，因为辩证法并不能扬弃作为一般唯物主义的载体的、与人的社会实践相分离的"物质"或"自然界"的抽象性。

其三，既然历史唯物主义只是辩证唯物主义在社会历史领域里的推广性的、应用性的成果，既然历史唯物主义是奠基于辩证唯物主义之上的，而辩证唯物主义又是以费尔巴哈式的一般唯物主义作为哲学前提的，这样一来，一般唯物主义就构成了马克思哲学的基础和核心，马克思的唯物主义与旧唯物主义的根本差异就被磨平了，而马克思哲学革命的划时代的伟大结晶——历史唯物主义也就成了一种边缘性的理论。

综上所述，我们认为，正统的阐释者们对马克思哲学与黑格尔哲学关系的理解、对马克思哲学实质的判定，显然是与历史事实有出入的，也是不符合马克思的本意的。在我们看来，尽管黑格尔的哲学思想曾对马克思产生过重要的影响，但马克思一经创立了自己的哲学理论——历史唯物主义，就与黑格尔的历史唯心主义的立场形成不可调和的对立。历史唯物主义是马克思在对现实斗争的积极参与、对国民经济学的深入钻研、对黑格尔历史唯心主义和费尔巴哈的直观唯物主义的深入批判中形成并发展起来的。历史唯物主义就是成熟时期马克思的全部哲学理论。按照我们的看法，根本不存在能够作为历史唯物主义基础的所谓"辩证唯物主义"。恰恰相反，马克思的历史唯物主义才是我们理解其他一切哲学理论和哲学问题的真正的基础和出发点。毫无疑问，我们应该告别"推广论"这一长期以来支配着理论界的哲学神话，祛除正统的阐释者们附加在马克思哲学上的种种不确定的、甚至错误的见解，恢复马克思哲学的本真精神和应有的历史地位。

第二章　传统问题域的形成

众所周知，在哲学史上，任何一个哲学家都是在既定的时代背景和历史条件下从事自己的理论思考的。正是在这个意义上，黑格尔曾经说过：

> 就个人来说，每个人都是他那时代的产儿。哲学也是这样，它是被把握在思想中的它的时代。妄想一种哲学可以超出它那个时代，这与妄想个人可以跳出他的时代，跳出罗陀斯岛，是同样愚蠢的。如果他的理论确实超越时代，而建设一个如其所应然的世界，那末这种世界诚然是存在的，但只存在于他的私见中，私见是一种不结实的要素，在其中人们可以想象任何东西。①

显然，我们并不完全同意黑格尔的上述见解，尤其是不同意他关于"超越时代"的见解一定是无根据的"私见"的观点。事实上，历史一再表明，不少富有天才的哲学家的思想远远地超越了他们置身其中的时代，而且完全可以证明，这种超越并

---

① ［德］黑格尔：《法哲学原理》，范扬、张企泰译，商务印书馆 1961 年版，序言第 12 页。

没有停留在单纯的"私见"和任意的想象中。比如，叔本华的哲学思想就远远地超越了他生活于其中的那个时代，他无情地揭露了那个时代的沉沦、平庸和虚伪，强调他之所以撰写并出版《作为意志和表象的世界》这部著作，"不是为了同时代的人们、不是为了同祖国的人们，而是为了人类，我才献出今日终于完成的这本书"①。尽管叔本华的话充满傲气，但他的思想确实与他生活的那个时代格格不入。在他看来，他的哲学远远地超越了那些只考虑"物质利益"的同时代人，也远远地超越了那些只考虑政府利益的国家哲学家，他的哲学不是适合于这个时代的，而是适合于未来时代的。他甚至这样对我们说：

> 我的哲学如果也要适合讲台的话，那就得另有一个完全不同的时代事先成长培育起来才行。②

由此可见，哲学家与他所生活于其中的时代的关系并不像黑格尔所设想的那么简单。但有一点我们与黑格尔是一致的，即任何一个哲学家与他生活于其中的时代都有着千丝万缕的联系。尽管一个哲学家可能在某个观念、某些理论上超越他生活于其中的那个时代，然而，这并不等于说，他的所有的观念都会超越他生活于其中的那个时代。这里体现出来的是哲学家的思想和他的时代之间的错综复杂的互动关系。在某些方面，哲学家可能站得比他的时代更高，但在另一些方面，他又可能受制于他的时代，从而其思想在某些方面体现出那个时代独有的种种局限性。

当我们用这样的眼光去看待马克思哲学的阐释史的时候，就会发现，正统的阐释路线之所以在马克思哲学的阐释史上长期占据着主导性的位置，正是因为它从属于传统西方哲学，尤其是近代西方哲学的问题

---

① ［德］叔本华：《作为意志和表象的世界》，石冲白译，商务印书馆1982年版，第9页。

② 同上书，第21页。

域。因此，我们的探索只有深入到这一阐释路线自觉地或不自觉地获得的支撑意识上，才有可能从根本上超越这一阐释路线。

第一节 传统本体论的复活

在西方哲学史上，尽管"ontology"（本体论）这一概念直到 17 世纪初才出现，但这一术语所指称的研究领域——存在者之为存在者——却早已存在了。在古希腊哲学家亚里士多德那里，研究这个领域的学科被称为"第一哲学"（the first philosophy）。后人在整理亚里士多德的书稿时，把这个学科放在物理学之后进行讨论，并称之为"形而上学"（metaphysics）。到了近代，形而上学的内容进一步被扩大化了，美国学者梯利在《西方哲学史》中指出：

> 沃尔夫根据灵魂的两种机能，即认识和嗜欲，把科学分成为理论的和应用的两种。前者包括本体论、宇宙论、心理学和神学，这都属于形而上学；后者包括伦理学、政治学和经济学。……逻辑是一切科学的导论。[1]

按照沃尔夫的分类方法，形而上学是由本体论、宇宙论、心理学和神学这四个研究领域构成的。到了当代，由于宇宙学和心理学逐步为相应的实证科学所取代，所以，形而上学实际上只剩下了两个领域，那就是本体论和神学。显然，形而上学的基础和核心是本体论。正是在这个意义上，"本体论经常也被用作'形而上学'的同义词"[2]。众所周知，实证主义曾经提出了"拒斥形而上学"的口号，无疑地，这一口号也包含着对任

---

① ［美］梯利：《西方哲学史》下册，葛力译，商务印书馆 1979 年版，第 146 页。

② Robert Audi（eds.），*The Cambridge Dictionary of Philosophy（second edition）*，New York：Cambridge University Press，1999，p. 564.

何形式的本体论理论的拒斥。然而，值得注意的是，当代美国哲学家奎恩提出了著名的"本体论承诺"（ontological commitments）的观点。按照这一观点，任何一个理论体系在自己的语境中都会自觉地或不自觉地约定某些事物、对象或要素的存在，而这样的约定也就是"本体论承诺"。这就启示我们，既然没有一种哲学理论可以避免奎恩所说的"本体论承诺"，那么实际上并不存在有无本体论的争论，而只存在从属于哪种本体论的争论。

在回顾西方哲学史的时候，我们很容易发现，存在着各种不同类型的本体论，如宇宙本原论、物质（matter，也可译为"质料"）本体论、理性本体论、意志本体论、神学本体论、情感本体论、生存论的本体论、自然存在本体论、社会本体论、社会存在本体论、实践本体论等等。在古希腊哲学家中，如果说巴门尼德首次提出了"存在"（Being）概念，从而为后来的本体论研究的兴起奠定了理论基础①，那么亚里士多德则为"物质（或质料）本体论""形式（理性）本体论"的形成提供了思想前提。在《形而上学》中，亚里士多德列举了他以前的不少哲学家的观点，然后指出：

> 从这些事实说来，人们将谓万物的唯一原因就只是物质；但学术进步，大家开拓了新境界，他们不得不对这些主题再作研究。就算万物真由一元素或几元素（物质）演变生灭而成宇宙万有，可是试问生灭何由而起，其故何在？这物质"底层"本身不能使自己演变；木材与青铜都不能自变，木材不能自成床，青铜不能自造象，这演变的原因只能求之于另一事物。找寻这个，就是找寻我们所说的第二原因——动因。②

---

① 尼采说过："在巴门尼德的哲学中，奏响着本体论的序曲。"参阅［德］尼采：《希腊悲剧时代的哲学》，周国平译，商务印书馆1996年版，第111页。

② ［古希腊］亚里士多德：《形而上学》，吴寿彭译，商务印书馆1959年版，第9页。

在亚里士多德看来，虽然他以前的哲学家已注意到万物的本原是物质或质料，物质或质料是永恒存在的，这实际上已提出了"物质因"或"质料因"的观点，但他们没有进一步思考，促使物质或质料演变的"动力因"究竟是什么。在《形而上学》一书的其他部分中，亚氏还引入了"形式因"和"目的因"的概念。所谓"形式因"就是物质或质料在人们的劳动过程中获得的特殊形式，如一张木制的床就是木材这种物质或质料在被人类的劳动加工的过程中形成的特殊的表现形式。所谓"目的因"就是人们在劳动中改变物质或质料形式的动机。比如，人们用木材制造床的目的是躺在它上面睡觉。在上面提到的"四因"中，亚里士多德认为最基本的是"物质因"和"形式因"。

亚里士多德的上述观点实际上已经奠定了"物质本体论"的基础，同时也可以说，奠定了"理性本体论"的基础，因为亚里士多德所说的"形式"（form）也就是"理念"（idea），而理念正是"理性"（reason）的产物。事实上，当代人使用的"唯物主义"（materialism）概念的词根是"质料"（material，与 matter 同义），"唯心主义"（idealism）概念的词根是"理念"（idea）。而与"唯物主义"概念相对应的正是"物质本体论"，与"唯心主义"概念相对应的正是"理性本体论"。也就是说，在亚里士多德的"四因说"，尤其是关于"物质因"和"形式因"的学说中已经蕴含着以后在近代哲学中出现的两种对立的理论——唯物主义（物质本体论）和唯心主义（理性本体论）的雏形。当然，与他的老师柏拉图比较起来，亚里士多德更倾向于对"物质因"的肯定和对物质本体论的认同。

尽管直到 17 世纪初才出现"本体论"这一新的哲学术语，但滥觞于笛卡尔的近代西方哲学却热衷于谈论认识论和方法论，似乎完全遗忘了对本体论问题的思索。其实，按照当代哲学家奎恩的"本体论承诺"的理论，这里所说的"遗忘"并不具有实质性的意义。就近代西方哲学的肇始人笛卡尔来说，虽然他没有使用本体论研究方面的专门术语，但在他的论著中仍然蕴含着这方面的研究成果。甚至可以这样说，正是笛卡尔激活了在亚里士多德那里尚处于雏形的理性本体论和物质本体论这两种对立的本体论形式。

一方面，作为唯理论哲学家，笛卡尔为近代西方哲学的理性本体论奠定了思想基础。在《第一哲学沉思集：反驳和答辩》中，笛卡尔对自己已接受的知识的不确定性表示怀疑，他希望在一个确定的阿基米德点上，重建整个知识大厦。为此，作为唯理论者，他踏上了漫长的反思之路。在普遍怀疑和反思的过程中，笛卡尔发现：

> 现在我觉得思维是属于我的一个属性，只有它不能跟我分开。有我，我存在这是靠得住的；可是，多长时间？我思维多长时间，就存在多长时间；因为假如我停止思维，也许很可能我就停止了存在。我现在对不是必然真实的东西一概不承认；因此，严格来说我只是一个在思维的东西，也就是说，一个精神，一个理智，或者一个理性，这些名称的意义是我以前不知道的。那么我是一个真的东西，真正存在的东西了；可是，是一个什么东西呢？我说过：是一个在思维的东西。①

这段重要的论述表明，笛卡尔已经意识到"思维""理性"与"我存在"之间的本质联系了，他甚至已经把"我"理解为"一个在思维的东西"。在其晚期著作《哲学原理》中，笛卡尔进一步启示我们，我们可以怀疑一切，甚至包括上帝是否存在：

> 不过我们在怀疑这些事物底真实性时，我们却不能同样假设我们是不存在的。因为要想像一种东西正在思想时，是不存在的，那乃是一种矛盾。因此，"我思，故我在"的这种知识，乃是一个能依次推理的人首先所得的最确定的真理。②

---

① ［法］笛卡尔：《第一哲学沉思集：反驳和答辩》，庞景仁译，商务印书馆1986年版，第25—26页。
② ［法］笛卡尔：《哲学原理》，关琪桐译，商务印书馆1935年版，第23页。

笛卡尔通过艰苦的自我反思，终于达到了他视为一切知识的阿基米德点的"最确定的真理"——"我思故我在"。在这里，尽管笛卡尔没有使用"理性本体论"这一术语，但以理性和思维为基础和核心的本体论思想已经呼之欲出了。正是这种蕴含在笛卡尔思想中的、从思维这一新的基础出发的、重建哲学大厦的做法得到了黑格尔的充分肯定。在《哲学史讲演录》中，黑格尔这样写道：

> 勒内·笛卡尔事实上是近代哲学真正的创始人，因为近代哲学是以思维为原则的。独立的思维在这里与进行哲学论证的神学分开了，把它放到另外的一边去了。思维是一个新的基础。……他是一个彻底从头做起、带头重建哲学的基础的英雄人物，哲学在奔波了一千年之后，现在才回到这个基础上面。①

在这个意义上，说笛卡尔奠定了近代西方哲学的理性本体论的思想基础，恐怕一点也不为过。

另一方面，作为二元论者，笛卡尔不仅重视思维、理性和精神的世界，同时也对物质世界予以高度的重视，从而自觉地或不自觉地为近代西方哲学中物质本体论的兴起提供了思想前提。在《哲学原理》中，笛卡尔指出：

> 由此种种，我们就可以推断说，地和天是由同一种物质做成的；而且纵然有无数的世界，它们亦都是由此种物质所构成的。因此，我们就看到，多重的世界是不可能的，因为这些别的世界所占的一切想像的空间（它们只能在这些空间中存在），既然都为物质所

---

① ［德］黑格尔：《哲学史讲演录》第 4 卷，贺麟、王太庆译，商务印书馆 1978 年版，第 63 页。海德格尔也认为："'我思'是理性，是理性的基本行为。纯然从'我思'中抽取的东西是纯然从理性本身中获得的东西。"参阅孙周兴选编：《海德格尔选集》下，上海三联书店 1996 年版，第 884 页。

占据，而且物质的本性就在于它是一个有广袤的实体，因此，我们就想像不到任何别的物质底观念。

……

全宇宙中只有一种物质，而我们所以知道这一层，只是因为它是有广袤的。在物质方面，我们所能清晰地知觉到的一切性质，都是因为它的各个部分是可以分割，可以被动，而发生的。因此，由物质各部分底运动所生的那些性质，都是属于物质本身的。因为我们如果只在思想中把物质加以分割，则我们并不能由此使物质稍有变化——它底各种变化和形式乃是依靠于真正运动的。①

笛卡尔在这里谈到了关于物质与运动的基本思想——世界是由物质构成的、物质是运动的、运动着的物质是可以为人们所感知的等等，所有这些见解都丰富了在亚里士多德那里还只是雏形的物质本体论理论。事实上，笛卡尔本人也意识到了自己思想的来源：

我还愿意指示说，我在这里虽然努力解释了物质事物底全部本性，可是我所应用的原则，都是为亚里士多德和历代哲学家所接受，所赞同的。因此，我这个哲学不但不是新的，而且是最古老，最通俗的。②

尽管笛卡尔说得很谦虚，但实际上，他结合近代科学的新发现，对发端于亚里士多德的物质本体论理论做出了更为深入的探讨。如他对"能思的实体"和"物质的实体"的区分、对事物的两种不同性质的意识、对时间和空间关系的思索等，充分表明他以自己的方式积极地推进了物质本体论理论的发展。当然，笛卡尔的物质本体论也带着那个时代的消极的

① ［法］笛卡尔：《哲学原理》，关琪桐译，商务印书馆1935年版，第70—71页。
② 同上书，第83页。

特征，如机械性，他甚至把整个自然界（也包括动物在内）理解为"一架机器"。

马克思对二元论者笛卡尔的唯物主义或物质本体论理论做出了高度的评价。在他看来，法国的唯物主义有两个不同的派别：一派起源于英国经验主义哲学家洛克，它对法国哲学家和有教养的阶层产生了重大的影响，并直接导向法国的空想社会主义学说；另一派起源于笛卡尔的物理学理论，体现出机械唯物主义的特征，并成了法国自然科学的真正的精神财产。马克思写道：

> 笛卡儿在其物理学中认为物质具有独立的创造力，并把机械运动看做是物质生命的表现。他把他的物理学和形而上学完全分开。在他的物理学的范围内，物质是唯一的实体，是存在和认识的唯一根据。[1]

在后笛卡尔时代，假如说，唯心主义哲学家，如康德、黑格尔等，拒斥二元论者笛卡尔的物质本体论而赞成他的理性本体论，并努力以自己的方式推进这一理论发展的话，那么，唯物主义哲学家，如狄德罗、拉美特利、霍尔巴赫、费尔巴哈等，则拒斥笛卡尔的理性本体论而继承了他的物质本体论。

毋庸讳言，从笛卡尔以来的近代唯物主义传统所蕴含的物质本体论对马克思哲学的正统的阐释者们产生了重大的影响。这一影响通过两个不同的侧面而展示出来。

一方面，正统的阐释者们继承了包括笛卡尔在内的整个近代哲学的主要思想倾向，即把思考的焦点集中在认识论和方法论上，从而遗忘了对本体论这一哲学基础理论的探索。显然，恩格斯是通过对形而上学的否定来取消本体论问题的，因为本体论只是形而上学的一个组成部分。

---

[1] 《马克思恩格斯全集》第 2 卷，人民出版社 1957 年版，第 160 页。

在《反杜林论》中，他把知性形而上学的思维方式与一般形而上学的思维方式等同起来，并对一般形而上学的思维方式做出了如下的批评：

> 在形而上学者看来，事物及其在思想上的反映即概念，是孤立的、应当逐个地和分别地加以考察的、固定的、僵硬的、一成不变的研究对象。他们在绝对不相容的对立中思维；他们的说法是："是就是，不是就不是；除此以外，都是鬼话。"①

在恩格斯看来，既然形而上学的思维方式是非此即彼的、错误的，那么，整个形而上学也就是站不住脚的，应予否定的。然而，他没有考虑到，一般形而上学的思维方式绝不能被简单地归结为某种形而上学理论，如知性形而上学的思维方式②，并把它与辩证法对立起来。众所周知，形而上学(尤其是作为形而上学基础部分的本体论)乃是全部哲学的根基和核心。事实上，当整个形而上学被简化为知性形而上学的非此即彼的思维方式时，本体论领域也就失去了存在的理由。显而易见，这种否认本体论的思想倾向对以后的阐释活动，尤其是正统的阐释者们的阐释活动产生了重大的影响。然而，无论如何我们都应该明白：整个形而上学≠某一种形而上学理论；整个形而上学的思维方式≠某一种形而上学理论(如知性形而上学理论)的思维方式。一旦弄清楚上述关系，我们立即就会发现，把作为方法论的"辩证法"与作为整个传统哲学基础和核心的"形而上学"抽象地对立起来，势必对形而上学做出不该做出的结论。

有趣的是，正统的阐释者们自觉地或不自觉地主张引入"世界观"概

---

① 《马克思恩格斯选集》第 3 卷，人民出版社 1995 年版，第 360 页。
② 即使是评论一般形而上学的思维方式，也不能简单地断言它是非此即彼的。试问，黑格尔的形而上学是以非此即彼的思维方式作为自己的特点的吗？事实上，黑格尔比任何人都积极地批判了非此即彼这种知性形而上学的思维方式，而倡导了思想和概念的辩证运动。

念来取代"本体论"概念。艾思奇主编的、曾对中国哲学界产生过重大影响的马克思主义哲学教科书《辩证唯物主义 历史唯物主义》无论是在讨论一般哲学理论，还是在讨论马克思哲学理论时，都小心翼翼地避开了"本体论"这一术语，并用"世界观"的概念取而代之。在该书的"绪论"中，艾思奇写道：

> 哲学就是关于世界观的学问，哲学观点就是人们对于世界上的一切事物、对于整个世界的最根本的观点。因此它和任何一门自然科学和社会科学不同，它所研究和所涉及的问题，不是仅仅关于世界的某一个方面或某一个局部的问题，而是有关整个世界，有关世界的一切事物（包括自然界、社会和人类思维）的最普遍的问题。……
>
> 人们的世界观是多种多样的，从古到今，哲学家们对世界作了种种不同的解释，彼此进行了激烈的斗争。[①]

从这两段论述可以看出，按照艾思奇的见解：第一，哲学是关于世界观的学问；第二，世界观是人们关于整个世界的根本性的观点；第三，世界观古已有之。显然，这些见解表明，艾思奇还没有真正理解"世界观"这一概念的来源、本质和意义。

众所周知，"世界观"这一术语在德文中涉及以下两个词：Weltanschauung 或 Weltbild。这两个词都是复合词，分别由 Welt（世界）与 Anschauung（直观）或 Bild（图像）构成。在通常的情况下，人们习惯于把 Weltanschauung 译为"世界观"，把 Weltbild 译为"世界图像"，但在不严格的意义上，也可以把后者译为"世界观"。显然，这两个德语名词有其

---

① 艾思奇主编：《辩证唯物主义 历史唯物主义》，人民出版社1961年版，第2页。

共同之处，即它们都把世界作为直观对象、作为整体图像加以把握。①
当代哲学家海德格尔告诉我们：

> 世界解释愈来愈植根于人类学之中，这一过程始于 18 世纪末，它在下述事实中获得了表达：人对存在者整体的基本态度被规定为世界观（Weltanschauung）。自那个时代起，"世界观"这个词就进入了语言用法中。一旦世界成为图象，人的地位就被把捉为一种世界观。②

按照海德格尔的看法，世界观这一概念形成于 18 世纪末，并不是古已有之的。比如，古希腊人是作为存在者的觉知者而存在的，在当时，世界还没有成为人们的图像，因此也不会有世界观。同样地，中世纪的人们也不会有世界观。海德格尔写道：

> 正如任何人道主义对古希腊精神来说必然是格格不入的，同样地，根本也不可能有一种中世纪的世界观；说有一种天主教的世界观，同样也是荒谬无稽的。③

在海德格尔看来，"世界观"并不是一个在价值上中立的概念，而是一个具有消极倾向的、值得引起我们高度警惕的哲学概念。为什么？因为世界观概念的出现，即世界在人的观念中的图像化，也就是人的主体化：

> 对于现代之本质具有决定性意义的两大进程——亦即世界成为

---

① 海德格尔认为："图像（Bild）的本质包含有共处（Zusammenstand）、体系（System）。但体系并不是指对被给予之物的人工的、外在的编分和编排，而是在被表象之物本身中的结构统一体、一个出于对存在者之对象性的筹划而自行展开的结构统一性。"参阅孙周兴选编：《海德格尔选集》下，上海三联书店 1996 年版，第 910 页。

② 孙周兴选编：《海德格尔选集》下，上海三联书店 1996 年版，第 903 页。

③ 同上书，第 903—904 页。

图象和人成为主体——的相互交叉，同时也照亮了初看起来近乎荒谬的现代历史的基本进程。这也就是说，对世界作为被征服的世界的支配越是广泛和深入，客体之显现越是客观，则主体也就越主观地，亦即越迫切地突现出来，世界观和世界学说也就越无保留地变成一种关于人的学说，变成人类学。[①]

在以当代技术的方式组织起来的人的全球性的帝国主义中，人的主观主义达到了登峰造极的地步。不但世界这个存在者整体成了人们任意摆置的对象，而且人也被降落到被组织、被控制的千篇一律的状态之中。在海德格尔看来，当代人面临的种种灾难，如人的异化、生态危机、暴力和战争无不源于人的主体化，而人的主体化的根本性标志正是世界的图像化和世界观概念的出现。所以，按照海德格尔的考察，"世界观"乃是一个不祥的概念。

由此可见，在阐释马克思哲学的过程中，对"世界观"这样的概念，绝不能不加考察，拿来就用。事实上，这种对在一定的历史背景下形成起来的哲学概念的随意使用恰恰表明，马克思哲学的正统的阐释者们的思想在多大程度上仍然受到近代西方哲学，尤其是作为近代西方哲学标志的"主体性形而上学"的支配。基于这样的认识，我们就很容易对艾思奇下面这段话做出自己的判断了：

> 马克思主义哲学——辩证唯物主义和历史唯物主义，就是在这样的条件下产生出来的真正科学的世界观。它是完全从科学的研究成果中概括出来的，因此它反过来又成为指导科学研究和实践的普遍原理，成为科学的方法论。以前的哲学体系只是代表不同阶级的哲学家们用自己的方式来对世界给予各种各样说明的思想体系，而

[①] 孙周兴选编：《海德格尔选集》下，上海三联书店 1996 年版，第 902 页。

马克思主义哲学则是科学的世界观和方法论。①

即使把马克思主义哲学理解为"真正科学的世界观"，也不能改变"世界观"这一术语所蕴含的消极的历史意义。此其一。

如前所述，马克思哲学的正统的阐释者们也常常把"世界观"理解为"对于整个世界的根本观点"。显然，他们也没有深思过，"整个世界"的含义是什么。事实上，人们在使用"世界观"的概念时，对于他们来说，面对的并不是"整个世界"，而只是他们感觉经验到的周围世界。在德语中有两个名词：一个是我们前面已经提到过的 Welt（世界），另一个是 Umwelt（环境或周围世界）。哲学家们经常无法摆脱的幻觉是，以为自己在谈论"世界"或"整个世界"，实际上他们不过是在谈论"环境"或"周围世界"。我们甚至可以说，Weltanschauung（世界观）并不存在，对人们来说，现实地存在着的不过是环境观或周围世界观（Umweltanschauung）。凡是熟悉哲学史的人都知道，康德早已告诉我们，"世界"作为"物自体"之一，乃是超验的，不可知的。任何人如果试图运用知性范畴去认识超验的"世界"，必定会陷入"二律背反"。也就是说，在康德的语境中，"世界"或"整体世界"乃是不可知的。既然这个超验的对象是不可知的，我们又如何来形成关于它的根本观点呢？维特根斯坦也认为，世界的意义是在世界之外的，因此，我们无法说出世界的意义。他甚至告诫我们：

神秘的不是世界是怎样的，而是它是这样的。②

既然我们置身其中的这个世界是神秘的，那么我们又如何去认识它、把握它呢？正统的阐释者们以为自己的思维和理性完全可以认识并把握

---

① 艾思奇主编：《辩证唯物主义 历史唯物主义》，人民出版社 1961 年版，第 19 页。
② ［奥］维特根斯坦：《逻辑哲学论》，郭英译，商务印书馆 1985 年版，第 96 页。

"整个世界"，这种特权又是谁赋予他们的呢？可见，他们关于"世界观"的许多表述明显地带有前康德的、独断论哲学的印记。此其二。

众所周知，"世界观"概念涉及的是作为存在者整体的世界。如前所述，不但世界的这种整体性是永远达不到的，而且注重"世界观"的哲学家们往往实际上把自己的注意力集中在在场的"存在者"上面，从而遗忘了对"存在的意义"的询问。也就是说，拘执于"世界观"探讨的哲学理论真正重视的是"存在者"，而不是"存在"。即使它们偶尔谈论存在，也只是把它理解为"存在者"的总和。而在这一总和中，不但"存在"与"存在者"之间的差异被磨平了，而且作为"人之在"的"存在者"与其他"存在者"之间的差异也被磨平了。唯有海德格尔式的本体论的探讨能够把我们重新导向对"存在的意义或真理"的关切，因为本体论就是关于"存在"的理论。由此可见，用"世界观"概念来取代"本体论"概念并不具有哲学上的合法性。此其三。

如果说，正统的阐释者们用"世界观"这一用语来取代"本体论"概念还是一种比较温和的做法，那么，在实证主义思潮的影响下，有的阐释者干脆主张，传统的本体论理论已经衰微，应该彻底抛弃这种理论。比如，高清海在写于 1992 年的《哲学回归现实世界之路——评哲学本体思维方式的兴衰》一文中认为：

> 本体论，按照传统的解释，是关于存在本身的学说，即探究存在作为存在所具有的本性和规定的一种哲学理论。这一理论萌芽于古代，兴盛于近代 17 世纪，19 世纪初的黑格尔哲学是它的顶峰形态，同时也是它最终陷入瓦解的标志。①

在他看来，本体论这种理论形式的最大的弱点、缺陷和弊病是试图以本

---

① 高清海：《哲学的创新》，载《高清海哲学文存》第 1 卷，吉林人民出版社 1997 年版，第 141 页。

体的形式去表现人、以本体世界的形式去表现人的现实世界，从而把人变成了非人、把现实世界变成了非现实世界，而一旦脱离了现实的人和现实的世界，整个哲学就会迷失方向。基于这方面的考虑，高清海主张：

> 要回到我们的现实世界中来就必须破除本体化思维模式。只有破除本体化思维模式才能做到确立实践观点的哲学思维方式，从而做到立足我国现实，面向世界，面向未来，这就是我的结论。①

显然，他在谈论本体论问题时，犯了以偏概全的错误，即把某些本体论理论，如黑格尔的本体论理论存在的问题理解为一切本体论理论存在的问题。此外，他还拘执于这样的见解，即本体论的研究会导致人的非人化和现实世界的非现实世界化。其实，本体论的这种研究方式正是它的长处之所在。海德格尔在《存在与时间》(1927)中阐释其"基础本体论"学说时，是以对"此在"(Dasein)的生存论分析为先导的。也许人们会感到奇怪：既然海德格尔把"此在"理解为"人之在"，为什么他不直截了当地使用"人"的概念，而要采用表面上看起来似乎是非人化的"此在"概念呢？海德格尔解释道：

> 如果要能够从哲学上讨论"人是什么"这一问题，就必须〔先〕识见到那先天的东西。此在的生存论分析工作所处的地位先于任何心理学、人类学，更不消说生物学。②

在海德格尔看来，他的基础本体论，尤其是对"此在"的生存论的分析正

---

① 高清海：《哲学的创新》，载《高清海哲学文存》第 1 卷，吉林人民出版社 1997 年版，第 151 页。

② ［德］海德格尔：《存在与时间》，陈嘉映、王庆节译，生活·读书·新知三联书店 1987 年版，第 56 页。

是为人的问题和现实的问题的探讨澄清其思想前提的。在本体论的研究中，恰恰不能引入诸如"人""生命""主体""灵魂"等乍看上去充满人的气息的术语，因为这些概念具有严重的经验主义和心理主义的倾向，在不同的哲学家那里具有不同的含义。事实上，本体论的深度分析根本不能借助于这样的概念，所以海德格尔斩钉截铁地表示：

> 把此在看作为(在本体论上无规定的)生命和某些其它东西，决不能使此在在本体论上得到规定。①

从表面上看，海德格尔的基础本体论似乎不愿像人类学和社会科学一样，直接对人的问题和现实世界的问题做出说明，因而似乎把人非人化、把现实世界非现实世界化了，但实际上，确立这种基础本体论的目的正是对人的问题和现实世界的问题做出前提性的分析，表明它们如何会陷入目前的状态中。换言之，与实证科学不同，本体论的研究所要揭示的正是为"此在"的日常状态和"此在"以外的其他"存在者"所掩蔽的"存在的意义"。正如海德格尔所说的：

> 把存在从存在者中崭露出来，解说存在本身，这是本体论的任务。②

其实，哲学的根基是形而上学，而形而上学的基础和核心则是本体论。在这个意义上，哲学是不可能抛弃本体论的。从历史上看，某些哲学家提出的本体论理论确实是有问题的，甚至是荒谬的，但这绝不意味着一切本体论理论都是荒谬的。不应该把洗澡水和小孩一起倒掉，而应该留

---

① ［德］海德格尔：《存在与时间》，陈嘉映、王庆节译，生活·读书·新知三联书店1987年版，第62页。(该句中"本体论"原译文作"存在论"，系俞吾金老师为统一用法和认为引证著作的翻译不确切而修改。——编者注)

② 同上书，第34页。

下小孩，倒掉洗澡水。高清海应该看到，尽管实证主义提出了"拒斥形而上学"的口号，但从 20 世纪初以来，在当代西方哲学中却出现了一个极具影响力的本体论研究的复兴。胡塞尔在 1913 年出版的《纯粹现象学和现象学哲学的观念》第 1 卷中使用了"本体论"概念，并在一个注中谈到《逻辑研究》(1900—1901)这部著作时做了如下的说明：

> ——当时我尚未敢采用由于历史的原因而令人厌恶的表述：本体论，我将这项研究称为一门"对象本身的先天理论"的一部分，A. V. 迈农后来把它压缩为一个词"对象论"。对此，我认为，与已经改变了的时代状况相适应，重新使用本体论这个旧概念更为正确些。①

在胡塞尔之后，一大批西方哲学家，如海德格尔、尼·哈特曼、萨特、奎恩、卢卡奇、古尔德等人都推进了本体论研究。在中国，也有金岳霖的《论道》和熊十力的《新唯识论》遥相呼应。由此可见，高清海提出的"必须破除本体论思维模式"的见解是站不住脚的。令人遗憾的是，他不仅在一般哲学基础理论的研究中拒斥本体论路向，而且在对马克思哲学的阐释中也采取了同样的态度。在《哲学的憧憬——〈形而上学〉的沉思》一书中，他告诉我们：

> 作为开创新时代的哲学理论，马克思的哲学同样彻底地否定了传统的思辨形而上学理论，特别是作为传统哲学灵魂的那个本体思维方式；也同样把人的生存、解放问题提到了哲学的核心地位，从而根本改变了哲学理论的传统性质和方式。在这两点上，马克思的哲学与现代哲学思潮是完全一致的。②

---

① 倪梁康选编：《胡塞尔选集》上，上海三联书店 1997 年版，第 467 页注①。

② 高清海：《传统哲学到现代哲学》，载《高清海哲学文存》第 4 卷，吉林人民出版社 1997 年版，第 250 页。

遗憾的是，高清海只看到了马克思哲学与现代哲学思潮表面上的某些相似性，而完全忽略了它与某些现代哲学思潮，尤其是实证主义思潮之间的巨大差别。事实上，马克思非但没有抛弃本体论，而且相反，他的划时代的哲学革命的根本意义最集中地体现在本体论上，正如海德格尔所敏锐地感受到的一样：

> 人们可以以各种不同的方式来对待共产主义的学说及其论据，但从存在的历史的意义看来，确定不移的是，一种对有世界历史意义的东西的基本经验在共产主义中自行道出来了。①

显然，如果马克思创立的共产主义学说在"存在的历史的意义"上有着自己特殊的位置，那么，马克思的哲学革命不奠基于本体论的革命，又奠基于什么呢？难道它仅仅是认识论或方法论上的一种变革吗？

尽管正统的阐释者们追随笛卡尔以来的近代哲学家的思路，主要着眼于从认识论和方法论的角度来阐释马克思哲学，从而自觉地或不自觉地遗忘了本体论，然而，实际上，本体论并没有从他们的思想中消失，因为传统的本体论理论很快就占领了这块飞地，并成了他们探索其他一切哲学问题的真正的出发点。②他们偷偷地把滥觞于亚里士多德、并在笛卡尔那里取得了长足发展的物质本体论接纳进自己的阐释体系中，从而把马克思的具有划时代意义的哲学革命理论安放在一个支离破碎、千疮百孔的旧唯物主义的物质本体论的基础上。

在正统的阐释者那里，"物质""存在"或"自然界"这三个概念是可以互换的。在《路德维希·费尔巴哈和德国古典哲学的终结》中，恩格斯把思维对存在、精神对自然界的关系理解为全部哲学的最高问题，并断言：

---

① 孙周兴选编：《海德格尔选集》上，上海三联书店1996年版，第384页。
② 参阅俞吾金：《存在、自然存在和社会存在——海德格尔、卢卡奇和马克思本体论思想的比较研究》，《中国社会科学》2001年第2期。

哲学家依照他们如何回答这个问题而分成了两大阵营。凡是断定精神对自然界说来是本原的，从而归根到底承认某种创世说的人（而创世说在哲学家那里，例如在黑格尔那里，往往比在基督教那里还要繁杂和荒唐得多），组成唯心主义阵营。凡是认为自然界是本原的，则属于唯物主义的各种学派。

除此之外，唯心主义和唯物主义这两个用语本来没有任何别的意思，它们在这里也不是在别的意义上使用的。①

如前所述，尽管恩格斯通过把"一般形而上学"等同于"知性形而上学理论"的办法，取消了形而上学，从而也取消了形而上学的基础部分——本体论，但他撇开人的社会实践活动来谈论以"存在"或"自然界"为基础的一般唯物主义的思想倾向，实际上已经不知不觉地把传统的物质本体论重新引入马克思的哲学体系中。列宁认同了这一思想倾向，但由于他更喜欢使用"物质"概念，所以他对"一般唯物主义"的概念做出了如下的阐释：

这也就是唯物主义：物质作用于我们的感官而引起感觉。感觉依赖于大脑、神经、视网膜等等，也就是说，依赖于按一定方式组成的物质。物质的存在不依赖于感觉。物质是第一性的。感觉、思想、意识是按特殊方式组成的物质的高级产物。这就是一般唯物主义的观点，特别是马克思和恩格斯的观点。②

显然，与恩格斯比较，在列宁那里，这种物质本体论获得了更为明确的表现形态。在中国理论界，由肖前等人主编的《辩证唯物主义原理》专门

---

① 《马克思恩格斯选集》第 4 卷，人民出版社 1995 年版，第 224—225 页。
② 《列宁选集》第 2 卷，人民出版社 1995 年版，第 51 页。

辟出"世界的物质性"一章来谈论马克思的物质本体论，并开宗明义地指出：

> 列宁说："唯物主义的基本前提是承认外部世界，承认物在我们的意识之外并且不依赖于我们的意识而存在着。"承认世界的物质统一性，把世界如实地看作永远在一定时间、空间中按照自己固有的规律运动、发展着的物质世界，这是唯一正确地解决哲学基本问题，彻底贯彻唯物主义一元论的根本出发点，是我们坚持从实际出发和实事求是，按照世界的本来面貌认识世界，遵循世界固有的发展规律改造世界的坚实的哲学基础。①

从这段简要的论述中可以概括出正统阐释者们心目中的物质本体论的主要内容：第一，物存在于我们的意识之外并以不依赖于我们意识的方式存在着；第二，世界统一于物质；第三，运动是物质的根本属性；第四，时间和空间是运动着的物质的存在方式；第五，物质运动有自己的规律性。

无疑地，与亚里士多德、笛卡尔等传统的哲学家比较起来，这里关于物质本体论的论述显得更为完整，内容也更为丰富了。然而，问题在于，在马克思的哲学中，是否存在着一个正统的阐释者们共同认可的"物质本体论"？还是这种"共同认可"只是他们制造出来的一个幻想？假如在马克思的哲学中确实不存在着这样一种本体论，那么，马克思的本体论又是什么样的本体论呢？显然，这个问题不是三言两语能够说清楚的，我们将在本书的第五章中详加讨论。当然，即使在马克思的哲学中不存在"物质本体论"，也并不等于马克思没有自己的物质观。事实上，只要马克思对物质问题有所言说，他就必定拥有自己的物质观。但全部问题在于，肖前等人是否正确地理解并叙述了马克思的物质观？

---

① 肖前等主编：《辩证唯物主义原理》，人民出版社 1981 年版，第 54 页。

众所周知，传统的物质本体论是以抽象的物质观为标志的。所谓"抽象的物质观"就是撇开人的社会活动和历史背景，空泛地谈论"物质"。其实，"物质"这一概念作为一切具体的（事）物的总和，不过是一个抽象的符号。英国哲学家贝克莱对这一点看得非常清楚，尽管他关于"物质就是虚无（nothing）"的观点受到许多人的诟病，但实际上，他的见解并没有错。在《人类知识原理》一书中，他曾经这样写道：

> 唯物论者所以想到物质，只是要想以它来支撑各种偶性。因此，这个理由如果完全不存在了，则我们正可以想，人心会自然地，毫不勉强地，抛弃了在那种理由上所建立的信仰。不过人的偏见已经固着在自己的思想中，因此，我们就不知如何脱离掉它，而且在事物本身成立不住时，我们亦爱把空名留下。因为这种原故，所以我们就把"物质"一名应用在莫名其妙的一种抽象的，不定的存在意念上，或生缘意念上，实则我们所以如此是全无理由的。因为我们在藉感官或反省印入心中的一切观念，感觉和意念方面，并看不到有什么东西，可以使我们断言，有一种无活力，无思想，不可知觉的生缘存在。①

在贝克莱看来，没有任何规定性的"物质"概念完全是一个"抽象的观念"，是一个"空名"，是一种"虚无"。他甚至主张把"物质"概念从人们的思想中驱逐出去，以便能获得一种真正具有确定性的知识。当然，贝克莱十分担忧无神论会附着在这种抽象的"物质"概念上。如果撇开这层略显偏狭的宗教意识，贝克莱的物质观并没有什么错误。在贝克莱之后，黑格尔在《哲学史讲演录》的"导言"中也出于不同的用意，举过一个十分有趣的例子：

---

① ［英］贝克莱：《人类知识原理》，关琪桐译，商务印书馆 1936 年版，第 59 页。

......一个患病的学究，医生劝他吃水果，于是有人把樱桃或杏子或葡萄放在他面前，但他由于抽象理智的学究气，却不伸手去拿，因为摆在他面前的，只是一个一个的樱桃、杏子或葡萄，而不是水果。①

显然，那个学究要吃的"水果"，与"物质"概念一样，也是一个空名。"水果"本身并不存在，它只能通过樱桃、杏子或葡萄等具体的形式表现出来。也就是说，与任何具体的形式相脱离的"水果"在世界上根本就是找不到的。从黑格尔说的这个"水果"概念，我们可以印证远为普遍的"物质"概念的虚幻性。事实上，亚里士多德早就启示我们，"物质"只是一种潜在意义上的或可能意义上的（事）物，它只有借助于具体的形式才能成为现实的（事）物。在这个意义上可以说，脱离一切具体的条件和形式，空泛地谈论"物质"，与谈论"虚无"是没有任何实质性的区别的。事实上，在黑格尔的影响下，恩格斯在《自然辩证法》中也就物质概念发表过类似的见解：

注意。物质本身是纯粹的思想创造物和纯粹的抽象。当我们把各种有形地存在着的事物概括在物质这一概念下的时候，我们是把它们的质的差异撒开了。因此，物质本身和各种特定的、实存的物质不同，它不是感性地存在着的东西。如果自然科学企图寻找统一的物质本身，企图把质的差异归结为同一的最小粒子的结合所造成的纯粹量的差异，那末这样做就等于不要看樱桃、梨、苹果，而要看水果本身，不要看猫、狗、羊等等，而要看哺乳动物本身，要看气体本身、金属本身、石头本身、化合物本身、运动本身。②

---

① [德]黑格尔：《哲学史讲演录》第1卷，贺麟、王太庆译，商务印书馆1959年版，第23页。

② 恩格斯：《自然辩证法》，人民出版社1971年版，第233页。

当恩格斯说物质"不是感性地存在着的东西"，它不过是"纯粹的思想创造物和纯粹的抽象"时，他实际上已经引申出与贝克莱同样的结论，即"物质就是虚无"。当然，恩格斯试图把"物质本身"和"各种特定的、实存的物质"这两个不同的概念区分开来，但这样的区分仍然会引起理论上的混乱。其实，只要把抽象的、空幻的"物质"与具体的、个别的"（事）物"区分开来就行了。

让我们再返回到马克思那里。其实，深入研究过马克思著作和他的思想发展史的人都会发现，马克思本人从青年时期起就是"抽象物质观"的坚定不移的批判者。在写于 1843 年的《黑格尔法哲学批判》一书中，马克思就已经指出：

> 抽象的唯灵论是抽象的唯物主义；抽象的唯物主义是物质的抽象的唯灵论。①

在马克思看来，只要人们脱离一切具体的历史条件，笼统地谈论"灵魂""物质""唯物主义""唯灵论"这些概念，就会发现，这些概念并不具有实质性的差异。在它们之间，只存在着字面上的差别，而作为抽象观念，它们是完全相同的。早在《1844 年经济学哲学手稿》中，马克思已经认识到：

> 工业是自然界同人之间，因而也是自然科学同人之间的现实的历史关系。因此，如果把工业看成人的本质力量的公开的展示，那么，自然界的人的本质，或者人的自然的本质，也就可以理解了；因此，自然科学将失去它的抽象物质的或者不如说是唯心主义的方向，并且将成为人的科学的基础，正象它现在已经——尽管以异化

---

① 《马克思恩格斯全集》第 1 卷，人民出版社 1956 年版，第 355 页。

的形式——成了真正人的生活的基础一样。①

众所周知，在正统的阐释者们那里，"物质"和"自然界"是两个可以互换的概念。所以马克思在这里提到的"自然界的人的本质"或"人的自然的本质"就是主张要以人的活动为媒介来考察自然界或物质。实际上，工业及其发展史就是人同自然界或物质世界打交道的"现实的历史关系"。在马克思看来，如果哲学家们撇开人的活动，尤其是撇开工业发展史来孤立地考察自然界或物质世界，那么这种考察必定会陷入"抽象物质的或者不如说是唯心主义的方向"。正是在这个意义上，马克思强调说：

> 在人类历史中即在人类社会的产生过程中形成的自然界是人的现实的自然界；因此，通过工业——尽管以异化的形式——形成的自然界，是真正的、人类学的自然界。②

在这里，马克思以更明确的口吻告诉我们，绝不能撇开人的活动，尤其是工业的发展，孤立地考察自然界或物质世界，否则，我们就会与现实的自然界或物质世界失之交臂。也许有人会提出如下的问题：《黑格尔法哲学批判》和《1844 年经济学哲学手稿》都是马克思青年时期的著作，成熟时期的马克思是否也坚持了对"抽象物质观"的批判呢？我们的回答是肯定的。在《资本论》第 1 卷第十三章的一个注中，马克思留下了一段很少为人们所注意的、极为重要的文字：

> 达尔文注意到自然工艺史，即注意到在动植物的生活中作为生产工具的动植物器官是怎样形成的。社会人的生产器官的形成史，即每一个特殊社会组织的物质基础的形成史，难道不值得同样注意

---

① 《马克思恩格斯全集》第 42 卷，人民出版社 1979 年版，第 128 页。
② 同上书，第 128 页。

吗？而且，这样一部历史不是更容易写出来吗？因为，如维科所说的那样，人类史同自然史的区别在于，人类史是我们自己创造的，而自然史不是我们自己创造的。工艺学会揭示出人对自然的能动关系，人的生活的直接生产过程，以及人的社会生活条件和由此产生的精神观念的直接生产过程。甚至所有抽掉这个物质基础的宗教史，都是非批判的。事实上，通过分析来寻找宗教幻象的世俗核心，比反过来从当时的现实生活关系中引出它的天国形式要容易得多。后面这种方法是唯一的唯物主义的方法，因而也是唯一科学的方法。那种排除历史过程的、抽象的自然科学的唯物主义的缺点，每当它的代表越出自己的专业范围时，就在他们的抽象的和唯心主义的观念中立刻显露出来。①

从这段话中可以看出，马克思坚决反对"那种排除历史过程的、抽象的自然科学的唯物主义"。其实，这种唯物主义也就是传统的物质本体论，它只满足于撇开人的活动、撇开历史过程，抽象地谈论"物质"概念或"自然"概念。在马克思看来，重要的是通过对工艺学或技术发展史的研究，揭示出"人对自然的能动关系"，阐明"每一个特殊社会组织的物质基础的形成史"，因为人类史不同于自然史，人类是通过实践活动的媒介而与自然或物质世界打交道，从而创造自己的生活，延续自己的历史的。

所有这些论述都表明，马克思从来就是"抽象物质观"的激烈的批判者，从来就反对撇开具体的社会历史条件，泛泛地谈论"物质"概念、"自然"概念或"存在"概念。由此可见，肖前等人叙述的并不等于马克思的物质观。当他们强调物在我们的意识之外并不依赖于我们的意识而存在时，从表面上看，他们叙述的是纯粹唯物主义的观点，即完全撇开人的意识来谈论物，实际上，这种观点正是"抽象物质观"的典型表现，因

---

① 马克思：《资本论》第1卷，人民出版社1975年版，第409—410页注(89)。

为它希望抹掉与人的一切关系，包括人对物的意识关系来孤立地考察物，而这种考察方式恰恰是不现实的。举例来说，当一位工匠把一块大理石雕刻成柏拉图的塑像时，难道这块大理石没有按照人的意识和意志改变了它的存在方式吗？正如马克思所说的：

> 只有当物按人的方式同人发生关系时，我才能在实践上按人的方式同物发生关系。①

只要人们不停留在"抽象物质观"上，他们就会发现，他们周围的"物"，作为"物质"的具体样态和现实的表现形式，无不打上了人的意识、意志和实践活动的烙印。我们知道，在马克思那里，实践活动的基本形式乃是人们谋取物质生活资料的生产劳动。在谈到生产劳动时，马克思这样告诫我们：

> 这种活动、这种连续不断的感性劳动和创造、这种生产，是整个现存感性世界的非常深刻的基础，只要它哪怕只停顿一年，费尔巴哈就会看到，不仅在自然界将发生巨大的变化，而且整个人类世界以及他（费尔巴哈）的直观能力，甚至他本身的存在也就没有了。②

如果说，传统的唯物主义哲学家们和正统的阐释者们喋喋不休地谈论着"世界统一于物质"这类空洞的废话，那么，马克思则从来不愿意在这样的抽象的物质概念上浪费时间。其实，明眼人一看就知道，马克思始终是围绕着资本主义生产劳动的历史过程来考察物质的种种样态或要素的，如生产原料、生产工具、生产设备、生产产品(商品)、生产的排泄

---

① 《马克思恩格斯全集》第 42 卷，人民出版社 1979 年版，第 124 页注②。
② 《马克思恩格斯全集》第 3 卷，人民出版社 1960 年版，第 50 页。

物、劳动者自然力的物化等等。与传统的唯物主义哲学家们和正统的阐释者们不同，反倒是海德格尔对马克思的唯物主义和物质观的独特性保持着清醒的认识。在《关于人道主义的书信》(1946)中，当他强调应该加强与马克思的唯物主义学说进行对话时，这样写道：

> 为了进行这样的对话，摆脱关于这种唯物主义的天真的观念和对它采取的简单拒斥的态度是十分必要的。这种唯物主义的本质不在于一切只是物质的主张中，而是在于一种形而上学的规定中，按照这种规定，一切存在者都显现为劳动的材料。①

在海德格尔看来，马克思的唯物主义与传统的唯物主义之间存在着根本的差别。传统的唯物主义只是侈谈抽象的物质概念，而马克思的唯物主义则是从生产劳动这一特殊的视角出发，探究在生产劳动中必定会遭遇到的、物质的各种具体的表现形式。这样一来，在传统的唯物主义者那里表现为超越一切历史时代的、抽象的物质就转变为特定历史时期——资本主义历史时期的物质的具体样态。这就是海德格尔所说的"一切存在者都显现为劳动的材料"的含义之所在。其实，细心的读者一定会发现，马克思本人的表述是更为明晰的。在《资本论》第 1 卷中，马克思开宗明义地指出：

> 资本主义生产方式占统治地位的社会的财富，表现为"庞大的商品堆积"，单个的商品表现为这种财富的元素形式。因此，我们的研究就从分析商品开始。
> 商品首先是一个外界的对象，一个靠自己的属性来满足人的某种需要的物。②

---

① M. Heidegger, *Ueber den Humanismus*, Frankfurt am Maim: Suhrkamp Verlag, 1975, S. 27.

② 马克思：《资本论》第 1 卷，人民出版社 1975 年版，第 47 页。

由此可见，马克思对传统的唯物主义哲学家们讨论的抽象的物质概念毫无兴趣，他真正关注的是在资本主义的特定历史时期中，物质的具体样态，即作为"社会的物"的商品是如何在生产劳动的过程中形成起来，又如何通过作为"一般等价物"的货币，导致资本的产生和无限制的扩张的。当然，考察这些东西也不是马克思的最终目的，作为西方人本主义传统的伟大的继承者和批判者，马克思的最终目的是通过政治革命和社会革命，改变现存世界，解放全人类，使每个人都能得到自由而全面的发展。事实上，也正是出于这样的目的，马克思不仅研究了物质在资本主义生产方式中的具体样态——商品，而且也深刻地揭示出"商品拜物教"这一在资本主义社会中普遍流行的神秘观念的实质：

> 商品形式和它借以得到表现的劳动产品的价值关系，是同劳动产品的物理性质以及由此产生的物的关系完全无关的。这只是人们自己的一定的社会关系，但它在人们面前采取了物与物的关系的虚幻形式。因此，要找一个比喻，我们就得逃到宗教世界的幻境中去。在那里，人脑的产物表现为赋有生命的、彼此发生关系并同人发生关系的独立存在的东西。在商品世界里，人手的产物也是这样。我把这叫做拜物教。劳动产品一旦作为商品来生产，就带上拜物教性质，因此拜物教是同商品生产分不开的。
>
> 商品世界的这种拜物教性质，象以上分析已经表明的，是来源于生产商品的劳动所特有的社会性质。①

按照马克思的看法，"商品拜物教"这种普遍的意识现象必定会伴随着资本主义社会的商品生产而发展起来，因为在资本主义生产方式中生产出来的"商品"完全是供市场交换用的，而在传统社会的生产方式中生产出

---

① 马克思：《资本论》第1卷，人民出版社1975年版，第89页。

来的"产品"主要是供自己使用的，也就是人们说的"自给自足"。显而易见，这两种生产方式之间存在着巨大的差别。也就是说，只有当产品同时也是商品的时候，"商品拜物教"这种神秘的观念才可能普遍地滋长起来。比如，人们普遍地崇拜由黄金制成的商品，而且自然而然地倾向于认为，黄金制品的价格之所以十分昂贵，是黄金本身的自然性质使然。这种对商品（物）的自然属性的崇拜，在马克思看来，就是"商品拜物教"。而"商品拜物教"蕴含着一个根本性的误解，即人们对商品（物）的崇拜，尤其是对作为商品的黄金制品的普遍崇拜，实际上不是由商品（黄金）的自然属性引起的，而是由商品（黄金）的社会属性引起的。黄金就是黄金，只有在一定的历史条件和社会关系中才会成为商品并具有昂贵的价格。

而马克思之所以致力于对"商品拜物教"的批判，其目的正是要从资本主义生产方式中物与物之间的虚幻关系的外表中揭示出人与人之间的真实关系，从而通过革命的方式转变这种关系。这就是马克思的物质观的实践功能和革命意义之所在。因此，把马克思的物质观理解并阐释为"世界统一于物质"这类空洞的说教，也就等于阉割了马克思哲学的革命性，把它曲解为学院化的高头讲章和经院哲学式的空谈。①

综上所述，正统的阐释者们完全是在近代西方哲学的问题域中开始对马克思哲学进行阐释的。在近代西方哲学问题域的支配下，一方面，他们热衷于对认识论和方法论的研究而遗忘了本体论；另一方面，在完全缺乏本体论反思的情况下，他们又偷偷地从传统西方哲学中借贷了以亚里士多德、笛卡尔的观念为代表的物质本体论，试图把这种物质本体论阐释成马克思哲学的基础的、核心的理论。在实证主义思潮的影响下，有些正统的阐释者甚至干脆主张抛弃本体论这一理论及其相应的思维方式。毋庸讳言，这样做的结果是，早已千疮百孔的传统的物质本体论竟然通过这些正统的阐释者们的阐释活动，在马克思哲学里得到了复

---

① 参阅俞吾金：《马克思物质观新探》，《复旦学报（社会科学版）》1995 年第 6 期。

活。于是，近代西方哲学压倒了马克思哲学，马克思的划时代的哲学革命的实质及他的实践唯物主义哲学的独特性被掩蔽起来了。

第二节　认识论和方法论的凸现

与真正的本体论研究的被遗忘及传统的本体论理论，尤其是物质本体论的悄悄复活相伴随的是，认识论和方法论的探讨在近代西方哲学中的主题化。正如文德尔班在《哲学史教程》中所指出的：

> 近代哲学在萌芽时即是思辨的，而古代哲学则是朴素的，这是不言而喻的道理，因为近代哲学必须从古代哲学所创造的传统中发展起来。因此较大量的近代哲学体系，其特点是通过考虑科学方法和认识论去寻求通往实质性问题的道路；特别是十七世纪哲学可以被描绘为方法的竞赛。①

在某种意义上，近代西方哲学对认识论和方法论的倚重乃是对中世纪神学和经院哲学的一种反拨。在长达千年之久的中世纪，神学的教义乃是唯一的真理，哲学不过是神学的女仆，其全部工作不过是论证神学教义的合理性和合法性。随着航海技术的提高和新大陆的发现，随着人们对自然观察的深入和自然科学的发展，随着文艺复兴运动和宗教改革运动的开展，在人们的面前展示出一个前所未有的、丰富多彩的新世界。层出不穷的新发现和新知识吸引着人们的眼球，人们怀着厌恶的心情告别了以往的烦琐的、无休止的神学争论，满怀信心地把自己的注意力转向新世界，如饥似渴地探索着新环境、新现象，并试图获得新知识和新观

---

① ［德］文德尔班：《哲学史教程——特别关于哲学问题和哲学概念的形成和发展》下卷，罗达仁译，商务印书馆 1987 年版，第 514 页。

念。在这样的情况下，认识论和方法论自然而然成了他们关注的焦点。每一个熟悉近代西方哲学史的人都知道，这一探讨活动主要是沿着两个不同的路向展开的：一是以笛卡尔为肇始人的、影响整个欧洲大陆的唯理论学说；二是以弗朗西斯·培根为奠基人的、影响同样深远的英国经验论学说。这两种学说之间的互动和互补，使认识论和方法论得到了多方面的、透彻的研究，从而导致了不少伟大的哲学家和伟大的哲学著作的出现，犹如灿烂的群星照亮了欧洲的上空。

我们先来看看，作为大陆唯理论的肇始人的笛卡尔是如何探索认识论和方法论问题的。在写于1628年的《探求真理的指导原则》一书中，笛卡尔强调说：

> 这样看来，最有用的莫过于探求人类认识是什么，它的最大范围如何。①

在该书的另一处，笛卡尔进一步指出：

> 为了认识事物，只需要掌握两个[项]，即，认识者：我们；和应予认识者：事物本身。在我们身上仅仅有四个功能是可以为此目的而用的，那就是，悟性、想象、感觉和记忆；固然，只有悟性能够知觉真理，但是它必须得到想象、感觉和记忆的协助，才不至于使我们的奋勉努力所及者随便有所遗漏。在事物方面，只需审视三项，首先是自行呈现在我们面前者，其次是某一事物怎样根据另一事物而为我们所知，最后是哪些事物从哪些事物中演绎而得。②

这就启示我们，要深入探讨认识论的问题，就要沿着认识者和认识对象

---

① ［法］笛卡尔：《探求真理的指导原则》，管震湖译，商务印书馆1991年版，第38页。
② 同上书，第53页。

这两个方向思索下去。那么，人们如何在认识的过程中获得确实可靠的知识呢？我们知道，笛卡尔既是哲学家，也是数学家，甚至是解析几何的创始人。在他看来，在各门学科之中，经验科学的知识并不是确实可靠的，因为经验知识充满或然性，外部世界的种种现象也极有可能欺骗我们的感官。所以，笛卡尔认为，最可靠的应该是数学知识，即算术和几何的知识。为什么算术和几何能够使人们获得确定无疑的知识呢？在笛卡尔看来，正是因为它们运用了一种最可靠的认识方法，即演绎法：

> 算术和几何之所以远比一切其他学科确实可靠，是因为，只有算术和几何研究的对象既纯粹而又单纯，绝对不会误信经验已经证明不确实的东西，只有算术和几何完完全全是理性演绎而得的结论。这就是说，算术和几何极为一目了然、极其容易掌握，研究的对象也恰恰符合我们的要求，除非掉以轻心，看来，人是不可能在这两门学科中失误的。①

这是不是等于说，除了算术和几何，其他学科都不值得研究了呢？除了演绎法，其他方法统统都可以不考虑了呢？笛卡尔声明，他并不是这个意思。他只是希望，人们在认识和追求知识的过程中，应该以算术和几何为样板，运用演绎法，努力获得确实的、明晰的知识。当然，笛卡尔也非常清楚，光凭演绎法是无法获得新的知识的，因为在演绎推论中，结论中的内容是不可能超出大前提中的内容的。所以，笛卡尔主张，完备的方法论应该把演绎法与直观的方法紧密地结合起来：

> 如果方法能够正确地指明我们应该怎样运用心灵进行直观，使我们不致陷入与真实相反的错误，能够指明应该怎样找到演绎，使

---

① ［法］笛卡尔：《探求真理的指导原则》，管震湖译，商务印书馆1991年版，第6—7页。

我们达到对一切事物的认识，那么，在我看来，这样的方法就已经够完善，不需要什么补充了。①

显然，笛卡尔之所以说要"达到对一切事物的认识"，目的就是要超出单纯的算术和几何范围的知识，扩大到整个知识的领域，而对于这样广大的知识领域来说，单纯的演绎法肯定是不够的，必须使之与直观的方法紧密地结合起来。1637年，笛卡尔出版了《谈谈方法》这部重要的著作，更详尽地探讨了认识过程中的方法论问题。在这部篇幅不大的著作中，他概括出四条基本的方法论原则：

第一条是：凡是我没有明确认识到的东西，我决不把它当成真的接受。也就是说，要小心避免轻率的判断和先入之见，除了清楚分明地呈现在我心里、使我根本无法怀疑的东西以外，不要多放一点别的东西到我的判断里。

第二条是：把我所审查的每一个难题按照可能和必要的程度分成若干部分，以便一一妥为解决。

第三条是：按次序进行我的思考，从最简单、最容易认识的对象开始，一点一点逐步上升，直到认识最复杂的对象；就连那些本来没有先后关系的东西，也给它们设定一个次序。

最后一条是：在任何情况之下，都要尽量全面地考察，尽量普遍地复查，做到确信毫无遗漏。

我看到，几何学家通常总是运用一长串十分简易的推理完成最艰难的证明。这些推理使我想像到，人所能认识到的东西也都是像这样一个连着一个的，只要我们不把假的当成真的接受，并且一贯遵守由此推彼的必然次序，就决不会有什么东西遥远到根本无法达到，隐蔽到根本发现不了。要从哪些东西开始，我觉得并不很难决

---

① ［法］笛卡尔：《探求真理的指导原则》，管震湖译，商务印书馆1991年版，第14页。

定，因为我已经知道，要从最简单、最容易认识的东西开始。①

从这些论述可以看出，笛卡尔认识论的主旨是追求知识的确定性，而要获得这样的知识，就得讲究方法论。显然，在方法论中，最具明晰性和确定性的是数学上的演绎法，笛卡尔对演绎法做了高度的评价。尽管笛卡尔也注重直观的方法、对对象分类的方法、对对象的认识从简单到复杂的方法、避免先入之见进入认识过程等方法，但他最信赖的方法还是演绎法。事实上，演绎法正是唯理论学派在哲学研究中采用的根本方法。

我们再来看看，作为英国经验论学派的奠基人，培根又是如何倡导他的认识论和方法论理论的。首先，在《新工具》(1620)中，培根指出，由于人们的理解力受到种种假象的引导，因而很难获得真正知识：

三八

现在劫持着人类理解力并在其中扎下深根的假象和错误的概念，不仅围困着人们的心灵以致真理不得其门而入，而且即在得到门径以后，它们也还要在科学刚刚更新之际聚拢一起来搅扰我们，除非人们预先得到危险警告而尽力增强自己以防御它们的猛攻。

三九

围困人们心灵的假象共有四类。为区分明晰起见，我各给以定名：第一类叫作族类的假象，第二类叫作洞穴的假象，第三类叫作市场的假象，第四类叫作剧场的假象。②

在培根看来，正是"四假象"阻碍着人们正确地认识外部世界。"族类假象"源于人类这一种族本身，由于人类的理解力像一面高低不平的镜子，它接受光线、反射光线时都极不规则，从而使事物的性质发生变形；

---

① [法]笛卡尔：《谈谈方法》，王太庆译，商务印书馆2000年版，第16页。
② [英]培根：《新工具》，许宝骙译，商务印书馆1984年版，第18—19页。

"洞穴假象"是个人的假象，由于每个人在社会上接受教育的程度不同、家庭生活的背景不同、与他人的交往不同，所以，每个人的见解会产生很大的差异；"市场假象"源于人们对语词含义理解上的差别，就像在市场交易的讨价还价中，含义的不清楚常常会引起各种误解；"剧场假象"源于各种各样流行的思想体系，它们就像剧场上演出的一幕幕戏剧，对人们的认识产生了重大的冲击和影响。在分析"剧场假象"时，培根进一步指出：

> 一般说来，人们在为哲学采取材料时，不是从少数事物中取得很多，就是从多数事物中取得很少；这样，无论从哪一方面说，哲学总是建筑在一个过于狭窄的实验史和自然史的基础上，而以过于微少的实例为权威来做出断定。唯理派的哲学家们只从经验中攫取多种多样的普通事例，既未适当地加以核实，又不认真地加以考量，就一任智慧的沉思和激动来办理一切其余的事情。
>
> 另有一类哲学家，在辛勤地和仔细地对于少数实验下了苦功之后，便由那里大胆冒进去抽引和构造出各种体系，而硬把一切其他事实扭成怪状来合于那些体系。
>
> 还有第三类哲学家，出于信仰和敬神之心，把自己的哲学与神学和传说糅合起来；其中有些人的虚妄竟歪邪到这种地步以致要在精灵神怪当中去寻找科学的起源。
>
> 这样看来，诸种错误的这株母树，即这个错误的哲学，可以分为三种：就是诡辩的、经验的和迷信的。①

培根认为，唯理论的哲学家从属于诡辩派，因为他们从来不认真地研究经验，只是从自己的意愿出发去设定问题，然后诉诸经验，"却又把经

---

① ［英］培根：《新工具》，许宝骙译，商务印书馆1984年版，第34—35页。

验弯折得合于他的同意票，象牵一个俘虏那样牵着它游行"①。不少炼金术士的思想从属于经验派，他们的思想基础只是少数无法加以证实的实验。在狭隘的实验的基础上，他们就大胆地进行推论，甚至引申出比诡辩派还要荒诞的观念来。而不少神学家的思想则从属于迷信派，他们试图用幻想的、浮夸的、半诗化的、人神糅合的观念把人的认识和理解引入迷途。

在深入地分析了"四假象"和三种"错误的哲学"之后，培根又启示我们，不正确的论证方式乃是维护这些假象的堡垒和防线。这些不正确的论证方式主要有四种表现形式：一是感官印象本身就是错误的；二是简单地从感官印象中抽取概念，而这些概念在含义上是不明确的，它们相互之间的界限也是不明晰的；三是目前使用的归纳法实际上是简单枚举法，以少数实例为基础，推出普遍性的结论来；四是演绎法，以某些普遍性的原理为出发点，推论出层次较低的原理，培根认为，这种方法"实乃一切错误之母，全部科学之祟"②。

在培根看来，如果人们想获得真正的知识，就一定要诉诸正确的方法。那么，这一新方法究竟是什么呢？他告诉我们：

> 三段论式为命题所组成，命题为字所组成，而字则是概念的符号。所以假如概念本身（这是这事情的根子）是混乱的以及是过于草率地从事实抽出来的，那么其上层建筑物就不可能坚固。所以我们的唯一希望乃在一个真正的归纳法。③

众所周知，三段论是演绎法的基本表现形式，它的格式是从"大前提""小前提"，推论出"结论"。"大前提"通常是普遍性的原理，而这些原理又是由一些不健全的概念，如"实体""属性""本质""元素""物质""法式"

---

① ［英］培根：《新工具》，许宝骙译，商务印书馆 1984 年版，第 37 页。
② 同上书，第 45 页。
③ 同上书，第 10—11 页。

等构成的。何况，三段论的"结论"的内容已经包含在"大前提"中。所以，这种从亚里士多德起就开始创立的方法并不能给人们带来新的知识。培根认为，唯一的希望是"真正的归纳法"。那么，究竟什么是培根心目中的"真正的归纳法"呢？培根写道：

> 那种以简单的枚举来进行的归纳法是幼稚的，其结论是不稳定的，大有从相反事例遭到攻袭的危险；其论断一般是建立在为数过少的事实上面，而且是建立在仅仅近在手边的事实上面。对于发现和论证科学方术真能得用的归纳法，必须以正当的排拒法和排除法来分析自然，有了足够数量的反面事例，然后再得出根据正面事例的结论。这种办法，除柏拉图一人而外——他是确曾在一定程度上把这种形式的归纳法应用于讨论定义和理念的——至今还不曾有人实行过或者企图尝试过。……正是这种归纳法才是我们的主要希望之所寄托。①

按照培根的想法，真正的归纳法不仅要积累大量正面的事例，不仅要说明这些事例在程度上的差异，而且也要尽可能收集反面的事例，假如这些反面的事例存在的话。总之，要借助于观察、实验等手段，掌握尽可能多的可靠的事例，然后再在这些事例的基础上引申出相应的结论，千万不能在任意的想象力的驱使下，对数量不多的事例做出过度的引申或说明。为此，培根告诫我们：

> 这样说来，对于理解力切不可赋以翅膀，倒要系以重物，以免它跳跃和飞翔。这是从来还没有做过的；而一旦这样做了，我们就可以对科学寄以较好的希望了。②

---

① ［英］培根：《新工具》，许宝骙译，商务印书馆 1984 年版，第 82 页。
② 同上书，第 81 页。

总之，培根从经验论的立场出发提出了自己的认识论和方法论。当然，培根也努力把自己的理论与那种他所批评的、偏狭的、炼金术士式的经验论区分开来。培根主张，正确的认识方法应该面向外部世界的新鲜经验，应该通过实验的手段扩大我们的经验和知识。同时，一定要避免在简单枚举法的意义上去使用归纳法，而是要倡导一种"真正的归纳法"，大量积累正面、反面、程度上不同的经验事例，从尽可能多的经验事实出发，归纳出相应的原理，切不可单凭想象力的驰骋，从极少的事例或实验引申出普遍性的结论来。

上面的简略的考察已经表明，在近代西方哲学兴起后，无论是强调理性思维和演绎法的唯理论，还是肯定感觉经验、实验和真正的归纳法的经验论，都不约而同地把探索的方向确定在认识论和方法论上。显然，近代西方哲学这种倚重认识论和方法论的倾向对马克思主义的正统的阐释者们产生了不可低估的影响。在《反杜林论》中，恩格斯在解答杜林提出的人的认识的产物究竟是否具有至上性的问题时，这样写道：

> 人的思维是至上的吗？在我们回答"是"或"不是"以前，我们必须先研究一下：什么是人的思维。它是单个人的思维吗？不是。但是，它只是作为无数亿过去、现在和未来的人的个人思维而存在。如果我现在说，这种概括于我的观念中的所有这些人（包括未来的人）的思维是至上的，是能够认识现存世界的，只要人类足够长久地延续下去，只要在认识器官和认识对象中没有给这种认识规定界限，那么，我只是说了些相当陈腐而又相当无聊的空话。因为最可贵的结果就是使得我们对我们现在的认识极不信任，因为很可能我们还差不多处在人类历史的开端，而将来会纠正我们的错误的后代，大概比我们有可能经常以十分轻蔑的态度纠正其认识错误的前

代要多得多。①

在恩格斯看来，下面的结论是不言而喻的，即每个人的认识都是有限的、不至上的，但整个人类的认识在可能性上却是无限的、至上的。但像杜林一样，空泛地谈论这些问题是没有意义的。关键在于，我们必须清醒地意识到，当今的时代仍然处于人类历史的开端，我们的认识仍然充满了有限性和历史的局限性。显然，只要人们在认识论上保持这种清醒的意识，就不会像杜林一样，去侈谈什么"永恒真理"了。如果说，在《反杜林论》中，恩格斯只是在驳斥杜林的观点时，才涉及认识论问题，那么，在《路德维希·费尔巴哈和德国古典哲学的终结》中，恩格斯则明确地把思维与存在是否具有同一性的问题理解为认识论的核心问题。在谈完思维、存在究竟何者是第一性的问题后，他笔锋一转，写道：

> 但是，思维和存在的关系问题还有另一个方面：我们关于我们周围世界的思想对这个世界本身的关系是怎样的？我们的思维能不能认识现实世界？我们能不能在我们关于现实世界的表象和概念中正确地反映现实？用哲学的语言来说，这个问题叫作思维和存在的同一性问题，绝大多数哲学家对这个问题都作了肯定的回答。②

按照恩格斯的看法，从哲学史上看，认识论主要可以分为两种不同的类型：一类是可知论，是绝大多数哲学家坚持的立场；另一类是怀疑论或不可知论，是少数哲学家坚持的立场，而对这类哲学家的立场的最有力的反驳则是人们在实验和工业中已经取得的成就，因为这些成就本身就表明，外部世界是可以认识的。恩格斯不仅在认识论研究中坚持了可知论的立场，而且也主要是从认识论的视野出发去评论哲学史，尤其是黑

---

① 《马克思恩格斯选集》第3卷，人民出版社1995年版，第426页。
② 《马克思恩格斯选集》第4卷，人民出版社1995年版，第225页。

格尔哲学思想的价值和意义的。他竭力主张：

> 黑格尔哲学（我们在这里只限于考察这种作为从康德以来的整个运动的完成的哲学）的真实意义和革命性质，正是在于它彻底否定了关于人的思维和行动的一切结果具有最终性质的看法。哲学所应当认识的真理，在黑格尔看来，不再是一堆现成的、一经发现就只要熟读死记的教条了；现在，真理是在认识过程本身中，在科学的长期的历史发展中，而科学从认识的较低阶段向越来越高的阶段上升，但是永远不能通过所谓绝对真理的发现而达到这样一点，在这一点上它再也不能前进一步，除了袖手一旁惊愕地望着这个已经获得的绝对真理，就再也无事可做了。在哲学认识的领域是如此，在任何其他的认识领域以及在实践行动的领域也是如此。①

从上面这些论述可以看出，恩格斯像所有近代西方哲学家一样，十分重视认识论问题，但在认识论研究的范围内，究竟什么是最重要的问题呢？在他看来，最重要的问题是认识方法和思维方法的问题。恩格斯的这一见解也主要是在以批判的方式深入考察黑格尔哲学的基础上提出来的。在《反杜林论》的"引论"的草稿中，恩格斯写道：

> 就哲学被看作是凌驾于其他一切科学之上的特殊科学来说，黑格尔体系是哲学的最后的最完善的形式。全部哲学都随着这个体系没落了。但是留下的是辩证的思维方式以及关于自然的、历史的和精神的世界是一个无止境地运动着和转变着的、处在生成和消逝的不断过程中的世界的观点。现在不再向哲学，而是向一切科学提出这样的要求：在自己的特殊领域内揭示这个不断的转变过程的运动

---

① 《马克思恩格斯选集》第 4 卷，人民出版社 1995 年版，第 216 页。

规律。而这就是黑格尔哲学留给它的继承者的遗产。①

正如我们在前面已经指出过的那样，在恩格斯看来，黑格尔哲学中存在着一个根本性的矛盾，那就是保守的、唯心主义的哲学体系与革命的、充满生命活动力的辩证思维方法之间的矛盾，简言之，就是体系与方法的矛盾。而继承黑格尔的哲学遗产，就其最本质的含义上来说，也就是继承他的辩证法。在《路德维希·费尔巴哈和德国古典哲学的终结》中，恩格斯在谈到当时德国的宗教和政治时，以更明确的口吻提出了这个问题：

> 特别重视黑格尔的体系的人，在两个领域中都可能是相当保守的；认为辩证方法是主要的东西的人，在政治上和宗教上都可能属于最极端的反对派。黑格尔本人，虽然在他的著作中相当频繁地爆发出革命的怒火，但是总的说来似乎更倾向于保守的方面；他在体系上所花费的"艰苦的思维劳动"倒比他在方法上所花费的要多得多。②

在恩格斯看来，马克思的重要贡献是，从德国古典哲学，特别是黑格尔哲学中自觉地拯救出了辩证法，从而为人们正确地认识外部世界铺平了道路。在《自然辩证法》一书中，恩格斯指出：

> 马克思的功绩就在于，他和"愤懑的、自负的、平庸的、今天在德国知识界发号施令的模仿者们"相反，第一个把已经被遗忘的辩证方法、它和黑格尔辩证法的联系以及它和黑格尔辩证法的差别重新提到显著的地位，并且同时在《资本论》中把这个方法应用到一

---

① 《马克思恩格斯选集》第 3 卷，人民出版社 1995 年版，第 362 页注①。
② 《马克思恩格斯选集》第 4 卷，人民出版社 1995 年版，第 220 页。

种经验科学的事实，即政治经济学的事实上去。①

恩格斯不仅对马克思以批判的方式取自黑格尔的辩证法做了高度的评价，甚至认为，随着形而上学的衰微，原来哲学研究中的大部分问题都被各门实证科学接纳过去了。这样一来，似乎整个哲学只留下了一个方法论的领域。在《反杜林论》的"引论"中，恩格斯写道：

> 于是，在以往的全部哲学中仍然独立存在的，就只有关于思维及其规律的学说——形式逻辑和辩证法。其他一切都归到关于自然和历史的实证科学中去了。②

在《自然辩证法》一书中，他以同样的口吻写道：

> 自然科学家满足于旧形而上学的残渣，使哲学还得以苟延残喘。只有当自然科学和历史科学接受了辩证法的时候，一切哲学垃圾——除了关于思维的纯粹理论——才会成为多余的东西，在实证科学中消失掉。③

这样一来，按照恩格斯对哲学未来发展图景的理解，哲学本身消失了，取而代之的是方法论，特别是辩证法。必须指出，恩格斯的这些见解也对熟读《反杜林论》和《路德维希·费尔巴哈和德国古典哲学的终结》的列宁产生了不可低估的影响。

和恩格斯一样，列宁也深受近代西方哲学问题域的影响，而恩格斯对认识论和方法论的倚重又给列宁以直接的影响，以至于列宁在《唯物主义和经验批判主义》(1908)一书中这样写道：

---

① 恩格斯：《自然辩证法》，人民出版社 1971 年版，第 32 页。
② 《马克思恩格斯选集》第 3 卷，人民出版社 1995 年版，第 364 页。
③ 恩格斯：《自然辩证法》，人民出版社 1971 年版，第 187—188 页。

我们得出的结论是什么呢？在恩格斯的论述中，每一步，几乎每一句话、每一个论点，都完全是而且纯粹是建立在辩证唯物主义的认识论上的，建立在正面驳斥马赫主义关于物体是感觉的复合、关于"要素"、关于"感性表象和存在于我们之外的现实一致"等等全部胡说的那些前提上的。①

这段话充分表示，恩格斯关于认识论、方法论上的一系列见解正是列宁哲学思考的起点。在《唯物主义和经验批判主义》中，列宁专门辟出第一、第二和第三章来讨论辩证唯物主义的认识论与经验批判主义的认识论之间的根本差别。他强调道：

　　我们的感觉、我们的意识只是外部世界的映象；不言而喻，没有被反映者，就不能有反映，但是被反映者是不依赖于反映者而存在的。唯物主义自觉地把人类的"素朴的"信念作为自己的认识论的基础。②

按照列宁的看法，马克思哲学的认识论是一种反映论，这种反映论的前提是，存在着一个不依赖于我们的意识，而在我们之外存在着的客观实在，即物质世界。人们的认识只是对这个物质世界的反映。这里说的"反映"涉及人们的感觉、知觉和经验。它们构成人们整个认知活动的出发点，正是在这个意义上，列宁指出：

　　认识论的第一个前提无疑地就是：感觉是我们知识的唯一泉源。马赫承认了第一个前提，但是搞乱了第二个重要前提：人通过

---

① 《列宁选集》第2卷，人民出版社1995年版，第153页。
② 同上书，第66页。

感觉感知的是客观实在，或者说客观实在是人的感觉的泉源。从感觉出发，可以沿着主观主义的路线走向唯我论（"物体是感觉的复合或组合"），也可以沿着客观主义的路线走向唯物主义（感觉是物体、外部世界的映象）。①

显然，列宁之所以把马克思的认识论规定为"反映论"，目的是要把作为认识或知识的源泉的感觉奠基于客观实在的基础上，从而与任何唯心主义的认识论划清界限。列宁是如此地倚重于认识论，以至于在《哲学笔记》(1895—1911)中指出：

> 哲学史，因此：简略地说，就是整个认识的历史。②

列宁还把各门科学的历史、儿童智力发展的历史、动物智力发展的历史、语言的历史、心理学、感觉器官的生理学理解为"全部认识领域"。③ 从这些表述可以看出，列宁实际上提出了一种广义的认识论。然而，列宁也知道，用"反映论"这一术语来称谓马克思的认识论，很容易使人们联想起亚里士多德强调的"蜡块说"和英国经验论哲学家洛克所主张的"白板说"。对于列宁来说，他必须阐述清楚的是，在肯定马克思的认识论是以唯物主义为基础的前提上，如何把"反映论"与"白板说"或"蜡块说"这类被动的、消极的认识论区分开来。毋庸讳言，与恩格斯一样，列宁也试图通过强调方法论，尤其是辩证法的重要性来阐明马克思的认识论的独特性。他告诫我们：

> 在认识论上和在科学的其他一切领域中一样，我们应该辩证地思考，也就是说，不要以为我们的认识是一成不变的，而要去分析

---

① 《列宁选集》第 2 卷，人民出版社 1995 年版，第 85—86 页。
② 列宁：《哲学笔记》，人民出版社 1960 年版，第 399 页。
③ 同上书，第 399 页。

怎样从不知到知，怎样从不完全的不确切的知到比较完全比较确切的知。①

也就是说，要把辩证法引入认识论的范围内，贯彻到整个认识的过程中去。在《哲学笔记》中，列宁对方法论，尤其是辩证法和认识论的关系获得了新的理解，他告诉我们：

> 辩证法是活生生的、多方面的（方面的数目永远增加着的）认识，其中包含着无数的各式各样观察现实、接近现实的成分（包含着从每个成份发展成的整个哲学体系），——这就是它比起"形而上学的"唯物主义来所具有的无比丰富的内容，而形而上学的唯物主义的根本缺陷就是不把辩证法应用于反映论，应用于认识的过程和发展。②

在这里，列宁直截了当地把辩证法理解为一个活生生地展开着的认识过程，从而肯定，辩证法并不是外在于认识论的一种单纯的方法论，而是蕴含在马克思的认识理论之中的，简言之，辩证法和认识论统一于马克思的哲学思想中，它们本质上是同一个东西。正是在这个意义上，列宁肯定道：

> ……辩证法是人类的全部认识所固有的。……辩证法也就是（黑格尔和）马克思主义的认识论。③

列宁还启示我们，尽管马克思没有像黑格尔那样留下大写的《逻辑学》，但他留下了《资本论》的逻辑：

---

① 《列宁选集》第 2 卷，人民出版社 1995 年版，第 77 页。
② 列宁：《哲学笔记》，人民出版社 1960 年版，第 411 页。
③ 同上书，第 410 页。

在《资本论》中，逻辑、辩证法和唯物主义的认识论［不必要三个词：它们是同一个东西］都应用于同一门科学……。①

在列宁之后，人们之所以把"认识论、辩证法和逻辑学的一致性"理解为马克思哲学的问题域，其源盖出于列宁的上述见解。当然，列宁之所以形成了上述见解，不但与他所接受的恩格斯的影响有关，也与整个近代西方哲学的问题域的影响有关。

由此可见，正是在近代西方哲学问题域的影响下，恩格斯和列宁都不约而同地把哲学探索的重点放在认识论和方法论上，而他们的见解又对后来的正统的阐释者们产生了巨大的影响。如前所述，在恩格斯和列宁的阐释路线的影响下，斯大林于 1938 年发表的《论辩证唯物主义和历史唯物主义》最终为马克思哲学体系的正统的阐释奠定了基本结构。

众所周知，辩证唯物主义是以自然界或物质世界及其一般发展规律作为自己的研究对象的，而历史唯物主义则是以人类社会及其一般发展规律作为自己的研究对象的。在叙述的次序上，把辩证唯物主义置于历史唯物主义之前，固然达到了"推广论"者的目的，即历史唯物主义是在辩证唯物主义的基础上被"推广"出来的（事实上，我们在前面已经批判过这种错误的观点），但是一个致命的理论失误也在这里形成了：由于历史唯物主义在次序上被安排在后面，这样一来，凡是在辩证唯物主义的范围内讨论的所有问题都必定是与历史唯物主义及其研究领域——社会历史领域无关的。

只要我们浏览一下苏联、东欧和中国的马克思主义哲学教科书，就会发现，在正统的阐释者们所理解的马克思主义哲学的体系结构中，认识论和方法论都被安置在辩证唯物主义的范围内。也就是说，当正统的阐释者们在辩证唯物主义的框架内谈论认识论和方法论时，所有这些谈

---

① 列宁：《哲学笔记》，人民出版社 1960 年版，第 357 页。

论都是以与人的实践活动相分离的自然界或物质世界作为基础的，而根本不涉及历史唯物主义及其研究范围——社会历史领域。在这个意义上可以说，正统的阐释者们设定的"辩证唯物主义和历史唯物主义"这一体系结构非但不是马克思哲学的体系结构，而且也完全曲解了马克思哲学的实质。

其实，马克思哲学作为实践唯物主义或历史唯物主义，它在考察所有的问题时都是以社会历史和人的实践活动作为自己的基础和出发点的。显而易见，马克思所谈论的认识论和方法论也是以人类社会作为自己的基础和出发点的。在这个意义上可以说，"辩证唯物主义和历史唯物主义"的体系结构完全没有超出近代西方哲学的问题域，因为我们只要回顾一下近代西方哲学史，就很容易发现，几乎绝大多数近代西方哲学家在探讨认识论和方法论时，都是以撇开社会历史和人的实践活动的方式来进行的。

所以，在近代西方哲学的问题域的影响下，在恩格斯和列宁的阐释路线的引导下，苏联、东欧和中国的马克思主义哲学教科书都热衷于谈论"认识论、方法论(辩证法)和逻辑学的一致性"问题。苏联的费多谢也夫等人指出：

> 在考察认识时，列宁所表述的辩证法、逻辑和认识论的一致性这个思想具有决定性的意义。这一命题强调唯物主义辩证法作为崭新的哲学知识的特点；在这种哲学知识中，探讨发展的客观规律同探讨客观现实在认识中的反映过程是密切联系着的。①

与近代西方哲学家们比较起来，这些正统的阐释者们似乎更自觉、更主动地把认识论、方法论和逻辑学结合在一起，并把这种"三论合一"的现

---

① ［苏］费多谢也夫等：《唯物主义辩证法理论概要》，愚生译，上海译文出版社 1986年版，第 175 页。

象看作哲学研究中"具有决定性的意义"的现象。而在这三者的统一中，他们又把作为方法论的辩证法置于核心的位置上。费多谢也夫等人强调：

> 在现代科学认识中，在社会从资本主义向社会主义和共产主义过渡过程中的政治实践和社会活动中，最后，在世界上所进行的意识形态斗争中，关于辩证法的问题已成为中心问题之一。这里说的，不言而喻乃是作为马克思列宁主义世界观之核心的唯物主义辩证法。①

肖前等人主编的《辩证唯物主义原理》也专门辟出一节的篇幅来讨论"认识论、辩证法和逻辑的一致性"问题，并发挥道：

> 辩证法、认识论和逻辑学一致或相统一的原理，对正确地理解辩证逻辑的实质，对正确地理解整个马克思主义辩证唯物主义哲学的实质和理论体系，都具有重大的意义。②

与费多谢也夫等人一样，肖前等人也把辩证法理解为这三者的核心：

> 唯物辩证法是关于普遍联系的科学，同时又是"最完整最深刻而无片面性弊病的关于发展的学说"。③

所有这些论述都表明，马克思主义的正统的阐释者们在思想上都不知不觉地受到近代西方哲学问题域的影响。事实上，当他们沿着近代西方哲

---

① ［苏］费多谢也夫等：《唯物主义辩证法理论概要》，愚生译，上海译文出版社1986年版，第1页。

② 肖前等主编：《辩证唯物主义原理》，人民出版社1981年版，第443—444页。

③ 同上书，第146页。

学的问题域去理解和阐释马克思哲学的时候，势必会忽略马克思哲学在本体论领域里发动的划时代的革命，而把全部注意力投入对"认识论、方法论和逻辑学的一致性"问题的研究中。这样做的结果不但遮蔽了马克思哲学的实质，低估了它在西方哲学发展史上的重要地位和作用，而且也使它所蕴含的认识论、方法论处于无根基的状态之下。与此同时，那些奠基于马克思的历史唯物主义理论之上的、极为重要的论题，如人、实践（主要指本体论意义上的）、价值、自由、异化、人道主义、市民社会、国家、意识形态批判等问题，也就从这些正统的阐释者们的视野中淡化了，边缘化了，甚至完全消失了。

第三节　人、价值和自由问题的退隐

正如我们在前面已经指出过的那样，在近代西方哲学，尤其是在以笛卡尔为肇始人的唯理论和以培根为奠基人的经验论的影响下，正统的阐释者们主要是以学院化的态度去理解并阐释马克思哲学的。他们围绕认识论、方法论（辩证法）和逻辑学这"三位一体"的主题去理解并阐释马克思哲学，从而导致了对它的实质的遮蔽。对于他们来说，马克思哲学仿佛只是传统的知识论哲学的一个分支，它关注的全部问题只是人们以何种途径去获得知识、去把握世界的本质。按照这样的阐释方向，马克思哲学中蕴含的"人""价值"和"自由"等主题也就自然而然地隐匿不见了。然而，实际情形正好与正统的阐释者们的研究结果相反，马克思哲学作为具有明确的实践意向和革命意向的哲学，它真正重视并始终将其置于思考中心的正是"人""价值"和"自由"这类重大的哲学问题。

早在写于1839—1841年的博士论文《德谟克利特的自然哲学与伊壁鸠鲁的自然哲学的差别》的"序"中，马克思已经表明了自己对哲学的看法：

哲学，只要它还有一滴血在它的征服世界的、绝对自由的心脏中跳动着，它将永远像伊壁鸠鲁那样向着它的反对者叫道："那摈弃群氓的神灵的人，不是不诚实的，反之，那同意群氓关于神灵意见的人才是不诚实的。"

⋯⋯⋯⋯⋯⋯

对于那些以为哲学在社会中的地位似乎日益恶化而为之欢欣庆幸的可怜的懦夫们，哲学再度以普罗米修斯对上帝的奴仆赫尔墨斯（Hermes）所说的话来回答他们：

你知道得很清楚，我不会用自己的

痛苦去换取奴隶的服役：

我宁肯被缚在崖石上，

也不愿作宙斯的忠顺奴仆。

普罗米修斯是哲学的日历中最高的圣者和殉道者。①

从这段充满激情的论述中可以看出，青年马克思把哲学理解为对自由的追求，而这种追求即使要以自己的牺牲作为代价，也在所不惜。正是在这个意义上，马克思把普罗米修斯这个因为给人类送去火种而受到宙斯惩罚的神祇称为"哲学的日历中最高的圣者和殉道者"。值得注意的是，在《博士论文》的"附注"中，马克思还无情地批评了那些站在哲学的巨像背后，既缺乏个性和识见，又喜欢自吹自擂和争论不休的哲学家：

这样就产生了头发哲学家、手指哲学家、足趾哲学家、屎尿哲学家以及其他的哲学家，这些人在斯威登堡的神秘的世界人物中还应该扮演一个更坏的角色。②

———————

① 马克思：《马克思博士论文（德谟克里特的自然哲学与伊壁鸠鲁的自然哲学的差别）》，贺麟译，人民出版社 1961 年版，序第 2—3 页。

② 同上书，第 67 页。

马克思从来就蔑视这些不关心现实生活、只在概念的沼泽中滚来滚去、弄得满身污泥的所谓"哲学家"。在写于 1842 年的《第 179 号"科伦日报"社论》中，马克思也明确表示，他不喜欢传统的德国哲学闭关自守、醉心于自我直观和晦涩文风的古怪的陋习。他认为：

> 哲学就其特性来说，从来没有打算过把禁欲主义的神甫法衣换成报纸的轻便时装。然而，哲学家的成长并不像雨后的春笋，他们是自己的时代、自己的人民的产物，人民最精致、最珍贵和看不见的精髓都集中在哲学思想里。①

马克思不仅一般地把哲学与时代、人民联系在一起，而且强调，哲学家不是现实生活的旁观者，而是积极的参与者：

> 因为任何真正的哲学都是自己时代精神的精华，所以必然会出现这样的时代，那时哲学不仅从内部即就其内容来说，而且从外部即就其表现来说，都要和自己时代的现实世界接触并相互作用。……各种外部表现证明哲学已获得了这样的意义：它是文明的活的灵魂，哲学已成为世界的哲学，而世界也成为哲学的世界。②

马克思向新的哲学思想提出的要求是，哲学应该成为"时代精神的精华"，应该成为"文明的活的灵魂"。在 1843 年 9 月致卢格的信中，马克思强调：

> 然而，新思潮的优点就恰恰在于我们不想教条式地预料未来，而只是希望在批判旧世界中发现新世界。到目前为止，一切谜语的

---

① 《马克思恩格斯全集》第 1 卷，人民出版社 1956 年版，第 120 页。
② 同上书，第 121 页。

答案都在哲学家们的写字台里，愚昧的凡俗世界只需张开嘴来接受绝对科学的烤松鸡就得了。现在哲学已经变为世俗的东西了，最确凿的证明就是哲学意识本身，不但表面上，而且骨子里都卷入了斗争的漩涡。如果我们的任务不是推断未来和宣布一些适合将来任何时候的一劳永逸的决定，那末我们便会更明确地知道，我们现在应该做些什么，我指的就是要对现存的一切进行无情的批判，所谓无情，意义有二，即这种批判不怕自己所作的结论，临到触犯当权者时也不退缩。①

显然，从马克思致卢格的信中可以看出，马克思确信，他和卢格等青年黑格尔主义分子所代表的新哲学、新思潮与传统的德国哲学的区别在于，后者只是满足于教条式地"推断未来"，满足于"宣布一些适合将来任何时候的一劳永逸的决定"，而前者则希望，"在批判旧世界中发现新世界"，马克思甚至提出了"要对现存的一切进行无情的批判"的革命口号。所有这一切都表明，马克思倡导的新哲学、新思潮，绝不是一种学院化的高头讲章、一种单纯求知的哲学教条，而是一种推重批判、强调实践、诉诸革命、追求自由的新的哲学理论。在写于1844年的《〈黑格尔法哲学批判〉导言》中，马克思进一步阐明了他所倡导的新哲学的革命倾向：

> 哲学把无产阶级当做自己的物质武器，同样地，无产阶级也把哲学当做自己的精神武器；思想的闪电一旦真正射入这块没有触动过的人民园地，德国人就会解放成为人。②

毋庸讳言，这种充满革命理想和实践力量的新哲学，绝对不可能像正统

---

① 《马克思恩格斯全集》第1卷，人民出版社1956年版，第416页。
② 同上书，第467页。

的阐释者们所描绘的那样，是一种单纯追求知识的哲学理论。其实，正因为马克思哲学是一种实践的哲学、革命的哲学，所以，他对"人""价值"和"自由"这样的哲学问题有着特别深入的关切和特别透彻的探讨，而这样的关切和探讨在由正统的阐释者们所建造起来的、以与人的实践活动相分离的自然界为研究对象的"辩证唯物主义"中完全被边缘化了。还是让我们返回到马克思本人的著作中，看看他究竟是如何对待这些重要的哲学问题的。

一、人的问题

在写于 1843 年秋的《论犹太人问题》一文中，马克思在谈到资产阶级政治革命所产生的结果时指出：

> 封建社会已经瓦解，只剩下了自己的基础——人，但这是作为它的真正基础的人，即利己主义的人。
> 因此，这种人，市民社会的成员，就是政治国家的基础、前提。国家通过人权承认的正是这样的人。①

从上面的论述可以看出，马克思从开始思索人的问题起，就始终把人理解为特定的历史时期的社会存在物，即在资产阶级革命取得胜利以后，社会分裂为"市民社会"和以市民社会为基础的"政治国家"。从市民社会的角度来看，人只是一个有自己的利益和需要的"利己主义的人"；从政治国家的角度来看，它抽去了市民社会中的人所具有的各种感性的特征，而仅仅把他理解为一个拥有人权的抽象的政治人。马克思告诉我们：

> 作为市民社会成员的人是本来的人，这是和 citoyen〔公民〕不同的 homme〔人〕，因为他是有感觉的、有个性的、直接存在的人，而

---

① 《马克思恩格斯全集》第 1 卷，人民出版社 1956 年版，第 442 页。

政治人只是抽象的、人为的人，寓言的人，法人。只有利己主义的个人才是现实的人，只有抽象的 citoyen〔公民〕才是真正的人。①

在马克思看来，现代人在市民社会和政治国家中担当的不同的角色乃是政治解放的必然结果，但仅仅停留在这个结果上还是不够的。他认为，只有当现实的个人同时也是抽象的公民，并且作为个人，努力作为类存在物来行动的时候；只有当人认识到自己的力量，并把这种力量组织为社会力量，而不再把社会力量当作政治力量与自己对立起来的时候，人类的解放才能完成。尽管当时的马克思在谈论"人类解放"这一主题时，还明显地带有黑格尔思辨唯心主义的表述风格，但他已经正确地预见到人类解放的两个阶段，即政治革命阶段和社会革命阶段。在写于 1844 年的《〈黑格尔法哲学批判〉导言》中，当马克思批判宗教学说创造的种种幻想时，进一步阐明了他关于人的问题思索的结论：

但人并不是抽象地栖息在世界以外的东西。人就是人的世界，就是国家，社会。②

在马克思看来，把"人"理解为抽象地栖息在世界之外的东西，正是宗教造成的普遍的幻想。要揭破这种幻想，就要探讨"人"是如何在其生活过程中形成相应的世界、国家和社会的，又是如何在国家、社会中形成宗教这种"颠倒了的世界观"的，而这种"颠倒了的世界观"又是如何创造出种种神奇的幻想来的。由此可见，马克思的上述见解既是对传统的宗教幻想的反驳，又是对"人"的本质的某种界定，即不光世界、国家、社会和宗教必须围绕"人"的生活过程得以解读，而且"人"的本质也体现在他们的意识和行动所创造的世界、社会、国家和宗教中。在这个意义上可

---

① 《马克思恩格斯全集》第 1 卷，人民出版社 1956 年版，第 443 页。
② 同上书，第 452 页。

以说，要认识"人"的本质，就必须把他放到世界、社会、国家和宗教中加以考察。在《〈黑格尔法哲学批判〉导言》的另一处，当马克思谈到对现存社会和国家的批判时，又指出：

> 批判的武器当然不能代替武器的批判，物质力量只能用物质力量来摧毁；但是理论一经掌握群众，也会变成物质力量。理论只要说服 ad hominen〔人〕，就能掌握群众；而理论只要彻底，就能说服 ad hominen〔人〕。所谓彻底，就是抓住事物的根本。但人的根本就是人本身。①

乍看起来，马克思在这里说的"人的根本就是人本身"与前面提到的"人就是人的世界，就是国家，社会"的见解是相互冲突的。其实，马克思是从不同的视角出发表达了同样的思想。就"人就是人的世界，就是国家，社会"而言，马克思想告诉我们的是，如果要了解人的本质，就必须深入地考察人所创造的世界、社会和国家，甚至要考察国家和社会又如何创造了宗教，而宗教又如何创造出虚幻的人的本质。就"人的根本就是人本身"而言，一方面是要说明，对现存社会和国家不管是进行"武器的批判"，还是诉诸"批判的武器"，其关键都在于"人本身"，只有"人本身"觉醒了，才可能参与"武器的批判"或"批判的武器"，否则一切都是空的；另一方面是要说明，国家、社会、宗教归根到底都是人自己创造出来的，只有充分地掌握"人本身"，即人的本质，才能有效地改造现存的社会和国家。恩格斯在《路德维希·费尔巴哈和德国古典哲学的终结》中分析黑格尔生活时代的普鲁士政府时，曾经说过：

> 如果说它在我们看来终究是恶劣的，而它尽管恶劣却继续存在，那么，政府的恶劣可以从臣民的相应的恶劣中找到理由和解

---

① 《马克思恩格斯全集》第 1 卷，人民出版社 1956 年版，第 460 页。

释。当时的普鲁士人有他们所应得的政府。①

恩格斯在分析当时普鲁士"政府的恶劣"时，就认为这种恶劣源于"臣民的相应的恶劣"。所以，"当时的普鲁士人有他们所应得的政府"也就是很自然的了。在这里，恩格斯像马克思一样启示我们，人的创造物的秘密深藏于"人本身"之中。当然，"人本身"这样的表达方式仍然带着浓厚的、费尔巴哈式的人本学思想的痕迹。在与恩格斯合著的《神圣家族》一书中，马克思通过对当时流行的哲学思潮的分析和批判，进一步阐明了他关于人的问题的基本观点。一方面，马克思回顾了近代唯物主义的发展史，进而指出：

> 费尔巴哈在理论方面体现了和人道主义相吻合的唯物主义，而法国和英国的社会主义和共产主义则在实践方面体现了这种唯物主义。②

从这段重要的论述可以看出，当时的马克思已经把历史上的唯物主义学说区分为两种不同的类型。一种是"和人道主义相吻合的唯物主义"。在马克思看来，费尔巴哈正是这种唯物主义的理论代表，而法国和英国的空想社会主义者和共产主义者则是这种唯物主义的实践代表。另一种唯物主义是什么呢？虽然马克思在这段话的上下文中没有明说，但其稍后的论述却表明，另一种唯物主义显然是排斥，甚至敌视人道主义的唯物主义。马克思在谈到英国唯物主义的创始人培根时，还肯定他的唯物主义在朴素的形式下包含着全面发展的萌芽。然而，他不无遗憾地继续写道：

① 《马克思恩格斯选集》第4卷，人民出版社1995年版，第215页。
② 《马克思恩格斯全集》第2卷，人民出版社1957年版，第160页。

唯物主义在以后的发展中变得片面了。霍布斯把培根的唯物主义系统化了。感性失去了它的鲜明的色彩而变成了几何学家的抽象的感性。物理运动成为机械运动或数学运动的牺牲品；几何学被宣布为主要的科学。唯物主义变得敌视人了。为了在自己的领域内克服敌视人的、毫无血肉的精神，唯物主义只好抑制自己的情欲，当一个禁欲主义者。它变成理智的东西，同时以无情的彻底性来发展理智的一切结论。①

按照马克思的看法，以英国哲学家霍布斯为代表的机械的唯物主义非但不蕴含人道主义的内涵，反而因其抽象的感性和机械性而"变得敌视人了"。事实上，这种机械唯物主义的学说在笛卡尔的物理学中已见端倪，他曾经把自然或动物都比喻为"机器"，而18世纪的法国唯物主义哲学家拉美特利的著作《人是机器》更是把这种机械唯物主义的学说推向高潮。显然，马克思作为西方人本主义传统的伟大继承者和批判者，并不赞成这种机械唯物主义的学说，他认定这种唯物主义发展的逻辑结果是抑制自己的情欲、崇拜抽象的理智。毋庸讳言，这种唯物主义与人的解放和个人的全面发展的要求是相冲突的。

另一方面，马克思以自己独特的眼光重新解读了黑格尔的哲学思想。马克思在评论施特劳斯和布·鲍威尔关于"实体"和"自我意识"问题的争论时指出：

在黑格尔的体系中有三个因素：斯宾诺莎的实体，费希特的自我意识以及前两个因素在黑格尔那里的必然的矛盾的统一，即绝对精神。第一个因素是形而上学地改了装的、脱离人的自然。第二个因素是形而上学地改了装的、脱离自然的精神。第三个因素是形而

---

① 《马克思恩格斯全集》第2卷，人民出版社1957年版，第163—164页。

上学地改了装的以上两个因素的统一，即现实的人和现实的人类。①

显然，在马克思看来，当施特劳斯和布·鲍威尔分别抓住"实体"和"自我意识"展开论述时，他们根本没有意识到，他们各自抓住的不过是黑格尔哲学中的一个片面的因素，并未达到对黑格尔哲学的总体上的把握。在这个意义上，他们并没有真正地超越黑格尔，而只是在黑格尔思辨唯心主义哲学的地基上进行争论。马克思认为，在黑格尔的哲学体系中，"实体"的观念源自斯宾诺莎，"自我意识"的观念源自费希特，而黑格尔自己创造的"绝对精神"这一观念恰恰体现了前两个观念的统一，而绝对精神的谜底则是"现实的人和现实的人类"。通过马克思的这一富有独创意义的解读，黑格尔的思辨唯心主义哲学的秘密终于显露出来，即它实际上是一种用晦涩语言表达出来的哲学人本学理论。

为什么马克思会对黑格尔哲学做出哲学人本学意义上的解读呢？道理很简单，因为当时他的思想仍然处于费尔巴哈的人本学理论的影响之下。事实上，就在马克思说出上面这段话之后，他又进而批评施特劳斯和布·鲍威尔依然停留在黑格尔思辨的范围内，并强调：

> 只有费尔巴哈才是从黑格尔的观点出发而结束和批判了黑格尔的哲学。费尔巴哈把形而上学的绝对精神归结为"以自然为基础的现实的人"，从而完成了对宗教的批判。同时也巧妙地拟定了对黑格尔的思辨以及一切形而上学的批判的基本要点。②

尽管当时的马克思仍然借用了费尔巴哈的哲学人本学的眼光来考察黑格尔哲学，但在《神圣家族》中他对黑格尔的思辨哲学结构的批判性分析，

---

① 《马克思恩格斯全集》第 2 卷，人民出版社 1957 年版，第 177 页。
② 同上书，第 177 页。

尤其是他关于"思辨的思维把现实的人看得无限渺小"①的论断表明，一种超越费尔巴哈哲学人本学视野的、更合理的哲学理论正在形成的过程中。

在某种意义上可以说，《关于费尔巴哈的提纲》乃是马克思哲学思想发展中的根本性转折的起始点。正是在这个点上，马克思不但超越了费尔巴哈的哲学人本学理论，而且把自己对人的问题的思索提升到一个新的层面上。一方面，马克思告诉我们：

> 费尔巴哈把宗教的本质归结于人的本质。但是，人的本质不是单个人所固有的抽象物，在其现实性上，它是一切社会关系的总和。
>
> 费尔巴哈没有对这种现实的本质进行批判，因此他不得不：
>
> (1)撇开历史的进程，把宗教感情固定为独立的东西，并假定有一种抽象的——孤立的——人的个体。
>
> (2)因此，本质只能被理解为"类"，理解为一种内在的、无声的、把许多个人自然地联系起来的普遍性。②

这就启示我们，尽管费尔巴哈的哲学人本学把神学的本质归结为人本学、把宗教的本质归结为人的本质，但他着眼的只是自然意义上的、孤立的、被直观的个人，他并没有把个人理解为一个社会存在物，也没有把人的本质理解为"一切社会关系的总和"。正因为费尔巴哈的人本学在思想上还没有达到马克思已经达到的那个高度，所以，在黑格尔思想的影响下，他仍然把人的本质理解为"类"，而"类"是以单纯的自然，而不是以社会为前提的，因而在他那里，人仍然是与社会活动和历史背景相分离的抽象物。另一方面，马克思也十分明确地引申出如下的结论：

---

① 《马克思恩格斯全集》第 2 卷，人民出版社 1957 年版，第 49 页。
② 《马克思恩格斯选集》第 1 卷，人民出版社 1995 年版，第 56 页。

直观的唯物主义，即不是把感性理解为实践活动的唯物主义至多也只能达到对单个人和市民社会的直观。①

众所周知，费尔巴哈不满意黑格尔的抽象的思辨，而喜欢对外部世界进行直观。然而，在他那里，"直观"只意味着一个哲学家对外部世界的感性的观察，而这种观察又是以撇开人的实践活动为前提的，因而无法对人与人之间的关系、对个人与市民社会之间的关系做出合理的论断。在《德意志意识形态》的"费尔巴哈"章中，马克思在初步表述自己所创立的新的哲学理论——历史唯物主义的同时，进一步以明确的语言批判了费尔巴哈的哲学人本学理论。一方面，马克思指出：

费尔巴哈从来没有看到真实存在着的、活动的人，而是停留在抽象的"人"上，并且仅仅限于在感情范围内承认"现实的、单独的、肉体的人"，也就是说，除了爱与友情，而且是理想化了的爱与友情以外，他不知道"人与人之间"还有什么其他的"人的关系"。②

假如说，在《神圣家族》中，马克思还肯定费尔巴哈把黑格尔的绝对精神解读为"以自然为基础的现实的人"是一个卓越的理论贡献，那么，在《德意志意识形态》中，马克思则明确地表示，费尔巴哈的哲学人本学喋喋不休地谈论着的"现实的人"仍然是与社会实践活动相分离的、抽象的人。另一方面，马克思指出，费尔巴哈没有看到：

他周围的感性世界决不是某种开天辟地以来就已存在的、始终如一的东西，而是工业和社会状况的产物，是历史的产物，是世世代代活动的结果，其中每一代都在前一代所达到的基础上继续发展

---

① 《马克思恩格斯选集》第 1 卷，人民出版社 1995 年版，第 56—57 页。
② 《马克思恩格斯全集》第 3 卷，人民出版社 1960 年版，第 50 页。

前一代的工业和交往方式，并随着需要的改变而改变它的社会制度。①

也就是说，费尔巴哈的直观的唯物主义引导他把周围的感性世界理解为一个开天辟地以来就已存在的、始终如一的东西，而没有把它理解为世世代代的人类实践活动的结果。不用说，费尔巴哈关于人和外部感性世界的错误观点都奠基于他的非实践的、直观的唯物主义立场。而正是马克思，通过对传统的唯物主义和人本主义理论的批判性改造，把关于人、人性、人的本质、人的异化、人的解放、个性自由和个人全面发展的理论重新安置在历史唯物主义这一崭新的哲学观的基础上。我们知道，在马克思以后的著作中，始终贯穿着一条红线，那就是他对"人"这一哲学主题的高度关注，尤其是他关于"个人全面发展"的理论，极大地丰富了西方人本主义传统的内涵。然而，在马克思主义的正统的阐释者们那里，"人"这一极为重要的哲学主题却被边缘化了。下面，我们不妨分析一下这种边缘化的具体表现形式。

其一，从正统的阐释者们到苏联、东欧和中国的马克思主义哲学教科书，几乎都众口一词地认定，马克思从黑格尔那里汲取了"合理的内核"（辩证法），又从费尔巴哈那里汲取了"基本的内核"（唯物主义），从而创立了自己的哲学，即"辩证唯物主义"。随着人们对马克思早期著作研究的深入，他们越来越清楚地发现，马克思真正感兴趣的并不是费尔巴哈的"唯物主义"，而是他的"哲学人本学"。其实，马克思的这一思想倾向可以从他的《关于费尔巴哈的提纲》以及他与恩格斯合著的《德意志意识形态》这两个文本中清楚地解读出来。事实上，就连费尔巴哈本人也曾以十分明确的口吻告诉我们，应该得到重视的，不是他的唯物主义，而是他的人本学。他这样写道：

---

① 《马克思恩格斯全集》第 3 卷，人民出版社 1960 年版，第 48—49 页。

> 唯物主义、唯心主义、生理学、心理学都不是真理；只有人本
> 学是真理，只有感性、直观的观点是真理，因为只有这个观点给予
> 我整体性和个别性。①

显而易见，消除这个根本性的历史误解的时刻已经到来了！我们必须注意到，费尔巴哈的哲学人本学乃是德国古典哲学的重要出路之一。马克思肯定了费尔巴哈在这方面做出的历史性贡献，即把神学的本质还原为人本学，把对宗教的批判引向对世俗生活的批判。但是，费尔巴哈在这里突然停止不前了。正是马克思，深入地批判了费尔巴哈人本学思想的不彻底性，并毫不犹豫地把关于人的问题研究的整个领域奠基于历史唯物主义的前提上。由此可见，一旦我们重视了马克思哲学与费尔巴哈哲学人本学之间的本质联系，"人"在马克思哲学中的地位和作用就不会再被边缘化了。

其二，在正统的阐释者们所撰写的关于马克思主义哲学的教科书中，人的问题历来被置于最不显眼的位置上。试以艾思奇主编的《辩证唯物主义 历史唯物主义》一书为例。全书共16章，除第一章"绪论"外，第二章的标题就是"世界的物质性"。也就是说，艾思奇与其他正统的阐释者一样，把抽象的物质概念置于马克思主义哲学体系的基础和核心的位置上。直到最后一章的标题"人民群众和个人在历史上的作用"中才第一次出现"人民群众"和"个人"这样的概念，而这里被重点论述的"个人"，也不是人们在日常生活中时时可以遭遇到的"普通的个人"，而是指历史上出现的少数"杰出人物"或"伟大人物"。这部著作告诉我们：

> 历史唯物主义在肯定人民群众是历史的创造者这个前提之下，
> 承认杰出人物的活动对于推动历史的发展进程具有重大的作用。把

---

① ［德］路德维希·费尔巴哈：《费尔巴哈哲学著作选集》上卷，荣震华、李金山等译，商务印书馆1984年版，第205页。

人民群众在历史上的作用和个别杰出人物的作用绝对对立起来，否认个别杰出人物的作用是不对的。①

乍看起来，这段话似乎说得滴水不漏。"普通的个人"被通通归并到"人民群众"这个抽象的集合名词中，并肯定，"在任何时候，从事物质资料生产的劳动群众，都是人民群众的主体"②，而"人民群众"不光是物质财富的创造者，也是精神财富的创造者，更是社会变革的决定性力量。然而，有趣的是，我们发现，这里谈论的都是作为"人民群众"片断的"普通的个人"的历史作用，却丝毫没有谈到，"普通的个人"应该享有哪些基本权利，而这些基本权利是神圣不可侵犯的。也就是说，"普通的个人"之所以受到重视，只是在黑格尔描绘市民社会时所说的"人是工具"的意义上，而不是在康德所说的"人是目的"的意义上。事实上，在"目的"意义上受到重视的只不过是少数"个人"，即所谓"杰出人物"或"伟大人物"。令人难以置信的是，在看起来仿佛最具历史唯物主义倾向的最后一章中，我们看到的依然是历史唯心主义观点的泛滥！

有趣的是，在苏联、东欧和中国理论界关于"人"的不经意的比喻中，"普通的个人"的真实状况才显露出来。比喻之一是把"普通的个人"称为"螺丝钉"，比喻之二是把"普通的个人"称为"人力资源"。

由于正统的阐释者们并不重视马克思关于人的问题所做出的一系列重要的论述，所以在他们编写的马克思主义哲学教科书中，"普通的个人"始终处于最边缘的位置上，而且即使在这个最边缘的位置上，"普通的个人"也只是作为"工具"，而不是作为"目的"进入这些阐释者的眼帘的。

其三，正统的阐释者们把马克思所说的"个人全面发展"的命题曲解为"人的全面发展"的命题，从而进一步体现出他们对"普通的个人"的蔑

---

① 艾思奇主编：《辩证唯物主义 历史唯物主义》，人民出版社 1961 年版，第 343 页。
② 同上书，第 339 页。

视。众所周知，在《1857—1858年经济学手稿》中，马克思在叙述"三大社会阶段"理论时曾经指出：

> 建立在个人全面发展（die universelle Entwicklung der Individuen）和他们共同的社会生产能力成为他们的社会财富这一基础上的自由个性（freie Individualitaet），是第三个阶段。①

必须注意，马克思在这里提出的是"个人全面发展"的理论，而不是"人的全面发展"的理论。马克思使用的德语名词 Individuum（复数为 Individuums 或 Individuen），专指"个人"，而不是指一般意义上的"人"。在德语中，一般意义上的"人"通常用另一个名词 Mensch（复数为 Menschen）来表示。Individuum 和 Mensch 这两个名词之间的差别是显而易见的：前者的着眼点是具体的个人，后者的着眼点则是一般意义上的人。这就告诉我们，马克思并不是泛泛地谈论"人的全面发展"，他注重的是"个人全面发展"和"自由个性"的确立。

人们也许会问：为什么马克思所说的"个人全面发展"的命题不应该被曲解为"人的全面发展"的命题呢？马克思在同一部手稿中写下的另一段话可以使他们的困惑冰消：

> 我们越往前追溯历史，个人（Individuum），从而也是进行生产的个人，就越表现为不独立，从属于一个较大的整体……。只有到十八世纪，在"市民社会"中，社会联系的各种形式，对个人说来，才只是表现为达到他私人目的的手段，才表现为外在的必然性。②

---

① 《马克思恩格斯全集》第46卷（上），人民出版社1979年版，第104页。Sehen Karl Marx, *Grundrisse der Kritik der Politischen Oekonomie*, Berlin: Dietz Verlag, 1974, S. 75.

② 《马克思恩格斯全集》第46卷（上），人民出版社1979年版，第21页。Sehen Karl Marx, *Grundrisse der Kritik der Politischen Oekonomie*, Berlin: Dietz Verlag, 1974, S. 6.

显然，在马克思看来，真正独立的个人在远古时代是不可能存在的，它乃是近代社会的产物，尤其是 18 世纪市民社会的产物。所以，只有在"个人"已经产生的前提下才谈得上"个人全面发展"，至于"人"这个抽象名词，由于它的历史内涵不明确，既可以指称古代人，也可以指称近代人或当代人，因而根本不适合谈论"人的全面发展"。然而，这样的理论错误今天依然充斥于各类马克思主义哲学的教科书和研究论著中。由此可见，重新认识马克思哲学与整个西方人本主义哲学传统之间的关系，重新探索"人"，尤其是"普通的个人"在马克思哲学体系中的地位和作用，恢复马克思关于人的理论的本来面貌，乃是当代中国理论界必须自觉地加以承担的最紧迫的思想任务之一。

二、价值的问题

尽管人的问题以最边缘化的方式出现在正统阐释者们所编写的关于马克思主义哲学的教科书中，但它毕竟还是被提到了，而令人难以置信的是，价值问题却完全逸出了这些阐释者们的理论视野。无论是正统的阐释者们编写的教科书，还是他们撰写的研究性论著，除了最多在纯粹经济领域中谈到"价值"问题外，在其他场合下几乎从来不涉及这一主题。

举例来说，无论是苏联的费多谢耶夫等人撰写的《唯物主义辩证法理论概要》，还是康士坦丁诺夫主编的《历史唯物主义》；无论是民主德国的学者弗朗克·菲德勒等人编写的《辩证唯物主义与历史唯物主义》，还是中国学者艾思奇主编的《辩证唯物主义 历史唯物主义》或肖前等人主编的《辩证唯物主义原理》和《历史唯物主义原理》，都没有专门的章节来讨论价值问题。

正统的阐释者们之所以完全忽略马克思关于价值问题的重要论述，一个重要的原因是，他们从来也没有认真地思考过马克思从事哲学研究的特殊的进路。事实上，他们都倾向于把马克思的学说分解为以下三个方面，即哲学、政治经济学和科学社会主义。其实，在马克思的学说中，这三个方面的内容是不可分割地联系在一起的。在这个意义上，正是这种"分解"方式，使正统的阐释者们对马克思哲学思想的准确理解变得完全不可能。为什么这样说呢？

就从事哲学研究的进路来说，马克思完全不同于传统的哲学家。如果说，传统的哲学家们主要是在单纯哲学的范围内提出问题、思考问题的话，那么，马克思始终是把哲学和政治经济学贯通起来进行思考的。要言之，马克思哲学思考的进路乃是经济哲学的进路。按照这一进路，在正统的阐释者们那里处于"分解"状态的政治经济学与哲学不可分离地贯通在马克思的理论视野中。①

比如，传统哲学家们热衷于谈论抽象的物质，而马克思则从经济哲学的视野出发，把注意力转移到物质的具体样态——（事）物上，而（事）物在现代资本主义的经济方式中则表现为商品、货币和资本。正是从这样的思路出发，马克思还探讨了"商品拜物教"的起源和本质，其目的是揭示出现代资本主义经济方式中物与物关系背后的人与人之间的真实关系。又如，传统哲学家们满足于泛泛地谈论"实践"概念，而马克思则从经济哲学的视角出发，一开始关注的就是作为"实践"基本形式的"生产劳动"。再如，传统哲学家们热衷于以抽象的方式谈论"关系"概念，马克思则从经济哲学的视野出发，深入地探索了"关系"概念中最基本的层面——"社会生产关系"。从上面的分析可以看出，马克思的哲学思索始终是沿着经济哲学的进路向前展开的。只有充分地了解并把握这一点，最早源自政治经济学研究的"价值"概念才可能进入阐释者们的视野。其实，马克思本人也告诉我们：

> 价值这个经济学概念在古代人那里没有出现过。价值只是在揭露欺诈行为等等时才在法律上区别于价格。价值概念完全属于现代经济学，因为它是资本本身的和以资本为基础的生产的最抽象的表

① 参阅俞吾金：《经济哲学的三个概念》，《中国社会科学》1999年第2期。

现。价值概念泄露了资本的秘密。①

由此可见，不从经济哲学的思路出发去探索马克思的哲学思想，根本不可能重视马克思关于价值问题的论述，也根本不可能意识到这个问题不仅是一般的经济学理论的基本问题，同时也是马克思哲学的核心问题之一。

所以，当苏联、东欧，尤其是中国的理论界意识到价值问题在马克思哲学中的核心地位和作用时，20世纪差不多已经过去了。然而，遗憾的是，即使人们现在已经意识到这个问题的重要性，但当他们开始探究这个问题时，也没有正确地理解这个问题。这里以李连科《价值哲学引论》(1999)为例。该书认为：

> 正是在成熟时期的马克思，从哲学的意义上谈到了价值问题，并且为价值做了哲学上的界说。《资本论》主要是从政治经济学的角度谈价值问题。但就是在这里，也不乏从哲学意义对价值的阐释。这里曾把劳动过程称为制造使用价值的活动，是为了人类的需要而占有自然物。这里马克思把价值当作了自然物与人的需要在实践基础上的统一。马克思是怎样给价值做了哲学界说呢？马克思说："'价值'这个普遍的概念是从人们对待满足他们需要的外界物的关系中产生的"；"是人们所利用的并表现了对人的需要的关系的物的属性"；"表示物的对人有用或使人愉快等等的属性"；"实际上是表示物为人而存在。"②

显然，这段话包含着对马克思的价值理论的根本性的误读和误解。

首先，并不像李连科所说的那样，马克思是从其思想成熟时期才从

---

① 《马克思恩格斯全集》第46卷(下)，人民出版社1980年版，第299页。
② 李连科：《价值哲学引论》，商务印书馆1999年版，第63页。

经济学和哲学的双重含义上来谈论价值问题的。事实上，马克思从青年时期起开始研究经济学时，已经关注价值问题，并从经济学和哲学的双重含义上(简言之，也就是从经济哲学上)阐释了价值概念的来龙去脉和本质含义。在写于1844年上半年的《詹姆斯·穆勒〈政治经济学原理〉一书摘要》中，马克思就已经谈到了价值概念形成的必然性：

> 其实，进行交换活动的人的中介运动，不是社会的、人的运动，不是人的关系，它是私有财产对私有财产的抽象的关系，而这种抽象的关系是价值。货币才是作为价值的价值的现实存在。[①]

众所周知，货币乃是一般等价物，货币的产生是以商品交换活动的发展为前提的。这就表明，价值始终是与以交换为目的的经济活动联系在一起的。马克思在谈到商品的价值时还告诉我们：

> 物的真实的价值仍然是它的交换价值；后者归根到底存在于货币之中，而货币又存在于贵金属之中；可见，货币是物的真正的价值，所以货币是最希望获得的物。[②]

其实，这段话是对上面那段话的进一步补充和发挥，它充分肯定了价值概念与商品交换活动之间的内在联系。尽管当时的马克思关于价值问题的见解远没有他在写作《资本论》的时候那么明晰，但基本意向已经表达出来了，即商品的价值关系到商品的交换，即关系到商品的社会属性，而不是商品的自然属性。

其次，李连科在谈到马克思的《资本论》时说："这里曾把劳动过程称为制造使用价值的活动，是为了人类的需要而占有自然物。这里马克

---

① 《马克思恩格斯全集》第42卷，人民出版社1979年版，第20页。
② 同上书，第20页。

思把价值当作了自然物与人的需要在实践基础上的统一。"这段话曲解了马克思写作《资本论》的初衷。众所周知，资本主义雇佣劳动的根本动机绝不可能是"制造使用价值"，而是生产交换价值，是让资本通过对雇佣工人的活劳动的吸附而不断增殖。其实，马克思早已批判过与李连科类似的错误观点：

> 人们忘记了：交换价值作为整个生产制度的客观基础这一前提，从一开始就已经包含着对个人的强制，个人的直接产品不是为个人的产品，只有在社会过程中它才成为这样的产品，因而必须采取这种一般的并且诚然是表面的形式；个人只有作为交换价值的生产者才能存在，而这种情况就已经包含着对个人的自然存在的完全否定，因而个人完全是由社会所决定的。[①]

显然，在马克思所说的"个人只有作为交换价值的生产者才能存在"的现代资本主义社会中，李连科竟沿着"制造使用价值"的思路去理解马克思的价值概念，岂不是南辕北辙？其实，在《资本论》中，马克思对"使用价值""交换价值"和"价值"这样的概念都做过明确的规定：物作为商品具有以下两个基本属性：一方面，"物的有用性使物成为使用价值（Ge-brauchswert）"[②]。也就是说，物作为商品必须满足人们的某种需要，而其使用价值正是在人们消费或使用它的过程中得以实现的。人们通常说的"财富"（Reichtums）实际上也就是作为商品的物的堆积。也正是在这个意义上，马克思认为，不论财富的社会形式如何，使用价值总是构成财富的物质内容。另一方面，"交换价值（Tauschwert）首先表现为一种使用价值同另一种使用价值相交换的量的关系或比例，这个比例随着时间和地点的不同而不断改变"[③]。显然，使用价值是交换价值的物质承

---

① 《马克思恩格斯全集》第 46 卷（上），人民出版社 1979 年版，第 200 页。
② 马克思：《资本论》第 1 卷，人民出版社 1975 年版，第 48 页。
③ 同上书，第 49 页。

担者。但如果我们从商品中抽掉其使用价值的话，那么剩下来的就只是人类劳动的无差别的凝结了：

> 这些物现在只是表示，在它们的生产上耗费了人类劳动力，积累了人类劳动。这些物，作为它们共有的这个社会实体的结晶，就是价值——商品价值。①

不用说，商品的价值作为其交换价值的基础，乃是这个它们共有的"社会实体的结晶"，它体现的是人与人之间的关系，而不是物对人的关系。在马克思看来，使用价值和交换价值之间存在着以下两个根本性的区别：第一，使用价值是商品的自然属性或自然存在，而价值则是商品的社会属性或社会存在；第二，作为使用价值，不同的商品之间具有质的差别，而作为价值，不同的商品之间只有量的差别。

最后，李连科完全没有弄清楚他所引证的马克思关于价值问题的论述的真实含义是什么。他引证的第一句话——"'价值'这个普遍的概念是从人们对待满足他们需要的外界物的关系中产生的"——出自马克思写于 1879 年下半年到 1880 年 11 月的《评阿·瓦格纳的〈政治经济学教科书〉》一文。然而，这句话恰恰不是马克思本人的观点，而是马克思所批评的阿·瓦格纳的错误观点。事实上，只要认真阅读马克思的这篇论文，就会发现，马克思十分尖锐地批评了瓦格纳的价值理论，指责他热衷于谈论一般价值理论，并总是在"价值"这个词上卖弄聪明：

> 这就使他同样有可能像德国教授们那样传统地把"使用价值"和"价值"混淆在一起，因为它们两者都有"价值"这一共同的词。②

---

① 马克思：《资本论》第 1 卷，人民出版社 1975 年版，第 51 页。
② 《马克思恩格斯全集》第 19 卷，人民出版社 1963 年版，第 400 页。

在马克思看来：

> 使用价值不起其对立物"价值"的作用，除了"价值"一词在"使用价值"这一名称里出现以外，价值同使用价值毫无共同之点。①

在这里，马克思以十分明确的口吻告诉我们，不能因为在"使用价值"这个名称中包含着"价值"这个词，就断言"使用价值"就是"价值"。"使用价值"的概念和马克思视之为"交换价值"基础的"价值"概念之间存在着根本性的差异。其实，当瓦格纳试图从人们的需要与外界物之间的关系中去理解并谈论马克思的价值理论时，他就已经把这两个概念混淆在一起了。马克思毫不留情地揭露了瓦格纳玩弄的语言游戏：

> 他采取的办法是，把政治经济学中俗语叫做"使用价值"的东西，"按照德语的用法"改称为"价值"。而一经用这种办法找到"价值"一般后，又利用它从"价值一般"中得出"使用价值"。做到这一点，只要在"价值"这个词的前面重新加上原先被省略的"使用"这个词就行了。②

为了彻底揭露瓦格纳的《政治经济学教科书》可能造成的思想混乱，尤其是在价值问题上的思想混乱，马克思不厌其烦地指出：

> 这个德国人的全部蠢话的唯一的明显根据是，价值(Wert)或值(Wuerde)这两个词最初用于有用物本身，这种有用物在它们成为商品以前早就存在，甚至作为"劳动产品"而存在。但是这同商品"价值"的科学定义毫无共同之点。③

---

① 《马克思恩格斯全集》第 19 卷，人民出版社 1963 年版，第 413 页。
② 同上书，第 406—407 页。
③ 同上书，第 416 页。

至于李连科引证的马克思的其他论述，即价值"是人们所利用的并表现了对人的需要的关系的物的属性""表示物的对人有用或使人愉快等等的属性""实际上是表示物为人而存在"等等，也完全是沿着同一个方向，即以"使用价值"取代"价值"的方向，来曲解马克思的价值理论的。其实，马克思一直努力地与这种理论上的曲解展开不懈的斗争。比如，在《剩余价值学说史》的第三卷中，马克思对这种把"价值"概念与"使用价值"概念混淆起来的倾向进行了严厉的批评：

> "名词观察者"，培利等人认为"value""valeur"，表示物品所有的属性。事实上，这些名词原来不过表示物品对于人的使用价值，表示物品的对人有用或使人快适等等的性质。按照事物的性质来说，"value""valeur""Wert"从语源学方面考察，也不能有任何别的起源。使用价值表示物和人之间的自然关系，实际上就是物和人相对来说的存在。交换价值是一个在那种把它创造出来的社会发展中后来才加到与使用价值同义的价值这个词中去的意义。它是物的社会性质的存在。①

在这里，马克思明确地告诉我们，从词源上看，"价值"这个词最先源于物品对人的有用性，但人们却不应该根据词源而做出推断，即把物对人的有用性——"使用价值"理解为"价值"。在马克思看来，"使用价值"涉及的是人和物之间的自然关系，而作为交换价值基础的"价值"涉及的则是"物的社会性质的存在"，即人与人之间的社会关系。马克思前面提到的"价值概念泄露了资本的秘密"，这个所谓的"秘密"也就是人与人之间的社会关系。事实上，马克思早已告诉我们：

---

① 马克思：《剩余价值学说史》第3卷，郭大力译，人民出版社1978年版，第329页。

资本也是一种社会生产关系。这是资产阶级的生产关系，是资产阶级社会的生产关系。①

在马克思看来，价值体现的不是人与物的自然关系，这种自然关系在资本主义社会以前的生产方式中就已经存在了，自给自足的原始生产方式也涉及人对物的有用性的关系，但在商品交换活动尚未展开的地方，还谈不上价值。马克思在前面提到"价值这个经济学概念在古代人那里没有出现过"，就已表明，价值涉及的根本不是物对人的有用性，即根本不是商品的"使用价值"，而是交换价值，即人与人之间的社会关系。

显然，李连科完全没有注意到，马克思关于价值问题还做过许多明确的论述。比如，马克思在驳斥森牟尔·培利竭力把"价值"曲解为"使用价值"时，曾经指出：

所以，单个商品本身，当作价值，当作这个统一体的存在，是和那种当作使用价值，当作物品的它不同的——且不说它的价值在其他商品上面取得的表现了。当作劳动时间的存在，它是价值一般，当作一个数量已定的劳动时间的存在，它是一定的价值量。②

在这里，马克思以十分明确的口吻告诉我们，"价值"完全不同于"使用价值"。前者是从抽象劳动和量的差异上去考察的，而后者则是从具体劳动和质的差异上去考察的。如果着眼于制造"使用价值"的具体的、特殊的劳动形式，又如何来谈论"价值一般"和"价值量"呢？显然，这样的曲解是不可思议的。在另一处，马克思说得更为直白：

---

① 《马克思恩格斯选集》第 1 卷，人民出版社 1995 年版，第 345 页。
② 马克思：《剩余价值学说史》第 3 卷，郭大力译，人民出版社 1978 年版，第 139 页。

当作价值，商品是社会的量，所以是一种和它们当作"物品"所有的"属性"绝对不同的东西。当作价值，它们不过代表人在他们的生产活动中的关系。价值确实"包含着交换"，但这个交换，是人与人之间的物的交换，而与物本身绝对无关。①

马克思的观点是那么明确，我想，我无须再做更多的引证了。毋庸讳言，李连科的《价值哲学引论》奠基于他对马克思价值观的根本性误读和误解之上。更令人不安的是，只要我们认真地审读一下近年来②出版的、有关探讨马克思价值理论的论著，就会发现，这种误读和误解并不是偶尔出现的，而是普遍性的。

综上所述，在正统的阐释者们那里，马克思的价值观基本上仍然是一块飞地，而它即使在目前已经受到一些阐释者的关注，这种关注也蕴含着根本性的误解，亟须从理论上进行正本清源的工作。③

三、自由的问题

不用说，在正统的阐释者们那里，马克思关于自由的观念也是遭到冷落的。就像人们在马克思主义哲学的教科书中找不到有关马克思对"价值"问题的论述一样，他们也很难找到马克思关于"自由"问题的论述。即使能找到这方面的论述，这些论述也多半是对马克思自由观的根本性误解。

令人遗憾的是，这种误解是由于正统的阐释者们没有准确地消化康德的思想资源而引起的。在本书的第一章第一节中，我们已经阐明，在康德以来的哲学传统中，实际上存在着两种不同的自由观和两种不同的必然性。所谓"两种不同的自由观"是指：认识论意义上的自由观和本体论意义上的自由观。所谓"两种不同的必然性"是指：自然必然性和社会

---

① 马克思：《剩余价值学说史》第 3 卷，郭大力译，人民出版社 1978 年版，第 141 页。

② 指 20 世纪末 21 世纪初。——编者注

③ 参阅俞吾金：《物、价值、时间和自由——马克思哲学体系核心概念探析》，《哲学研究》2004 年第 11 期。

历史必然性。

不用说，认识论意义上的自由观奠基于自然必然性。所谓"自然必然性"也就是我们通常讲的"自然规律"，即自然现象之间的稳定的、本质性的联系。在这个意义上可以说，人们通过观察、实验等手段，对自然必然性的认识越深入，他们在自然面前的行动也就越自由。举例来说，如果人们掌握了大地震、火山喷发、海啸、飓风等对人类生存活动有害的自然现象的规律，也就能够有效地减少这些灾害发生时人类社会可能遭受到的损失，从而增加人类在自然面前的自由度。显然，认识论意义上的自由观涉及的是人与自然界之间的关系。与此不同，本体论意义上的自由观则奠基于社会历史必然性。所谓"社会历史必然性"也就是我们通常讲的"历史规律"，即社会历史现象之间的稳定的、本质性的联系。我们知道，尽管社会历史生活中的每个人都是按照自己的欲望和意志在行动的，但并不如有些哲学家(如新康德主义者)所认为的那样，历史只是一团乱麻，毫无头绪可言。在马克思看来，社会历史运动是有自己的规律的。在《资本论》第 1 卷第一版序中，马克思曾经指出：

> 一个社会即使探索到了本身运动的自然规律，——本书的最终目的就是揭示现代社会的经济运动规律，——它还是既不能跳过也不能用法令取消自然的发展阶段。但是它能缩短和减轻分娩的痛苦。①

在马克思看来，人们只有掌握现代社会运动的规律，才能遵循这一规律，在行动上更自由地去面对并处理种种社会现象。然而，必须注意，马克思同时也不厌其烦地提醒我们，人们在社会历史规律面前的自由是极其有限的。这种限度在于，他们的任何有效的行动都是以服从这一客观的历史规律为前提的。一旦抽去了这个前提，自由也就只是他们大脑

---

① 马克思：《资本论》第 1 卷，人民出版社 1975 年版，第 11 页。

中的胡思乱想或行动上的胡作非为而已。由此可见，本体论意义上的自由观涉及人与社会之间的关系，而社会本质上也就是由人在活动中的各种关系构成的。在这个意义上可以说，人与社会的关系也就是人与人之间的关系。

正如我们在前面已经指出过的那样，正统的阐释者们关注的是认识论意义上的自由，而这种自由观是奠基于自然必然性之上的。在《反杜林论》中，恩格斯这样写道：

> 自由不在于幻想中摆脱自然规律而独立，而在于认识这些规律，从而能够有计划地使自然规律为一定的目的服务。这无论对外部自然的规律，或对支配人本身的肉体存在和精神存在的规律来说，都是一样的。①

有趣的是，虽然恩格斯在这里谈到了两类不同的自然规律：一类是"外部自然的规律"，另一类是"支配人本身的肉体存在和精神存在的规律"，但可以看出，他谈到的后一类规律涉及的也只是人的自然属性方面的规律，如生理学、心理学、神经学等学科方面的规律，而完全没有涉及社会历史运动规律、人与人之间的关系，从而也根本不可能触及本体论意义上的自由问题。即便他谈到"人的真正的自由"时，他的着眼点也始终只是人与自然之间的关系，即人掌握了自然规律，发展了生产力，从而在自然面前变得更自由了：

> 唯有借助于这些生产力，才有可能实现这样一种社会状态，在这里不再有任何阶级差别，不再有任何对个人生活资料的忧虑，并且第一次能够谈到真正的人的自由，谈到那种同已被认识的自然规

---

① 《马克思恩格斯选集》第 3 卷，人民出版社 1995 年版，第 455 页。

律和谐一致的生活。①

由此可见，恩格斯始终是在自然必然性或自然规律的基础上来谈论自由问题的。他忽视了人与人之间的社会关系，忽视了本体论意义上的自由，而这类自由即使在某些物质生活资料充分涌流的富裕社会中也不一定自然而然就会达到。尽管人与人之间的关系会受到人与自然之间的关系的制约，但这并不等于说，只要把人与自然之间的关系处理好了，人与人之间的关系也就自然而然地变好了。人们更多地见到的倒是相反的现象，即只有处理好人与人之间的关系，才能更合理地处理人与自然之间的关系。也就是说，本体论意义上的自由应该成为认识论意义上的自由的前提。

我们发现，马克思索思自由问题的着眼点与恩格斯是有差异的。马克思的思想在青年时期起就受到卢梭、康德、费希特、黑格尔等哲学家的社会政治理论的影响，他关注的不是自然必然性和认识论意义上的自由，而是社会历史必然性和本体论意义上的自由。即使马克思关注到自然科学中的某些问题，他的着眼点也不是像恩格斯那样去讨论认识论意义上的自由与自然必然性之间的关系，而是人的自由意志在社会历史生活中的作用问题。所以，尽管马克思的博士论文的主题是探索伊壁鸠鲁的自然哲学与德谟克利特的自然哲学之间的差别，但其关注的重心始终落在本体论意义的自由上。比如，在《博士论文》的"笔记一"中，马克思引证了伊壁鸠鲁的学生卢克莱修在《物性论》中写下的、关于他老师提出的"原子偏斜说"的诗句：

> 如果所有运动形成连接不断的链条，
> 并且新的运动总是按一定秩序从旧的运动中产生，
> 而原子也不能由于偏斜而

---

① 《马克思恩格斯选集》第 3 卷，人民出版社 1995 年版，第 456 页。

引起别的打破命运的束缚的运动，

以便使原因不致永远跟着原因而来，

[那么你说说看，大地上的造物是如何

和从何得到那不受命运支配的]自由[意志]。①

显然，马克思之所以关注伊壁鸠鲁的"原子偏斜说"，是因为这一学说蕴含着对社会生活中的"原子"——人的自由意志的肯定。在"笔记二"中，当马克思提到伊壁鸠鲁时，又说：

他主张精神的绝对自由。②

在"笔记三"中，马克思又写道：

除了精神的自由和精神的独立之外，无论是"快乐"，无论是感觉的可靠性，无论什么东西，伊壁鸠鲁一概都不感兴趣。③

在"笔记四"中，马克思干脆发挥道：

哲学研究的首要基础是勇敢的自由的精神。④

在我们看来，无需更多的引证就能够表明，马克思关注的焦点始终是本体论意义上的自由。这尤其表现在他对社会生活中的政治自由、理性自由、思想自由、出版自由、宗教信仰自由等方面的追求中。在写于 1842 年 1 月的第一篇政论文章《评普鲁士最近的书报检查令》一文中，马克思

① 《马克思恩格斯全集》第 40 卷，人民出版社 1982 年版，第 43 页。
② 同上书，第 46 页。
③ 同上书，第 80 页。
④ 同上书，第 112 页。

无情地揭露了书报检查令剥夺人们的精神自由的真相：

> 你们赞美大自然悦人心目的千变万化和无穷无尽的丰富宝藏，你们并不要求玫瑰花和紫罗兰散发出同样的芳香，但你们为什么却要求世界上最丰富的东西——精神只能有一种存在形式呢？我是一个幽默家，可是法律却命令我用严肃的笔调。我是一个激情的人，可是法律却指定我用谦逊的风格。没有色彩就是这种自由唯一许可的色彩。①

在马克思看来，书报检查令规定的"自由"完全是一种没有色彩的自由。在写于 1842 年 4 月的《第六届莱茵省议会的辩论（第一篇论文）》中，当马克思驳斥书报检查令以人们的思想"不成熟"为借口来限制出版自由时，愤怒地写道：

> 如果人类不成熟成为反对出版自由的神秘论据，那末，无论如何，书报检查制度就是反对人类成熟的一种最现实的工具。
> 一切发展中的事物都是不完善的，而发展只有在死亡时才结束。这样，把人弄死以求摆脱这种不完善状态应该是最合情理的了。至少辩论人在企图扼杀出版自由的时候是这样推断的。②

我们发现，马克思对书报检查令扼杀出版自由的做法的批判是非常机智的，即既然书报检查令可以以人们的思想"不成熟"为借口来阻止出版自由的实行，那么人类就永远不可能指望自己变得成熟了。马克思大声呼吁：

---

① 《马克思恩格斯全集》第 1 卷，人民出版社 1956 年版，第 7 页。
② 同上书，第 60 页。

难道在有检查制度的国度里就完全没有出版自由吗？出版物在任何情况下都是人类自由的实现。因此，哪里有出版物，哪里也就有出版自由。①

在马克思看来，这种自由是不应该被剥夺的，因为自由的出版物是人民精神的慧眼，是人民自我信任的体现，是人民用来观察自己的精神存在上的镜子。总之，"因为自由是全部精神存在的类的本质，因而也就是出版的类的本质"②。在写于 1842 年 6—7 月的《第 179 号"科伦日报"社论》一文中，马克思在批判当时官方试图从基督教教义出发推演出各项国家制度的做法时，尖锐地指出：

> 不应该把国家建立在宗教的基础上，而应建立在自由理性的基础上。只有最愚蠢而不学无术的人才会硬说：这种把国家概念变为独立概念的理论，不过是现代哲学家灵机一动时的幻想罢了。③

在马克思看来，国家制度应该在自由理性的基础上建立起来，而不是从宗教信仰中推演出来。他认为，近代的许多理论家，马基雅弗利、格劳修斯、霍布斯、斯宾诺莎、卢梭、费希特、黑格尔等已经用人的眼睛来观察国家了，为什么我们不追随他们呢？在 1843 年 3 月致卢格的信中，马克思愤怒地揭露了政府的"自由主义"的假面具：

> 自由主义肩上的华丽斗篷掉下来了，极其可恶的专制制度已赤裸裸地呈现在全世界的面前。④

---

① 《马克思恩格斯全集》第 1 卷，人民出版社 1956 年版，第 62 页。
② 同上书，第 67 页。
③ 同上书，第 127 页。
④ 同上书，第 407 页。

在 1843 年 5 月致卢格的信中，马克思谈到当时的社会现状和精神状态，充满信心地写道：

> 人是能思想的存在物；自由的人就是共和主义者。而庸人既不愿做前者，又不愿做后者。那末他们究竟想做什么呢？他们希求些什么呢？
>
> ……
>
> 还必须唤醒这些人的自尊心，即对自由的要求。①

由此可见，马克思无时无刻不以一个真正的自由主义斗士的名义来要求自己。在写于 1843 年秋的《论犹太人问题》一文中，马克思援引了法国人权宣言和美国宪法中关于自由的条款，并以批判的口吻写道：

> 可见，自由就是从事一切对别人没有害处的活动的权利。每个人所能进行的对别人没有害处的活动的界限是由法律规定的，正像地界是由界标确定的一样。这里所说的人的自由，是作为孤立的、封闭在自身的单子里的那种人的自由。②

在马克思看来，这样的自由作为人权仍然是不现实的，因为它不是建基于人与人之间的结合，而是源自人与人之间的分离。这样的自由作为权利乃是一种分离的权利，是狭隘的、封闭的个人的权利。马克思认定：

> 自由这一人权的实际应用就是私有财产这一人权。③

为什么这么说呢？因为私有财产就是财产拥有者可以自由地处置的东

---

① 《马克思恩格斯全集》第 1 卷，人民出版社 1956 年版，第 409 页。
② 同上书，第 438 页。
③ 同上书，第 438 页。

西，也是与别人无关的，且不受社会束缚的东西。马克思进而指出：

> 这种个人自由和对这种自由的享受构成了市民社会的基础。这种自由使每个人不是把别人看做自己自由的实现，而是看做自己自由的限制。①

在这里，马克思深刻地揭示出资产阶级国家的宪法或人权宣言的"自由"条款的实质，即这样的自由或人权完全是以私人利益、私人任性为前提的。在与恩格斯合作的、写于 1844 年 9—11 月的《神圣家族》一书中，马克思开始意识到：

> 思想从来也不能超出旧世界秩序的范围：在任何情况下它都只能超出旧世界秩序的思想范围。思想根本不能实现什么东西。为了实现思想，就要有使用实践力量的人。②

也就是说，马克思开始意识到，追求自由不能停留在单纯的思想批判的水平上。单纯的思想批判可能会使批判者的思想超出旧世界的思想范围，却不可能改变旧世界的现状，而要真正地实现思想、改变现状，就要诉诸革命实践活动。这充分表明，马克思的自由观已经达到了一个新的高度。在与恩格斯合著的《德意志意识形态》中，马克思更深入地论述了自己的自由观。他告诉我们：

> 哲学家们至今对自由有两种说法：一种是把它说成对个人生活于其中的各种境况和关系的权力、统治，所有的唯物主义者关于自由的说法就是这样的；另一种是把它看作自我规定，看作脱离尘

---

① 《马克思恩格斯全集》第 1 卷，人民出版社 1956 年版，第 438 页。
② 《马克思恩格斯全集》第 2 卷，人民出版社 1957 年版，第 152 页。

世，看作精神自由(只是臆想的)，所有的唯心主义者特别是德国唯心主义者关于自由的说法就是这样的。①

显然，马克思既不同意历史上的唯物主义者对自由的理解，也不同意历史上的唯心主义者，尤其是德国的唯心主义者对自由的解释。他着重批判了后者以主观臆想或理想主义的态度去对待自由问题的做法，并严肃地指出：

> 人们每次都不是在他们关于人的理想所决定和容许的范围之内，而是在现有的生产力所决定和所容许的范围之内取得自由的。但是，作为过去取得的一切自由的基础的是有限的生产力；受这种生产力所制约的、不能满足整个社会的生产，使得人们的发展只能具有这样的形式：一些人靠另一些人来满足自己的需要，因而一些人(少数)得到了发展的垄断权；而另一些人(多数)经常地为满足最迫切的需要而进行斗争，因而暂时(即在新的革命的生产力产生以前)失去了任何发展的可能性。②

在马克思看来，自由在其积极的含义上意味着个人的全面发展，而个人能否获得全面发展并不是由个人的理想来决定的，归根到底是由个人生活于其中的历史时期的生产力的状况所决定的。在目前的情况下，多数人之所以丧失了自由，失去了全面发展自己的机会，是因为生产力的状况还是非常有限的。马克思认为：

> 只有在集体中，个人才能获得全面发展其才能的手段，也就是说，只有在集体中才可能有个人自由。在过去的种种冒充的集体

---

① 《马克思恩格斯全集》第 3 卷，人民出版社 1960 年版，第 341 页注①。
② 同上书，第 507 页。

中，如在国家等等中，个人自由只是对那些在统治阶级范围内发展的个人来说是存在的，他们之所以有个人自由，只是因为他们是这一阶级的个人。……在真实的集体的条件下，各个个人在自己的联合中并通过这种联合获得自由。①

马克思在这里区分了"冒充的集体"和"真实的集体"。其实，所谓"冒充的集体"也就是历史上的各种共同体形式，而所谓"真实的集体"也就是马克思理想中的共产主义社会。在他看来，共产主义社会才是"个人的独创的和自由的发展不再是一句空话的唯一的社会"②。然而，值得注意的是，尽管马克思主张，生产力的发展状况归根到底决定着自由展开的程度，但这并不意味着说，人们再也不需要为自己的自由而奋斗了，只要坐着等到这一天的来临就可以了。相反，马克思强调，共产主义革命"是个人自由发展的共同条件"③。

在与恩格斯合著的《共产党宣言》(1848)中，马克思更是直截了当地提出了"用暴力推翻全部现存的社会制度"的革命口号，肯定无产者在这一革命中失去的将是锁链，而获得的将是世界和自由，并预言，在未来的共产主义社会中，"每个人的自由发展是一切人的自由发展的条件"④。

在写作《资本论》期间，马克思的自由观得到了更有深度的、更全面的展开。首先，马克思运用经济分析的方法揭示出自由概念的起源和本质：

> 因此，如果说经济形式，交换，确立了主体之间的全面平等，那么内容，即促使人们去进行交换的个人材料和物质材料，则确立了自由。可见，平等和自由不仅在以交换价值为基础的交换中受到

---

① 《马克思恩格斯全集》第3卷，人民出版社1960年版，第84页。
② 同上书，第516页。
③ 同上书，第516页。
④ 《马克思恩格斯选集》第1卷，人民出版社1995年版，第294页。

尊重，而且交换价值的交换是一切平等和自由的生产的、现实的基础。作为纯粹观念，平等和自由仅仅是交换价值的交换的一种理想化的表现；作为在法律的、政治的、社会的关系上发展了的东西，平等和自由不过是另一次方的这种基础而已。①

按照马克思的看法，在经济领域之外的其他领域中讨论的、近代的自由概念归根到底源自经济领域里的商品交换自由或贸易自由。即使是在法律的、政治的、社会的关系中涉及的自由概念依然植根于经济领域中的商品交换自由。因为无论是政治上、法律上，还是社会文化上、道德上和宗教上的观念，都无法超越一个时代的经济结构。

其次，马克思深入地思考了自由与时间的关系，并提出了"自由时间"的新概念：

在必要劳动时间之外，为整个社会和社会的每个成员创造大量可以自由支配的时间（即为个人发展充分的生产力，因而也为社会发展充分的生产力创造广阔余地），这样创造的非劳动时间，从资本的立场来看，和过去的一切阶段一样，表现为少数人的非劳动时间，自由时间。②

随着科学技术的发展并进入生产的过程，工人劳动中的必要劳动时间缩短了，剩余劳动时间延长了，而当剩余劳动时间受到法律的限制时，作为非劳动时间的闲暇时间或自由时间也在不断地增加。从理论上看，这就为社会上每个成员的自由创造了条件。然而，在生产力发展仍然不充分的现代社会中：

---

① 《马克思恩格斯全集》第 46 卷（上），人民出版社 1979 年版，第 197 页。
② 《马克思恩格斯全集》第 46 卷（下），人民出版社 1980 年版，第 221 页。

资本的不变趋势一方面是创造可以自由支配的时间，另一方面是把这些可以自由支配的时间变为剩余劳动。①

因为资本的本质是不停息地寻求价值上的增殖，所以，只要有可能，它就会贪婪地吞食处于自由时间中的劳动力，并把它转化为新的剩余劳动和剩余价值。正是在这个意义上，马克思指出，资本主义的本质是少数人侵占大多数人的时间：

　　在资本主义社会里，一个阶级享有自由时间，是由于群众的全部生活时间都转化为劳动时间了。②

马克思对资本主义本质的揭露是何等深刻。人所共知，由于自由是一定要在时间的地平线上展示出来的，因而一旦大多数人的时间被剥夺了，他们的自由也就被剥夺了。正是因为考虑到这方面的原因，所以马克思坚持，共产主义革命应该提出的第一个口号就是"缩短工作日"。

　　最后，马克思阐述了"必然王国"与"自由王国"之间的关系。他充满激情地写道：

　　事实上，自由王国只是在由必需和外在目的规定要做的劳动终止的地方才开始；因而按照事物的本性来说，它存在于真正物质生产领域的彼岸。象野蛮人为了满足自己的需要，为了维持和再生产自己的生命，必须与自然进行斗争一样，文明人也必须这样做；而且在一切社会形态中，在一切可能的生产方式中，他都必须这样做。这个自然必然性的王国会随着人的发展而扩大，因为需要会扩大；但是，满足这种需要的生产力同时也会扩大。这个领域内的自

---

① 《马克思恩格斯全集》第46卷（下），人民出版社1980年版，第221页。
② 马克思：《资本论》第1卷，人民出版社1975年版，第579页。

由只能是：社会化的人，联合起来的生产者，将合理地调节他们和自然之间的物质变换，把它置于他们的共同控制之下，而不让它作为盲目的力量来统治自己；靠消耗最小的力量，在最无愧于和最适合于他们的人类本性的条件下来进行这种物质变换。但是不管怎样，这个领域始终是一个必然王国。在这个必然王国的彼岸，作为目的本身的人类能力的发展，真正的自由王国，就开始了。但是，这个自由王国只有建立在必然王国的基础上，才能繁荣起来。工作日的缩短是根本条件。①

按照马克思的上述见解，"自由王国"的特点是，人们把自己的能力的全面发展理解为目的，而不是理解为手段。也就是说，人们的劳动完全是自觉自愿的，是出自自己内在的目的，而不是外在的强制。在这样的情况下，社会的每个成员都是充分自由的。与此不同的是，在"必然王国"中，人们主要还是把自己能力的发展理解为（谋生或更好地生活的）手段。与此相应的是，人们的劳动仍然是受外在目的引导的。即使当人们建立了自由人的联合体，努力控制自然，并以合乎人性的方式来从事劳动时，这里的劳动仍然是受外在目的引导的。在马克思看来，"自由王国"并不是凭空地建立起来的，而是奠基于"必然王国"的地基之上的，即人类必须做出自己的努力，以最合乎人性的方式来建立与自然之间的关系，然后才能迈入作为"必然王国的彼岸"的"自由王国"。

从上面的论述可以看出，马克思的自由观以历史唯物主义为基础，以经济哲学为切入点，以未来共产主义社会的自由王国为归宿，其见解远比同时代的哲学家、社会学家和政治家来得深刻。令人遗憾的是，正统的阐释者们满足于片面地谈论马克思关于阶级斗争的理论，却忽略了马克思视为阶级斗争的最终目的的自由和自由王国的理论。其实，在马克思的学说中，阶级斗争始终是手段，个性的自由和个人的全面发展才

---

① 马克思：《资本论》第 3 卷，人民出版社 1975 年版，第 926—927 页。

是最终目的。正统的阐释者们在自己的阐释活动中却把"目的"与"手段"倒置过来了。还须指出的是，马克思首先关注的是本体论意义上的自由，在他看来，唯有这种自由才真正触及生命的本质。即使人们喜欢谈论认识论意义上的自由，也必须把这种自由无条件地奠基于本体论意义上的自由。

综上所述，人、价值和自由乃是马克思哲学中的核心概念。只有当当代的阐释者们自觉地把自己的注意力转移到这些问题上来时，真正的马克思的理论形象才会向他们显现出来。否则，他们关于马克思谈得越多，可能离开马克思就越远。

第三章　马克思的黑格尔化

　　由于近代西方哲学，尤其是德国古典哲学是西方传统哲学的集大成者，而黑格尔的包罗万象的哲学体系又是德国古典哲学的集大成者，所以，近代西方哲学问题域对马克思哲学的阐释过程的影响，集中表现为黑格尔哲学对这一过程的影响。事实上，在正统的阐释者们那里出现的主要倾向是把马克思哲学黑格尔化。这一倾向及其实际上已经造成的结果是由多方面的原因引起的。

　　首先，马克思本人非常重视对黑格尔哲学思想的研究。1837 年 11 月，正在柏林大学攻读哲学的马克思在给父亲的信中谈到自己早先对黑格尔哲学的看法：

　　　　先前我读过黑格尔哲学的一些片断，我不喜欢它那种离奇古怪的调子。我想再钻到大海里一次，不过有个明确的目的，这就是要证实精神本性也和肉体本性一样是必要的、具体的，并且具有同样的严格形式；我不想再练剑术，而只想把真正的珍珠拿到阳光中来。①

---

　　①　《马克思恩格斯全集》第 40 卷，人民出版社 1982 年版，第 15 页。

显而易见，马克思写这封信的时候还不到 20 岁，他已经"读过黑格尔哲学的一些片断"。尽管他不满意黑格尔行文的风格，但他仍然想"再钻到大海里一次"，对黑格尔的哲学思想进行系统的阅读和研究。在同一封信中，马克思也说起，他后来生病了：

> 在患病期间，我从头到尾读了黑格尔的著作，也读了他大部分弟子的著作。①

这段话表明，马克思读过黑格尔的全部著作，而且是在患病期间阅读的，这说明了他对黑格尔哲学思想的高度重视。事实上，在同一封信中，马克思还向父亲提起，他也参加了由青年黑格尔主义者布·鲍威尔等人组织的博士俱乐部，经常与那些同样对黑格尔哲学有兴趣的朋友们一起，共同探讨黑格尔哲学。② 此外，值得引起我们注意的是，马克思之所以把自己的博士论文的选题确定为"德谟克利特的自然哲学与伊壁鸠鲁的自然哲学的差别"，明显地是因为受到黑格尔哲学史观的影响。众所周知，黑格尔在《哲学史讲演录》里提到希腊化时期的伊壁鸠鲁派、斯多葛派和怀疑派哲学思想时，曾经指出：

> 由于这样形式地、外在地去处理一般杂多的材料，因此思想以最确定的方式把握自己的最高点，就是自我意识。自我意识对于自身的纯粹关系，就是所有这几派哲学的原则。③

---

① 《马克思恩格斯全集》第 40 卷，人民出版社 1982 年版，第 16 页。
② 马克思的女友燕妮在 1841 年 8 月 10 日左右致马克思的信中曾经提到马克思参加的"黑格尔派俱乐部"，还提到马克思没有夸奖她的希腊文，并写道："可是你们这些黑格尔帮，凡是不完全符合你们心意的，你们都不承认，哪怕它是最卓越的。"参阅《马克思恩格斯全集》第 40 卷，人民出版社 1982 年版，第 900 页。
③ ［德］黑格尔：《哲学史讲演录》第 3 卷，贺麟、王太庆译，商务印书馆 1959 年版，第 4 页。

而当时的马克思在青年黑格尔主义者施特劳斯与布·鲍威尔关于"实体"和"自我意识"的争论中更倾向于"自我意识",所以,他依照黑格尔的观点,选择了哲学史上最早体现"自我意识"觉醒的哲学学派之一——伊壁鸠鲁派作为自己的研究对象。实际上,马克思本人也在写于 1841 年年底至 1842 年年初的《博士论文》的"新序言草稿"中表示:

> 只是现在,伊壁鸠鲁派、斯多葛派和怀疑派体系为人理解的时代才算到来了。他们是自我意识哲学家。①

有趣的是,马克思的手稿中还删去了下面这段话:

> 伊壁鸠鲁派、斯多葛派、怀疑派哲学,即自我意识哲学,既被以前的哲学家当作非思辨哲学加以排斥,也被那些同样在写哲学史的有学识的教师当作……加以排斥。②

明眼人一看就知道,这段话与我们上面引证的、黑格尔在《哲学史讲演录》里的观点是完全吻合的。从中不难看出当时的马克思与黑格尔之间的密切的思想联系。但是,我们也不应该忽视马克思在同一份手稿中删去的另一段话:

> 由于从事更能引起直接兴趣的政治和哲学方面的著作,现在还不允许我完成对这些哲学体系的综述,由于我不知道何时才有机会重新回到这一题目上来,我限于……③

这段话表明,马克思对现实的政治斗争的关切远远地超过了对哲学史上

---

① 《马克思恩格斯全集》第 40 卷,人民出版社 1982 年版,第 286 页。
② 同上书,第 286 页注②。
③ 同上书,第 286 页注①。

的学术问题的关切。其实，这也正是马克思后来能够断然地告别黑格尔，坚决地从黑格尔的思想阴影中走出来的重要原因之一。

我们还注意到，马克思不仅在他写于 1839 年的、关于《博士论文》的"笔记五"的最后五页上留下了他阅读黑格尔的《自然哲学》一书的笔记《自然哲学提纲》，也不仅在写于 1843 年的《克罗茨纳赫笔记》中留下了评论黑格尔国家理论的片断，而且还留下了写于 1843 年夏的《黑格尔法哲学批判》、写于 1843 年年末至 1844 年 1 月的《黑格尔法哲学批判导言》、写于 1844 年 4—8 月的《对黑格尔的辩证法和整个哲学的批判》（作为《1844 年经济学哲学手稿》的一部分）、写于 1844 年 11 月的笔记《黑格尔现象学的结构》等等。在马克思创立了历史唯物主义理论以后，尽管他不再像以前那样频繁地接触、阅读黑格尔的著作，但在他的著作、论文、手稿、笔记和通信中仍然不断地引证黑格尔的相关论述。马克思在着手撰写《资本论》之前还重新浏览过黑格尔的《逻辑学》，并表示：如果今后有余暇的话，一定要撰写一本关于辩证法的著作，认真地总结黑格尔对辩证法思想的巨大贡献及其局限性。也正如我们在前面已经提到过的那样，在写于 1873 年的《资本论》第 1 卷第二版跋中，马克思写到，当时德国的哲学界把黑格尔哲学看作一条"死狗"，而他则愿意公开地表明，他是这位大思想家的学生。

所有这一切都表明，马克思的思想与黑格尔的思想之间有着密切的联系，但马克思留下的著作、论文、手稿、笔记和通信都表明，他从青年时期起就开始全面地反省并批判黑格尔的哲学思想，尤其是黑格尔的最具保守倾向的法哲学、政治哲学和国家哲学。众所周知，黑格尔的辩证法也是马克思重点批判和改造的对象。

由此可见，虽然马克思公开承认自己是"这位伟大的思想家的学生"，但他始终清醒地意识到自己的哲学思想与黑格尔的哲学思想之间的重大差别。事实上，从黑格尔哲学到马克思哲学，存在着一个具有决定性意义的问题域的转换。有鉴于此，我们可以断言，马克思本人并没有把自己的哲学思想黑格尔化，相反，他努力使自己的思想"祛黑格尔化"。然而，遗憾的是，正统的阐释者们却片面地夸大了马克思对黑格尔哲学的认同关系，自觉地或不自觉地模糊了马克思哲学与黑格尔哲学在根本立场上的对立。

其次，正统的阐释者们在阐释马克思的哲学理论时不适当地夸大了黑格尔哲学对马克思的影响。如前所述，青年时期的恩格斯曾经因为自己能成为一个黑格尔主义者而十分欣喜。当谢林在黑格尔逝世 10 年后到柏林大学开课以清算黑格尔哲学的影响时，恩格斯曾经充满激情地起来为他心目中的哲学大师——黑格尔辩护。后来，在马克思的影响下，当恩格斯开始在《神圣家族》等论著中起来批判黑格尔哲学思想时，尽管用词尖刻，但批判本身却缺乏深度，而且只要一有可能，他就会不遗余力地赞扬黑格尔。虽然成熟时期的恩格斯经常批判黑格尔哲学的唯心主义倾向，但字里行间仍然可以见出他对黑格尔哲学的丰富内涵的景仰和赞叹。在《反杜林论》这部论战性的著作中，恩格斯除了指责黑格尔是一个"头足倒置"的"唯心主义者"，指责其哲学体系是"一次巨大的流产"外，余下的几乎都是赞扬之词。比如，在该书的"引论"中，恩格斯叙述了 18 世纪法国社会主义思潮后，笔锋一转，写道：

> 在此期间，同 18 世纪的法国哲学并列和继它之后，近代德国哲学产生了，并且在黑格尔那里完成了。它的最大的功绩，就是恢复了辩证法这一最高的思维形式。[1]

接着，恩格斯又称赞道：

> 这种近代德国哲学在黑格尔的体系中完成了，在这个体系中，黑格尔第一次——这是他的伟大功绩——把整个自然的、历史的和精神的世界描写为一个过程，即把它描写为处在不断的运动、变

---

[1] 《马克思恩格斯选集》第 3 卷，人民出版社 1995 年版，第 358 页。

化、转变和发展中，并企图揭示这种运动和发展的内在联系。①

当恩格斯在该书第一篇"哲学"中批评杜林先生曲解黑格尔的自由观时，又指出：

> 黑格尔第一个正确地叙述了自由和必然之间的关系。在他看来，自由是对必然的认识。"必然只是在它没有被了解的时候才是盲目的。"②

在该书第一篇"哲学"的另一处，当恩格斯叙述到否定之否定的规律时，马上不失时机地补上了下面这段话：

> 否定的否定这个规律在自然界和历史中起着作用，而在它被认识以前，它也在我们头脑中不自觉地起着作用，它只是被黑格尔第一次明确地表述出来而已。③

在整部《反杜林论》中，恩格斯随时引证黑格尔的著作。从中可以看出，他不但认真地阅读过黑格尔的主要著作，而且在许多见解上都是认同黑格尔的。在恩格斯去世后被苏联马列主义学院整理出版的《自然辩证法》一书中，我们见到的也是同样的情形。在这部著名的手稿中，尽管恩格斯偶尔也批判黑格尔的唯心主义立场，但其大量的论述都是肯定并赞扬黑格尔的哲学见解的。比如，在该书"［论文］"部分的"《反杜林论》旧序·论辩证法"中，恩格斯在谈到理论思维的重要性时，不无抱怨地写道：

---

① 《马克思恩格斯选集》第3卷，人民出版社1995年版，第362页。
② 同上书，第455页。
③ 同上书，第485页。

但是，一个民族想要站在科学的最高峰，就一刻也不能没有理论思维。正当自然过程的辩证性质以不可抗拒的力量迫使人们不得不承认它，因而只有辩证法能够帮助自然科学战胜理论困难的时候，人们却把辩证法和黑格尔派一起抛到大海里去了，因而又无可奈何地沉溺于旧的形而上学。①

尽管恩格斯这里说的是"辩证法和黑格尔派"，但他实际上始终把黑格尔看作辩证法思想的化身。恩格斯认为，希腊哲学是辩证法的第一个发展形态，而从康德到黑格尔的德国古典哲学则是辩证法的第二个发展形态：

但是，要从康德那里学习辩证法，这是一个白费力气的和不值得做的工作，而在黑格尔的著作中却有一个广博的辩证法纲要，虽然它是从完全错误的出发点发展起来的。②

诚然，恩格斯在这里也批评了黑格尔辩证法思想的"完全错误的出发点"，甚至断言，黑格尔辩证法同合理辩证法之间的关系，就如同化学中的燃素说同拉瓦锡理论的关系一样。然而，明眼人一看就知道，恩格斯强调的重点仍然落在这句话——"在黑格尔的著作中却有一个广博的辩证法纲要"上。在该书的"[论文]"部分的"辩证法"中，恩格斯告诉我们，辩证法的三大规律——质量互变规律、对立的相互渗透的规律和否定的否定的规律——都是由黑格尔当作"思维规律"提出来的，但实际上，这些规律也普遍地适用于自然界和人类社会。在谈到化学这门学科的发展以及它已经取得的成就时，恩格斯欣喜地指出：

---

① 恩格斯：《自然辩证法》，人民出版社 1971 年版，第 29 页。
② 同上书，第 31 页。

黑格尔所发现的自然规律，是在化学领域中取得了最伟大的胜利。化学可以称为研究物体由于量的构成的变化而发生的质变的科学。黑格尔本人已经知道这一点（《逻辑学》，《黑格尔全集》第 3 卷第 433 页）。①

以氧气为例。我们知道，在氧分子里包含着两个氧原子。如果把氧原子增加到三个，氧气就变成了臭氧，而臭氧在气味和作用上与普通的氧气是不同的，这是量变引起质变的范例。恩格斯甚至认为，俄国科学家门捷列夫之所以发现了元素周期表，也与黑格尔发现的这些辩证法规律有关。恩格斯毫不犹豫地写道：

门得列耶夫不自觉地应用黑格尔的量转化为质的规律，完成了科学上的一个勋业，这个勋业可以和勒维烈计算尚未知道的行星海王星的轨道的勋业居于同等地位。②

在该书"［论文］"部分的"运动的基本形式"中，恩格斯在谈到"力"这一基本概念时，也没忘了赞扬黑格尔：

自然科学（天体的和地球上的力学或许是例外）还在黑格尔那时已经处于这种质朴的发展阶段，而黑格尔已经很正确地攻击当时流行的把什么都叫做力的做法（引证一段话）。③

在该书的"［札记和片断］"部分的"自然科学和哲学"中，恩格斯在谈到哲学家与自然科学的关系时，又强调：

---

① 恩格斯：《自然辩证法》，人民出版社 1971 年版，第 49 页。
② 同上书，第 51—52 页。该书将"门捷列夫"译为"门得列耶夫"。
③ 同上书，第 64 页。

黑格尔——他对自然科学的[……]概括和合理的分类是比一切唯物主义的胡说八道合在一起还更伟大的成就。①

在同一节的其他地方，恩格斯还提出了一个有趣的隐喻：

正如傅立叶是 a mathematical poem〔一首数学的诗〕而且还没有失去意义，黑格尔是 a dialectical poem〔一首辩证法的诗〕。②

在该书的"［札记和片断］"部分的"［辩证法］"中，恩格斯在批评人们把偶然性和必然性割裂开来的两种错误的观点时，也以赞叹的口吻写道：

和这两种观点相对立，黑格尔提出了前所未闻的命题：偶然的东西正因为是偶然的，所以有某种根据，而且正因为是偶然的，所以也就没有根据；偶然的东西是必然的，必然性自己规定自己为偶然性，而另一方面，这种偶然性又宁可说是绝对的必然性（《逻辑学》第 2 册第 3 篇第 2 章：《现实》）。③

自然科学家们很可能会把黑格尔的这些命题当作奇文异说，甚至当作胡说八道抛在一边，而依然坚持传统形而上学的观点，即一个现象要么是偶然的，要么是必然的，不可能既是必然的又是偶然的。而在恩格斯看来，自然科学家们之所以无法理解黑格尔，是因为他们没有领会黑格尔的卓越的辩证法思想。在同一节的其他地方，当恩格斯谈到宇宙的无限性时，又以肯定的口吻写道：

----

① 恩格斯：《自然辩证法》，人民出版社 1971 年版，第 182 页。
② 同上书，第 183 页。
③ 同上书，第 198 页。

真无限性已经被黑格尔正确地安置在充实了的空间和时间中，安置在自然过程和历史中。今天整个自然界也溶解在历史中了，而历史和自然史的不同，仅仅在于前者是有自我意识的机体的发展过程。自然界和历史的这种无限的多样性具有时间和空间的无限性——恶无限性，这种无限性只是被扬弃了的、虽然是本质的、但不是占优势的因素。①

凡是熟悉黑格尔著作的人都知道，黑格尔曾经举过数学上的"1/7"来说明"恶无限性"，因为它的答案是永远写不完的，因而黑格尔把它称作"恶无限性"。然而，有趣的是，"1/7"这个表达式本身却是有限的，当无限性通过有限的方式表达出来的时候，它就成了黑格尔所说的"真无限性"。在恩格斯看来，宇宙的无限性乃是一种"恶无限性"，我们永远没有办法完全穷尽它，所以我们只能以真无限的态度来对待它，即通过有限性来表达其中蕴含的无限性。显然，恩格斯认为，黑格尔关于"真无限"的辩证法思想是我们理解无限性问题的正确道路。在该书的"[札记和片断]"部分的"物质的运动形式·科学分类"中，恩格斯在谈到物质和运动的关系时，以认同的口吻写道：

　　所以黑格尔就说得很对：物质的本质是吸引和排斥。②

尽管恩格斯也批评黑格尔关于物质的吸引和排斥的叙述是"神秘的"，但是，恩格斯认为，黑格尔已经预言了以后的自然科学的发现，事实上，在气体的分子之间，也存在着吸引和排斥。同样的情况也发生在彗星的尾气中：

---

　　① 恩格斯：《自然辩证法》，人民出版社 1971 年版，第 215 页。
　　② 同上书，第 222 页。

甚至在这里黑格尔也显示出他的天才，他把吸引看成是从作为第一因素的排斥中引导出来的第二因素：太阳系不过是由于吸引渐渐超过原来占统治地位的排斥而形成的。①

在同一节中谈到物质的可分性时，恩格斯又以赞赏的口吻提道：

——黑格尔很容易地把这个可分性问题对付过去了，因为他说：物质既是两者，即可分的和连续的，同时又不是两者；这不是什么答案，但现在差不多已被证明了（见第 5 张第 3 页下端：克劳胥斯）。②

在同一节中谈到自然科学的分类时，恩格斯又欣喜地写道：

黑格尔的（最初的）分类：机械论、化学论、有机论，在当时是完备的。③

在该书的"［札记和片断］"部分的"［生物学］"中，恩格斯又提醒我们：

当黑格尔凭借交尾（繁殖）而从生命过渡到认识的时候，在这里已经有了进化论的萌芽，这种理论认为，有机生命一旦产生，它就必然经过一代一代的发展而发展到思维着的生物这一个属。

＊　　　　　＊　　　　　＊

黑格尔叫做相互作用的东西是有机体，因而有机体也就形成了向意识的过渡，即从必然向自由、向概念的过渡（见《逻辑学》第 2

---

① 恩格斯：《自然辩证法》，人民出版社 1971 年版，第 222 页。
② 同上书，第 223 页。
③ 同上书，第 228 页。

册末尾）。①

从上面的论述可以看出，在《自然辩证法》这部手稿的漫长的写作过程中，恩格斯不仅阅读了大量的数学和自然科学方面的著作，也阅读了大量的哲学著作，特别是黑格尔的《逻辑学》《自然哲学》和其他著作，并从中做了许多摘引。我们之所以不厌其烦地把他对黑格尔所做的一系列评论叙述出来，只是为了表明，尽管他批评了黑格尔的"自然哲学"理论，但他的"自然辩证法"和黑格尔的"自然哲学"之间仍然存在着密切的关系！

我们不妨再来看看，在《路德维希·费尔巴哈和德国古典哲学的终结》这部著作中，恩格斯又是如何陈述他自己（包括马克思在内）与黑格尔之间的理论关系的。在该书的"1888 年单行本序言"中，恩格斯表示，虽然关于他、马克思和黑格尔的关系问题已经在一些论著中做了说明，但是，无论哪个地方都不是全面系统的：

> 在这种情况下，我感到越来越有必要把我们同黑格尔哲学的关系，我们怎样从这一哲学出发又怎样同它脱离，作一个简要而又系统的阐述。②

在这部著作中，恩格斯照例批判了黑格尔的"头足倒置"的唯心主义，批判了他的辩证法思想与哲学体系之间的内在冲突，等等。但恩格斯的批判也仅限于此，与《反杜林论》和《自然辩证法》比较起来，并没有什么实质性的进展，而他对黑格尔哲学的赞扬却给读者留下了深刻的印象。比如，他高度评价了黑格尔哲学的革命意义：

---

① 恩格斯：《自然辩证法》，人民出版社 1971 年版，第 285 页。
② 《马克思恩格斯选集》第 4 卷，人民出版社 1995 年版，第 212 页。

黑格尔哲学（我们在这里只限于考察这种作为从康德以来的整个运动的完成的哲学）的真实意义和革命性质，正是在于它彻底否定了关于人的思维和行动的一切结果具有最终性质的看法。……这种辩证哲学推翻了一切关于最终的绝对真理和与之相应的绝对的人类状态的观念。在它面前，不存在任何最终的东西、绝对的东西、神圣的东西；它指出所有一切事物的暂时性；在它面前，除了生成和灭亡的不断过程、无止境地由低级上升到高级的不断过程，什么都不存在。它本身就是这个过程在思维着的头脑中的反映。诚然，它也有保守的方面：它承认认识和社会的一定阶段对它那个时代和那种环境来说都有存在的理由，但也不过如此而已。这种观察方法的保守性是相对的，它的革命性是绝对的——这就是辩证哲学所承认的唯一绝对的东西。①

当然，恩格斯补充道，尽管这是黑格尔的方法必然要得出的结论，但他本人从来没有这样明确地表述过自己的思想，因为他不得不去建立一个体系，而按照传统的要求，哲学体系一定要以某种绝对真理来完成。于是，革命的方法就在保守的体系中被窒息了。但是——

这一切并没有妨碍黑格尔的体系包括了以前任何体系所不可比拟的广大领域，而且没有妨碍它在这一领域中阐发了现在还令人惊奇的丰富思想。精神现象学（也可以叫作同精神胚胎学和精神古生物学类似的学问，是对个人意识各个发展阶段的阐述，这些阶段可以看作人类意识在历史上所经过的各个阶段的缩影）、逻辑学、自然哲学、精神哲学，而精神哲学又分成各个历史部门来研究，如历史哲学、法哲学、宗教哲学、哲学史、美学等等，——在所有这些不同的历史领域中，黑格尔都力求找出并指明贯穿这些领域的发展

---

① 《马克思恩格斯选集》第 4 卷，人民出版社 1995 年版，第 216—217 页。

线索；同时，因为他不仅是一个富于创造性的天才，而且是一个百科全书式的知识渊博的人物，所以他在各个领域中都起了划时代的作用。①

当然，恩格斯也坦承，由于体系的需要，黑格尔不得不求助于强制性的结构。但是——

> 这些结构仅仅是他的建筑物的骨架和脚手架；人们只要不是无谓地停留在它们面前，而是深入到大厦里面去，那就会发现无数的珍宝，这些珍宝就是在今天也还保持充分的价值。②

只要我们注意恩格斯对黑格尔做出的某些实质性的评价，如"一个富于创造性的天才""在各个领域中都起了划时代的作用""无数的珍宝"等等，就会发现，在所有这些形式的赞美中，无疑地包含着他对黑格尔的特别的推重。

恩格斯不仅肯定黑格尔关于"自在之物"向"为我之物"转化的论述，肯定了黑格尔关于"恶是历史发展动力的表现形式"的观点，而且在谈到唯心主义哲学体系也越来越多地加进唯物主义的内容时，对整个黑格尔哲学的实质做出了如下的说明：

> 归根到底，黑格尔的体系只是一种就方法和内容来说唯心主义地倒置过来的唯物主义。③

按照这样的评价，就其实质而言，黑格尔哲学既兼有唯心主义哲学的长处，又兼有唯物主义的潜在优势。尽管恩格斯意识到，黑格尔的保守的

---

① 《马克思恩格斯选集》第 4 卷，人民出版社 1995 年版，第 219 页。
② 同上书，第 219 页。
③ 同上书，第 226 页。

体系和他所主张的认识的无止境的辩证运动之间必定会发生冲突，但他还是确信：

> 一旦我们认识到（就获得这种认识来说，归根到底没有一个人比黑格尔本人对我们的帮助更大），这样给哲学提出的任务，无非就是要求一个哲学家完成那只有全人类在其前进的发展中才能完成的事情，那么以往那种意义上的全部哲学也就完结了。……总之，哲学在黑格尔那里完成了，一方面，因为他在自己的体系中以最宏伟的方式概括了哲学的全部发展；另一方面，因为他（虽然是不自觉地）给我们指出了一条走出这些体系的迷宫而达到真正地切实认识世界的道路。①

这段话可以说包含着以下三层意思：其一，当恩格斯说，"就获得这种认识来说，归根到底没有一个人比黑格尔本人对我们的帮助更大"时，他已经把黑格尔哲学理解为马克思哲学的最重要的理论来源。其二，当恩格斯说黑格尔哲学"以最宏伟的方式概括了哲学的全部发展""哲学在黑格尔那里完成了"时，黑格尔岂不被夸大为无冕的哲学之王了。其实，从哲学史上看，任何人都不可能概括"哲学的全部发展"。其三，当恩格斯肯定黑格尔哲学以不自觉的方式为我们指出了一条"走出这些体系的迷宫而达到真正地切实认识世界的道路"时，岂不是把黑格尔哲学理解为马克思哲学的路标了吗？

所有上面这些论述都表明，尽管恩格斯批评了黑格尔哲学的思辨唯心主义的倾向，但实际上他从黑格尔那里接受的东西远比他自己承认和想象的要多，而他关于黑格尔的唯心主义乃是"倒置的唯物主义"的结论也为他借贷黑格尔哲学的基本理论、主要术语和辩证方法作了理论上的铺垫。总之，恩格斯启动了把马克思哲学黑格尔化的过程。

---

① 《马克思恩格斯选集》第4卷，人民出版社1995年版，第219—220页。

列宁是从恩格斯的著作，尤其是《反杜林论》和《路德维希·费尔巴哈和德国古典哲学的终结》出发去理解并阐释马克思哲学的。他把这两部著作同《共产党宣言》一起称作"每个觉悟工人必读的书籍"。在恩格斯的影响下，列宁也推进了把马克思哲学黑格尔化的进程。在《马克思主义的三个来源和三个组成部分》(1913)一文中，列宁指出，马克思主义有三个来源——德国古典哲学、英国古典经济学和法国空想社会主义。从哲学上看：

> 马克思并没有停止在 18 世纪的唯物主义上，而是把哲学向前推进了。他用德国古典哲学的成果，特别是用黑格尔体系(它又导致了费尔巴哈的唯物主义)的成果丰富了哲学。这些成果中主要的就是辩证法，即最完备最深刻最无片面性的关于发展的学说，这种学说认为反映永恒发展的物质的人类知识是相对的。①

显而易见，在列宁的这段论述中，马克思哲学黑格尔化的倾向已见端倪。在列宁看来，马克思是在 18 世纪法国唯物主义的基础上，运用德国古典哲学的最重要的成果——黑格尔的辩证法"把哲学向前推进了"。这里存在问题是：把德国古典哲学归结为黑格尔哲学，把黑格尔哲学归结为他的辩证法思想，再把马克思对哲学的推进归结为他对黑格尔辩证法的运用，这样做不但把德国古典哲学的遗产简单化了②，而且也把黑格尔的辩证法看成了马克思哲学的本质性的内容，从而在实际上把马克思哲学黑格尔化了。

在列宁的《哲学笔记》中，这种把马克思哲学黑格尔化的意向表现得更为明显。在《黑格尔〈逻辑学〉一书摘要》中，列宁开宗明义地强调，他是按照恩格斯的阅读方法——把黑格尔著作作为"倒立的唯物主义"——

① 《列宁选集》第 2 卷，人民出版社 1995 年版，第 310 页。

② 俞吾金：《论马克思对德国古典哲学遗产的解读》，《中国社会科学》2006 年第 2 期。

来阅读黑格尔的：

> 我总是竭力用唯物主义观点来读黑格尔的著作：黑格尔学说是倒立的唯物主义（恩格斯的说法）——就是说，我大抵抛弃神、绝对、纯粹观念等等。①

稍加分析，就会发现，列宁对黑格尔著作的解读是沿着以下三个方向展开的。

第一个方向是充分肯定黑格尔对辩证法思想的卓越贡献。在黑格尔的《逻辑学》中，列宁最感兴趣的是该书的第二部分，即"本质论"，因为黑格尔关于辩证法的一些重要论述在"本质论"中得到了充分的展开。列宁在阅读这部分内容时，写下了自己的感受：

> 如果我没有弄错，那末黑格尔的这些推论中有许多神秘主义和空洞的学究气，可是基本的思想是天才的：万物之间的世界性的、全面的、活生生的联系，以及这种联系在人的概念中的反映——唯物地颠倒过来的黑格尔；这些概念还必须是经过琢磨的、整理过的、灵活的、能动的、相对的、相互联系的、在对立中是统一的，这样才能把握世界。②

尽管列宁批评黑格尔的著作中存在着"许多神秘主义和空洞的学究气"，但他充分肯定，在黑格尔的推论中蕴含着他对世界万物及概念之间的辩证关系的深刻理解。在阅读"本质论"中黑格尔关于历史事件中起根本性作用的乃是"内在精神"的论述时，列宁欣喜地写道：

---

① 列宁：《哲学笔记》，人民出版社 1960 年版，第 104 页。
② 同上书，第 153—154 页。

这种"内在精神"(参看普列汉诺夫的著作)唯心地和神秘地,但却非常深刻地指出事件的历史原因。黑格尔充分地用因果性把历史归纳起来,而且他对因果性的理解比现在的许许多多"学者们"深刻和丰富一千倍。①

虽然列宁在评论黑格尔的思想时,也使用了与恩格斯类似的"唯心地和神秘地"这样的贬义词,但实际上,他与恩格斯一样,对黑格尔也是欣赏多于批评。"深刻和丰富一千倍"这样的用语,反映出列宁潜意识中与黑格尔思想的认同。在阅读黑格尔《逻辑学》的"概念论"时,列宁又带着赞叹的口吻写道:

黑格尔在概念的辩证法中天才地猜测到了事物(现象、世界、自然界)的辩证法。②

在读完黑格尔的《逻辑学》以后,列宁又以赞赏的口吻写道:

极妙的是:关于"绝对观念"的整整一章,几乎没有一句话讲到神(仅仅有一次偶然漏出了"神的""概念"),此外——注意这点——几乎没有专门把唯心主义包括在内,而是把辩证的方法作为自己主要的对象。黑格尔逻辑学的总结和概要、最高成就和实质,就是辩证的方法,——这是绝妙的。③

其实,充分肯定黑格尔对辩证法思想的贡献,这不仅是列宁对黑格尔的《逻辑学》的评价,也是对整个黑格尔哲学思想的评价。

第二个方向是充分肯定黑格尔哲学是一种潜在的唯物主义。如前所

① 列宁:《黑格尔〈逻辑学〉一书摘要》,人民出版社 1965 年版,第 89 页。
② 列宁:《哲学笔记》,人民出版社 1960 年版,第 210 页。
③ 同上书,第 253 页。

述，列宁受到恩格斯的影响，也努力从唯物主义的立场出发来解读黑格尔。在对黑格尔《逻辑学》的"概念论"的阅读中，列宁写下了这样的札记：

> 如果黑格尔力求——有时候甚至极力和竭尽全力——把人的合目的性的活动纳入逻辑的范畴，说这种活动是"推理"（Schluss），说主体（人）在逻辑的"推理"的"格"中起着某一"项"的作用等等，——那末这不全是牵强附会，不全是游戏。这里有非常深刻的、纯粹唯物主义的内容。①

列宁认为，尽管黑格尔在进行概念的逻辑推理时，表达得十分晦涩，但其中蕴含着"纯粹唯物主义的内容"，即随着人的实践活动的不断重复，人的意识不断地去重复各种逻辑的格，从而使这些格获得公理的意义。在读到黑格尔《逻辑学》的最后一页时，列宁信手写道：

> 唯物主义近在咫尺。恩格斯说得对，黑格尔的体系是颠倒过来的唯物主义。②

读完黑格尔的《逻辑学》以后，列宁不仅充分地肯定了黑格尔对辩证法的巨大贡献，而且再次强调：

> 还有一点：在黑格尔这部最唯心的著作中，唯心主义最少，唯物主义最多。"矛盾"，然而是事实！③

在《黑格尔〈哲学史讲演录〉一书摘要》中，列宁甚至认为，黑格尔哲学中的一部分内容直截了当地就是唯物主义。他指出：

---

① 列宁：《哲学笔记》，人民出版社 1960 年版，第 203 页。
② 同上书，第 252 页。
③ 同上书，第 253 页。

客观(尤其是绝对)唯心主义转弯抹角地(而且还翻筋斗式地)紧密地接近了唯物主义,甚至部分地变成了唯物主义。①

由此可见,列宁不仅像恩格斯一样认为,应该运用唯物主义的观点阅读黑格尔,而且肯定,黑格尔著作,尤其是他的《逻辑学》实际上就是倒置的或潜在的唯物主义学说。如果仅仅达到这一步,那么列宁的阅读策略还不过是对恩格斯的阅读策略的一种模仿。然而,列宁没有停留在对黑格尔著作的一般唯物主义观点的阅读中,他还进一步指出,黑格尔哲学实际上是"辩证唯物主义"。在对黑格尔《逻辑学》中的"概念论"的解读中,他十分感慨地写道:

　　警言二则:

　　1. 普列汉诺夫批判康德主义(以及一般不可知论)多半是从庸俗唯物主义的观点出发,而很少从辩证唯物主义的观点出发,因为他只是不痛不痒地驳斥它们的议论,而没有纠正(像黑格尔纠正康德那样)这些议论,没有加深、概括、扩大它们,没有指出一切的和任何的概念的联系和转化。

　　2. 马克思主义者们(在 20 世纪初)批判康德主义者和休谟主义者多半是根据费尔巴哈的观点(和根据毕希纳的观点),而很少根据黑格尔的观点。②

在列宁看来,批判康德主义和休谟主义,不应该从费尔巴哈的唯物主义或从以毕希纳为代表的庸俗唯物主义出发,而应该"从辩证唯物主义的观点出发",应该像黑格尔纠正康德、批判休谟一样来批判它们。在列宁的上述论述中,不知不觉地引入了一个重要的观点,即"辩证唯物主

---

① 列宁:《哲学笔记》,人民出版社 1960 年版,第 308 页。
② 同上书,第 190—191 页。

义的观点"与黑格尔的观点是一致的，或至少承认，黑格尔的观点可以起到与辩证唯物主义观点相同的作用。有的读者也许会对我们这样的推断提出疑问，但只要再读一下列宁在《黑格尔〈哲学史讲演录〉一书摘要》中写下的两段话，就会发现，我们的推断并不是没有理由的。其中的一段话是这样的：

黑格尔以此打击辩证唯物主义以外的一切唯物主义。①

也就是说，黑格尔并不打击"辩证唯物主义"。众所周知，在黑格尔生活的时代，"辩证唯物主义"还没有诞生，至多存在着黑格尔的"辩证唯心主义"。所以，列宁的这段话似乎应该这样理解，即黑格尔当时叙述的辩证法观念与后来产生的辩证唯物主义观念在理论上并不是冲突的。换言之，它们是融洽的。列宁写下的另一段话是：

黑格尔反对绝对！辩证唯物主义的萌芽就在这里！②

不用说，这两段话已经充分证明，我们上面的推论是有理据的。当然，还可能会有读者出来指责我们：列宁这里提到的是"辩证唯物主义的萌芽"，而不是"辩证唯物主义"。为了说明这个指责实际上是站不住脚的，我们不妨再读一下列宁在《论战斗唯物主义的意义》（1922）一文中为《在马克思主义旗帜下》杂志社的编辑人员提出的建议：

根据马克思怎样运用从唯物主义来理解的黑格尔辩证法的例子，我们能够而且应该从各方面来深入探讨这个辩证法，在杂志上登载黑格尔主要著作的节录，用唯物主义观点加以解释，举马克思

---

① 列宁：《哲学笔记》，人民出版社 1960 年版，第 307 页。
② 同上书，第 335 页。

运用辩证法的实例，以及现代史尤其是现代帝国主义战争和革命提供得非常之多的经济关系和政治关系方面辩证法的实例予以说明。依我看，《在马克思主义旗帜下》杂志的编辑和撰稿人这个集体应该是一种"黑格尔辩证法唯物主义之友协会"。①

显然，列宁在这里提出的新概念"黑格尔辩证法唯物主义之友协会"表明，他从来没有把黑格尔理解为辩证唯物主义学派之外的学者。写到这里，我们还要进一步询问：把黑格尔哲学理解为"辩证唯物主义"是否就是列宁的最后目的呢？我们的回答是否定的。其实，列宁还试图把黑格尔哲学理解为"有历史唯物主义的萌芽"的哲学。在阅读黑格尔《逻辑学》中的"概念论"时，列宁写道：

> 历史唯物主义，是在黑格尔那里处于萌芽状态的天才思想——种子——的一种应用和发展。②

在《黑格尔〈历史哲学讲演录〉一书摘要》中，当列宁读到黑格尔关于人和自然关系的论述时，发出了由衷的赞叹：

> 黑格尔在这里已经有历史唯物主义的萌芽。③

当然，在对黑格尔哲学与历史唯物主义关系的叙述上，列宁还是十分谨慎的。尽管如此，我们还是能够发现，在对黑格尔哲学所做的"唯物主义式的阅读"中，他的阅读策略远比恩格斯激进。

第三个方向是对黑格尔和马克思关系的阐述。在阅读黑格尔《逻辑学》中的"本质论"时，列宁提出了这样的要求：

---

① 《列宁选集》第 4 卷，人民出版社 1995 年版，第 652 页。
② 列宁：《哲学笔记》，人民出版社 1960 年版，第 202 页。
③ 同上书，第 348 页。

要继承黑格尔和马克思的事业，就应当辩证地研究人类思想、科学和技术的历史。①

我们特别要注意，列宁在这里提出了"要继承黑格尔和马克思的事业"的口号。事实上，通过这个口号，他已经以共同事业的名义把黑格尔的名字和马克思的名字并列在一起了。在阅读黑格尔《逻辑学》中的"概念论"时，列宁又指出：

警言：不钻研和不理解黑格尔的全部逻辑学，就不能完全理解马克思的《资本论》，特别是它的第1章。因此，半个世纪以来，没有一个马克思主义者是理解马克思的！！②

在这段话中，列宁实际上已经把黑格尔当作理解马克思的一把钥匙、一条必要的进路。换言之，不读黑格尔的著作，尤其是他的逻辑学，就根本不可能理解马克思！这是列宁在把马克思哲学黑格尔化的进程中迈出的实质性的一步。列宁的这个结论，在以后的马克思哲学的阐释者们那里产生了巨大的影响。在《黑格尔〈历史哲学讲演录〉一书摘要》中，列宁在评论黑格尔关于人和自然关系的论述时，写道：

黑格尔和马克思。③

显然，在列宁看来，黑格尔在《历史哲学讲演录》中关于人与自然关系的论述同马克思的历史唯物主义观点有相似之处。在写于1915年的《谈谈辩证法问题》一文中，列宁又告诉我们：

---

① 列宁：《哲学笔记》，人民出版社1960年版，第154页。
② 同上书，第191页。
③ 同上书，第348页。

辩证法也就是(黑格尔)和马克思主义的认识论：正是问题的这一"方面"(这不是问题的一个"方面"，而是问题的本质)普列汉诺夫没有注意到，至于其他的马克思主义者就更不用说了。①

在这里，列宁再次把黑格尔的名字和马克思的名字并列起来，从而肯定了马克思和黑格尔在辩证法、认识论理论上的一致性。

综上所述，继恩格斯之后，列宁在把马克思哲学黑格尔化的进程中发挥了决定性的作用。也许是列宁有感于当时的唯物主义理论在方法论上的贫乏，所以他不但肯定了黑格尔辩证法的重要性，而且也强调要从他那里学习辩证法。然而，这样做的客观效果是：一方面，黑格尔被马克思主义化了；另一方面，马克思又被黑格尔主义化了。

最后，以卢卡奇为代表的"黑格尔主义的马克思主义"思潮也积极地推进了把马克思哲学黑格尔化的进程。

我们先来看卢卡奇的情况。作为"黑格尔主义的马克思主义"思潮的肇始人，卢卡奇在其著作中竭力追寻马克思哲学的黑格尔源头。关于这方面的情况，我们在前面已经有所论列，这里只做简要的介绍。卢卡奇是一个早熟的思想家，他在中学期间已经阅读了《共产党宣言》《资本论》等著作，但当时他主要把马克思理解为社会学家和经济学家。从青年时期起，他开始钻研德国古典哲学，尤其是黑格尔的哲学著作，从而再度引发了对马克思哲学的兴趣。正如他自己所说的：

不过这一次不再是透过西美尔的眼镜，而是透过黑格尔的眼镜来观察马克思了。马克思不再是"杰出的部门科学家"，不再是经济学家和社会学家。我已开始认识到他是一位全面的思想家，伟大的辩证法家。当然我那时也还没有看到唯物主义在使辩证法问题具体化、统一化以及连贯一致方面的意义。我只达到了一种——黑格尔

---

① 列宁：《哲学笔记》，人民出版社 1960 年版，第 410 页。

的——内容优先于形式，并且试图实质上是以黑格尔为基础把黑格尔和马克思在一种"历史哲学"中加以综合。①

卢卡奇这里提到的"试图实质上是以黑格尔为基础把黑格尔和马克思在一种'历史哲学'中加以综合"，十分明显地反映出"黑格尔主义的马克思主义"思潮的一个基本特点，即在黑格尔哲学中寻找马克思哲学的起源和理论基础。卢卡奇于 1923 年出版的《历史与阶级意识》可以说是"黑格尔主义的马克思主义"的代表作。正是在这部影响深远的著作中，卢卡奇告诉我们：

> 黑格尔的哲学方法——最引人入胜之处是在《精神现象学》里——始终既是哲学史，又是历史哲学，就这一基本点而言，它决没有被马克思丢掉。黑格尔使思维和存在——辩证地——统一起来，把它们的统一理解为过程的统一和总体。这也构成历史唯物主义的历史哲学的本质。②

显然，卢卡奇的意图是把黑格尔的历史哲学和马克思的历史唯物主义综合起来。在这一综合的过程中，黑格尔辩证法理论中"总体对部分的优先性"等观念就成了他的主要的综合工具，而在使用这些工具的过程中，黑格尔历史哲学的纲领也就被实现了。正如卢卡奇所说的：

> 黑格尔的绝对精神是这些辉煌的神话形式中的最后一个。它已经包含了总体及其运动，尽管它不知道它的真正的性质。因此，在历史唯物主义中，那种"向来就存在，只不过不是以理性的形式出现"的理性，通过发现它的真正根据，即人类生活能据以真正认识

---

① 《卢卡奇自传》，杜章智等编译，社会科学文献出版社 1986 年版，第 212 页。
② ［匈］卢卡奇：《历史与阶级意识——关于马克思主义辩证法的研究》，杜章智等译，商务印书馆 1992 年版，第 84 页。

自己的基础，而获得了理性的形式。这就最后实现了黑格尔历史哲学的纲领，尽管以牺牲他的体系为代价。①

显然，按照卢卡奇当时在《历史与阶级意识》中的想法，他试图通过总体的辩证法把马克思的历史唯物主义理论溶入黑格尔的历史哲学中去。直到 1967 年写下的《历史与阶级意识》的"再版序言"中，卢卡奇才坦然承认了他当时的思想错误：

> 在这些以及与此类似的成问题的前提中，我们看到了未能对黑格尔遗产进行彻底唯物主义改造，从而——在双重意义上——予以扬弃的影响。我想再提出一个重要的原则问题。毫无疑义，《历史与阶级意识》的重大成就之一，在于那曾被社会民主党机会主义的"科学性"打入冷官的总体（Totalitaet）范畴，重新恢复了它在马克思全部著作中一向占有的方法论的核心地位。当时，我不知道列宁正沿着同一方向前进（《历史与阶级意识》问世九年后，《哲学笔记》方才出版）。然而，列宁在这个问题上真正恢复了马克思的方法，我的努力却导致了一种——黑格尔主义的——歪曲，因为我将总体在方法论上的核心地位与经济的优先性对立起来。②

其实，马克思的历史唯物主义既有从总体上考察资本主义社会的方法论优势（他在《1857—1858 年经济学手稿》的"导言"中提出的"从抽象到具体"的方法就充分说明了这一点），也有对"经济关系"这一部分的根本作用的肯定。卢卡奇在《历史与阶级意识》中只强调"总体性"，结果也就像他自己所说的，把马克思哲学阐释成类似于"黑格尔主义的"东西了。

我们再来看柯尔施的情况。在 1923 年出版的《马克思主义和哲学》

---

① ［匈］卢卡奇：《历史与阶级意识——关于马克思主义辩证法的研究》，杜章智等译，商务印书馆 1992 年版，第 68 页。

② 同上书，第 15 页。

一书中，柯尔施不仅批判了当时的理论界普遍不重视马克思哲学思想，从而把马克思仅仅理解为一个社会学家和经济学家的错误倾向，而且也批判了当时德国的资产阶级哲学史家完全无视马克思主义与德国古典哲学之间的内在联系的错误倾向。他指出：

> 用黑格尔主义的马克思主义的术语来说，马克思主义理论的出现仅仅是真正的无产阶级运动中出现的"另一个方面"；正是这两方面一起构成了这一历史过程的具体的总体性。
>
> 这种辩证的方法能够使我们把上面提到的四种不同的潮流——资产阶级的革命运动、从康德到黑格尔的唯心主义哲学、无产阶级的革命的阶级运动和马克思主义的唯物主义哲学——作为统一的历史过程中的四个环节来把握。[①]

在这里，柯尔施自觉地表示，他试图从"黑格尔主义的马克思主义"的观点出发来看待四种不同的历史潮流之间的关系，特别是马克思哲学与黑格尔哲学之间的关系。当然，柯尔施与卢卡奇不同，在后者看来，列宁是把理论转化为实践的伟大的革命家，而在前者看来，列宁并不理解黑格尔提出的历史存在的整体性学说，反而坚持了一种与社会历史相分离的抽象的认识论。在出版于1938年的《卡尔·马克思》一书中，柯尔施的黑格尔主义的马克思主义的倾向似乎显得更为强烈了。他告诉我们：

> 尽管青年马克思与黑格尔哲学之间存在着正面的冲突，但马克思最终还是在他一生中的一个重要的阶段沉湎于这种哲学。从根本上说，他总是相信他认为已经从唯心主义哲学家的神秘外衣下解脱出来的、社会科学的自然研究者黑格尔。[②]

[①]　Karl Korsch, *Marxism and Philosophy*, New York and London：NLB, 1970, p. 45.

[②]　Karl Korsch, *Karl Marx*, Hamburg：Rowohlt Taschenbuch Verlag GmbH, 1981, S. 158.

比如，柯尔施确信，马克思创立其新的社会主义理论是以黑格尔在法哲学研究中提出的"市民社会"理论作为出发点的。同样地，马克思对资本主义社会中人与物之间关系的揭示也是从黑格尔哲学中获得灵感的。柯尔施甚至认为：

> 从形式方面看，迄今为止马克思的方法很少得到发展。犹如社会科学的实证主义始终受制于自然科学的概念和方法，马克思的唯物主义也完全没有摆脱它产生时期就具有广泛影响的黑格尔哲学方法。它是一种唯物主义的社会研究，这种研究还没有在它自己的基础上发展起来，相反，它刚刚从唯心主义哲学中产生出来，因而在它的每个方面，在内容、方法和术语方面依然带着它从中产生出来的母体，即黑格尔哲学的胎记。①

按照柯尔施的看法，马克思哲学似乎只是黑格尔哲学的一个支脉。毋庸讳言，柯尔施的见解是站不住脚的，青年马克思一度成为"青年黑格尔主义者"，但马克思一旦通过自己的社会实践和理论批判，创立了历史唯物主义理论，也就摆脱了黑格尔的唯心主义，形成了富有自己特色的新的哲学理论。

最后，我们再来看看葛兰西的情况。众所周知，在《狱中札记》(1926—1933)中，葛兰西把马克思哲学称为"实践哲学"，并指出：

> 实践哲学通过其创始人复活了黑格尔主义、费尔巴哈主义和法国唯物主义的这一切经验，以便重建辩证统一的综合，"以脚站地的人"。②

---

① Karl Korsch, *Karl Marx*, Hamburg: Rowohlt Taschenbuch Verlag GmbH, 1981, S. 204.

② ［意］葛兰西：《实践哲学》，徐崇温译，重庆出版社1990年版，第84页。

在葛兰西看来，马克思似乎是从哲学人类学的立场出发来统一黑格尔主义、费尔巴哈主义和法国唯物主义的，而内在于黑格尔主义的观念与实在之间的冲突仍然保留在马克思的实践哲学中。在《狱中札记》的另一些地方，葛兰西又试图从黑格尔的历史哲学出发来阐释马克思的实践哲学：

> 实践哲学是以前一切历史的结果和顶点。从对黑格尔主义的批判中产生出现代唯心主义和实践哲学。黑格尔的内在论变成历史主义，但只在实践哲学那里，它才是绝对的历史主义——绝对的历史主义或绝对的人道主义①

按照葛兰西的观点，由于黑格尔强调他的哲学体系是绝对真理，所以他的历史主义不可能是彻底的，只有马克思哲学所蕴含的历史主义维度才是绝对的，而这种绝对的历史主义又是与绝对的人道主义相融洽的。

通过上述三方面原因的分析，我们发现，把马克思哲学黑格尔化并不是某个人的主观意志使然，而是在马克思哲学的传播史上必定会出现的一个结果。而造成这一结果的还有一种更强大的、潜移默化的力量，那就是黑格尔哲学作为近代西方哲学，尤其是德国古典哲学的集大成者，它内在地继承并贯彻了近代西方哲学的问题域。正是在这个意义上可以说，凡是受到近代西方哲学问题域影响的人，都容易接受黑格尔哲学。反之，凡是在思想上比较容易认同黑格尔哲学的人，也就更难摆脱近代西方哲学的问题域。而这两个因素之间的互动就使马克思哲学的阐释工作不知不觉间沿着黑格尔的道路展开了。当然，在认同黑格尔主义的正统的阐释者们那里，把马克思黑格尔化存在着程度上和内容上的差异。这些具体问题是我们无法详细地加以论述的，我们在这里关注的是，把马克思黑格尔化主要体现在哪些方面？而这正是我们在下面的论述中要加以回答的。

---

① ［意］葛兰西：《实践哲学》，徐崇温译，重庆出版社 1990 年版，第 108 页。

第一节　哲学理论的思辨化[①]

我们这里说的"哲学理论"主要是指正统的阐释者们对马克思哲学进行阐释的结果。具体表现在关于马克思哲学的各种研究论著和教科书中。正统的阐释者们表现出来的这种黑格尔式的"思辨习气"甚至在研究风格和叙述风格上也产生了消极的影响，值得引起我们的高度重视。

在深入反思这一现象之前，我们必须先弄明白，究竟什么是"思辨"？众所周知，中文名词"思辨"对应于德文名词 Spekulation，中文形容词"思辨的"对应于德文形容词 spekulativ。人们通常认为，思辨是：

> 一种抽象的、空洞的理论思维；这种思维是任意的构想，在经验和现实中缺乏基础。[②]

---

① 本节系原载于《马克思哲学研究》(武汉大学出版社 2001 年版，第 25—33 页)的俞吾金教授的论文《论马克思对黑格尔思辨哲学的批判》(收录于俞吾金：《从康德到马克思——千年之交的哲学沉思》，广西师范大学出版社 2004 年版，第 128—145 页)的改写版。——编者注

② A. Huegli & P. Luebcke (Hg.)，*Philosophie-Lexikon*，Rein bei Hamburg：Rowohlt Taschenbuch Verlag GmbH，1997，S. 585. 在当代哲学研究中，我们注意到一种有趣的现象，即形容词"思辨的"或名词"思辨"频繁地出现在各种哲学文本中，甚至也作为著作的书名而出现。如王元化的著作就用过《思辨短简》《思辨发微》和《思辨随笔》的书名。他在"《思辨短简》序"一文中曾经说起，起先他自己给这本书取的名字是《文史辨》，后来编辑部的一位老友出于对书籍销路的考虑，建议他用"思辨"一词，他才用了《思辨短简》这一书名。王元化说："虽然有一时期我曾经倾倒于黑格尔，但本书取名并不含有推重思辨哲学之意。……我以'思辨'两字为书名，不过是表示我在思想辨析方面企图发掘较深层的某些意蕴而已。"从王元化的话中我们可以引申出以下三个结论：第一，"思辨"这个词既然和书的销路有关，表明这个词在学术界是广为人知的；第二，使用这个词并不一定有推重黑格尔的思辨哲学之意；第三，王元化是在象征性的或不严格的意义上，即在"思想辨析""发掘意蕴"的意义上来使用这个词的。事实上，这个词也频繁地出现在各种哲学式的谈话中。比如，人们在评价一个善于进行哲学思维的人时，常常说"他(她)很思辨"，这里使用的"思辨"这个词明显地带有推重他(她)的思维能力的意思。

也就是说，思辨是一种超越经验的理论思维。那么，究竟什么是"思辨哲学"呢？这个在一般的哲学辞典中不容易找到的答案却可以在韦氏大辞典中发现：

> 思辨哲学首先是这样一种哲学，它奠基于直观的或先天的洞见，尤其是对绝对者或神性的洞见；在更广泛的意义上，它是一种超验的或缺乏经验基础的哲学；其次，它是与论证性的哲学对立的理论哲学。①

从上面这些见解中，我们至少可以引申出如下的结论：第一，"思辨"是一种抽象的理论思维，它具有某种任意性，并不体现为严格的理论论证；第二，"思辨"对现实生活、新鲜经验缺乏兴趣，它真正有兴趣的是概念推演、概念游戏；第三，"思辨"奠基于先验的见解或目的，因而具有某种意义上的神秘性。

毋庸讳言，上面引申出来的三点结论只是人们对"思辨"和"思辨哲学"的通常看法或大致印象，并不是理论上的严格表述，也没有涵盖其全部特征。事实上，我们对"思辨"和"思辨哲学"概念的理解应当求助于哲学史。研究康德哲学的人都知道，康德有一个影响深远的说法：

> 我坦率地承认，就是休谟的提示在多年以前首先打破了我教条主义的迷梦，并且在我对思辨哲学的研究上给我指出来一个完全不同的方向。②

---

① *Webster's Thrid New International Dictionary*，Springfield Mass.：G. & C. Merriam Company，1976，p. 2189. 在中国出版的《哲学小辞典》对"思辨哲学"的条目做了如下的解释："指从抽象思想或概念运动引伸和论证一切事物的一种唯心主义哲学。所谓思辨就是不依靠实践和经验而进行的纯粹思维活动。思辨哲学认为，人类的精神（理智、思想等）是事物的本原；具体事物是由精神产生的，是精神的表现形式。"参阅上海《哲学小辞典》编写组：《哲学小辞典》（外国哲学史部分），上海人民出版社1975年版，第23页。

② ［德］康德：《任何一种能够作为科学出现的未来形而上学导论》，庞景仁译，商务印书馆1978年版，第9页。

在康德的视野里，传统的形而上学的见解，特别是大陆唯理论的见解属于思辨哲学的范围，而他自己在前批判时期曾经深受莱布尼茨-沃尔夫思辨哲学的影响。在康德的批判哲学中，"思辨的"与"纯粹的"（rein）是同样意义的形容词，而"纯粹的"则意谓先天的知识尚未杂有经验的事物。康德常常把"思辨理性"作为"纯粹理性"而与"实践理性"区分开来。在《实践理性批判》一书中，他这样写道：

> 我们根本不能向纯粹实践理性提出这样的过分要求：隶属于思辨理性，因而颠倒次序，因为一切关切归根结底都是实践的，甚至思辨理性的关切也仅仅是有条件的，只有在实践的应用中才是完整的。①

在这段话中，康德既阐明了思辨理性与实践理性的区别，又阐明了它们之间的联系，并赋予实践理性以优先性。康德在研究中发现，思辨理性有一种内在的趋向，那就是把知性范畴运用到总体性的、超验的对象上去，从而自然而然地陷入谬误之中，因而批判哲学的一个基本任务就是"告诫我们决不可以思辨理性超越经验的限度"②。众所周知，黑格尔不赞成康德对思辨理性的限制。他写道：

> 康德哲学的显豁的学说，认为知性不可超越经验，否则认识能力就将变成只不过产生脑中幻影的理论的理性；这种学说曾经从科学方面，为排斥思辨的思维作了论证。③

黑格尔从自己的绝对唯心主义的立场出发，对思辨、思辨理性和思辨哲

---

① ［德］康德：《实践理性批判》，韩水法译，商务印书馆1999年版，第133页。

② I. Kant, *Kritik der reinen Vernunft*，Ⅰ，Frankfurt am Main：Suhrkamp Verlag，1988, S. BXXIV-XXV.

③ ［德］黑格尔：《逻辑学》上卷，杨一之译，商务印书馆1966年版，第1页。

学提出了不同的看法：

> 在日常生活里，"思辨"一词常用来表示揣测或悬想的意思，这个用法殊属空泛，而且同时只是使用这词的次要意义。①

也就是说，在对思辨这个词的通常理解中，它具有主观的、任意的特点，但在黑格尔看来，真正哲学意义上的思辨与日常生活中对思辨的理解存在着重大的差异，他指出：

> 思辨的东西(das Spekulative)，在于这里所了解的辩证的东西，因而在于从对立面的统一中把握对立面，或者说，在否定的东西中把握肯定的东西。这是最重要的方面，但对于尚未经训练的、不自由的思维能力说来，也是最困难的方面。②

在黑格尔看来，思辨这个词在哲学方面的根本含义是"从对立面的统一中把握对立面，或者说，在否定的东西中把握肯定的东西"。这一含义似乎与我们通常理解的辩证法的含义是一致的，但在德国古典哲学的语境中，我们却不能匆忙地下结论。黑格尔在讨论逻辑学概念的进一步划分时写道：

> 逻辑思想就形式而论有三方面：(a)抽象的或知性〔理智〕的方面，(b)辩证的或否定的理性的方面，(c)思辨的或肯定理性的方面。③

这三个方面并不构成逻辑学的三个部分，而是包含在每一逻辑真实体内的不同环节。这里所谓"抽象的或知性的方面"指的是传统知性形而上学

---

① ［德］黑格尔：《小逻辑》，贺麟译，商务印书馆1980年版，第183页。
② ［德］黑格尔：《逻辑学》上卷，杨一之译，商务印书馆1966年版，第39页。
③ ［德］黑格尔：《小逻辑》，贺麟译，商务印书馆1980年版，第172页。

所拘执的非此即彼的思维方式。所谓"辩证的或否定的理性的方面"指的是康德的批判哲学所达到的思维方式。《纯粹理性批判》中的"先验辩证论"表明，康德已经意识到，当人们运用思辨理性去思索超验的对象时，必然会陷入先验的幻象之中。他写道：

> 我们曾经称一般的辩证法为一幻象的逻辑。①

康德强调了辩证法和矛盾对于理性的必然性，但又把它们理解为否定性的东西加以排除，因为在他看来，思辨理性是不可能认识超验对象的。康德哲学的贡献是打破了知性形而上学的僵硬性和非此即彼性，但他的辩证法又停留在单纯的、否定性的阴影中，黑格尔称其为"对世界事物的一种温情主义"②。

所谓"思辨的或肯定理性的方面"则指黑格尔本人所倡导的思维方式。按照这种思维方式，思辨理性并不会停留在单纯否定的阴影中，而能够结出肯定的成果，即能够认识超验的对象。所以黑格尔强调：

> 对于思辨意义的概念与通常所谓概念必须加以区别。认为概念永不能把握无限的说法之所以被人们重述了千百遍，直至成为一个深入人心的成见，就是由于人们只知道狭义的概念，而不知道思辨意义的概念。③

黑格尔所说的"思辨意义的概念"也就是在否定中包含肯定、在有限中包含无限的概念辩证法。但黑格尔语境中的"辩证法"已与康德语境中的"辩证法"判然有别。所以，在通常的、不严格的叙述中，我们可以把

---

① I. Kant, *Kritik der reinen Vernunft*, Ⅰ, Frankfurt am Main: Suhrkamp Verlag, 1988, S. B350/A293, 294.

② ［德］黑格尔：《小逻辑》，贺麟译，商务印书馆 1980 年版，第 131 页。

③ 同上书，第 49 页。

"思辨的"和"辩证的"视为意义相同的概念，但在严格的哲学探讨中，却必须认真地区分"辩证的"一词在康德和黑格尔那里的差别。

为什么黑格尔总是在逻辑学的语境中谈论思辨概念呢？他在谈到精神现象学的终结和纯粹的、脱离感性经验的知识因素的形成时，以十分明确的语言解答了这个问题：

> 正是这些知识因素自己组织为整体的那种运动，就是逻辑学或思辨哲学(die Logik oder spekulative Philosophie)。①

这就是说，黑格尔的逻辑学也就是思辨哲学。如前所述，"思辨的"也就是"纯粹的"或"脱离经验的"，所以在黑格尔看来，思辨问题只能在逻辑学中加以讨论。黑格尔没有系统地追溯过思辨哲学的历史，但在谈到莱辛时代的人们像对待一条死狗似地对待斯宾诺莎哲学时，不无愤怒地写道：

> 可以说，对得起斯宾诺莎哲学和思辨哲学，这是我们所能要求的最低限度的"公正"。②

在黑格尔看来，斯宾诺莎哲学无疑是一种不应该被忽视的思辨哲学。或许受到黑格尔这一见解的影响，费尔巴哈在《关于哲学改造的临时纲要》一文中指出：

> 斯宾诺莎是近代思辨哲学真正的创始者，谢林是它的复兴者，黑格尔是它的完成者。③

---

① G. W. F. Hegel, *Phaenomenologie des Geistes*, Frankfurt am Main: Suhrkamp Verlag, 1986, S. 39.

② [德]黑格尔：《小逻辑》，贺麟译，商务印书馆 1980 年版，第 10 页。

③ [德]路德维希·费尔巴哈：《费尔巴哈哲学著作选集》上卷，荣震华、李金山等译，商务印书馆 1984 年版，第 101 页。

在《黑格尔哲学批判》一文中，他又写道：

> 黑格尔的哲学是思辨的系统哲学的顶峰。①

从上面的论述可以看出，在黑格尔那里，"思辨"或"思辨的"这样的概念主要是在逻辑学的范围内加以使用的，也正是在这个意义上，黑格尔的思辨哲学也就是他的逻辑学。虽然他的逻辑学是思辨概念阴影的王国，但又是以巨大的历史感作为自己的基础的。换言之，黑格尔的思辨哲学体现了对传统知性形而上学的思维方式和康德式的否定的理性的思维方式的扬弃和综合。

下面，我们先来看看，费尔巴哈是如何批判黑格尔的思辨哲学的。首先，费尔巴哈指出，黑格尔的思辨哲学是唯心主义的、头足倒置的：

> 我们只要经常将宾词当作主词，将主体当作客体和原则，就是说，只要将思辨哲学颠倒过来，就能得到毫无掩饰的、纯粹的、显明的真理。②

按照费尔巴哈的唯物主义观点，现实地存在着的事物乃是主体，而表象、概念和范畴都是从人们对事物的直观过程中抽象出来的，但黑格尔却把这一切颠倒过来了，似乎表象、概念和范畴才是主体，而现实地存在着的事物倒是从它们中引申出来的。所以，他主张以颠倒的方式来解读黑格尔的思辨哲学。其次，费尔巴哈认为，黑格尔思辨哲学关注的只是概念自身的辩证运动，这一运动并不涉及感性经验。为此，费尔巴哈批判道：

---

① ［德］路德维希·费尔巴哈：《费尔巴哈哲学著作选集》上卷，荣震华、李金山等译，商务印书馆 1984 年版，第 60 页。

② 同上书，第 102 页。

> 辩证法并不是思辨的独白，而是思辨与经验的对话。……存在——逻辑学所理解的一般存在——的对立面并不是无有，而是感性的具体存在。①

我们知道，黑格尔把逻辑学理解为"概念阴影的王国"。在这个抽象的王国里，一切感性的东西都被排除掉了，即使黑格尔要借用感性生活中的某些实例来说明概念运动，也只是把这些实例放到注释中，而在正文中加以叙述的只是概念自身的运动。在费尔巴哈看来，一旦概念的运动与感性经验相分离，人们也就失去了判断概念运动是否具有合理性的标准，从而思辨哲学也就成了一种自我满足的、自身封闭的哲学：

> 圆形乃是思辨哲学家的象征和徽志，乃是仅仅建立在思维的自身上面的。②

而非思辨哲学的象征则不可能是圆形的，因为它必须向感性经验开放，而不是把自己闭合起来。最后，费尔巴哈指出，思辨哲学的本质乃是理性神学：

> 思辨哲学的本质不是别的东西，只是理性化了的，实在化了的，现实化了的上帝的本质。思辨哲学是真实的，彻底的，理性的神学。③

正如人本学是神学的秘密一样，神学也是思辨哲学的秘密。黑格尔的思

---

① ［德］路德维希·费尔巴哈：《费尔巴哈哲学著作选集》上卷，荣震华、李金山等译，商务印书馆 1984 年版，第 63 页。
② 同上书，第 179 页。
③ 同上书，第 123 页。

辨哲学乃是一种思辨的神学。这种神学与普通神学的差别在于，后者把上帝放在彼岸世界中，而前者则把上帝拉到此岸世界来，使其抽象的躯体实在化。显然，费尔巴哈对黑格尔思辨哲学的批判是以宗教哲学作为着眼点的。这种批判方式的影响随着其重要著作《基督教的本质》的出版而臻于顶点。马克思对此做出了高度的评价：

> 费尔巴哈把形而上学的绝对精神归结为"以自然为基础的现实的人"，从而完成了对宗教的批判。同时也巧妙地拟定了对黑格尔的思辨以及一切形而上学的批判的基本要点。①

然而，一旦马克思开始形成自己独立的哲学思想，他马上就意识到，费尔巴哈对黑格尔思辨哲学的批判依然是不彻底的：

> 费尔巴哈是从宗教上的自我异化，从世界被二重化为宗教世界和世俗世界这一事实出发的。他做的工作是把宗教世界归结于它的世俗基础。但是，世俗基础使自己从自身中分离出去，并在云霄中固定为一个独立王国，这只能用这个世俗基础的自我分裂和自我矛盾来说明。因此，对于这个世俗基础本身应当在自身中、从它的矛盾中去理解，并在实践中使之革命化。②

虽然马克思对黑格尔思辨哲学的认识是有一个过程的，但由于他积极地参与了现实斗争，并从 1844 年开始系统地研究国民经济学，所以他对黑格尔思辨哲学的批判，并没有像费尔巴哈那样，停留在单纯宗教的领域里，而是竭力把这一批判与他对世俗基础的批判紧密地结合起来。事实上，马克思对黑格尔思辨哲学的批判主要是围绕以下几个方面展

---

① 《马克思恩格斯全集》第 2 卷，人民出版社 1957 年版，第 177 页。
② 《马克思恩格斯选集》第 1 卷，人民出版社 1995 年版，第 55 页。

开的。

第一，黑格尔的思辨哲学具有把现实生活中的问题神秘化的倾向。在《神圣家族》中，马克思指出：

> 思辨哲学，特别是黑格尔哲学认为：一切问题，要能够给以回答，就必须把它们从正常的人类理智的形式变为思辨理性的形式，并把现实的问题变为思辨的问题。①

事实上，诚如马克思所指出的，黑格尔的思辨哲学拥有自己的术语系统。人们在日常生活中提出的任何问题在他那里都会被转换为一种神秘的、思辨的表达方式。有趣的是，黑格尔本人却认为，这种神秘性正是思辨哲学的本质特征之一。他这样写道：

> 理性的思辨真理即在于把对立的双方包含在自身之内，作为两个观念性的环节。因此一切理性的真理均可以同时称为神秘的，但这只是说，这种真理是超出知性范围的，但这决不是说，理性真理完全非思维所能接近和掌握。②

如前所述，黑格尔认为，在每个逻辑真实体内部都存在着三个环节：知性、辩证的或否定的理性、思辨的或肯定的理性。在他看来，日常思维一般停留在知性的水平上。康德哲学超出了知性，但停留在辩证的或否定的理性上，因为他把理性本性中的矛盾理解为应该加以排除的东西，而黑格尔哲学则不但超出了知性，而且也超出了康德哲学所代表的辩证的、否定的理性，达到了思辨的或肯定理性的水平。按照黑格尔的看法，理性本身的矛盾不但不应该加以排除，而且应该加以肯定。比如，

---

① 《马克思恩格斯全集》第 2 卷，人民出版社 1957 年版，第 115 页。
② ［德］黑格尔：《小逻辑》，贺麟译，商务印书馆 1980 年版，第 184 页。

在康德的视野中，"无限"是一个否定性的、无法加以把握的概念，但在黑格尔的哲学中，"无限"却是一个肯定性的、思辨的概念，它与"有限"构成对立的统一，因而完全是可以把握的。黑格尔强调说：

> 对于思辨意义的概念与通常所谓概念必须加以区别。认为概念永不能把握无限的说法之所以被人们重述了千百遍，直至成为一个深入人心的成见，就是由于人们只知道狭义的概念，而不知道思辨意义的概念。①

显然，在黑格尔看来，停留在知性思维上的人一定会把他的思辨哲学看成是神秘哲学，但实际上，这里的"神秘"并不是"非理性"的意思，而是"超知性"的意思。正因为思辨哲学是"超知性"的，才能把握最高的哲学真理。黑格尔甚至认为，连德语本身也蕴含着思辨的精神。在《逻辑学》的"第二版序言"中，他告诉我们：

> 德国语言在这里比其他近代语言有许多优点；德语有些字非常奇特，不仅有不同的意义，而且有相反的意义，以至于使人在那里不能不看到语言的思辨精神：碰到这样的字，遇到对立物的统一（但这种思辨的结果对知性说来却是荒谬的），已经以朴素的方式，作为有相反意义的字出现于字典里，这对于思维是一种乐趣。②

有人也许会问：黑格尔的上述见解是否表明马克思对他的思辨哲学的批评有不妥之处呢？其实，马克思的批评不但没有不妥之处，而且是切中他的思想的要害的。因为在马克思看来，对立统一的观念，包括有限和无限对立统一的观念在内，都可以用通俗易懂、清晰明白的语言来表

---

① ［德］黑格尔：《小逻辑》，贺麟译，商务印书馆 1980 年版，第 49 页。
② ［德］黑格尔：《逻辑学》上卷，杨一之译，商务印书馆 1966 年版，第 8 页。

达，不必故弄玄虚、故作高深。有鉴于此，马克思写道：

> 对哲学家们说来，从思想世界降到现实世界是最困难的任务之一。语言是思想的直接现实。正像哲学家们把思想变成一种独立的力量那样，他们也一定要把语言变成某种独立的特殊的王国。这就是哲学语言的秘密，在哲学语言里，思想通过词的形式具有自己本身的内容。从思想世界降到现实世界的问题，变成了从语言降到生活中的问题。
>
> ……哲学家们只要把自己的语言还原为它从中抽象出来的普通语言，就可以认清他们的语言是被歪曲了的现实世界的语言，就可以懂得，无论思想或语言都不能独自组成特殊的王国，它们只是现实生活的表现。①

马克思认为，在一般情况下，哲学家们，包括黑格尔在内，都满足于停留在某种独立的、神秘化的哲学语言的王国里，而在这样的王国里，现实世界通常是以扭曲的方式呈现出来的。哲学家们应该自觉地意识到：

> 每个个人和每一代当作现成的东西承受下来的生产力、资金和社会交往形式的总和，是哲学家们想像为"实体"和"人的本质"的东西的现实基础，是他们神化了的并与之作斗争的东西的现实基础，这种基础尽管遭到以"自我意识"和"唯一者"的身分出现的哲学家们的反抗，但它对人们的发展所起的作用和影响却丝毫也不因此而有所削弱。②

也正是在这个意义上，马克思把黑格尔哲学称为"思辨的原罪"③和"醉

---

① 《马克思恩格斯全集》第 3 卷，人民出版社 1960 年版，第 525 页。
② 同上书，第 43 页。
③ 《马克思恩格斯全集》第 2 卷，人民出版社 1957 年版，第 246 页。

熏熏的思辨"①，并嘲笑黑格尔哲学的追随者的理论为"废话的思辨统一！"②。

第二，黑格尔的思辨哲学乃是一种头足倒置的、唯心主义哲学。在这方面，马克思积极地推进了费尔巴哈对黑格尔思辨哲学的批判。在《黑格尔法哲学批判》一书中，马克思这样批评黑格尔：

> 国家是从作为家庭和市民社会的成员而存在的这种群体中产生出来的，思辨的思维却把这一事实说成理念活动的结果，不说成这一群体的理念，而说成不同于事实本身的主观的理念活动的结果。③

按照马克思的看法，家庭和市民社会是现实的基础，而国家是在它们的基础上诞生出来的。然而，在黑格尔的法哲学中，这一切都是颠倒的：国家成了现实的主体，而家庭和市民社会不过是国家观念中的两个环节。在《神圣家族》中，马克思通过"思辨结构的秘密"这一节，深入地揭露了黑格尔思辨哲学的唯心主义实质：

> 黑格尔常常在思辨的叙述中作出把握住事物本身的、真实的叙述。这种思辨发展之中的现实的发展会使读者把思辨的发展当做现实的发展，而把现实的发展当做思辨的发展。④

总之，在黑格尔的思辨哲学中，一切都是以颠倒的方式呈现出来的。马克思嘲讽道：

---

① 《马克思恩格斯全集》第 2 卷，人民出版社 1957 年版，第 159 页。
② 《马克思恩格斯全集》第 3 卷，人民出版社 1960 年版，第 632 页。
③ 《马克思恩格斯全集》第 1 卷，人民出版社 1956 年版，第 252—253 页。
④ 《马克思恩格斯全集》第 2 卷，人民出版社 1957 年版，第 76 页。

在黑格尔的历史哲学中，和在他的自然哲学中一样，也是儿子生出母亲，精神产生自然界，基督教产生非基督教，结果产生起源。①

第三，黑格尔思辨哲学的基本倾向是忽视感性经验的重要性。在《黑格尔法哲学批判》一书中，马克思敏锐地指出：

黑格尔对国家精神、伦理精神、国家意识崇拜得五体投地，可是当这些东西以实在的经验的形式出现在他面前的时候，却又把它们看得一钱不值，这真是妙不可言。②

当马克思形成自己独立的哲学思想的时候，他更是明确地把经验的观察与黑格尔式的思辨尖锐地对立起来：

经验的观察在任何情况下都应当根据经验来揭示社会结构和政治结构同生产的联系，而不应当带有任何神秘和思辨的色彩。③

马克思还直截了当地启示我们：

思辨终止的地方，即在现实生活面前，正是描述人们的实践活动和实际发展过程的真正实证的科学开始的地方。④

黑格尔本人似乎也意识到，他的思辨哲学是无法完全脱离感性经验的，他创制的所谓"具体的概念"力图把具体的感性经验包含在抽象的概念的

---

① 《马克思恩格斯全集》第2卷，人民出版社1957年版，第214页。
② 《马克思恩格斯全集》第1卷，人民出版社1956年版，第320页。
③ 《马克思恩格斯全集》第3卷，人民出版社1960年版，第29页。
④ 同上书，第30—31页。

躯体里。在《小逻辑》中谈到思辨科学，即哲学与经验科学的关系时，他也曾经指出：

> 思辨科学对于经验科学的内容并不是置之不理，而是加以承认与利用，将经验科学中的普遍原则、规律和分类等加以承认和应用，以充实其自身的内容。①

必须指出，尽管黑格尔主张，思辨哲学必须承认并吸纳经验科学中的"普遍原则、规律和分类"，然而，经验科学与感性经验比较起来，也不是始源性的东西，前者也是从对后者的观察和思考中抽象出来的。实际上，黑格尔这里提到的经验科学中的"普遍原则、规律和分类"已经属于概念的层次，因此，黑格尔的上述见解本身仍然蕴含着对直接的、始源性的感性经验的忽视。黑格尔写于1801年的耶拿大学的求职论文《论行星轨道》就是一个典型的例子。在这篇论文中，黑格尔断言，在火星与木星之间找不到任何行星。然而，具有讽刺意义的是，半年多前，巴勒摩的皮亚齐已经发现了火星与木星之间的谷神星。这充分表明，脱离感性经验的思辨哲学可能会闹出什么样的笑话来。黑格尔的《自然哲学》之所以遭到同时代和以后的自然科学家们的普遍的诟病，因为其中包含着不少与经验观察相冲突的思辨哲学的荒谬结论。

第四，黑格尔的思辨哲学本质上是一种概念辩证法。在《神圣家族》中，马克思一针见血地指出：

> ……思辨结构的主要兴趣则是"来自何处"和"走向何方"。"来自何处"正是"概念的必然性、它的证明和演绎"（黑格尔）。"走向何方"则是这样的一个规定，"由于它，思辨的圆环上的每一环，像方

---

① ［德］黑格尔：《小逻辑》，贺麟译，商务印书馆1980年版，第49页。

法的生气蓬勃的内容一样，同时又是新的一环的发端"(黑格尔)。①

我们知道，在黑格尔的逻辑学中，概念是按照必然性一环扣一环地自行展开、自行向前发展的，而全部概念的环节则构成一个"思辨的圆环"。在编织这一"思辨的圆环"的过程中，黑格尔关注的全部问题是其中的每一个环节"来自何处"和"走向何方"。为此，马克思把黑格尔的思辨哲学称为"概念的辩证法"或"仅仅为哲学家们所熟悉的诸神的战争"。②

第五，黑格尔的思辨哲学具有调和主义的、非批判主义的倾向。在黑格尔的逻辑学中，知性、辩证的或否定的理性、思辨的或肯定的理性分别对应于肯定、否定、否定之否定这三个环节，同样也对应于正题、反题、合题这个三段论。从理论上说，合题扬弃了正题和反题，并把它们的合理内容保留在自身之内，但在黑格尔的思辨哲学中，被批判、被扬弃的只是现存事物的知识形态，而现存事物则依然故我地存在着。在马克思看来，虽然黑格尔的思辨哲学有一个批判性的、否定性的外观，但其实质仍然是非批判性的、调和性的：

> 在《现象学》中，尽管已有一个完全否定的和批判的外表，尽管实际上已包含着那种往往早在后来发展之前就有的批判，黑格尔晚期著作的那种非批判的实证主义和同样非批判的唯心主义——现有经验在哲学上的分解和恢复——已经以一种潜在的方式，作为萌芽、潜能和秘密存在着了。③

黑格尔逝世后，以布·鲍威尔为代表的青年黑格尔主义者完全继承了他们导师的那种调和主义的、非批判主义的倾向，只满足于同现实的影子做哲学上的斗争。为此，马克思以辛辣的口吻嘲笑了他们的行为：

---

① 《马克思恩格斯全集》第 2 卷，人民出版社 1957 年版，第 26 页。
② 同上书，第 118 页。
③ 《马克思恩格斯全集》第 42 卷，人民出版社 1979 年版，第 161—162 页。

有一个好汉一天忽然想到，人们之所以溺死，是因为他们被关于重力的思想迷住了。如果他们从头脑中抛掉这个观念，比方说，宣称它们是宗教迷信的观念，那末他们就会避免任何被溺死的危险。他一生都在同重力的幻想作斗争，统计学给他提供愈来愈多的有关这种幻想的有害后果的证明。这位好汉就是现代德国革命哲学家们的标本。①

与马克思的辛辣嘲讽相匹配的是丹麦哲学家克尔凯郭尔提出的、与黑格尔思辨哲学的三段论——正题、反题、合题——相对立的"质的辩证法"（qualitative dialectic），即正题、反题、没有合题。这一"质的辩证法"在他的名著《非此即彼》（Either/Or）中得到了充分的体现。所谓"非此即彼"，也就是说，不是正题，就是反题，没有合题。事实上，现实生活中的许多现象与黑格尔的思辨哲学的三段论结构是相冲突的。比方，在一个三岔路口，人们要么选择这条路，要么选择另一条路，并不存在既包含这条路，又包含那条路的"合题"。这充分表明，黑格尔的思辨哲学看起来君临一切、批判一切，实际上仍然是一种调和主义的哲学。正如青年马克思在《黑格尔讽刺短诗》中所写的：

　　　　我给你揭示一切，我献给你的仍是一无所有！②

　　第六，黑格尔的思辨哲学还带有浓厚的目的论倾向。尽管黑格尔不赞成人们从工具理性的角度来谈论目的概念，他把这样的目的称为"外在目的"，而他注重的则是"内在目的"，即内在地引导事物向前发展的目的。然而，这种"内在目的论"在黑格尔的思辨哲学中却充满了某种神

---

① 《马克思恩格斯全集》第3卷，人民出版社1960年版，第16页。
② 《马克思恩格斯全集》第40卷，人民出版社1982年版，第651页。

秘性和任意性。马克思批评道：

> 从前的目的论者认为，植物所以存在，是为了给动物充饥，动物所以存在，是为了给人类充饥，同样，历史所以存在，是为了给理论的充饥(即证明)这种消费行为服务。人为了历史而存在，而历史则为了证明真理而存在。在这种批判的庸俗化的形式中重复了思辨的高见：人和历史所以存在，是为了使真理达到自我意识。①

马克思深刻地批判了这种蕴含在黑格尔思辨哲学中的、牵强附会的目的论。这种目的论不但引入了一种表面的意向来阐释事物之间的关系，而且引入了人类社会的更高阶段作为预设的目的来解释较低阶段的发展。正如马克思在《德意志意识形态》中所指出的：

> 历史不外是各个世代的依次交替。……然而，事情被思辨地颠倒成这样：好像后一个历史时期乃是前一个时期历史的目的，例如，好像美洲的发现的根本目的就是要引起法国革命。因此，历史便具有其特殊的目的并成为某个与"其他人物并列的人物"(如像"自我意识""批判""唯一者"等等)。其实，以往历史的"使命""目的""萌芽""观念"等词所表明的东西，无非是从后来的历史中得出的抽象，无非是从先前历史对后来历史发生的积极影响中得出的抽象。②

黑格尔思辨哲学的神秘的目的论意识也极大地影响了青年黑格尔主义者们。他们也热衷于简单地以自己时代的观念去改铸古代人的观念，指责古代人不具有当代人才具有的观念，等等，马克思也无情地嘲讽了这种

---

① 《马克思恩格斯全集》第 2 卷，人民出版社 1957 年版，第 100—101 页。
② 《马克思恩格斯全集》第 3 卷，人民出版社 1960 年版，第 51 页。

可笑的目的论的态度：

> 这种奇怪的想法，如从历史方面看，是最可笑不过的了。历史
> 上晚期时代对早期时代的认识当然与后者对自己的认识不同，例
> 如，古希腊人是作为古希腊人认识自己的，而不会像我们对他们的
> 认识那样，如果指责古希腊人对自己没有像我们对他们的这种认
> 识，即"对他们事实上是什么人这一点的认识"，就等于指责他们为
> 什么是古希腊人。①

显而易见，黑格尔思辨哲学所蕴含的这种神秘的目的论意识是我们在历
史研究中必须加以排除的错误观念。有趣的是，德国哲学史家文德尔班
也以同样坚决的口吻批判了这种目的论观念：

> 在一段时间，在德国有一种风气，从"当前的成就"出发，嘲
> 弄、侮辱、鄙视希腊和德国的伟大人物；对这种幼稚的骄矜，我们
> 无论怎样反对都不会过分。这主要是一种无知的骄傲，此种无知丝
> 毫没有觉察到：它最后只靠咒骂和鄙视人的思想过活，但幸亏这种
> 胡作非为的时代已经过去了。②

如果说，文德尔班在批判这种目的论观点时，没有明确地阐明这种观点
的黑格尔来源，那么，法国哲学家阿尔都塞在批判波兰学者沙夫等人的
目的论观点时，却明确地追溯到黑格尔哲学这一源头：

> 他们不再在马克思的身上找到青年马克思的影子，而是在青年
> 马克思的身上找到马克思的影子；他们臆造出一种"未来完成式"的

---

① 《马克思恩格斯全集》第 3 卷，人民出版社 1960 年版，第 280 页注①。
② ［德］文德尔班：《哲学史教程——特别关于哲学问题和哲学概念的形成和发展》上
卷，罗达仁译，商务印书馆 1987 年版，第 29 页注②。

所谓哲学史理论作为辩解的论据，却没有看到这种假理论完全是黑格尔的理论。①

毋庸讳言，马克思对黑格尔思辨哲学所蕴含的神秘的目的论的批判启示我们，在对任何历史文本的研究中，既要努力阐发出历史文本的当代意义，但又不能粗暴地用当代人的观念去改铸古代人的观念。

第七，黑格尔的思辨哲学由于注重纯概念的逻辑推演，自然而然地蕴含着蔑视人的思想倾向。关于这一点，费尔巴哈已对黑格尔做过淋漓尽致的批判。费尔巴哈在 1866 年 3 月初致威廉·博林的信中这样写道：

我在黑格尔逻辑学的哲学面前发抖，正如生命在死亡面前发抖一样。②

在《神圣家族》的"序言"中，马克思也开宗明义地指出：

在德国，对真正的人道主义说来，没有比唯灵论即思辨唯心主义更危险的敌人了。它用"自我意识"即"精神"代替现实的个体的人，并且同福音传播者一道教诲说："精神创造众生，肉体则软弱无能。"③

在同一部著作的另一处，马克思在批判布·鲍威尔等青年黑格尔主义者时，再一次提醒我们：

批判的批判把全人类统统归之为一群没有创造精神的群众，这

---

① ［法］路易·阿尔都塞：《保卫马克思》，顾良译，商务印书馆 1984 年版，第 33 页。
② 《黑格尔通信百封》，苗力田译编，上海人民出版社 1981 年版，第 305 页。
③ 《马克思恩格斯全集》第 2 卷，人民出版社 1957 年版，第 7 页。

样它就最清楚不过地证明了，思辨的思维把现实的人看得无限渺小。①

因为思辨哲学家，尤其是像黑格尔这样的哲学家在一切场合下谈到人的时候，其实指的都不是有血有肉的、个体的人，或者是指"群众"，或者是指"理念""精神""自我意识"，等等。总之，在马克思看来，黑格尔的思辨哲学集神秘主义、调和主义、非批判主义于一身。只有深入地批判这种哲学并与之划清界限，才能使我们的思想脱离"概念来，概念去"的经院哲学式的思考方式，真正地向社会实践中的新鲜经验开放。

通过上面的解读，我们大致上了解了思辨哲学，尤其是黑格尔思辨哲学的本质和基本特征，也了解了费尔巴哈如何巧妙地拟定了黑格尔思辨哲学批判的基本要点，而马克思又怎样超越了费尔巴哈的立场，从历史唯物主义的视角出发，对黑格尔思辨哲学进行了更全面、更深入的批判。然而，令人遗憾的是，在马克思逝世后，正统的阐释者们非但没有沿着马克思的方向，彻底清算黑格尔思辨哲学的"原罪"，反而倒过来认同这种思辨哲学，并成了它的俘虏。这种局面不禁使我们联想起歌德的一句名言：

> 谬误和水一样，船分开水。水又在船后面立即合拢；精神卓越的人物驱散谬误而为他们自己空出了地位，谬误在这些人物之后也很快地自然地又合拢了。②

正统的阐释者们自以为是按照马克思本人的思想来阐释他的哲学的，实际上，在阐释的过程中，他们不知不觉地把马克思哲学阐释成黑格尔式

---

① 《马克思恩格斯全集》第 2 卷，人民出版社 1957 年版，第 49 页。
② 参阅［德］叔本华：《作为意志和表象的世界》，石冲白译，商务印书馆 1982 年版，第 567 页。

的思辨哲学，要言之，把马克思黑格尔化了。这种倾向不但体现在他们的研究论著中，更体现在他们所编写的哲学教科书中。

其一，正统的阐释者们试图以唯物主义的方式解读黑格尔的思辨哲学。他们以为，只要把黑格尔的唯心主义观念，尤其是他的绝对精神的概念颠倒过来，用物质的概念取而代之，他的唯心主义的思辨哲学也就完全被克服了。其实，这不过是他们为自己制造的幻觉而已。在《黑格尔法哲学批判》中，马克思已经告诫我们：

> 任何极端都是它自己的另一极端。抽象的唯灵论是抽象的唯物主义；抽象的唯物主义是物质的抽象的唯灵论。①

乍看起来，抽象的唯物论与抽象的唯灵论或思辨唯心主义是截然对立的，但深入地分析下去，就会发现，两者殊途同归。正统的阐释者们坚持的正是这种"抽象的唯物主义"。在叙述马克思的唯物主义观点时，他们的出发点是"物质"概念，而关于物质概念的基本理论，正如我们在前面已经叙述过的，就是：世界统一于物质，物质是运动的，运动着的物质是有规律的，时间和空间是运动着的物质的存在形式，等等。显然，这里的"物质"观乃是一种抽象的物质观，而奠基于这种物质观的唯物主义也只能是"抽象的唯物主义"。在这个意义上可以说，"抽象的物质观"和"抽象的唯物主义"实际上是同一个概念。

首先，这里谈论的"物质"概念与人们的社会实践活动，尤其是生产劳动没有任何实质性的关系。显然，正统的阐释者们早已忘记了马克思在《1844 年经济学哲学手稿》中说过的那句名言：

> 只有当物按人的方式同人发生关系时，我才能在实践上按人的

---

① 《马克思恩格斯全集》第 1 卷，人民出版社 1956 年版，第 355 页。

方式同物发生关系。①

当然，马克思在这里谈论的是"物"，而不是"物质"，但这种谈论方式本身就启发我们，不要侈谈抽象的"物质"概念，而要下降到具体的"物"上，因为人们在实践中，尤其是在生产劳动中打交道的并不是抽象的"物质"，而是具体的"物"。

其次，这里谈论的"物质"概念与人类社会发展的不同历史时期，尤其是与马克思以批判的口吻谈到的资本主义经济方式毫无联系。众所周知，在正统的阐释者们那里，"物质"与"自然"是可以互换的概念。马克思在批判那种与人类社会历史相分离的抽象的自然观时已经告诉我们：

> 工业是自然界同人之间，因而也是自然科学同人之间的现实的历史关系。因此，如果把工业看成人的本质力量的公开的展示，那么，自然界的人的本质，或者人的自然的本质，也就可以理解了；因此，自然科学将失去它的抽象物质的或者不如说是唯心主义的方向，并且将成为人的科学的基础，正象它现在已经——尽管以异化的形式——成了真正的人的生活的基础一样；至于说生活有它的一种基础，科学有它的另一种基础——这根本就是谎言。②

显然，在马克思看来，无论是哲学，还是自然科学，都应该抛弃"抽象物质的不如说是唯心主义的方向"，即不泛泛地谈论抽象的"物质"概念，而是通过"工业"这一媒介，来考察人是如何改造自然界的，是如何给"物质"的具体样态——"物"打上自己的印记的。

最后，这里关于唯物主义学说的叙述被置于"辩证唯物主义"部分中，而在正统的阐释者们所制定的马克思哲学的教科书体系中，这一部

---

① 《马克思恩格斯全集》第 42 卷，人民出版社 1979 年版，第 124 页注②。
② 同上书，第 128 页。

分位于"历史唯物主义"部分之前，也就是说，关于唯物主义的整个讨论是与"历史唯物主义"部分才开始触及的社会历史背景相分离的。因此，这样的唯物主义根本不可能是马克思的唯物主义，而只可能是马克思所批评的"抽象的唯物主义"。正如马克思在批评费尔巴哈式的唯物主义时已经指出过的那样：

> 当费尔巴哈是一个唯物主义者的时候，历史在他的视野之外；当他去探讨历史的时候，他决不是一个唯物主义者。在他那里，唯物主义和历史是彼此完全脱离的。①

在这里，马克思一再启示我们，"抽象的唯物主义"，即那种脱离社会历史背景来直观"物质"或"自然界"的唯物主义，归根到底就是"抽象的唯心主义"，因为后者在谈论"意识""观念""精神"这样的概念时，也是把它们与社会历史背景分离开来的。

由此可见，即使正统的阐释者们以为自己已经以"唯物主义"取代了黑格尔的思辨的唯心主义，其实，他们仍然局限在黑格尔的思辨的唯心主义的问题域内。

其二，正统的阐释者们以为，在黑格尔的思辨唯心主义哲学中，存在着"体系"和"方法"之间的冲突。在他们看来，黑格尔的"体系"是保守的、自我封闭的，而其"方法"，即辩证法则是批判的、革命的。正统的阐释者们还认定，在他们关于马克思主义哲学的阐释成果——"辩证唯物主义和历史唯物主义"中，不再存在"体系"和"方法"之间的冲突。事实果真如此吗？

首先，正如我们在前面已经指出过的，当正统的阐释者们把马克思主义哲学理解为"辩证唯物主义和历史唯物主义"时，已经在理论上铸成了大错。既然"辩证唯物主义"的研究对象是自然界，而"历史唯物主义"

---

① 《马克思恩格斯全集》第 3 卷，人民出版社 1960 年版，第 51 页。

的研究对象是社会历史，那么，"自然界"和"社会历史"就成了两个相互分离的领域。换言之，马克思主义哲学体系在他们的阐释活动中被二元化了。其实，马克思一贯把社会历史理解为自然界和人的统一。也就是说，他从根本上反对人们把自然界和社会历史分离开来，他提出的"人化的自然界"的概念就是一个明证。事实上，正是正统的阐释者们所做出的这种分离，使"辩证唯物主义和历史唯物主义"成了一个封闭性的、缺乏解释力的、具有二元论风格的哲学体系。

其次，正统的阐释者们在叙述马克思主义哲学体系的划时代革命意义时，夸大了这一理论体系的科学性，并把这种科学性与以前全部传统哲学体系的非科学性尖锐地对立起来。乍看起来，这样做似乎维护了马克思哲学的真理性，实际上适得其反，马克思哲学的真理性反而被大大地削弱了。为什么呢？因为马克思的哲学革命并不是凭空发生的，而是在批判地借鉴前人哲学研究成果的基础上发生的。众所周知，当马克思还处于费尔巴哈思想的影响下时，他曾经写道：

> 只是从费尔巴哈才开始了实证的人道主义的和自然主义的批判。费尔巴哈越不喧嚷，他的著作的影响就越扎实、深刻、广泛而持久；费尔巴哈著作是继黑格尔的《现象学》和《逻辑学》以后包含着真正理论革命的唯一著作。[1]

马克思的这段论述表明，在他自己思想发展的历程中，费尔巴哈曾对他产生过一定的影响。尽管他以后的思想发展又超越了费尔巴哈，但有一点是确定无疑的，即他也只能在前人的基础上进行思考和创新。在撰写《资本论》时，马克思就认真地参考并阅读了前人和同时代人留下的1500种左右的著作。所有这一切都表明，在阐释马克思所发动的哲学革命的划时代意义时，既要充分肯定这一革命的真实意义，又不能把它无限地

---

① 《马克思恩格斯全集》第42卷，人民出版社1979年版，第46页。

夸大，从而把马克思哲学与以往全部哲学尖锐地对立起来。显然，这样做的结果，就像黑格尔的思辨唯心主义体系一样，必定会把自己封闭起来了。

最后，正统的阐释者们在阐释马克思主义哲学体系时，总是不知不觉地把一种意识形态的倾向引入其中。尽管他们也肯定，实践是检验一切理论的唯一标准，但实际上，在他们的心目中，马克思主义的哲学理论已经是无须再经受任何实践检验的绝对真理。正如柯尔施在《马克思主义和哲学》的"反批评"中所指出的那样，这种意识形态化的马克思主义哲学已经充当了评判一切理论是非的最高司法权威。苏联、东欧和中国理论界曾经发生过的、对爱因斯坦的相对论和维纳的控制论等自然科学理论的批判，就是明证。

毋庸讳言，这样做的结果是，正统的阐释者们非但没有把马克思主义哲学体系阐释成一个向现实生活和新鲜经验开放的、充满生命力的哲学体系，反而把它夸大为绝对不可超越的真理而同任何新鲜的感性经验绝缘了，把它像黑格尔的哲学体系一样封闭起来了。于是，在批判黑格尔的思辨唯心主义哲学的过程中脱颖而出的马克思主义哲学，重新又被正统的阐释者们推回到黑格尔哲学的怀抱之中。

其三，正统的阐释者们认为，在阐释马克思主义哲学的过程中，他们只肯定了马克思对黑格尔的方法论，即辩证法这一"合理内核"的继承。实际上，由于他们把从黑格尔那里接受过来的辩证法，像黑格尔本人一样，仅仅理解为概念辩证法，所以，在方法论维度上，他们也完全把马克思哲学思辨化了。

首先，由于正统的阐释者们把辩证法放在"辩证唯物主义"部分加以论述，所以，辩证法的基础或载体也就是抽象的"物质"或抽象的"自然界"。显然，在这样的基础或载体之上，只能形成抽象的"自然辩证法"或抽象的"物质辩证法"。这样的辩证法之所以是抽象的，因为它与人的社会活动和社会历史是完全分离的。事实上，马克思的辩证法始终是以人的社会活动，尤其是人的劳动作为自己的基础和载体的。正如马克思在《1844 年经济学哲学手稿》中所指出的：

> 因此，黑格尔的《现象学》及其最后成果——作为推动原则和创造原则的否定性的辩证法——的伟大之处首先在于，黑格尔把人的自我产生看作一个过程，把对象化看作失去对象，看作外化和这种外化的扬弃；因而，他抓住了劳动的本质，把对象性的人、现实的因而是真正的人理解为他自己的劳动的结果。①

在马克思看来，真正的辩证法既不是概念的游戏，也不是思辨的独白，它是以人的劳动及其自我产生的过程为载体的，因而是具体的、历史的辩证法。值得指出的是，由于黑格尔的思辨哲学唯一知道并承认的劳动是抽象的精神劳动，因而即使辩证法在他那里关联到人的劳动，这种劳动也是抽象的、精神性的东西。只有马克思才真正把辩证法安置在现实的人的实践活动，尤其是生产劳动的基础上。在这个意义上，马克思的辩证法既不是"物质辩证法"，也不是"自然辩证法"，而是"实践辩证法""劳动辩证法"。

其次，由于正统的阐释者们关注的是与人的社会活动和社会历史无涉的"自然辩证法"或"物质辩证法"，因此，他们只热衷于谈论自然界或物质世界自身的辩证运动，而对劳动过程中出现的"异化""物化""对象化"等辩证的现象毫无兴趣。不难发现，在正统的阐释者们编写的马克思主义哲学教科书中，从来不涉及马克思一生都十分重视的这些辩证法现象。事实上，马克思关于"异化""物化""对象化"等辩证法观念是通过卢卡奇的《历史与阶级意识》一书才发生广泛影响的。然而，即使在西方世界掀起了研究这些辩证法观念的巨大热潮之后，苏联、东欧和中国的理论界仍然长时期保持沉默，它们似乎完全被遗忘了。

最后，由于正统的阐释者们完全漠视新鲜的感性经验来叙述马克思

---

① 《马克思恩格斯全集》第 42 卷，人民出版社 1979 年版，第 163 页。

的辩证法思想，因而他们满足于以抽象的方式来谈论量与质、肯定与否定、可能与现实、偶然与必然、现象与本质、内容与形式、原因与结果等范畴之间的关系。实际上，当他们脱离人的社会活动和社会历史，抽象地叙述这些范畴之间的辩证关系时，也就以某种方式退回到黑格尔的逻辑学中去了。假如说，马克思致力于改造黑格尔的唯心主义辩证法，那么，自诩为马克思事业的继承人的那些正统的阐释者们却重新把马克思的辩证法黑格尔化了。

其四，正统的阐释者们把"抽象的唯物主义"误解为马克思哲学的基础，因而"抽象的物质观"就成了他们叙述马克思主义哲学体系的出发点。毋庸讳言，在这样思辨化的叙述体系中，是不可能有"人"的地位的。道理很简单，既然世界统一于物质，人也就只是作为物的东西而存在在这一世界图景之中。于是，一个人的存在与一块石头或一个杯子的存在就没有什么区别了。显而易见，在这样的阐释方式中，就像在黑格尔的思辨唯心主义的表达方式中一样，"人"必定遭到蔑视。然而，马克思作为西方人本主义传统的伟大继承者，却始终把自己的注意力放在作为社会存在物的活生生的"人"的身上。在《1844 年经济学哲学手稿》中，马克思不仅通过对异化劳动的批判，揭露了资本主义生产方式中劳动者的悲惨命运，而且在驳斥李嘉图关于"人是消费和生产的机器""人的生命就是资本"等错误观念时，一针见血地指出：

　　人是微不足道的，而产品则是一切。①

在批判斯密的类似观点时，马克思又谴责道：

　　对人的漠不关心。②

---

　　① 《马克思恩格斯全集》第 42 卷，人民出版社 1979 年版，第 72 页。
　　② 同上书，第 74 页。

由此可见，马克思不但看到了人与物（如产品）之间的差异，而且始终把人的实践活动作为探索其他一切哲学问题的出发点。在《关于费尔巴哈的提纲》中，马克思开宗明义地写道：

> 从前的一切唯物主义（包括费尔巴哈的唯物主义）的主要缺点是：对对象、现实、感性，只是从客体的或者直观的形式去理解，而不是把它们当作感性的人的活动，当作实践去理解，不是从主体方面去理解。①

在马克思之后，海德格尔在《存在与时间》（1927）一书中通过"本体论的差异"的观念的提出，区分了两组概念：一是"存在"概念不同于"存在者"的概念；二是在所有的"存在者"中，作为"人之在"的"此在"不同于"其他的存在者"。特别是在后一组概念的区分中，"人"这种特殊的存在者与其他存在者之间的差异被凸现出来了。而我们前面提到的"抽象唯物主义"的基本观点——"世界统一于物质"——则取消了一切存在者在本体论上的差异。一旦这样的差异被取消了，对马克思主义哲学的阐释势必重新退回到黑格尔思辨唯心主义的怀抱中去。

综上所述，正是通过正统的阐释者们的阐释活动，早已与黑格尔的思辨唯心主义划清界限的马克思哲学再度被思辨化了。这就告诉我们，这些正统的阐释者们是如此缺乏思想上的原创性，以至于他们在精神上始终是近代西方哲学问题域的俘虏，尤其是黑格尔思辨唯心主义问题域的俘虏。

---

① 《马克思恩格斯选集》第 1 卷，人民出版社 1995 年版，第 54 页。

第二节　思维与存在的同质化①

从西方哲学史上看，思维与存在的关系乃是一个古老的课题。众所周知，古希腊哲学家巴门尼德已开始对这个问题进行思考。然而，这个问题得到真正的重视则是在近代。黑格尔写道：

> 这种最高的分裂，就是思维与存在的对立，一种最抽象的对立；要掌握的就是思维与存在的和解。从这时起，一切哲学都对这个统一发生兴趣。②

为什么近代西方哲学会对这个问题产生普遍的兴趣？其实，道理很简单，因为近代西方哲学家普遍认同的乃是 1789 年爆发的法国大革命，而法国大革命又是法国启蒙思想的产物。从哲学上看，法国启蒙思想转化为法国大革命的过程，也就是思维转化为存在的过程。而思维转化为存在的前提就是思维与存在之间的"和解"，或者换一种说法，即思维与存在之间的同一性。实际上，黑格尔哲学之所以被称为"同一哲学"（the philosophy of identity），其原因在于，他认可了思维与存在的同一性。这里的"同一性"的主要含义是：一方面，思维可以认识存在、把握存在；另一方面，思维中设想或想象的东西也可以转化为实际上存在的东西。

---

① 本节系俞吾金教授《从思维与存在的同质性到思维与存在的异质性——马克思哲学思想演化中的一个关节点》一文（原载于《哲学研究》2005 年第 12 期，《中国社会科学文摘》2006 年第 3 期转载，收录于俞吾金：《问题域的转换——对马克思和黑格尔关系的当代解读》，人民出版社 2007 年版，第 261—282 页；俞吾金：《传统重估与思想移位》，黑龙江大学出版社 2007 年版，第 341—354 页；俞吾金：《实践与自由》，武汉大学出版社 2010 年版，第 131—145 页）的扩展版。——编者注

② ［德］黑格尔：《哲学史讲演录》第 4 卷，贺麟、王太庆译，商务印书馆 1978 年版，第 6 页。

其实，在马克思创立历史唯物主义学说以前，尤其是在黑格尔那里，思维与存在的同一性乃是以思维与存在的"同质性"（homogeneity）为前提的。那么，思维与存在的"同质性"究竟是什么意思呢？黑格尔这样写道：

> 就存在作为直接的存在而论，它便被看成一个具有无限多的特性的存在，一个无所不包的世界。这个世界还可进一步认为是一个无限多的偶然事实的聚集体（这是宇宙论的证明的看法），或者可以认为是无限多的目的及无限多的有目的的相互关系的聚集体（这是自然神学的证明的看法）。如果把这个无所不包的存在叫做思维，那就必须排除其个别性和偶然性，而把它认作一普遍的、本身必然的、按照普遍的目的而自身规定的、能动的存在。这个存在有异于前面那种的存在，就是上帝。①

在这里，黑格尔区分了两种不同的存在：一种是"直接的存在"（das Sein，als das Unmittelbare），即无限多的偶然事实的聚集体，也就是人们通常谈论的形形色色的存在者的聚集体；另一种是"能动的存在"（taetiges Sein），这种存在就是"思维"（denken），就是"上帝"（Gott）。作为柏拉图哲学的继承者，黑格尔充分肯定的是后一种存在，这种存在排除一切特殊目的和偶然性，它本身就是思维，因为概念思维关涉到的乃是普遍的目的和必然性。由此可见，在黑格尔那里，存在就是被思维化的存在，而思维则是无条件地渗透、贯通于存在中的思维。简言之，思维与存在具有同样的属性，即它们具有同质性。

现在我们再来看看，思维与存在的"异质性"（heterogeneity）又是什么意思呢？其实，异质性的含义并不复杂，只要我们回到黑格尔所说的充满特殊目的和偶然性的"直接的存在"中去，立即就会领悟到这种异质

---

① ［德］黑格尔：《小逻辑》，贺麟译，商务印书馆 1980 年版，第 135 页。

性：一方面，既然存在中蕴含着无数特殊的目的，那么以普遍目的性为基础的思维就无法完全渗透并认识这样的存在；另一方面，既然这样的存在是充满偶然性的，那么思维中所蕴含的、种种具有普遍必然性的观念就不一定能够转化为存在。换言之，思维难以在存在中发挥普遍有效的指导作用。

肯定思维与存在的异质性，并不等于否认思维与存在具有同一性，而是试图从以下三个方面对思维与存在的同一性理论进行修正：第一，既然思维不能完全地认识存在，就应该限定思维与存在同一性的范围，亦即确定，存在中的哪些对象是可以认识的，哪些对象是不可认识的。第二，还须辩明的是，在思维与存在的同一性中，应该以思维作为出发点去解释存在，还是应该以存在作为出发点去解释思维。第三，人们在谈论思维与存在的同一性时，往往把这种同一性理解为思维与存在之间的直接关系，但思维可能与存在直接发生关系吗？如果这种关系必定是间接的，那么，思维与存在之间的最重要的媒介是什么？在某种意义上，正是思维与存在的异质性问题的提出，深化了人们对思维与存在关系的认识。显然，在马克思之前，康德和费尔巴哈在肯定并张扬思维与存在的异质性方面发挥了积极的作用。

康德把存在，即思维的对象区分为以下两类：一类是经验范围内的"现象"，是人们通过表象和知性范畴可以加以把握的对象；另一类是超经验的"自在之物"或"物自体"，是不可知的对象。在康德看来，思维与存在的同一性只在经验和现象的范围内有效，一越出这样的范围，这种同一性就消失了。众所周知，康德最重要的著作《纯粹理性批判》出版于1781年，即法国大革命爆发前8年。当时，以伽利略和牛顿为代表的自然科学获得的巨大成就使康德深信，思维与存在之间必定具有某种同一性，然而，对道德和宗教问题的深入思考又使他意识到，这种思维与存在的同一性只能保持在现象和经验的范围内。不用说，在康德那里，"物自体"乃是思维与存在异质性的根本标志。所以，这一概念受到了康德以后的哲学家——费希特、谢林，尤其是黑格尔的激烈批评。在这些批评者看来，没有什么对象能够逃避被思维这只强劲的胃消化的命运。易言之，世界上根本就没有不可知的对象。在同一哲学的背景下，思维与存在的同质性上升为主流性的话题。

然而，这种以思维与存在的同质性为基础的"同一哲学"遭到了费尔巴哈的激烈批判。在《未来哲学原理》（1843）中，费尔巴哈正确地洞见到：思维与存在的同一性乃是同一哲学的中心点。而对于这种哲学来说——

> 思维与存在同一，只是表示理性具有神性，只是表示思维或理性乃是绝对的实体，乃是真理与实在的总体，只是表示并无理性的对立物的存在，一切都是理性，如同在严格神学中一切都是上帝、一切真实和实在存在的都是上帝一样。但是一种与思维没有分别的存在，一种只作为理性或属性的存在，只不过是一种被思想的抽象的存在，实际上并不是存在。因此思维与存在同一，只是表示思维与自身同一。①

在他看来，"同一哲学"实际上是一种神学，它把思维或理性理解为上帝，把思维与存在的同一理解为上帝对存在的创造。这样一来，存在完全被思维同质化了。正是在这种同质性的基础上，思维与存在的同一成了思维与其自身的同一。费尔巴哈坚决反对"同一哲学"的这种语言游戏，他从唯物主义的立场出发，主张——

> 思维与存在的真正关系只是这样的：存在是主体，思维是宾词。思维是从存在而来的，然而存在并不来自思维。存在是从自身、通过自身而来的——存在只能为存在所产生。存在的根据在它

---

① 北京大学哲学系外国哲学史教研室编译：《十八世纪末－十九世纪初德国哲学》，商务印书馆 1975 年版，第 619 页。

自身中，因为只有存在才是感性、理性、必然性、真理，简言之，存在是一切的一切。①

在这里，费尔巴哈力图阐明，思维与存在具有异质性，存在非但没有被消融于思维之中，相反，它是独立并外在于思维的。它不是思维的产物，而是自身的产物。尽管费尔巴哈的表述还包含着某种模糊不清的地方，因为他竟把存在理解为"感性、理性、必然性、真理"，以至于把存在意识化了。另外，费尔巴哈也忽视了对思维与存在关系中的媒介物的思索。这充分表明，他的哲学思想从根本上未能摆脱黑格尔思辨哲学的影响。然而，他毕竟为人们挑战黑格尔的以思维与存在的同质性为基础的"同一哲学"开辟出一条新路，而马克思正是在这样的背景下开始关注并探索这一问题的。

马克思对思维与存在关系的探索，大致经历了以下三个发展阶段：在第一个发展阶段上，马克思仍然处于黑格尔关于思维与存在同质性观念的影响下，并在这种同质性的基础上谈论思维与存在的同一性。在第二个发展阶段上，费尔巴哈唯物主义观点的冲击、国民经济学研究的切入，尤其是对现实问题的关注，使马克思抛弃了思维与存在同质性的立场，转到思维与存在异质性的观点上来。在第三个发展阶段上，马克思在思维与存在异质性观点的基础上，创立了历史唯物主义学说，并深入地探索了思维与存在之间的媒介物，从而赋予思维与存在的同一性以新的内涵。从时间框架上看，大致可以说，第一阶段是 1841 年年底前，第二阶段是 1842—1844 年年底前，第三阶段则始于 1845 年。

在第一个发展阶段中，写于 1840 年下半年至 1841 年 3 月的《博士论文》乃是一个标志性的文本。正是在该文的附录中，马克思通过对康

---

① 北京大学哲学系外国哲学史教研室编译：《十八世纪末－十九世纪初德国哲学》，商务印书馆 1975 年版，第 599 页。

德关于上帝存在的本体论证明的驳斥的批判性叙述，触及了思维与存在的关系问题。所谓"本体论证明"是指：凡是我真实地表象的东西，对于我就是真实地存在着的东西。所谓"上帝存在的本体论证明"是指：既然上帝是我真实地表象到的东西，那么上帝就真实地存在着。康德在《纯粹理性批判》中以观念上的一百塔勒不同于口袋里的一百塔勒的例子，机智地驳斥了这种证明方式。显而易见，康德在自己所举的例子中贯彻的正是思维与存在异质性的观念。

毋庸讳言，当时的马克思还深受黑格尔的思辨唯心主义的影响，而确信思维与存在具有同质性的黑格尔，对康德的驳斥方式采取了不以为然的态度：

> 那些老是不断地根据思维与存在的差别以反对哲学理念的人，总应该承认哲学家绝不会完全不知道一百元现款与一百元钱的思想不相同这一回事。事实上还有比这种知识更粗浅的吗？但须知，一说到上帝，这一对象便与一百元钱的对象根本不同类，而且也和任何一种特殊概念、表象或任何其他名称的东西不相同。事实上，时空中的特定存在与其概念的差异，正是一切有限事物的特征，而且是唯一的特征。反之，上帝显然应该，只能"设想为存在着"，上帝的概念即包含他的存在。这种概念与存在的统一构成上帝的概念。①

在黑格尔看来，"存在"是一个最贫乏、最抽象的范畴，就其内容而言，思想中再也没有比"存在"这个范畴更无足轻重的了。至于时空中的感性存在，人们甚至不愿意无条件地说它存在着。为此，黑格尔继续写道：

> 康德书中关于"思维与存在的差别"的粗浅的说法，对于人心由

---

① ［德］黑格尔：《小逻辑》，贺麟译，商务印书馆1980年版，第140页。

上帝的思想到上帝存在的确信的过程，最多仅能予以干扰，但绝不能予以取消。①

从黑格尔对康德关于上帝存在的本体论证明的驳斥的评论中可以看出，作为思辨唯心主义者，一方面，黑格尔十分注重思维而轻视存在，认为像上帝这样的理念自然而然地蕴含着存在这样的属性，根本无须再诉诸"上帝存在的本体论证明"；另一方面，他借口康德关于"思维与存在差别"的思想是"粗浅的说法"而予以否定。当时还站在黑格尔思辨唯心主义立场上的马克思，完全认同黑格尔关于思维与存在的同质性理论，因而在《博士论文》中通过对思维、观念和自我意识的现实性力量的肯定，也批评了康德对上帝存在的本体论证明的驳斥的无效性：

> 在这里康德的批判也无济于事。如果有人想象他有一百个塔勒，如果这个表象对他来说不是任意的、主观的，如果他相信这个表象，那么对他来说这一百个想象出来的塔勒就与一百个真正的塔勒具有同等价值。……与此相反，康德所举的例子反而会加强本体论的证明。真正的塔勒与想象中的众神具有同样的存在。难道一个真正的塔勒除了存在于人们的表象中，哪怕是人们的普遍的或者毋宁说是共同的表象中之外，还存在于别的什么地方吗？②

从这段论述可以看出，按照马克思的看法，说一个东西存在，这个东西也就只能存在于人们的表象中。我们知道，表象是从属于意识和思维的，在这个意义上可以说，当时的马克思还像黑格尔那样，认定思维与存在具有同质性，也就是说，世界上并没有表象、思维之外的存在物。尽管马克思当时的立场还是从属于黑格尔的思辨唯心主义的，但他并没

---

① ［德］黑格尔：《小逻辑》，贺麟译，商务印书馆 1980 年版，第 141 页。
② 《马克思恩格斯全集》第 40 卷，人民出版社 1982 年版，第 284—285 页。

有停留在对黑格尔观点的简单重复上。他继续发挥道：

> 　　或者，对上帝存在的证明不外是对人的本质的自我意识存在的证明，对自我意识存在的逻辑说明，例如，本体论的证明。当我们思索"存在"的时候，什么存在是直接的呢？自我意识。①

显然，在马克思看来，上帝也好，其他任何神灵也好，全都是人们的"自我意识"创造出来的。在这个意义上，"存在"也就成了"自我意识"。在这里，马克思不仅肯定了思维与存在的同质性，而且进一步肯定了作为思维的核心部分的"自我意识"与存在的同质性，即"自我意识"具有巨大的创造潜能，尤其能够创造出各种精神上的存在物，并对人们的精神生活产生巨大的影响。因为在马克思看来，就是像"上帝"这样的精神存在物归根到底也是人的自我意识创造出来的。

　　在第二个发展阶段中，《1844年经济学哲学手稿》乃是一个标志性的文本。这一文本表明，一方面，马克思的思想已经受到费尔巴哈唯物主义观点的冲击；另一方面，对现实活动的参与和从巴黎开始的对国民经济学的研究又使马克思的见解从一开始就异于费尔巴哈，特别是马克思引入了经济哲学的视角，重新反思了思维与存在的关系，从而对这个问题做出了新的探索。众所周知，费尔巴哈对上帝存在的本体论证明的态度异于马克思在上述第一个发展阶段中的态度。在《未来哲学原理》中，费尔巴哈这样写道：

> 　　康德在批判本体论的证明时选了一个例子来标明思维与存在的区别，认为意象中的一百元与实际上的一百元是有区别的。这个例子受到黑格尔的讥嘲，但是基本上是正确的。因为前一百元只在我的头脑中，而后一百元则在我的手中，前一百元只是对我存在，而

---

① 《马克思恩格斯全集》第40卷，人民出版社1982年版，第285页。

后一百元则同时对其他的人存在——是可摸得着、看得见的。只有同时对我又对其他的人存在的，只有在其中我与其他的人一致的，才是真正存在的，这不仅仅是我的——这是普遍的。①

在这里，费尔巴哈直接继承了康德的思想，强调了思维与存在的异质性。尽管他的见解——把真实存在的东西理解为人们普遍认可的东西——是十分肤浅的，比如，基督教的信徒们普遍地相信上帝是存在的，但这能证明上帝是真实地存在着的吗？但不管如何，我们还是得感谢他，因为在黑格尔的醉醺醺的、思辨的"同一哲学"的统治下，他仍然像康德一样，清醒地坚持着思维与存在的异质性的观点。正是这种思维与存在异质性的观点开始对马克思的第二个发展阶段产生了积极的影响。在《1844年经济学哲学手稿》中，马克思写道：

思维和存在虽有区别，但同时彼此又处于统一中。②

与《博士论文》中的表述比较起来，马克思在这里已开始注意到思维与存在之间的"区别"。也就是说，马克思已开始认真地考虑思维与存在之间的异质性，但黑格尔的思辨唯心主义对他的影响并没有完全消除。因此，尽管他意识到了思维与存在的异质性，但仍然坚持，这两者之间"彼此又处于统一中"，即思维中的东西仍然可以畅通无阻地转化为存在。

在《1844年经济学哲学手稿》的另一处，马克思以更明确的口吻肯定了思维与存在之间的异质性。他写道：

以货币为基础的有效的需求和以我的需要、我的激情、我的愿

---

① 北京大学哲学系外国哲学史教研室编译：《十八世纪末—十九世纪初德国哲学》，商务印书馆1975年版，第620页。

② 《马克思恩格斯全集》第42卷，人民出版社1979年版，第123页。

望等等为基础的无效的需求之间的差别，是存在和思维之间的差别（der Unterschied zwischen Sein und Denken），是只在我心中存在的观念和那作为现实对象在我之外对我存在的观念之间的差别。①

在这里，马克思还进一步提出并区分了"想象的存在"（das vorgestellten Sein）和"现实的存在"（das wirkliche Sein）这两个新概念。他把前者理解为"思维"的别名，把后者理解为真正意义上的"存在"的别名。他甚至举例说，当我想要食物或因身体不佳而想乘邮车时，正是我所拥有的货币使我获得食物和邮车：

> 这就是说，它把我的愿望从观念的东西，从它们的想象的、表象的、期望的存在，转化成它们的感性的、现实的存在，从观念转化成生活，从想象的存在转化成现实的存在。作为这样的媒介，货币是真正的创造力。②

马克思暗示我们，如果我们不满足于以黑格尔式的抽象方式，而是着眼于现实生活来探索思维与存在的关系，就会发现，单纯的思维不过是一种"想象的存在"，唯有通过货币这一媒介物，"想象的存在"才会转化为"现实的存在"。

在稍后与恩格斯合著的《神圣家族》中，马克思以更明确的口吻和用语论述了思维与存在的异质性。他尖锐地批判了以布·鲍威尔为代表的青年黑格尔主义者关于"存在和思维的思辨的神秘同一"及"实践和理论的同样神秘的同一"③的错误观点，强调单纯思维领域中掀起的所谓"批判"，并不能真正改变现实：

---

① 《马克思恩格斯全集》第 42 卷，人民出版社 1979 年版，第 154 页。
② 同上书，第 154 页。
③ 《马克思恩格斯全集》第 2 卷，人民出版社 1957 年版，第 245 页。

思想根本不能实现什么东西。为了实现思想，就要有使用实践力量的人。①

在批判青年黑格尔主义者们以为工人只要在思想上消除雇佣劳动的想法也就等于实际上不再是雇佣工人的荒谬观点时，马克思又写道：

例如在曼彻斯特和里昂的工场中做工的人，并不认为用"纯粹的思维"即单靠一些议论就可以摆脱自己的主人和自己实际上所处的屈辱地位。他们非常痛苦地感觉到存在和思维、意识和生活之间的差别。他们知道，财产、资本、金钱、雇佣劳动以及诸如此类的东西远不是想像中的幻影，而是工人自我异化的十分实际、十分具体的产物，因此也必须用实际的和具体的方式来消灭它们，以便使人不仅能在思维中、意识中，而且也能在群众的存在中、生活中真正成其为人。②

所有这些论述都表明，在这一发展阶段中，马克思已经接受了康德和费尔巴哈关于思维与存在异质性的观点，并力图在这一观点的基础上，切入经济哲学的眼光，以货币作为媒介，重建思维与存在的同一性。

在第三个发展阶段中，《关于费尔巴哈的提纲》和《德意志意识形态》乃是标志性的文本。在《关于费尔巴哈的提纲》中，马克思提出了这样的新见解，即只有引入"实践"这一媒介，才可能正确地阐明思维与存在的关系。马克思写道：

人的思维是否具有客观的〔gegenstaendliche〕真理性，这并不是一个理论的问题，而是一个实践的问题。人应该在实践中证明自己

---

① 《马克思恩格斯全集》第 2 卷，人民出版社 1957 年版，第 152 页。
② 同上书，第 66 页。

思维的真理性，即自己思维的现实性和力量，自己思维的此岸性。关于思维——离开实践的思维——是否现实的争论，是一个纯粹经院哲学的问题。①

马克思这里谈论的"人的思维是否具有客观的真理性"的问题，也就是思维与存在是否具有同一性的问题。在他看来，这个问题只能放在实践的媒介中加以探索，如果撇开"实践"，它就成了经院哲学式的、无意义的语言游戏。在《德意志意识形态》中，马克思继续批判青年黑格尔主义者们所坚持的思维与存在同质性的错误观念：

> 所有的德国批判家们都断言：观念、想法、概念迄今一直统治和决定着人们的现实世界，现实世界是观念世界的产物。这种情况一直保持到今日，但今后不应继续存在。②

马克思坚决地阻断了这种黑格尔式的思辨唯心主义的思路，即在思维与存在同质性的基础上简单地从思维出发去推论存在的思路。在肯定思维与存在异质性的同时，马克思颠倒了思维与存在的关系，不是把思维，而是把存在置于始源性的位置上，并对存在的含义做出了新的解释：

> 意识在任何时候都只能是被意识到了的存在，而人们的存在就是他们的实际生活过程（wirklicher Lebensprozess）。③

也就是说，"存在"并不是与现实的人的实践活动相分离的、僵死的、物质性的东西，而是人们的"实际生活过程"。马克思进一步指出：

---

① 《马克思恩格斯全集》第 3 卷，人民出版社 1960 年版，第 7 页。
② 同上书，第 16 页注①。
③ 同上书，第 29 页。

不是意识决定生活，而是生活决定意识。①

　　这样一来，在肯定思维与存在异质性的基础上，马克思以全新的方式论述了思维与存在的同一性。在这个发展阶段上，马克思既肯定了思维与存在的异质性，又肯定了存在的始源性作用，并对其含义作出了新的规定；既肯定了思维与存在关系必须通过媒介加以解读，又明确指出这一媒介就是实践活动。

　　从上面的论述可以看出，马克思对思维与存在关系问题的认识是有一个过程的。青年马克思是在黑格尔的思辨唯心主义理论的影响下开始探索这一问题的，通过对现实斗争的参与和对国民经济学的研究，马克思批判地继承了康德、费尔巴哈关于思维与存在异质性的观点，并主张在这种异质性的基础上重建思维与存在的同一性。

　　毋庸讳言，在马克思关于思维与存在关系的探索中，具有决定性意义的观点乃是思维与存在的异质性的观点。尽管马克思继承了康德和费尔巴哈关于思维与存在的异质性的观点，但他并没有停留在他们的结论上，而是对他们的结论做出了批判性的改造和提升。一方面，马克思不同于康德。他没有像康德那样，从思维与存在的异质性的前提出发，引申出"物自体"不可知的消极结论。相反，马克思引入了经济哲学的视角，揭示出康德对"物自体"的崇拜根源于资本主义生产方式中的商品拜物教，而商品拜物教正是由资本主义这种特殊的社会生产关系引起的。也就是说，"物自体"的本质乃是社会生产关系，而社会生产关系是可以认识的。② 另一方面，马克思也不同于费尔巴哈。费尔巴哈用直观的方式去探索思维与存在的关系，而马克思则主张以实践作为媒介去探讨这一关系。③ 此外，费尔巴哈从一般唯物主义的立场出发，把存在理解为

---

　　① 《马克思恩格斯全集》第3卷，人民出版社1960年版，第30页。
　　② 参阅俞吾金：《马克思对康德哲学革命的扬弃》，《复旦学报（社会科学版）》2005年第1期。
　　③ 《马克思恩格斯全集》第3卷，人民出版社1960年版，第6页。

与人相分离的、抽象的自然，而马克思则从历史唯物主义的立场出发，把存在理解为人们的"实际生活过程"。马克思关于思维与存在的异质性的观点为我们提供了极其深刻的启示。

一方面，它启示我们，马克思是在清理旧的思想基地的过程中，确立起思维与存在异质性的观点的，并从这一观点出发，创立了历史唯物主义学说。显而易见，在马克思生活和思想的时代，黑格尔的思辨唯心主义占据着统治地位，而其核心观念则是思维与存在的同质性以及奠基于这种同质性之上的思维与存在的同一性。马克思通过对现实斗争的参与和对国民经济学的研究，批判地继承了康德和费尔巴哈关于思维与存在异质性的观点，从而对他在青年时期深受影响的黑格尔的思辨唯心主义理论做出了根本性的清理。这一清理的中心工作就是抛弃黑格尔关于思维与存在的同质性的立场，转换到思维与存在异质性的观点上来。正是这一观点表明，存在与思维是完全不同质的东西，绝不能从思维出发去推演出存在，而应该退回到存在中，从存在出发去消除思维中种种不切实际的幻念。所以，马克思指出：

> 德国哲学从天上降到地上；和它完全相反，这里我们是从地上升到天上，就是说，我们不是从人们所说的、所想像的、所设想的东西出发，也不是从只存在于口头上所说的、思考出来的、想像出来的、设想出来的人出发，去理解真正的人。我们的出发点是从事实际活动的人，而且从他们的现实生活过程中我们还可以揭示出这一生活过程在意识形态上的反射和回声的发展。①

正是由于马克思意识到了思维与存在的异质性，所以他不再像青年黑格尔主义者那样，满足于"经营绝对精神为生"，而是毅然决然地退回到"存在"，即人们的实际生活过程中，并通过对这一过程的深入考察，创

---

① 《马克思恩格斯全集》第3卷，人民出版社1960年版，第30页。

立了历史唯物主义学说。在这个意义上可以说，不了解马克思关于思维与存在的异质性的观点，就无法说清历史唯物主义的发生史以及它的本质内涵。

另一方面，它也启示我们，在探讨思维与存在的同一性问题时，必须明确地区分出以下两种不同的同一性：

一种是"以思维与存在的同质性为基础的思维与存在的同一性"。在这种同一性中，"存在"并不是马克思所说的"现实的存在"，而只是由思维创造出来的"想象的存在"。也就是说，这种同一性的实质乃是思维与其自身的同一性。换言之，是思维内部的同一性，是思维的"自说自话"。正如马克思在批判青年黑格尔主义者们时所说的：

> 德国的批判，直到它的最后的挣扎，都没有离开过哲学的基地。这个批判虽然没有研究过它的一般哲学前提，但是它谈到的全部问题终究是在一定的哲学体系，即黑格尔体系的基地上产生的。①

这充分表明，告别黑格尔，尤其是在思维与存在的同质性问题上告别黑格尔，绝对不是一件轻而易举的事情。

另一种是"以思维与存在的异质性为基础的思维与存在的同一性"。在这种同一性中，"存在"乃是异于单纯思维，也是单纯思维所无法推演出来的"现实的存在"。也就是说，必须把黑格尔的整个语境颠倒过来，在与思维异质的"现实的存在"的前提上来重建思维与存在的同一性。事实上，也只有这个意义上的思维与存在的同一性，才是马克思的历史唯物主义学说所倡导的。一旦我们厘清了上述两种不同的"同一性"，我们对思维与存在关系问题的探索也就达到了一种新的境界。

然而，正统的阐释者们既没有认真地研究马克思探讨思维与存在关

---

① 《马克思恩格斯全集》第 3 卷，人民出版社 1960 年版，第 21 页。

系问题的思路历程，也没有从理论上严格地区分开"以思维与存在的同质性为基础的思维与存在的同一性"和"以思维与存在的异质性为基础的思维与存在的同一性"这两个具有重大差异的哲学观念。作为马克思哲学的最早的阐释者，尽管恩格斯也批判了黑格尔的思辨唯心主义的立场，但在肯定思维与存在的同质性，并在这种同质性的基础上谈论思维与存在的同一性方面，他仍然继承了黑格尔的基本思路。在 1888 年出版的《路德维希·费尔巴哈和德国古典哲学的终结》中，恩格斯曾经这样写道：

> 全部哲学，特别是近代哲学的重大的基本问题，是思维和存在的关系问题。①

恐怕连恩格斯本人也没有想到，他的这一论断，对以后的哲学研究产生了多么深远的影响。人所共知，在思维与存在的关系问题上，他区分出两个方面：一个方面是基础性的，即涉及思维与存在究竟哪者第一性。凡肯定思维是第一性的，是唯心主义者，肯定存在是第一性的，则是唯物主义者。关于另一个方面，恩格斯是这么论述的：

> 思维和存在的关系还有另一个方面：我们关于我们周围世界的思想对这个世界本身的关系是怎样的？我们的思维能不能认识现实世界？我们能不能在我们关于现实世界的表象和概念中正确地反映现实？用哲学的语言来说，这个问题叫作思维和存在的同一性问题，绝大多数哲学家对这个问题都作了肯定的回答。②

在恩格斯看来，绝大多数哲学家对思维与存在是否具有同一性，即思维能否把握存在的问题做出了肯定性的回答。他继续写道：

---

① 《马克思恩格斯选集》第 4 卷，人民出版社 1995 年版，第 223 页。
② 同上书，第 225 页。

例如在黑格尔那里，对这个问题的肯定回答是不言而喻的，因为我们在现实世界中所认识的，正是这个世界的思想内容，也就是那种使世界成为绝对观念的逐步实现的东西，这个绝对观念是从来就存在的，是不依赖于世界并且先于世界而在某处存在的；但是思维能够认识那一开始就已经是思想内容的内容，这是十分明显的。①

这段论述表明，恩格斯已经发现，黑格尔论证思维与存在同一性的方法是：先把存在理解为与思维同质的东西，即先把"现实世界"理解为"这个世界的思想内容"，然后再来证明思维与存在的同一性。虽然恩格斯不同意黑格尔把绝对观念理解为先于世界而存在的东西，但在"思维能够认识那一开始就已经是思想内容的内容"这一点上，他又肯定了黑格尔。正是这种肯定表明，恩格斯一生都认同黑格尔关于思维与存在同质性的观点，并主张在这一观点的基础上探讨思维与存在的同一性问题。这充分表明，马克思和恩格斯在对这一问题的理解上存在着差异。正如汤姆·罗克摩尔在谈到马克思和恩格斯的关系时所说的：

虽然在他们二者之间有着紧密的政治上的相互赞同关系，但是在哲学上他们之间有着重要的不同点。②

恩格斯关于思维与存在的关系问题是一切哲学的基本问题、是判别任何一个哲学家究竟是唯物主义者还是唯心主义者的观点对普列汉诺夫的思想产生了巨大的影响。实际上，普列汉诺夫的《论一元论历史观之发展》(1895)一书正是在恩格斯的这一观点的基础上撰写出来的。在这部著作中，普列汉诺夫写道：

---

① 《马克思恩格斯选集》第 4 卷，人民出版社 1995 年版，第 225 页。
② ［美］汤姆·罗克摩尔：《黑格尔：之前和之后——黑格尔思想历史导论》，柯小刚译，北京大学出版社 2005 年版，第 221—222 页。

唯物主义是唯心主义的直接对立物。唯心主义企图以精神的这种或那种属性来解释自然界的一切现象和物质的一切属性。唯物主义恰恰相反。它企图以物质的这种或那种属性和人体或者一般动物肢体的这种或那种组织来解释心理现象。所有那些认为物质是第一性的因素的哲学家属于唯物主义的营垒；而所有那些认为第一性的因素是精神的则是唯心主义者。①

尽管普列汉诺夫也承认，在唯物主义和唯心主义的旁边，总是存在着二元论，然而，在他看来，最深刻、最彻底的哲学家总是倾向于一元论的，即只根据一个原则（物质或精神、存在或思维）来解释所有的问题。因此，在他看来，只要把唯物主义和唯心主义的对立把握住了，整个哲学史的基本内容也就被勾勒出来了。

显然，普列汉诺夫的思想也对列宁产生了决定性的影响。在《唯物主义和经验批判主义》(1908)中，列宁毫不犹豫地写道：

恩格斯在他的《路德维希·费尔巴哈》中宣布唯物主义和唯心主义是哲学上的基本派别。唯物主义认为自然界是第一性的，精神是第二性的，它把存在放在第一位，把思维放在第二位。唯心主义却相反。恩格斯把唯心主义和唯物主义的"各种学派"的哲学家所分成的"两大阵营"之间的这一根本区别提到首要地位，并且直截了当地谴责在别的意义上使用唯心主义和唯物主义这两个名词的那些人的"混乱"。②

显而易见，恩格斯关于思维与存在关系问题的论述也成了列宁理解并叙

---

① ［俄］普列汉诺夫：《论一元论历史观之发展》，博古译，生活·读书·新知三联书店 1961 年版，第 3 页。
② 《列宁选集》第 2 卷，人民出版社 1995 年版，第 73 页。

述马克思哲学的出发点。尽管列宁在这部著作中也以相当多的篇幅讨论了思维与存在关系问题的两个方面，但他和普列汉诺夫一样，忽略了对"以思维与存在的同质性为基础的思维与存在的同一性"与"以思维与存在的异质性为基础的思维与存在的同一性"的区分，他真正关注的乃是哲学思想的"党性"，即一种哲学思想在意识形态式的争论中的基本立场和倾向，因而他发挥道：

> 马克思和恩格斯在哲学上自始至终都是有党性的，他们善于发现一切"最新"流派对唯物主义的背弃，对唯心主义和信仰主义的纵容。①

恩格斯、普列汉诺夫和列宁理解思维与存在同一性问题的思路，大致上规定了以后的正统的阐释者们的阐释方向。在苏联，一度主管意识形态的日丹诺夫曾经把这一问题升格为在哲学、哲学史和其他一切学科的研究领域中判别政治立场和思想是非的根本标准，从而使苏联理论界陷于万马齐喑的局面之中。受到苏联理论界的影响，中国的理论界也以同样的方式沿着政治立场和党派斗争的角度去解读思维与存在的关系问题。比如，李达主编的《唯物辩证法大纲》一书认为：

> 马克思主义的创始人第一次把思维与存在的关系问题规定为哲学的基本问题，并把这个问题的第一方面规定为划分哲学上两大党派的唯一标准，指出哲学的历史就是唯物论和唯心论两军对战的历史，这对于科学地理解哲学的历史和正确地指导现实的斗争，都具有不可估量的意义。②

---

① 《列宁选集》第 2 卷，人民出版社 1995 年版，第 231 页。
② 李达主编：《唯物辩证法大纲》，人民出版社 1978 年版，第 11 页。

当从政治立场和党派斗争的视角出发来诠释作为哲学基本问题的思维与存在的关系问题时，最重要的研究维度，即"思维与存在的同质性"和"思维与存在的异质性"之间的差异问题，在一定的程度上被忽视了。我们在这里之所以说是"在一定的程度上"，因为问题毕竟以不同的形式被提出来了。

人所共知，20 个世纪 50 年代初，毛泽东的《矛盾论》公开出版后，苏联哲学家罗森塔尔曾经撰文进行批评。他不赞成毛泽东关于"矛盾同一性"的观点，认为列宁从来没有这样提过。罗森塔尔和尤金主编的《简明哲学辞典》(据 1955 年俄文版译出，1958 年中文版发行)中收入了"同一性"的条目。这一条目的主要内容如下：

> 表示事物、现象同它自身相等、相同的范畴。形而上学抽象地按照 A＝A 的原则来理解同一性。但是这种呆板的、僵死的同一性在自然界中是不存在的。……辩证唯物主义承认具体的同一性，即事物和它自身的同一性，这种同一性并不否定事物本身存在着内部矛盾。每一事物在每一个一定的瞬间，都是固定的事物。但同时它的内部在发生着变化，它处在和其他事物的各种不同的并常常是相矛盾的关系中，因此，它不是一种死板的、永远和自身相等的同一性，而常常既是它自身又不是它自身。事物在自身中包含内部矛盾以及事物处于变化、发展过程的这种客观特性就是由具体的辩证的同一性这个范畴来表示的。事物的任何同一性都是暂时的、相对的、不长久的；只有事物的运动、变化才是绝对的、永久的。①

值得注意的是，这段话区分了两种不同的同一性：一种是"呆板的、僵死的同一性"，其公式是"A＝A"；另一种是辩证唯物主义所主张的"具

---

① [苏]罗森塔尔、尤金主编：《简明哲学辞典》，中央编译局译，读书·生活·新知三联书店 1973 年版，第 151—152 页。

体的同一性"，其公式虽然没有写出来，但似乎可以写成"A 既是 A，又不是 A"。针对《哲学简明辞典》的"同一性"的观点，杨献珍提出了如下的看法：

> 这里先肯定下来：黑格尔的"思维和存在的同一性"这个命题中的"同一性"是黑格尔的术语，是等同的意思。毛主席所讲的"矛盾的同一性"中的"同一性"这个术语，是说的矛盾双方之间的桥梁的意思，即矛盾双方之间，在一定条件下有同一性，这同黑格尔所讲的"思维和存在的同一性"中的"同一性"是风马牛不相及的、毫不相干的两回事。①

如果光从杨献珍这段话上看，他的见解非但与罗森塔尔没有什么实质性的矛盾，反而有异曲同工之妙。因为杨献珍也认为存在着两种不同的"同一性"。一方面，他把黑格尔所说的"思维和存在的同一性"中的"同一性"理解为罗森塔尔所批评的"呆板的、僵死的同一性"；另一方面，他又把毛泽东所说的"矛盾的同一性"中的"同一性"理解为与罗森塔尔所主张的"具体的同一性"相类似的"同一性"。然而，值得引起我们注意的是，杨献珍断定黑格尔所说的"思维和存在的同一性"中的"同一性"是"等同"，即"A＝A"的意思。基于这样的断定，他又提出了如下的见解：

> "思维和存在的同一性"与"思维和存在有同一性"，是两个不同的命题，二者的含义是完全不同的。
>
> "思维和存在的同一性"，这个命题的意思是说，思维和存在是同一个东西。例如黑格尔认为思维即存在，存在即思维，思维和存在是同一的。这个命题在哲学史上，就只有这一种解释，没有第二种解释。这个命题一直是唯心主义的，没有用来作为唯物主义的命

---

① 杨献珍：《合二而一》，重庆出版社 2001 年版，第 106 页。

题的。

　　"思维和存在有同一性"，这个命题的意思是说，思维和存在之间有联系，是把唯物辩证法的矛盾的同一性的原理应用到思维和存在的关系问题上。……把这条原理应用到思维和存在的关系问题上，那就是，由存在到思维，由思维到存在，或由物质到精神，由精神到物质，有一条由此达彼的桥梁，哲学上名之曰同一性。这条桥梁就是实践。①

从表面上看，杨献珍把"思维和存在的同一性"与"思维和存在有同一性"这两个命题区分开来是很机敏的做法，实际上，这样的做法是基于对黑格尔哲学思想的误解。为什么？在黑格尔那里，"同一性"对应的德语名词是 Identitaet，"等同的"对应的德语名词则是 Gleichheit。按照德国人的思维习惯，当他们使用 Gleichheit 这个德语名词时，意思是两个东西完全是"相同的"，而当他们使用 Identitaet 这个德语名词时，意思是两个东西完全是"一致的"。事实上，黑格尔在谈论思维与存在的同一性时，他使用的正是 Identitaet 这个德语名词。所以，黑格尔并没有像杨献珍所设想的那样，认为"思维"＝"存在"，而是肯定：虽然思维与存在是两个不同的对象，但它们在内容上是一致的。这里所说的"一致的"也就是说，一方面，存在中有的东西，思维中也必定会有。换言之，存在可以转化为思维。另一方面，思维中有的东西，存在中也必定会有。换言之，思维可以转化为存在。因此，当黑格尔谈论"思维与存在的同一性"时，实际上就是在谈论"思维与存在有同一性"。

　　其实，凡是熟悉西方哲学史的人都知道，黑格尔是不可能提出"思维"＝"存在"这样的哲学观点来的，因为这种观点正是他在批评谢林时嘲讽的观点：

---

　　① 杨献珍：《合二而一》，重庆出版社 2001 年版，第 104—105 页。

现在，考察任何一个有规定的东西在绝对里是什么的时候，不外乎是说，此刻我们虽然把它当作一个东西来谈论，而在绝对里，在 A＝A 里，则根本没有这类东西，在那里一切都是一。无论是把"在绝对中一切同一"这一知识拿来对抗那种进行区别的、实现了的或正在寻求实现的知识，或是把它的绝对说成黑夜，就象人们通常所说的一切牛在黑夜里都是黑的那个黑夜一样，这两种作法，都是知识空虚的一种幼稚表现。①

由此可见，黑格尔是不可能把"思维"＝"存在"这样的"幼稚"观点引入自己关于"思维与存在的同一性"的命题之中的。正如我们在前面已经指出过的那样，黑格尔的理论失误不在于谈论"思维与存在的同一性"的命题，而在于把这一命题奠基于"思维与存在的同质性"之上。他认为，存在中有的东西，思维中必定会有；反之，思维中有的东西，存在中也必定会有。这样一来，思维与存在就完全被同质化了，即思维中的任何一个想法都可以转化为存在，而存在中的任何一个偶然现象都可以被转化为思维上的普遍规律了。

历史和实践一再表明，每当我们认同黑格尔式的、思维与存在同质性的观念时，我们在现实生活中就会遭受严重的损失。比如，在 20 世纪 50 年代后期的"大跃进"中，竟然出现了"不是做不到，就怕想不到"这样的口号。这个口号体现的正是典型的思维与存在的同质性的观念，即只要人们在思维中想得到的东西，也就一定会在存在（实际生活过程）中做到。又如，20 世纪 70 年代后期出现的短命的"洋跃进"实际上重复了同样的错误。这类错误的周期性出现表明，当代中国人在哲学思想上从未对黑格尔的思维与存在的同质性观念进行过彻底的批判和清理。有趣的是，杨献珍在 1959 年 6 月的谈话中涉及的正是由思维与存在的

---

① ［德］黑格尔：《精神现象学》上卷，贺麟、王玖兴译，商务印书馆 1979 年版，第10 页。

同质性创造出来的"同一性"的神话：

> 教条主义是主观主义的一种表现形式，不读书就不会犯主观主义的错误吗？我看靠不住，如有的地方提出："人有多大胆，地有多大产"，"不怕做不到，就怕想不到"。胆量等于产量，思想等于行动，这到底是唯物主义还是唯心主义？弄虚作假总不能算作唯物主义吧！①

又说：

> 有个县组织了万把人的哲学讲师团，开始我听说最小的哲学讲师只有6岁，就感觉到这孩子真是天才，以后又听说还有个5岁的孩子当哲学讲师。还有什么哲学秧歌、哲学快板、哲学相声，稀奇古怪的事这样多。②

其实，他在上面的谈话中触及的问题，如果用理论术语来表达，正是"思维与存在的同质性"问题。历史和实践反复提醒我们，一旦人们把"思维与存在的同一性"奠基于"思维与存在的同质性"之上，他们就很容易犯主观主义和唯意志主义的错误。事实上，以往中国理论界在探讨思维与存在的同一性问题时，几乎是以黑格尔所倡导的思维与存在的同质性为前提的。所以，这样的讨论从来没有真正离开过黑格尔思辨唯心主义哲学的基地。人们在实践中之所以一直受困于极左思潮和小资产阶级的狂热性，其理论根源正在于，他们从未认真地反思并摆脱黑格尔关于"思维与存在同质性"的神话。

　　反之，只有当人们沿着马克思的历史唯物主义的思路，把"思维与

---

① 杨献珍：《合二而一》，重庆出版社2001年版，第45页。
② 同上书，第47页。

存在的同一性"奠基于"思维与存在的异质性"之上时，他们在实践中才会获得前所未有的成功。改革开放以来，为什么中国取得了举世瞩目的伟大成就？因为当代中国人恢复了实事求是、从实际出发、理论联系实际的正确的思想路线。毋庸讳言，这一思想路线的理论基础就是肯定思维与存在的异质性，即绝不能停留在前人的文本、思想、观念或经验上去规划中国的未来，必须按照历史唯物主义理论的要求，退回到与思维异质的"存在"，即人们的实际生活过程中去。通过深入细致的调查研究工作，从中国的具体国情和实际情况出发去规划中国的未来。当然，我们也应该清醒地看到，当代中国理论界对思维与存在的异质性观点的认同和重视还不是十分自觉的，必须通过对这一观点的深入反思来确立理论上的自觉性，从而确保中国的现代化沿着健康的思想轨道向前发展。

第三节　历史与逻辑的一致化

众所周知，历史与逻辑一致的观点是黑格尔率先提出来的。但在黑格尔的理解中，这里所说的"历史"主要是指观念史，尤其是哲学史。在《哲学史讲演录》第 1 卷的导言中，黑格尔指出：

> ……只有能够掌握理念系统发展的那一种哲学史，才够得上科学的名称(也只有因为这样，我才愿意从事哲学史的演讲)；一堆知识的聚集，并不能成为科学。哲学史只有作为以理性为基础的现象的连续，本身以理性为内容，并且揭示出内容，才能表明它是一个理性的历史，并表明它所记载的事实是合理性的。①

---

① ［德］黑格尔：《哲学史讲演录》第 1 卷，导言，贺麟、王太庆译，商务印书馆 1959年版，第 35 页。

在黑格尔看来，哲学史的研究要想上升为一门科学，就不能把哲学史理解为一堆相互之间没有联系的知识的聚集，而是要揭示出不同历史时期的哲学系统之间的内在联系，而这种联系应该建基于理念的逻辑次序。也就是说，只有当哲学史的研究同时也是哲学研究，即"揭示出理念各种形态的推演和各种范畴在思想中的、被认识了的必然性"①时，哲学史才无愧于成为一门科学。按照黑格尔的这一观点，哲学史（作为历史）与哲学（作为逻辑理念的必然的展开）的一致，也就是历史与逻辑的一致。他写道：

> 根据这种观点，我认为：历史上的那些哲学系统的次序，与理念里的那些概念规定的逻辑推演的次序是相同的。我认为：如果我们能够对哲学史里面出现的各个系统的基本概念，完全剥掉它们的外在形态和特殊应用，我们就可以得到理念自身发展的各个不同的阶段的逻辑概念了。反之，如果掌握了逻辑的进程，我们亦可从它里面的各主要环节得到历史现象的进程。不过我们当然必须善于从历史形态所包含的内容里去认识这些纯粹概念。〔也许有人会以为，哲学在理念里发展的阶段与在时间里发展的阶段，其次序应该是不相同的；但大体上两者的次序是同一的。〕此外一方面是历史里面的时间次序，另一方面是概念发展的次序，两者当然是有区别的。②

从黑格尔的这段重要的论述中，我们可以引申出以下四点结论：第一，存在着两种不同的次序，一是不同的哲学系统在历史上出现的时间次序，二是不同的逻辑范畴在整个逻辑学，即哲学体系中出现的逻辑次序。第二，上述两个不同的次序系列的展开大体上是一致的。第三，剥掉历史上的不同的哲学系统的外在形态和特殊应用，它们就呈现为一个

---

① ［德］黑格尔：《哲学史讲演录》第 1 卷，贺麟、王太庆译，商务印书馆 1959 年版，第 33 页。

② 同上书，第 34 页。

个逻辑范畴：

> 每一个哲学系统即是一个范畴，但它并不因此就与别的范畴互
> 相排斥。这些范畴有不可逃避的命运，这就是它们必然要被结合在
> 一起，并被降为一个整体中的诸环节。每一系统所采取的独立的形
> 态又须被扬弃。①

比如，巴门尼德的哲学显现为"存在"，赫拉克利特的哲学显现为"变
化"，斯宾诺莎的哲学显现为"实体"，等等。第四，如果人们已经把握
了逻辑范畴展开的必然进程，也就能正确地断定历史上哪些哲学体系具
有实质性的意义。在"导言"的另一处，黑格尔进一步强调了历史上哲学
系统出现的时间次序与逻辑范畴出现的逻辑次序之间大体上的一致性，
随后指出：

> 在这里只须指出一个区别：那初期开始的哲学思想是潜在的、
> 直接的、抽象的、一般的，亦即尚未高度发展的思想。而那较具体
> 较丰富的总是较晚出现；最初的也就是内容最贫乏的。②

也就是说，无论是历史上的哲学体系，还是去掉外在形式和特殊应用的
逻辑范畴，均沿着抽象、贫乏向具体、丰富的方向向前发展。在《小逻
辑》中，黑格尔对这一见解的表述更加详尽无遗：

> 哲学史上所表现的种种不同的体系，一方面我们可以说，只是
> 一个哲学体系，在发展过程中的不同阶段罢了。另一方面我们也可
> 以说，那些作为各个哲学体系的基础的特殊原则，只不过是同一思

---

① ［德］黑格尔：《哲学史讲录》第 1 卷，贺麟、王太庆译，商务印书馆 1959 年版，
第 38 页。
② 同上书，第 43 页。

想整体的一些分支罢了。那在时间上最晚出的哲学体系，乃是前此一切哲学体系的成果，因而必定包括前此各体系的原则在内，所以一个真正名副其实的哲学体系，必定是最渊博、最丰富和最具体的哲学体系。①

显然，黑格尔关于历史和逻辑范畴均由抽象向具体发展的观点，既展示了哲学史发展的内在规律和丰富画卷，但同时也蕴含着他的自我辩护。因为黑格尔实际上把自己的哲学体系理解为最后出现的，因而也是"最渊博、最丰富和最具体的哲学体系"。在《小逻辑》中，历史与逻辑一致的含义也被阐述得更明确了：

> 在哲学历史上所表述的思维进展的过程，也同样是在哲学本身里所表述的思维进展的过程，不过在哲学本身里，它是摆脱了那历史的外在性或偶然性，而纯粹从思维的本质去发挥思维进展的逻辑过程罢了。②

黑格尔在这里提到的所谓"历史的外在性或偶然性"，是指在哲学史展开的过程中，不同的哲学体系会给人一种相互外在的感觉，即它们之间似乎是缺乏内在联系的；同时它们出现的时间次序也有种种偶然性。与哲学史不同的是，在哲学中逻辑范畴的展开却排除了任何偶然性，而是完全按照某种必然性来进行的，因而在历史与逻辑的"一致"中，这个"一致"只能是大体的"一致"，而不是绝对的"一致"：

> 所以哲学史总有责任去确切指出哲学内容的历史开展与纯逻辑理念的辩证开展一方面如何一致（uebereinstimmt），另一方面又如

---

① ［德］黑格尔：《小逻辑》，贺麟译，商务印书馆 1980 年版，第 54—55 页。
② 同上书，第 55 页。

何有出入。但这里须首先提出的，就是逻辑开始之处实即真正的哲学史开始之处。我们知道，哲学史开始于爱利亚学派，或确切点说，开始于巴曼尼得斯的哲学。因为巴曼尼得斯认"绝对"为"有"，他说："惟'有'在，'无'不在。"这须看成是哲学的真正的开始点，因为哲学一般是思维着的认识活动，而在这里第一次抓住了纯思维，并且以纯思维本身作为认识的对象。①

在这里，黑格尔进一步对"一致"做了说明。在德语中，uebereinstimmt 是动词 uebereinstimmen 的过去分词，作为形容词，它解释为"相符的""一致的"。实际上，黑格尔所说的"历史与逻辑一致"只是大体上的相符。黑格尔完全肯定的只有一点，即"逻辑开始之处实即真正的哲学史开始之处"。通过黑格尔上面这些论述，我们对他的"历史与逻辑一致"的观点有了大致上的了解。

现在我们再来看看，马克思对黑格尔关于"历史与逻辑一致"的观点究竟采取了什么态度。首先，马克思批判了黑格尔这一观点所蕴含的思辨唯心主义的出发点：

> 因此，黑格尔陷入幻觉，把实在理解为自我综合、自我深化和自我运动的思维的结果，其实，从抽象上升到具体的方法，只是思维用来掌握具体并把它当作一个精神上的具体再现出来的方式。但决不是具体本身的产生过程。②

显然，黑格尔是以逻辑学作为出发点来阐释哲学史的。在他对哲学史的理解中，也蕴含着他对现实的历史的理解。在马克思看来，作为出发点

---

① ［德］黑格尔：《小逻辑》，贺麟译，商务印书馆 1980 年版，第 191 页。
② 《马克思恩格斯全集》第 46 卷(上)，人民出版社 1979 年版，第 38 页。

的只能是现实的历史。无论是观念的历史，还是逻辑学，从抽象上升到具体的发展过程并不意味着思维创造了具体的实在，而是思维用来再现并把握具体的实在的一种方式。

其次，马克思结合法哲学、经济范畴和现实历史的发展，对黑格尔关于"历史与逻辑一致"的观点做出了相应的评论：

> 但是，这些简单的范畴在比较具体的范畴以前是否也有一种独立的历史存在或自然存在呢？要看情况而定。例如，黑格尔论法哲学，是从占有开始，把占有看作主体的最简单的法的关系，这是对的。但是，在家庭或主奴关系这些具体得多的关系之前，占有并不存在。……在资本存在之前，银行存在之前，雇佣劳动等等存在之前，货币能够存在，而且在历史上存在过。因此，从这一方面看来，可以说，比较简单的范畴可以表现一个比较不发展的整体的处于支配地位的关系或者可以表现一个比较发展的整体的从属关系，这些关系在整体向着以一个比较具体的范畴表现出来的方面发展之前，在历史上已经存在。在这个限度内，从最简单上升到复杂这个抽象思维的进程符合现实的历史过程。
>
> 另一方面，可以说，有一些十分发展的、但在历史上还不成熟的社会形式，其中有最高级的经济形式，如协作、发达的分工等等，却不存在任何货币，秘鲁就是一个例子。……虽然货币很早就全面地发生作用，但是在古代它只是在片面发展的民族即商业民族中才是处于支配地位的因素。甚至在最文明的古代，在希腊人和罗马人那里，货币的充分发展——在现代资产阶级社会中这是前提——只是出现在他们解体的时期。因此，这个十分简单的范畴，在历史上只有在最发达的社会状态下才表现出它的充分的力量。它决没有历尽一切经济关系。例如，在罗马帝国，在它最发达的时期，实物税和实物租仍然是基础。那里，货币制度原来只是在军队中得到充分发展。它也从来没有掌握劳动的整个领域。

可见，比较简单的范畴，虽然在历史上可以在比较具体的范畴之前存在，但是，它在深度和广度上的充分发展恰恰只能属于一个复杂的社会形式，而比较具体的范畴在一个比较不发展的社会形式中有过比较充分的发展。①

在这段极为重要的论述中，马克思告诉我们：第一，在他那里探讨历史与逻辑关系的时候，"历史"乃是指现实的历史，而不是指观念的历史，如哲学史、经济思想史等。假如说黑格尔是从逻辑学出发来探索观念的历史，那么，马克思则是从现实的历史出发来说明经济范畴的运动的。按照黑格尔的看法，逻辑范畴的运动是按照必然的次序展开的，也就是说，排除了一切偶然的、特殊的因素，因而从逻辑学的角度看哲学史，似乎哲学史发展的线索也是比较单一的。尽管黑格尔谈到了哲学史发展中的"偶然性"，但他并没有对这种丰富的偶然性进行深入的分析，他真正感兴趣的是必然性。他甚至认为，哲学史的研究要上升为一门科学，就得排除其中的任何偶然性。他这样写道：

全部哲学史是一有必然性的、有次序的进程。这进程本身是合理性的，为理念所规定的。偶然性必须于进入哲学领域时立即排除掉。概念的发展在哲学里是必然的，同样概念发展的历史也是必然的。②

这就启示我们，在黑格尔那里，"历史与逻辑一致"既不涉及对逻辑与现实的历史关系的探索，也没有深入地考察观念史上可能出现的极为丰富的偶然性。因此，"历史与逻辑一致"乃是一种简单化的、皮相的观点。第二，在马克思看来，比较简单的经济范畴和比较具体的经济范畴在现

---

① 《马克思恩格斯选集》第 2 卷，人民出版社 1995 年版，第 19—21 页。
② ［德］黑格尔：《哲学史讲演录》第 1 卷，贺麟、王太庆译，商务印书馆 1959 年版，第 40 页。

实的历史中的出现和发挥作用的情况是异常复杂的，因此，只有在"比较简单的范畴可以表现一个比较不发展的整体的处于支配地位的关系或者一个比较发展的整体的从属关系，这些关系在整体向着以一个比较具体的范畴表现出来的方面发展之前，在历史上已经存在。在这个限度内，从最简单上升到复杂这个抽象思维的进程符合现实的历史过程"。第三，按照马克思的看法，实际上，黑格尔更注重历史（哲学史）与逻辑存在差异的地方。正是出于对这种差异性的充分肯定，黑格尔才会在法哲学中把"占有"这一在历史上比较晚出现的范畴作为法哲学中的第一个范畴。马克思同样分析了"货币"在不同的国家以及历史上不同的阶段出现时所扮演的角色。有的比较简单的范畴要到历史发展的较高的阶段上才能充分展示出其作用，也有些比较具体的范畴在一个比较不发展的社会形式中有过比较充分的发展。事实上，在马克思上述的评论中，黑格尔所主张的"历史与逻辑一致"的观点已经作为一个过于简单的、无意义的命题而被搁置起来了。

再次，马克思强调，经济范畴的排列次序既不决定于现实历史中它们前后出现的时间次序，也不决定于黑格尔式的逻辑理念的整体要求，而是决定于现代资产阶级社会的内在结构。马克思这样写道：

> 把经济范畴按它们在历史上起决定作用的先后次序来排列是不行的，错误的。它们的次序倒是由它们在现代资产阶级社会中的相互关系决定的，这种关系同表现出来的它们的自然次序或者符合历史发展的次序恰好相反。问题不在于各种经济关系在不同社会形式的相继更替的序列中在历史上占有什么地位，更不在于它们在"观念上"（蒲鲁东）（在历史运动的一个模糊的表象中）的次序，而在于它们在现代资产阶级社会内部的结构。①

---

① 《马克思恩格斯全集》第46卷（上），人民出版社1979年版，第45页。

按照马克思的观点，在逻辑与历史之间并不存在着这种一一对应关系。必须放弃这种黑格尔式的、所谓"哲学内容的历史展开与纯逻辑理念的辩证开展一方面如何一致（uebereinstimmt），另一方面又如何有出入"的无聊游戏，而把理论探讨的重点移到对现代资产阶级社会的整体结构的解剖上来。

最后，值得注意的是，尽管马克思没有接受黑格尔关于"历史与逻辑一致"的观点，但马克思从黑格尔对这一观点的思辨唯心主义的表述中，创造性地形成了自己的历史研究方法。这一历史方法主要由两个方面构成。一方面是"从抽象上升到具体"的方法。黑格尔关于历史上的哲学系统和哲学上的逻辑范畴大体上按照从抽象向具体的方向发展的见解启发了马克思，使他把"从抽象上升到具体"概括为一种科学的历史研究方法，尤其是经济史研究的方法。马克思发挥道：

> 具体之所以具体，因为它是许多规定的综合，因而是多样性的统一。因此它在思维中表现为综合的过程，表现为结果，而不是表现为起点，虽然它是实际的起点。……抽象的规定在思维行程中导致具体的再现。①

马克思在这里说的"抽象"作为思维的切入点，是指某个片面的规定，而"具体"作为思维的结果，则是指许多规定的综合。显然，这里的"具体"不是指感性事物意义上的具体，而是指思维中完整地再现出来的思想总体。但马克思立即又提醒我们：

> 整体，当它在头脑中作为思想整体而出现时，是思维着的头脑的产物，这个头脑用它所专有的方式掌握世界，而这种方式是不同于对世界的艺术的、宗教的、实践精神的掌握的。实在主体仍然是

---

① 《马克思恩格斯全集》第46卷（上），人民出版社1979年版，第38页。

在头脑之外保持着它的独立性；只要这个头脑还仅仅是思辨地、理论地活动着。因此，就是在理论方法上，主体，即社会，也必须始终作为前提浮现在表象面前。[1]

也就是说，马克思即使在谈论这种"从抽象上升到具体"的研究方法时，也始终把它奠基于历史唯物主义的基础之上。我们再次发现，在这里，马克思关注的焦点又返回到现实历史中的现代资产阶级社会上。马克思的历史唯物主义哲学与黑格尔的思辨唯心主义哲学的巨大差异正体现在这里。另一方面是"逆溯法"。众所周知，在黑格尔谈论"历史与逻辑一致"的观点时，他关注的重心是"逻辑开始之处实即真正的哲学史开始之处"，而马克思与黑格尔不同，他关注的重心是如何揭示历史现象的当代意义，换言之，如何把当代的眼光引入对历史现象的阐释中。我们不妨把马克思的这一研究方法概括为"逆溯法"，因为它的口号是"人体解剖对于猴体解剖是一把钥匙"。马克思告诉我们：

> 人体解剖对于猴体解剖是一把钥匙。反过来说，低等动物身上表露的高等动物的征兆，只有在高等动物本身已被认识之后才能理解。因此，资产阶级经济为古代经济等等提供了钥匙。[2]

也就是说，马克思对社会存在、意识，尤其是经济观念和范畴的研究，并不是按照从古至今的自然发展顺序来进行的，而是从今溯古逆向进行的。马克思并没有说"猴体解剖是人体解剖的钥匙"，而是说"人体解剖是猴体解剖的钥匙"。为什么？因为在低等动物身上表露出来的某些征兆，只有在高等动物那里才充分展现出来，才能为人们所理解。同样地，资本主义社会是当时历史上最发达的和最复杂的生产组织，通过对

---

[1] 《马克思恩格斯全集》第 46 卷（上），人民出版社 1979 年版，第 39 页。

[2] 同上书，第 43 页。

它的结构、关系及对这一复杂结构、关系在观念、范畴上的表现的考察，同样可以透视一切已经覆灭的社会形式的结构、关系及其在观念、范畴上的表现。

那么，马克思的"逆溯法"的实施是否受一定条件制约呢？那是毫无疑问的。这个条件就是要先行地对资本主义社会及其意识获得批判性的识见。马克思认为：

> 基督教只有在它的自我批判在一定程度上，可说是在可能范围内准备好时，才有助于对早期神话作客观的理解。同样，资产阶级经济只有在资产阶级社会的自我批判已经开始时，才能理解封建的、古代的和东方的经济。①

这就是说，对资本主义社会及其意识的批判性的识见乃是理解古代社会（包括东方社会）及其意识的必不可少的钥匙。在马克思看来，如果一个学者还没有以批判的方式理解资本主义社会及其意识，还把资本主义生产方式理解为永恒的、自然的生产方式，他是不可能正确地理解资本主义以前的社会形式和意识的。马克思本人就是先以批判的眼光透彻地研究了资本主义社会后，再逆溯回去研究资本主义以前的社会形式的。这就启示我们，"逆溯法"的出发点是"阐今"，而不是"叙古"。在这个意义上，我们不能说："不懂得历史，就不了解今天。"而应该倒过来说："不了解今天，就不懂得历史。"②

综上所述，马克思对黑格尔以思辨唯心主义的方式表述出来的"历史与逻辑一致"的观点从来没有产生过实质性的兴趣，他真正感兴趣的是蕴藏在这一观点中，并经过改造可以提升为历史唯物主义的研究方法的那些合理的思想酵素。

---

① 《马克思恩格斯全集》第 46 卷（上），人民出版社 1979 年版，第 44 页。
② 参阅俞吾金：《马克思的意识考古学方法》，见俞吾金：《寻找新的价值坐标——世纪之交的哲学文化反思》，复旦大学出版社 1995 年版，第 312—319 页。

然而，我们注意到，与马克思不同，正统的阐释者们几乎完全接受了黑格尔关于"历史与逻辑一致"的观点。在《卡尔·马克思〈政治经济学批判〉第一分册》中，恩格斯在谈到经济学研究方法时指出：

　　　　对经济学的批判，即使按照已经得到的方法，也可以采用两种方式：按照历史或者按照逻辑。既然在历史上也像在它的文献的反映上一样，大体说来，发展也是从最简单的关系进到比较复杂的关系，那么，政治经济学文献的历史发展就提供了批判所能遵循的自然线索，而且，大体说来，经济范畴出现的顺序同它们在逻辑发展中的顺序也是一样的。这种形式看来有好处，就是比较明确，因为这正是跟随着现实的发展，但是实际上这种形式至多只是比较通俗而已。历史常常是跳跃地和曲折地前进的，如果必须处处跟随着它，那就势必不仅会注意许多无关紧要的材料，而且也会常常打断思想进程；并且，写经济学史又不能撇开资产阶级社会的历史，这就会使工作漫无止境，因为一切准备工作都还没有做。因此，逻辑的方式是唯一适用的方式。但是，实际上这种方式无非是历史的方式，不过摆脱了历史的形式以及起扰乱作用的偶然性而已。历史从哪里开始，思想进程也应当从哪里开始，而思想进程的进一步发展不过是历史过程在抽象的、理论上前后一贯的形式上的反映；这种反映是经过修正的，然而是按照现实的历史过程本身的规律修正的，这时，每一个要素可以在它完全成熟而具有典型性的发展点上加以考察。[①]

从这段论述中可以看出，恩格斯几乎完全接受了黑格尔关于"历史与逻辑一致"的观点。这里值得注意的有以下三点：第一，与黑格尔一样，

---

　　① 《马克思恩格斯选集》第 2 卷，人民出版社 1995 年版，第 43 页。

恩格斯也把逻辑学作为自己思考的出发点，所以他说"逻辑的方式是唯一适用的方式"。同时，他也完全接受了黑格尔关于排除历史中的"偶然性"的见解，并把偶然性称为"起扰乱作用的偶然性"。第二，与黑格尔一样，恩格斯也肯定了"历史从哪里开始，思想进程也应该从哪里开始"的观点。其实，黑格尔关于哲学(逻辑学)和哲学史都始于巴门尼德的见解并没有被哲学史家们普遍地接受，一般的哲学史著作都认为，哲学史始于伊奥尼亚的自然哲学家泰勒斯。有趣的是，黑格尔自己讲哲学史，也是从泰勒斯开始的。他之所以坚持巴门尼德哲学是哲学史的真正起点，完全是因为逻辑学体系的需要。第三，与黑格尔一样，恩格斯也认为逻辑的方式"无非是历史的方式"，"思想进程的进一步发展不过是历史过程在抽象的、理论上前后一贯的形式上的反映；这种反映是经过修正的，然而是按照现实的历史过程本身的规律修正的"。也就是说，他几乎完全认可了黑格尔的"历史与逻辑一致"的观点。事实上，只要把恩格斯的见解与上面我们已经引证过的马克思的见解进行比较，就会发现，他们的见解之间存在着明显的差异。

显然，在这个方面，列宁的看法也是接近于恩格斯的。列宁在阅读黑格尔《哲学史讲演录》的导言时，曾经摘录了黑格尔关于"历史与逻辑一致"的那段著名的论述(我们在前面已经引证过)，并在页边写着"注意"①两个字。在阅读至古希腊哲学家留基波部分时，列宁摘录了黑格尔下面这段话：

> 哲学在历史上的发展必须与逻辑哲学的发展相一致。但在这里我们必须指出，有些概念乃是在逻辑上有而在哲学史上却没有的。②

① 列宁：《哲学笔记》，人民出版社 1956 年版，第 271 页。
② ［德］黑格尔：《哲学史讲演录》第 1 卷，贺麟、王太庆译，商务印书馆 1959 年版，第 331 页。

针对黑格尔的这段话，列宁在页边写道：

> 哲学在历史中的发展"应当符合于"(??)逻辑哲学的发展。①

从句子中的两个问号可以看出，列宁对黑格尔的这段话是有疑问的，因为哲学史的发展不可能刻意去迎合逻辑学的发展。这是典型的思辨唯心主义的表达方式，就像马克思早已嘲讽过的那样，"人和历史所以存在，是为了使真理达到自我意识"②。有趣的是，在黑格尔那段话的下面，列宁又写道：

> 这里有一个非常深刻、正确、实质上是唯物主义的思想(现实的历史是意识所追随的基础、根据、存在)。③

显然，列宁也是从唯物主义的立场出发来解读黑格尔的上述论断的。经过一番思索后，他和恩格斯一样认可了黑格尔的"历史与逻辑一致"的观点。在阅读黑格尔的《逻辑学》的过程中，列宁留下了两段值得注意的评论。其中一段是：

> 显然，黑格尔是把他的概念、范畴的自己发展和全部哲学史联系起来了。这给整个逻辑学提供了又一个新的方面。④

另一段是：

> 黑格尔的辩证法是思想史的概括。从各门科学的历史上更具体

---

① 列宁：《哲学笔记》，人民出版社 1960 年版，第 292 页。
② 《马克思恩格斯全集》第 2 卷，人民出版社 1957 年版，第 101 页。
③ 列宁：《哲学笔记》，人民出版社 1960 年版，第 292 页。
④ 同上书，第 117 页。

地更详尽地研究这点，会是一个极有裨益的任务。总的说来，在逻辑中思想史应当和思维规律相吻合。①

毋庸讳言，列宁没有像恩格斯那样，几乎以无保留的态度认同黑格尔的"历史与逻辑一致"的观点。一方面，列宁和马克思一样，没有限于从单纯的观念史(尤其是哲学史)和逻辑的关系来解读黑格尔的"历史与逻辑一致"的观点，而是坚持从"现实的历史"这一"基础"出发来理解黑格尔的这一观点；另一方面，列宁发现，黑格尔通过"历史与逻辑一致"的观点，把逻辑范畴的运动和全部哲学史联系起来，从而极大地丰富了逻辑范畴和逻辑学本身的内容。总之，与恩格斯比较起来，虽然列宁大体上也认同了黑格尔的"历史与逻辑一致"的观点，但他试图从哲学史丰富了逻辑范畴的内涵的角度去阐发这一观点的意义，并主张加强对各门科学史的研究。

不管如何，在马克思哲学的阐释史上，其他正统的阐释者们几乎都接受了恩格斯和列宁的影响，对黑格尔的"历史与逻辑一致"的观点做出了认同性的叙述。比如，肖前等人主编的《辩证唯物主义原理》专门辟出一节的内容来叙述"逻辑和历史的辩证统一"。其中写道：

> 首先发现逻辑思维同认识发展历史的统一，是黑格尔的一大贡献。在黑格尔看来，研究哲学史，在一定意义上说就是对哲学本身的研究；研究哲学的逻辑，又必须研究哲学史。哲学史不应把各种哲学体系、理论和观点加以简单地罗列，哲学的历史发展(如果撇开其中偶然性的曲折)的内在必然规律，是和正确的哲学体系的逻辑发展相一致的。黑格尔这一思想是十分精辟和深刻的。他的错误是从自己的唯心主义哲学的逻辑体系出发来整理哲学史，把哲学发展的实际历史过程硬塞到他的逻辑图式中。他力图修改哲学史，攻

---

① 列宁：《哲学笔记》，人民出版社 1960 年版，第 355 页。

击唯物主义，维护和论证唯心主义，把他自己的唯心主义体系说成是整个哲学发展的最高总结。马克思和恩格斯批判了黑格尔的唯心主义的错误，从中拯救出合理的内核，其中包括肯定了逻辑思维和认识历史的统一这一重要思想，并给予了科学的唯物主义的解释。①

从这段话中可以引申出以下的结论：第一，尽管肖前等人批评了黑格尔的唯心主义倾向和牵强附会的做法，但也充分肯定，"历史与逻辑一致"的观点是"十分精辟和深刻的"，它的提出是"黑格尔的一大贡献"；第二，肖前等人和黑格尔一样，也主张哲学史的研究应该"撇开其中偶然性的曲折"，揭示其"内在必然规律"。他们还表明：

> 同一切唯心主义相反，马克思主义哲学认为，历史的东西是逻辑的东西的基础，逻辑的东西是由历史的东西所派生的。②

肖前等人不仅强调"历史的东西是逻辑的东西的基础"，而且还表明，他们所说的"历史"首先是指"客观实在发展的历史"。但令人困惑不解的是，他们既然把"客观实在发展的历史"理解为基础，为什么又要撇开蕴含在观念史（包括哲学史）和现实历史中的"偶然性的曲折"呢？诚然，历史发展是有"内在必然规律"可循的，但这一规律正是通过无数的偶然性而展现出来的。在这个意义上，如果撇开偶然性，必然性也就被取消了。正像没有"有"，"无"就会失去意义；没有"上"，"下"就会失去意义一样。也就是说，偶然性之于历史，乃是灵魂之于生命。没有任何偶然性的历史绝不会是活生生的历史。假如历史上的一切都是必然的，甚至连某人在将来某个确定的时刻打喷嚏也是必然的话，那么人还会有自由

---

① 肖前等主编：《辩证唯物主义原理》，人民出版社 1981 年版，第 437 页。
② 同上书，第 436 页。

意志吗？人和机器还有什么区别？还有什么样的历史现象值得我们去研究？在我们看来，不仅是必然性，而且还有偶然性，对于历史来说，都具有本质性的意义，都是不可或缺的。事实上，正是肖前等人，在同一部著作中论述必然性和偶然性的关系时告诉过我们：

> 表面看来是纯粹必然性的东西，实际上也总是伴随着偶然性，并在事物的必然发展中起着不可忽视的作用。①

如果正像肖前等人所说的那样，偶然性"在事物的必然发展中起着不可忽视的作用"，为什么又要"撇开偶然性的曲折"呢？令人困惑不解的是，肖前等人既要坚持以"历史的东西"为基础，又要撇开历史中普遍存在的"偶然的曲折"，即在研究历史之前先把历史逻辑化，这就充分暴露出，归根到底，他们认同的仍然是黑格尔的、以自己的逻辑体系作为出发点的思辨唯心主义观点。所以，当他们批评黑格尔"从自己的唯心主义哲学的逻辑体系出发来整理哲学史，把哲学发展的实际历史过程硬塞到他的逻辑图式中"时，他们不也在批评自己吗？为什么他们要像黑格尔那样"撇开"历史发展中的任何偶然性呢？目的就是使历史去迁就逻辑，因为只有逻辑范畴的运动才是按照"内在必然规律"来展开的。

肖前等人还用"辩证的统一"这样的表达来美化黑格尔的"历史与逻辑一致"的观点，他们这样写道：

> 逻辑和历史的统一，同任何辩证的统一一样，是包含差别的统一。辩证逻辑不仅要求看到二者的统一，而且要求看到二者的差别。②

---

① 肖前等主编：《辩证唯物主义原理》，人民出版社 1981 年版，第 263 页。
② 同上书，第 441 页。

然而，他们的说法仍然充满了形式逻辑上的矛盾。如果承认两者之间存在着"差别"，那就绝不应该撇开作为差别的主要表现方式的、历史中的偶然性。反之，如果要撇开历史中的偶然性，那么，历史（尤其是观念史）与逻辑的"差别"又在什么地方呢？在讨论历史与逻辑的所谓"辩证的统一"时，肖前等人又反复强调：

> 逻辑的方法是舍弃历史发展的曲折过程和偶然因素的研究方法。①

这样一来，我们终于发现，肖前等人心目中的"历史与逻辑一致"的观点，归根到底与黑格尔一样，是试图把历史还原为逻辑，或者说得形象一点，就是把蕴含着丰富的偶然性和生命力的历史推入逻辑范畴必然演绎的硫酸池中去。

从上面的论述可以看出，黑格尔关于"历史与逻辑一致"的观点的实质是让历史迁就逻辑，让历史向逻辑投降。早在《黑格尔法哲学批判》一书中，马克思就已经敏锐地揭露了黑格尔哲学的这一根本性的思想倾向：

> 在这里，注意的中心不是法哲学，而是逻辑学。在这里，哲学的工作不是使思维体现在政治规定中，而是使现存的政治规定化为乌有，变成抽象的思想。在这里具有哲学意义的不是事物本身的逻辑，而是逻辑本身的事物。不是用逻辑来论证国家，而是用国家来论证逻辑。②

马克思把这样的思想倾向称为"逻辑的泛神论的神秘主义"③。不幸的

---

① 肖前等主编：《辩证唯物主义原理》，人民出版社1981年版，第443页。
② 《马克思恩格斯全集》第1卷，人民出版社1956年版，第263页。
③ 同上书，第250页。

是，这种"逻辑的泛神论的神秘主义"不但没有得到彻底的清算，反而通过正统的阐释者们的论著和他们所编写的马克思主义哲学教科书不断地泛滥开来。事实上，肖前等人的有关论述很容易使这种黑格尔式的"历史与逻辑一致"的观点成为各门科学研究中的基本方法：

> 使理论的逻辑顺序同实际的历史顺序相符合，不仅是研究社会科学问题必需的方法，而且也成了研究自然科学的不可忽视的重要方法。①

无怪乎当前中国的研究者们一谈起治学方法，就会脱口说出"历史与逻辑一致"的方法；无怪乎人文社会科学的大量学术论著，甚至博士论文都不约而同地宣称自己的研究方法是"历史与逻辑一致"的方法。这种"历史与逻辑一致"的方法和思潮是如此根深蒂固地禁锢着当代中国理论界和研究者们的思想，以至于我们在这里不得不强调指出，除了肯定历史和逻辑范畴的发展大体上沿着从抽象到具体的方向向前发展（当然，正如我们在前面已经指出过的那样，历史的发展是充满偶然性的，是无限丰富多彩的，所以，即使这样的"肯定"也不具有普遍性的意义，而是像马克思所说的，是以相关的重要条件或限度为前提的）和联系历史会充实对逻辑范畴的内涵的理解外，黑格尔提出的"历史与逻辑一致"的观点再也没有什么积极的含义了。其实，正如马克思在批评黑格尔的思辨唯心主义体系时所指出的，在黑格尔那里，"逻辑与历史一致"的观点本质也就是"逻辑的泛神论的神秘主义"。它除了把我们重新拉回到黑格尔的思辨唯心主义的怀抱中去外，还会有什么作用呢？所以，我们应该像马克思一样，彻底摆脱黑格尔关于"历史与逻辑一致"的思辨唯心主义观点。我们应该不遗余力地加以弘扬的是马克思的"从抽象上升到具体"的方法和"逆溯法"。

---

① 肖前等主编：《辩证唯物主义原理》，人民出版社 1981 年版，第 439 页。

为了彻底告别这种黑格尔式的"历史与逻辑一致"的错误观点，我们不妨引证德国哲学史家文德尔班对黑格尔的一段评论：

> 只有通过黑格尔，哲学史才第一次成为独立的科学，因为他发现了这个本质的问题：哲学史既不能阐述各位博学君子的庞杂的见解，也不能阐述对同一对象的不断扩大、不断完善的精心杰作，它只能阐述理性"范畴"连续不断地获得明确的意识并进而达到概念形式的那种有限发展过程。
>
> 可是，这有价值的真知灼见被黑格尔外加的一种假说弄得模糊、破损了；因为他相信，上述"范畴"出现在历史上的哲学体系中的年代次序，必然地要与这些同一范畴作为"真理因素"出现在最后的哲学体系(即：按照黑格尔的意见，是他自己的体系)的逻辑结构中的逻辑体系次序相适应。这样，本来是正确的基本思想，在某种哲学体系的控制下，导致了哲学史的结构错误，从而经常违背历史事实。这种错误起源于这样一种错误观念(这种观念与黑格尔的哲学原则有逻辑的一致性)——哲学思想的历史发展只是由于，至少基本上是由于，一种想象的必然性，由于这种必然性，一种"范畴"辩证地推动另一种"范畴"；这种错误，在十九世纪，为了有利于历史的精确性和准确性，科学的哲学史的发展将它排除了。事实上，哲学的历史发展是一幅与此完全不同的图案。它不是单独依靠"人类"或者甚至"宇宙精神"(Weltgeist)的思维，而同样也依靠从事哲学思维的个人的思考、理智和感情的需要、未来先知的灵感，以及倏忽的机智的闪光。①

尽管我们对文德尔班上述论述中的某些见解是有保留的，事实上，他也

---

① ［德］文德尔班：《哲学史教程——特别关于哲学问题和哲学概念的形成和发展》上卷，罗达仁译，商务印书馆1987年版，第20页。

没有对黑格尔的"历史与逻辑一致"的观点进行全面的、深入的解析，但在下面这一点，即拒斥"历史与逻辑一致"的观点上，我们和他的意见是一致的。

从本章的论述可以看出，在苏联、东欧和中国理论界，在正统的阐释者们的阐释活动中，马克思哲学的黑格尔化已经达到了登峰造极的地步。这充分表明，正统的阐释者们既未摆脱近代西方哲学问题域的影响，也未摆脱作为近代西方哲学，尤其是德国古典哲学的集大成者的黑格尔的思辨唯心主义问题域的影响。从表面上看，人们几乎都声称自己对黑格尔哲学做出了透彻的批判，但实际上，他们非但没有对黑格尔的辩证法思想进行认真的批判与清理，甚至对黑格尔哲学的大部分观点都不加批判地予以接受。在这个意义上可以说，在哲学研究，尤其是马克思哲学的研究中，作为近代西方哲学化身的黑格尔仍然是最重要的债权人，人们在理论上向他所作的借贷实在是太多了。因此，必须重新研读马克思的著作，尤其是他的思想转变时期的著作，认真学习马克思是如何批判黑格尔的思辨唯心主义，并从中解脱出来，从而创立自己的历史唯物主义理论的。事实上，也只有偿还了黑格尔的理论债务，马克思哲学才会在新的阐释活动中获得新生。

第四章　新阐释路径的发现

正如我们在前面已经指出过的那样，人们通常是按照正统的阐释者们对马克思哲学的阐释来理解马克思哲学的。正统的阐释者们由于深受近代西方哲学问题域的影响，尤其是深受黑格尔思辨唯心主义问题域的影响，他们不知不觉地从黑格尔那里接受的思想资源远比他们自己想象的要多。目前，"批判"这个词已经被滥用到这样的程度，以至于任何一个毫无批判能力的人都能给自己戴上"批判家"的桂冠，哪怕他还未曾认真地读过作为被批判的对象的文本。当然，这种对黑格尔思想资源的无批判的借贷，除了正统的阐释者们主观方面的原因外，还有着客观方面的原因。

一方面，在马克思生前发表的论著中，除了《黑格尔法哲学批判导言》(1844)、《神圣家族》(与恩格斯合著，1844)、《哲学的贫困》(1847)外，其余的几乎都是关于经济学、社会学和政治学方面的论著。就是我们在这里提到的这三部论著，也都是论战性的，其中并没有对哲学问题做出系统的、专门的论述。难怪柯尔施在1923年出版的《马克思主义和哲学》一书中十分感慨地指出：

直到最近，资产阶级思想家和马克思主义思想家都还完全没有理解这一事实，即马克思主义与哲学的关系成了一个非常重要的理论和实践的问题。①

毋庸讳言，柯尔施提出这个问题是有充分的理由的。在当时大多数人的心目中，马克思只是一个经济学家或社会学家。在库诺·费舍出版的9卷本的《新哲学史》中，只有两行字谈到马克思；在朗格出版的《唯物主义史》中，仅仅在一些脚注中提到马克思，称他为"活着的最伟大的政治经济学史专家"；在余柏威出版的哲学史著作中，也只有两页文字提到马克思和恩格斯的生平与著作。至于第二国际的那些所谓"正统的马克思主义者"也认为马克思的学说中缺乏哲学思想，因而主张用狄慈根、马赫、康德、叔本华和尼采等人的哲学思想来补充马克思思想，力图把马克思思想曲解为一种抽象的伦理学理论或准实证科学理论。不用说，正统的阐释者们正是在这样的历史背景下去解读马克思哲学思想的，所以他们自然而然地对马克思和黑格尔的关系作出了过度的诠释，并试图用黑格尔的思想资源来补充，甚至取代马克思的哲学理论。

另一方面，正统的阐释者们大多忙于当时的现实的政治斗争，不可能静下心来，系统地、认真地研究哲学理论，包括马克思哲学理论中的问题。即使不得不涉足理论问题的研究，也多半是出于某种论战的需要。众所周知，恩格斯撰写《反杜林论》、列宁撰写《唯物主义和经验批判主义》都是出于论战的需要。在《反杜林论》的"三个版本的序言"中，恩格斯坦然承认：

> 马克思是精通数学的，可是对于自然科学，我们只能作零星的、时停时续的、片断的研究。因此，当我退出商界并移居伦敦，从而获得了研究时间的时候，我尽可能地使自己在数学和自然科学

---

① Karl Korsch, *Marxism and Philosophy*, New York and London: NLB, 1970, p. 29.

方面来一次彻底的——像李比希所说的——"脱毛"，八年当中，我把大部分时间用在这上面。当我不得不去探讨杜林先生的所谓自然哲学时，我正处在这一脱毛过程的中间。所以，如果我有时在这方面找不到确切的术语，如果我在理论自然科学的领域中总的说来表现得相当笨拙，那么这是十分自然的。①

由此看来，在研究条件上，我们是不应该苛求前人的。对于后来的、正统的阐释者们来说，由于他们在无形中也接受了近代西方哲学，包括德国古典哲学，尤其是黑格尔哲学的问题域，所以在他们的阐释活动中，也会自然而然地求助于黑格尔的哲学观点和方法来解读马克思哲学。

显而易见，正统的阐释路线的影响是十分巨大的。事实上，在相当长的时间里，苏联、东欧和中国的马克思主义哲学教科书都是认同这一阐释路线的。这里说的"认同"当然也包括对这一阐释路线所蕴含的整个问题域的认同。然而，理论探索是不可能定于一尊的，一系列新的思想酵素的形成、积累和相互作用，引发了人们对正统的阐释路线的质疑，也促成了新的阐释路线的酝酿和产生。我们这里说的"思想酵素"，主要是指马克思生前手稿的问世、遗著的出版，以及以卢卡奇为肇始人的西方马克思主义思潮在马克思哲学研究上提供的新思路和新启发，等等。事实上，当我们对所有这些思想酵素进行深入考察、反思和综合时，一条与正统的阐释者们不同的阐释路线也就呈现在我们的面前了。

第一节　手稿的问世

尽管我们并不赞成黑格尔思辨唯心主义的哲学立场，但他在哲学探索上的极其认真的态度是值得我们学习的。在《逻辑学》的"第二版序言"

---

① 《马克思恩格斯选集》第3卷，人民出版社1995年版，第349页。

中，黑格尔曾经说过：

> 在提到柏拉图的著述时，任何在近代从事重新建立一座独立的哲学大厦的人，都可以回忆一下柏拉图七次修改他关于国家的著作的故事。假如回忆本身好像就包含着比较，那么这一比较就只会更加激起这样的愿望，即：一本属于现代世界的著作，所要研究的是更深的原理、更难的对象和范围更广的材料，就应该让作者有自由的闲暇作七十七遍的修改才好。①

显然，黑格尔这种认真的治学态度也影响了马克思。众所周知，马克思光在撰写博士论文的过程中，就留下了七个笔记本，至于《资本论》的写作就更不用说了，不仅参考了大量相关的研究著作，而且也留下了汗牛充栋的手稿。在马克思留下的全部手稿中，以下四个手稿具有特别重要的意义。

一、《詹姆士·穆勒〈政治经济学原理〉一书摘要》(以下简称《摘要》)

这部手稿写于 1844 年上半年，马克思生前没有出版过，它第一次全文发表于《马克思恩格斯全集》1932 年国际版第一部分第 3 卷。显然，恩格斯、普列汉诺夫和列宁都没有接触过这部手稿。在《〈政治经济学批判〉序言》中，马克思在回忆自己思想的发展历程时，曾经说过：

> 我在巴黎开始研究政治经济学，后来因基佐先生下令驱逐移居布鲁塞尔，在那里继续进行研究。②

由此可以推断，詹姆士·穆勒的《政治经济学原理》是马克思开始研究政治经济学时最早阅读的相关著作之一，因而这一手稿在马克思思想

---

① ［德］黑格尔：《逻辑学》上卷，杨一之译，商务印书馆 1966 年版，第 21 页。
② 《马克思恩格斯选集》第 2 卷，人民出版社 1995 年版，第 32 页。

的发展历程上具有特殊的意义。在这部篇幅不大的手稿中，马克思主要摘录了詹姆士·穆勒的《政治经济学原理》中的"论生产""论分配""论交换""论消费"中的部分观点，马克思评论最多的是"论交换"中的"媒介"部分和"论消费"。在这些评论中，马克思阐发了以下几个重要的观点。

第一，探索了货币的异化的本质。马克思在《摘要》中写道：

> 穆勒把货币称为交换的媒介，这就非常成功地用一个概念表达了事情的本质。货币的本质，首先不在于财产通过它转让，而在于人的产品赖以互相补充的中介活动或中介运动，人的、社会的行动异化了并成为在人之外的物质东西的属性，成为货币的属性。……由于这种异己的媒介——并非人本身是人的媒介，——人把自己的愿望、活动以及同他人的关系看作是一种不依赖于他和他人的力量。这样，他的奴隶地位就达到极端。因为媒介是支配它借以把我间接表现出来的那个东西的真正的权力，所以，很清楚，这个媒介就成为真正的上帝。对它的崇拜成为自我目的。①

在马克思看来，货币作为交换的媒介，本来应该成为人们生活中的工具，但在以交换为目的而进行生产的社会中，它却以异化的方式成了"真正的上帝"，获得了"真正权力"。任何同这个媒介相分离的物，必定会失去自己的价值。因此，物只有在能够代表这个媒介的情况下才有价值。然而，最初的情况却是，只有在这个媒介能够代表某些物的情况下这个媒介才有价值。现在，一切都颠倒过来了，然而，在马克思看来，这种颠倒却是不可避免的：

> 因此，这个媒介是私有财产的丧失了自身的、异化的本质，是

---

① 《马克思恩格斯全集》第42卷，人民出版社1979年版，第18—19页。

在自身之外的、外化的私有财产，在人的生产与人的生产之间起外化的中介作用，是人的外化的类活动。因此，凡是人的这种类生产活动的属性，都可以转移给这个媒介。因此，这个媒介富到什么程度，作为人的人，即同这个媒介相脱离的人也就穷到什么程度。①

按照马克思的看法，货币体现出异化的物，即异化的私有财产对人的全面的统治。

第二，确定了价值概念的根本含义。在《摘要》中，马克思认为，人作为喜爱交往的存在物，必然发展到交换，而交换是以物的价值为前提的。在以交换价值为生产目的的社会里，价值的根本含义乃是交换价值。马克思告诉我们：

> 物的真实的价值仍然是它的交换价值；后者归根到底存在于货币之中，而货币又存在于贵金属之中；可见，货币是物的真正的价值，所以货币是最希望获得的物。②

在本书前面的论述中，我们曾经提到，马克思的价值概念迄今仍然普遍地被人们误解为物（商品）的使用价值。其实，马克思一开始研究政治经济学就明确指出，应该从交换价值，而不是从使用价值的角度去理解价值的含义。在他看来，交换归根到底体现为私有财产对私有财产的抽象关系，而这种抽象关系就是价值。总之，价值的根本含义是人与人之间的社会关系，而使用价值体现的只是物满足人的需求的自然关系。记住这个差别对于理解马克思的价值观来说是至关重要的。

第三，揭示了信贷的秘密。在《摘要》中，马克思尖锐地指出：

---

① 《马克思恩格斯全集》第 42 卷，人民出版社 1979 年版，第 19 页。
② 同上书，第 20 页。

信贷是对一个人的道德作出的国民经济学的判断。在信贷中，人本身代替了金属或纸币，成为交换的媒介，但这里人不是作为人，而是作为某种资本和利息的存在。这样，交换的媒介物的确从它的物质形式返回和复归到人，不过这只是因为人把自己移到自身之外并成了某种外在的物质形式。在信贷关系中，不是货币被人取消，而是人本身变成货币，或者是货币和人并为一体。①

乍看起来，信贷乃是对人的道德的尊重，实际上，却是人的道德成了可以买卖的物品，成了可以被折算为货币的某种物质。信贷不再把货币的价值放在货币中，而是把它放到人的肉体和人的心灵中：

因此，债权人把穷人的死亡看作最坏的事情，因为这是他的资本连同利息的死亡。请想一想，在信贷关系中用货币来估价一个人是何等的卑鄙！②

完全可以说，在资本主义的交换方式中，信贷非但不能说明人对人的信任，反而表明了人对人是极端不信任的。在信贷的目光中，所谓"诚实的人"只有一个含义，那就是"有支付能力的人"。在这样的情况下，人不得不把自己变成赝币，以狡诈、谎言等手法来骗取信用。

第四，考察了劳动所处的异化状态。马克思认为，劳动应该是自由的生命的表现，是生活的乐趣，然而，"在私有制的前提下，它是生命的外化，因为我劳动是为了生存，为了得到生活资料。我的劳动不是我的生命"③。在《摘要》中，虽然马克思还没有明确地使用"异化劳动"的概念，但这个概念已经呼之欲出了。马克思分析了处于异化状态中的劳动：

---

① 《马克思恩格斯全集》第 42 卷，人民出版社 1979 年版，第 22—23 页。
② 同上书，第 22 页。
③ 同上书，第 38 页。

一是"劳动对劳动对象的异化和偶然联系"。我们知道，每个人从事生产劳动的目的是通过交换去获得他人生产的物品——

> 但是，(1)我们每个人实际上把自己变成了另一个人心目中的东西；你为了占有我的物品实际上把自己变成了手段、工具、你的物品的生产者。(2)你自己的物品对你来说仅仅是我的物品的感性的外壳，潜在的形式，因为你的生产意味着并表明想谋取我的物品的意图。这样，你为了你自己而在事实上成了你的物品的手段、工具，你的愿望则是你的物品的奴隶，你象奴隶一样从事劳动，目的是为了你所愿望的对象永远不再给你恩赐。①

本来，人应该成为自己的劳动和劳动产品的主人，但是，在一个以交换为普遍目的的私有制社会里，主人和奴隶的地位被倒置了：应该作为奴隶的产品成为主人，而应该作为主人的人则成了奴隶。

二是"劳动对劳动主体的异化和偶然联系"。本来，对劳动者来说，劳动过程是一个充满自由的、个性化的过程，然而，"在私有制的前提下，我的个性同我自己疏远到这种程度，以致这种活动为我所痛恨，它对我来说是一种痛苦，更正确地说，只是活动的假象。因此，劳动在这里也仅仅是一种被迫的活动，它加在我身上仅仅是由外在的、偶然的需要，而不是由于内在的必然的需要"②。显然，处于异化状态的、仅仅为了谋生的劳动乃是一个令人痛苦的过程。

三是人的本质也处于异化的状态下。马克思说："我们的生产同样是反映我们本质的镜子。"③既然人作为劳动者处于被迫的劳动状态下，而分工又使人成为高度抽象的存在物，成为旋床，等等，甚至成为精神上和肉体上的畸形人。所以，人的异化必定会导致人的本质的异化。正

---

① 《马克思恩格斯全集》第 42 卷，人民出版社 1979 年版，第 36—37 页。
② 同上书，第 38 页。
③ 同上书，第 37 页。

如马克思所说的："人自身异化了以及这个异化的人的社会是一幅描绘他的现实的社会联系，描绘他的真正的类生活的讽刺画。"[①]

第五，肯定了人的本质是"真正的社会联系"。马克思从人的生存活动，尤其是生产劳动和交换活动出发，深入地考察并揭示了人的本质。他强调指出：

> 因为人的本质是人的真正的社会联系，所以人在积极实现自己本质的过程中创造、生产人的社会联系、社会本质，而社会本质不是一种同单个人相对立的抽象的一般的力量，而是每一个单个人的本质，是他自己的活动，他自己的生活，他自己的享受，他自己的财富。[②]

在马克思看来，这种"真正的社会联系"并不像黑格尔所说的那样，是从反思中产生的，它是由于每个人的需要和利己主义才出现的。也就是说，每个人在积极地实现其存在时，这种"真正的社会联系"也就形成了。然而，正如我们在前面已经指出过的那样，在以交换为普遍目的的资本主义经济方式中，这种"真正的社会联系"却到处以异化的形式显现出来。遗憾的是，"我们看到，国民经济学把社会交往的异化形式作为本质的和最初的形式、作为同人的本性相适应的形式确定下来了"[③]。也就是说，缺乏批判能力的国民经济学把这种异化的社会联系和社会交往形式理解为合理的秩序加以歌颂和维护。因此，在马克思看来，国民经济学应该受到彻底的批判。

二、《1844 年经济学哲学手稿》(以下简称《手稿》)

这部手稿写于 1844 年 5 月底 6 月初至 8 月，由三个笔记本构成，马克思生前也没有出版过，它第一次全文发表于《马克思恩格斯全集》1932

---

① 《马克思恩格斯全集》第 42 卷，人民出版社 1979 年版，第 25 页。
② 同上书，第 24 页。
③ 同上书，第 25 页。

年国际版第一部分第3卷。《马克思恩格斯全集》1982年历史考证版第一部分第2卷以两种编排形式发表：一是按照手稿写作的时间顺序进行编排；二是按照三个笔记本的逻辑结构进行编排。毋庸讳言，恩格斯、普列汉诺夫和列宁也没有接触过这个手稿。众所周知，这部手稿于1932年初版时，曾在整个西方世界掀起轩然大波。为什么这部手稿具有如此大的魅力呢？因为马克思在这部手稿中提出的经济问题和哲学问题，在今天仍然具有重大的理论意义和现实意义。《手稿》的主要新观点如下。

第一，马克思对"私有财产"的分析。如前所述，《手稿》由三个笔记本构成，其中第二个笔记本的篇幅最少，但专门论述"私有财产的关系"，而在第三个笔记本中，"国民经济学中反映的私有财产的本质""共产主义"等部分均涉及对"私有财产"的实质性论析。其实，关于"私有财产"问题的探讨构成马克思《手稿》的基本出发点，对所有其他的理论问题的探讨都是在私有制和私有财产这个大前提的基础上展开的。那么，究竟什么是"私有财产"呢？对于重商主义者来说，他们只承认贵金属或货币是真正意义上的私有财产。对于重农主义者来说，他们只把地产理解为真正的私有财产。无论是对重商主义者来说，还是对重农主义者来说，他们都把私有财产理解为人之外的对象或状态，而没有意识到，私有财产乃是活生生的主体，它通过劳动不断地充实自己，发展自己。马克思指出：

> 私有财产的主体本质，作为自为的活动、作为主体、作为个人的私有财产，就是劳动。因而，十分明显，只有那种把劳动视为自己的原则（亚当·斯密），也就是说，不再认为私有财产仅仅是人之外的一种状态的国民经济学，才应该被看成私有财产的现实能量和现实运动的产物（这种国民经济学是在意识中形成的、私有财产的独立运动，是现代工业本身）、现代工业的产物；而另一方面，正是这种国民经济学促进并赞美了这种工业的能量和发展，使之变成

意识的力量。①

从亚当·斯密开始，把私有财产、工业和劳动结合起来进行探索，因而揭示了在私有制范围内的财产的主体本质，即私有财产不是一种外在于人的、被动的存在物，它通过工业而进入劳动的过程中，从而不断地得到充实和发展。马克思认为：

> 地产是私有财产的第一个形式，而工业在历史上最初仅仅作为财产的一个特殊种类与地产相对立，或者不如说它是地产的被释放了的奴隶，同样，在科学地理解私有财产的主体本质即劳动时，这一过程也在重演。②

在人类历史上，劳动起初的主要形式是农业劳动，而这种形式越来越多地被工业劳动的形式取代。在当前的私有制社会里，一切财富都成了工业的财富、劳动的财富，而工业资本则成了私有财产完成了的客观形式。那么，当以亚当·斯密为代表的启蒙的国民经济学家承认人的劳动权利的时候，是否意味着他们对人的尊重呢？马克思的回答是否定的：

> 以劳动为原则的国民经济学，在承认人的假象下，无宁说不过

---

① 《马克思恩格斯全集》第 42 卷，人民出版社 1979 年版，第 112 页。

② 同上书，第 115 页。在《手稿》的另一处，马克思告诉我们："私有财产的统治一般是从土地占有开始的；土地占有是私有财产的基础。"（见该书第 83 页）但是，在封建的土地占有制下，土地仿佛还是它的主人的无机的身体。在那里，地产的统治并不直接表现为资本的统治。然而，正如马克思所指出的："这种假象必将消失，地产这个私有财产的根源必然完全卷入私有财产的运动而成为商品；所有者的统治必然要失去一切政治色彩，而表现为私有财产、资本的单纯统治；所有者和劳动者之间的关系必然归结为剥削者和被剥削者的经济关系；所有者和他的财产之间的一切人格的关系必然终止，而这个财产必然成为纯实物的、物质的财富；与土地的荣誉联姻必然被基于利害关系的联姻代替，而土地也象人一样必然降到买卖价值的水平。"（见该书第 84—85 页。）

是彻底实现对人的否定而已，因为人本身已经不再同私有财产的外在本质处于外部的紧张关系中，而人本身却成了私有财产的紧张的本质。①

因为在启蒙的国民经济学家们看来，工人的需要不过是维持工人在劳动期间的生活的需要，而且只限于工人后代不致死绝的程度。对于他们来说，工人的工资乃是资本不得不做出的牺牲。至于工人以外的其他许多人，如小偷、骗子、乞丐、失业者、罪犯等，在他们看来都是不存在的。事实上，这些人只存在于医生、法官、掘墓人、乞丐管理者等社会工作者的眼中。

第二，马克思对"资本"的分析。正如对于商品来说货币是一般的等价物一样，对于资本来说，货币是最普遍的存在方式。在以私有制为基础的社会里，货币乃是一种无所不在的力量，犹如马克思所说的：

> 如果货币是把我同人的生活、把我同社会、把我同自然界和人们联结起来的纽带，那么货币难道不是一切纽带的纽带吗？它难道不是能够解开和系紧任何纽带吗？因此，它难道不也是普遍的离间手段吗？它既是地地道道的使人分离的"辅币"，也是地地道道的结合手段；它是社会的[……]化合力。②

货币之所以获得了神明般伟大的力量，不仅因为它可以换取一切，它是一种绝对的权力，是"人们和各民族的普遍牵线人"，而且它作为资本，乃是整个现代世界的真正的创造者和推动者。正如货币不一定是资本一样，资本也不一定是货币。只有当一定数量的货币被用于购买他人的劳动，从而使原有的货币增殖，货币才能成为资本。马克思

---

① 《马克思恩格斯全集》第42卷，人民出版社1979年版，第113页。
② 同上书，第153页。

写道：

> 因此，资本是对劳动及其产品的支配权。资本家拥有这种权力并不是由于他的个人的或人的特性，而只是由于他是资本的所有者。他的权力就是他的资本的那种不可抗拒的购买的权力。①

显然，当时的马克思还受到亚当·斯密等人所倡导的"劳动价值"理论的影响，还没有把"劳动"和"劳动力"这两个不同的概念严格地区分开来。事实上，私有制形成和资本增殖的基本前提就是劳动力在市场上成为商品。在这里，马克思还把资本理解为对劳动过程及其产品的支配权，但有一点马克思说得很清楚：

> 资金只有当它给自己的所有者带来收入或利润的时候，才叫作资本。②

显而易见，资本增殖的秘密只能到劳动的过程中去索解。事实上，马克思后来提出的剩余价值的秘密正是通过对雇佣劳动过程的深入探讨才发现出来的。在这部手稿里，马克思还启示我们，资本要获得对劳动及其产品的支配权，就要发展工业，而要发展工业，就要与封建领主争夺地产：

> 而地产一旦卷入竞争，它就要象其他任何受竞争支配的商品一样遵循竞争的规律。它同样会动荡不定，时而缩减，时而增加，从一个人手中转入另一个人手中，任何法令都无法使它再保持在少数

---

① 《马克思恩格斯全集》第42卷，人民出版社1979年版，第62页。
② 同上书，第63页。

特定的人手中。直接的结果就是地产分散到许多所有者手中，并且无论如何要服从于工业资本的权力。①

一旦资本控制了地产，并有能力支配他人的劳动和产品，资本也就打破了一切地域的界限，以前所未有的速度发展起来。事实上，资本作为资本主义社会发展的原动力，一直是马克思关注的焦点。马克思后来全身心地投入《资本论》的写作就是一个明证。

第三，马克思对异化劳动的分析。如前所述，在《詹姆士·穆勒〈政治经济学原理〉一书摘要》中，虽然马克思还没有直接使用"异化劳动"的概念，但已经对劳动中出现的某些异化现象做出了叙述。在《手稿》中，马克思非常明确地提出了"异化劳动"的概念，并全面地分析了异化劳动的四种表现形式。

一是工人同劳动产品的异化关系。马克思写道：

> 按照国民经济学的规律，工人在他的对象中的异化表现在：工人生产得越多，他能够消费的越少；他创造价值越多，他自己越没有价值、越低贱；工人的产品越完美，工人自己越畸形；工人创造的对象越文明，工人自己越野蛮；劳动越有力量，工人越无力；劳动越机巧，工人越愚钝，越成为自然界的奴隶。②

工人劳动的产品不仅以异己的方式与自己相对立，而且成了压迫自己的一种巨大的力量。它表现为没有生命的物对有生命的人的全面统治。

二是工人同劳动过程的异化关系。劳动对于工人来说成了一种外在的东西，它不是源于工人的本质，不是出于工人的自觉自愿，而是一种强制性的劳动。马克思指出：

---

① 《马克思恩格斯全集》第 42 卷，人民出版社 1979 年版，第 87 页。
② 同上书，第 92—93 页。

外在的劳动，人在其中使自己外化的劳动，是一种自我牺牲、自我折磨的劳动。最后，对工人说来，劳动的外在性质，就表现在这种劳动不是他自己的，而是别人的；劳动不属于他；他在劳动中也不属于他自己，而是属于别人。①

也就是说，工人在劳动的时候感到不自在，只有不劳动的时候，他才感到舒畅。在他的心目中，劳动仅仅是谋生的手段，只要他的谋生有了着落，他就会像逃避痛苦一样地逃避劳动。

三是人同人的类本质的异化关系。马克思说：

人的类本质——无论是自然界，还是人的精神的、类的能力——变成人的异己的本质，变成维持他的个人生存的手段。异化劳动使人自己的身体，以及在他之外的自然界，他的精神本质，他的人的本质同人相异化。②

在马克思看来，人是类存在物，人的类本质的特性就是自由自觉的活动，人通过有意识的生命活动把自己与动物区分开来。然而，异化劳动把这种关系颠倒过来了：正因为人是有意识的存在物，人才把自己的生命活动和本质变成仅仅维持自己生存的手段。

四是人同人的异化关系。马克思写道：

人同自己的劳动产品、自己的生命活动、自己的类本质相异化这一事实所造成的直接结果就是人同人相异化。③

在人同人的关系中，本来应该像康德所说的，每个人都把他人尊为目

---

① 《马克思恩格斯全集》第 42 卷，人民出版社 1979 年版，第 94 页。
② 同上书，第 97 页。
③ 同上书，第 97—98 页。

的，但在以异化劳动为基础的社会中，每个人实质上都把他人视为工具和手段。在分析"异化劳动"的四种表现形式的基础上，马克思进一步阐明了它和私有财产之间的关系：

> 私有财产一方面是外化劳动的产物，另一方面又是劳动借以外化的手段，是这一外化的实现。①

这句简要的话实际上阐明了异化劳动和私有财产之间的辩证关系。在马克思看来，一方面，外化劳动，即异化劳动是私有财产形成的直接原因；另一方面，也只有通过私有财产的媒介，异化劳动才得以实现。

第四，马克思对共产主义的论述。马克思不仅批判了私有财产和异化劳动相互强化的趋势，而且指出，唯有共产主义才是对私有财产和一切异化现象的扬弃。他充满信心地写道：

> 共产主义是私有财产即人的自我异化的积极的扬弃，因而是通过人并且为了人而对人的本质的真正占有；因此，它是人向自身、向社会的（即人的）人的复归，这种复归是完全的、自觉的而且保存了以往发展的全部财富的。这种共产主义，作为完成了的自然主义，等于人道主义，而作为完成了的人道主义，等于自然主义，它是人和自然界之间、人和人之间的矛盾的真正解决，是存在和本质、对象化和自我确证、自由和必然、个体和类之间的斗争的真正解决。它是历史之谜的解答，而且知道自己就是这种解答。②

尽管马克思当时对共产主义学说的阐述并不是十分清楚的，但他已经努力把自己倡导的共产主义与"粗陋的共产主义"区分开来，并强调，既然

---

① 《马克思恩格斯全集》第 42 卷，人民出版社 1979 年版，第 100 页。
② 同上书，第 120 页。

异化得以实现的方式是实践的，所以，共产主义的实现和各种矛盾或对立的解决，归根到底也应该诉诸革命实践。

第五，马克思对黑格尔辩证法的批判。马克思认为，在黑格尔逝世和黑格尔学派解体后，费尔巴哈是唯一对黑格尔辩证法采取严肃的批判态度的人。然而，以布·鲍威尔为代表的青年黑格尔主义者：

> 甚至丝毫没有暗示现在已经到了同自己的母亲即黑格尔辩证法批判地划清界限的时候，甚至也[丝毫]未能表明它对费尔巴哈辩证法的批判态度。这是对自身持完全非批判的态度。①

在马克思看来，对黑格尔哲学，尤其是他的辩证法思想的批判，应该从他早期的代表作《精神现象学》开始。马克思强调说：

> 必须从黑格尔的《现象学》即从黑格尔哲学的真正诞生地和秘密开始。②

按照马克思的看法：

> 《现象学》是一种隐蔽的、自身还不清楚的、被神秘化的批判；但是，由于《现象学》紧紧抓住人的异化，——尽管人只是以精神的形式出现的——其中仍然隐藏着批判的一切要素，而且这些要素往往已经以远远超过黑格尔观点的方式准备好和加过工了。③

比如，黑格尔关于"苦恼意识""诚实意识""高尚意识"和"卑贱意识"等观点，包含着对宗教、国家、市民生活等整个领域的批判的要素。而且，

---

① 《马克思恩格斯全集》第 42 卷，人民出版社 1979 年版，第 157 页。
② 同上书，第 159 页。
③ 同上书，第 162 页。

与德国古典哲学中的其他哲学家不同，黑格尔深入地研究过国民经济学，并把劳动理解为人的自我确证的本质。这就使得《现象学》成为一部伟大的作品。为此，马克思评论道：

> 因此，黑格尔的《现象学》及其最后成果——作为推动原则和创造原则的否定性的辩证法——的伟大之处首先在于，黑格尔把人的自我产生看作一个过程，把对象化看作失去对象，看作外化和这种外化的扬弃；因而，他抓住了劳动的本质，把对象性的人、现实的因而是真正的人理解为他自己的劳动的结果。①

在马克思看来，尽管黑格尔唯一知道并承认的劳动不过是抽象的精神劳动，但他毕竟以辉煌的思想画卷展示了人如何通过劳动而生成，世界历史又如何围绕人的劳动和其他活动而展开。然而，马克思反复提醒我们，应该注意黑格尔辩证法的虚假性和非批判性：

> 黑格尔在哲学中加以扬弃的存在，并不是现实的宗教、国家、自然界，而是已经成为知识的对象的宗教本身，即教义学；法学、国家学、自然科学也是如此。②

在这个意义上可以说，正是隐藏在黑格尔哲学，尤其是辩证法思想中的那种非批判性构成其真正的秘密：

> 在《现象学》中，尽管已有一个完全否定的和批判的外表，尽管实际上已包含着那种往往早在后来发展之前就有的批判，黑格尔晚期著作的那种非批判的实证主义和同样非批判的唯心主义——现有

---

① 《马克思恩格斯全集》第 42 卷，人民出版社 1979 年版，第 163 页。
② 同上书，第 174 页。

经验在哲学上的分解和恢复——已经以一种潜在的方式，作为萌芽、潜能和秘密存在着了。①

事实上，当马克思把《现象学》视为黑格尔哲学的"秘密"时，这个秘密正是指黑格尔哲学，尤其是他的辩证法思想的非批判性和神秘性。当然，我们也必须指出，当马克思撰写《1844 年经济学哲学手稿》时，他的思想在相当程度上还处于费尔巴哈的影响下。尽管对国民经济学的批判性解读、对黑格尔法哲学的深入研究和对现实斗争的参与，使马克思的理论眼光远远地超越了费尔巴哈，但毋庸讳言，费尔巴哈的影响仍然是存在着的，因为马克思几乎完全是以赞赏的口吻来谈论费尔巴哈哲学的。

三、《1857—1858 年经济学手稿》(以下简称《大纲》)

这部手稿实际上是由以下七束手稿组成的：《巴师夏与凯里》《导言》《〈政治经济学批判〉(1857—1858 年草稿)》《七个笔记本的索引(第一部分)》《〈政治经济学批判〉第一分册第二章初稿片断和第三章开头部分》《我自己的笔记本的提要》《〈政治经济学批判〉第三章提纲草稿》。这部手稿马克思生前也没有发表过，也没有迹象表明，恩格斯、普列汉诺夫和列宁读过这部手稿。它于 1939—1941 年首次以德文原文出版于莫斯科，标题为《政治经济学批判大纲(草稿)》。《大纲》中的《导言》部分被考茨基于 1903 年 3 月第一次发表在《新时代》第 21 年卷(1902—1903 年)第 1 卷第 710～718、741～745、772～781 页上。在《大纲》中，马克思阐述了一系列重要的思想。

第一，马克思确定了政治经济学研究的对象和方法。他写道：

> 我们得到的结论并不是说，生产、分配、交换、消费是同一的东西，而是说，它们构成一个总体的各个环节、一个统一体内部的

---

① 《马克思恩格斯全集》第 42 卷，人民出版社 1979 年版，第 161—162 页。

差别。①

这就告诉我们，政治经济学研究的对象是由生产、分配、交换和消费这四个环节组成的有机整体。如果我们对比一下马克思前面的那个手稿，即《詹姆士·穆勒〈政治经济学原理〉一书摘要》，就会发现，詹姆士·穆勒也是围绕生产、分配、交换和消费这四个环节来论述其政治经济学理论的。当然，马克思的研究形成了自己的特色，在这四个环节中，他最重视的是"生产"环节。他认为，一定的生产决定着一定的分配、交换和消费及这些不同因素之间的相互关系。当然，分配、交换和消费也会以一定的方式影响生产。但归根到底，"生产"乃是政治经济学研究中的基础性的环节：

> 在一切社会形式中都有一种一定的生产决定其他一切生产的地位和影响，因而它的关系也决定其他一切关系的地位和影响。这是一种普照的光，它掩盖了一切其他色彩，改变着它们的特点。这是一种特殊的以太，它决定着它里面显露出来的一切存在的比重。②

为什么在政治经济学的研究中，生产起着基础性的作用呢？道理很简单，因为资本的增殖只能在生产的过程中被实现。换言之，马克思所说的"剩余价值"正是在生产的领域里创造出来的。所以，在政治经济学研究的视野里，生产乃是一个基础性的研究课题。在确定了政治经济学研究的对象后，马克思进一步探讨了它的研究方法。

马克思认为，在政治经济学研究中，存在着两种对立的研究方法。第一种方法是"从具体上升到抽象"。在政治经济学的初创阶段，这种方

---

① 《马克思恩格斯全集》第 46 卷（上），人民出版社 1979 年版，第 36 页。
② 同上书，第 44 页。

法得到了普遍的应用：

> 例如，十七世纪的经济学家总是从生动的整体，从人口、民族、国家、若干国家等等开始；但是他们最后总是从分析中找出一些有决定意义的抽象的一般的关系，如分工、货币、价值等等。这些个别要素一旦多少确定下来和抽象出来，从劳动、分工、需要、交换价值等等这些简单的东西上升到国家、国际交换和世界市场的各种经济学体系就开始出现了。[①]

马克思批评了这种研究方法。他区分了两个不同的"具体"概念：一个是作为感性直观对象的"具体"，如上面提到的人口、民族、国家、若干国家等。显然，把这样的"具体"作为研究的出发点并不是政治经济学研究的科学的方法，因为这样的"具体"是无限复杂的，本质的关系和非本质的关系交织在一起。如果从这样的"具体"出发，从中分离出分工、货币、价值等抽象的规定，那么，人们对这些"抽象"概念也会把握不准的。假如再在这种"从具体上升到抽象"的方法的引导下形成经济学体系，这样的体系也是不可能成为科学的体系的。另一个是作为思维综合结果的"具体"。这一"具体"不是研究的起点，而是研究的结果。马克思解释道：

> 后一种方法显然是科学上正确的方法。具体之所以具体，因为它是许多规定的综合，因而是多样性的统一。因此它在思维中表现为综合的过程，表现为结果，而不是表现为起点，虽然它是实际的起点，因而也是直观和表象的起点。在第一条道路上，完整的表象蒸发为抽象的规定；在第二条道路上，抽象的规定在思维行程中导

---

① 《马克思恩格斯全集》第 46 卷(上)，人民出版社 1979 年版，第 38 页。

致具体的再现。①

显而易见，马克思所说的第二种方法作为思维综合结果的"具体"，乃是"思想具体"，而第一种方法作为起点的"具体"乃是"感性直观上的具体"。马克思所主张的第二种方法中的"具体"乃是第一种方法中的"具体"在思想上的"再现"。马克思把第二种方法概括为"从抽象上升到具体的方法"。按照这种方法，应该先研究抽象的、片面的规定，如商品、货币、价值、资本、生产、交换、分配、消费等，通过对这些抽象的规定之间的本质联系的探索，上升到对整个资本主义社会经济这一有机整体的把握。事实上，马克思在《大纲》和后来的《资本论》中对政治经济学的研究都贯彻了这种"从抽象上升到具体的方法"。

作为这种方法的补充，正如我们在前面已经指出过的那样，马克思在《大纲》中还提出了另一个方法论的原则，即"人体解剖对于猴体解剖是一把钥匙"。马克思这样写道：

> 资产阶级社会是历史上最发达的和最复杂的生产组织。因此，那些表现它的各种关系的范畴以及对于它的结构的理解，同时也能使我们透视一切已经覆灭的社会形式的结构和生产关系。……人体解剖对于猴体解剖是一把钥匙。……因此，资产阶级经济为古代经济等等提供了钥匙。但是，决不是象那些抹杀一切历史差别、把一切社会形式都看成资产阶级社会形式的经济学家所理解的那样。人们认识了地租，就能理解代役租、什一税等等。但是不应该把它们等同起来。②

显而易见，马克思这里倡导的这种"逆溯法"似乎与达尔文的进化论正好

---

① 《马克思恩格斯全集》第 46 卷（上），人民出版社 1979 年版，第 38 页。
② 同上书，第 43 页。

相反。对于进化论来说，它的方法论原则是，只有先了解过去的简单的、甚至是单细胞生物的结构，人们才可能理解更高级的生物，乃至高等动物的生理结构。而马克思关于"人体解剖对于猴体解剖是一把钥匙"这句名言所主张的乃是一种相反的研究方法，即先了解高级形态的事物的结构，再返观低级形态的事物的结构。按照这种方法，只有理解现在，才能解释过去。事实上，马克思后来在《资本论》的"第一版序言"中也做过类似的说明：

> 已经发育的身体比身体的细胞容易研究些。①

当然，马克思也强调，在这种以现在为出发点而对过去做回溯性研究的方法中，不能简单地从现在的观点出发去改铸过去的事实和观点，更不能任意地抹杀现在和过去之间存在的历史差异。事实上，马克思本人在《大纲》中也是先致力于对现代资本主义社会的研究，再倒溯回去研究"资本主义生产以前的各种形式"的。

第二，马克思对异化问题的新论述。如果说，在《詹姆士·穆勒〈政治经济学原理〉一书摘要》和《手稿》中，马克思还是偏重于从道德评价优先的角度出发来谴责资本主义社会的异化现象，那么，在他创立了历史唯物主义理论以后，则偏重于从历史评价优先的角度出发来评价异化现象。② 在《大纲》中，当马克思谈到全面发展的个人是历史的产物，而不是自然的产物时，写道：

> 要使这种个性成为可能，能力的发展就要达到一定的程度和全面性，这正是以建立在交换价值基础上的生产为前提的，这种生产才在产生出个人同自己和同别人的普遍异化的同时，也产生出个人

---

① 马克思：《资本论》第 1 卷，人民出版社 1975 年版，第 8 页。
② 参阅俞吾金：《从"道德评价优先"到"历史评价优先"——马克思异化理论发展中的视角转换》，《中国社会科学》2003 年第 2 期。

关系和个人能力的普遍性和全面性。①

按照马克思的看法，如果人们站在道德评价优先的立场上，就会发现，资本主义社会中存在的异化现象首先应该受到强烈的道德谴责。但是，假如人们站在历史评价优先的立场上，就会发现，异化现象首先应该在历史上得到肯定，尽管异化造成了种种消极的社会效应，但它同时又为个人的自由和个性的全面发展创造了物质条件。事实上，没有资本主义社会的普遍异化所提供的历史条件，个人的自由和个性的全面发展根本上是不可能的。在这个意义上，历史唯物主义主张全面地看待资本主义社会的异化现象：先从历史评价的角度出发，肯定异化现象的出现是不可避免的，是有积极的历史意义的；再从道德评价的角度出发，谴责异化现象中劳动者所处的不公正待遇。我们应该记住马克思下面的论述：

> 在资本对雇佣劳动的关系中，劳动即生产活动对它本身的条件和对它本身的产品的关系所表现出来的极端的异化形式，是一个必然的过渡点，因此，它已经自在地、但还只是以歪曲的头脚倒置的形式，包含着一切狭隘的生产前提的解体，而且它还创造和建立无条件的生产前提，从而为个人生产力的全面的、普遍的发展创造和建立充分的物质条件。②

马克思在《大纲》中关于异化问题的诸多重要的论述表明，成熟时期的马克思不但没有像正统的阐释者们所认为的那样抛弃异化理论，反而对这一理论做出了更全面、更深刻的阐述。

第三，马克思对价值理论的重要发展。与《詹姆士·穆勒〈政治经济学原理〉一书摘要》比较起来，《大纲》对价值问题的论述更为深入、更为

---

① 《马克思恩格斯全集》第 46 卷(上)，人民出版社 1979 年版，第 108—109 页。
② 同上书，第 520 页。

细致了。马克思明确地指出：

> 商品的价值和商品本身不同。商品仅仅在交换（实际的或想象
> 的）中才是价值（交换价值）：价值不仅是商品的一般交换能力，而
> 且是它的特有的可交换性。价值同时是一种商品交换其他商品的比
> 例的指数，是这种商品在生产中已经换到其他商品（物化劳动时间）
> 的比例的指数；价值是量上一定的可交换性。……作为价值，一切
> 商品在质上等同而只在量上不同，因此可以互相计量，可以按一定
> 的量的比例相替换（相交换，可以互相兑换）。①

其实，当马克思说"商品的价值和商品本身不同"时，也就等于说，商品
的价值与商品的使用价值是无涉的。使用价值关涉到商品的特殊性和具
体性，相反，价值关涉到商品在交换中的普遍性和抽象性。所谓"普遍
性"就是普遍的可交换性，即一种商品可以和任何其他的商品交换；所
谓"抽象性"是指价值只与商品的抽象的量有关，而与商品的具体的质无
关。在马克思看来，商品的价值实际上也就是商品的交换价值：

> 商品作为交换价值的一切属性，在货币上表现为和商品不同的
> 物，表现为和商品的自然存在形式相脱离的社会存在形式。②

这就是说，价值不是自然关系，而是社会关系。马克思还告诉我们：

> 价值是由客体化的劳动时间决定的，而不管劳动时间以怎样的
> 形式客体化。③

---

① 《马克思恩格斯全集》第 46 卷（上），人民出版社 1979 年版，第 84 页。
② 同上书，第 90 页。
③ 《马克思恩格斯全集》第 46 卷（下），人民出版社 1980 年版，第 26 页。

也就是说，商品的价值量取决于生产它的劳动时间。在这个意义上可以说，价值也就是劳动物化在商品中的时间量。马克思还进一步阐明了价值和剩余价值之间的差别：

> 价值只是物化劳动，而剩余价值(资本的价值增殖)只是超过再生产劳动能力所必需的那部分物化劳动而形成的余额。①

其实，正是通过剩余价值的概念，马克思深刻地揭露了资本主义剥削的实质。

第四，马克思对资本理论作了更深入的阐发。首先，马克思从历史唯物主义的立场出发，对资本的历史作用作了肯定性的描述：

> 只有资本才创造出资产阶级社会，并创造出社会成员对自然界和社会联系本身的普遍占有。由此产生了资本的伟大的文明作用；它创造了这样一个社会阶段，与这个社会阶段相比，以前的一切社会阶段都只表现为人类的地方性发展和对自然的崇拜。……资本按照自己的这种趋势，既要克服民族界限和民族偏见，又要克服把自然神化的现象，克服流传下来的、在一定界限内闭关自守地满足于现有需要和重复旧生活方式的状况。资本破坏这一切并使之不断革命化，摧毁一切阻碍发展生产力、扩大需要、使生产多样化、利用和交换自然力量和精神力量的限制。②

在马克思看来，资本创造了人类的"伟大文明"，它的革命作用体现在对一切阻碍生产力发展的状态的破坏中。如果说，一切以前的所有制形式都使人类较大部分注定成为纯粹的劳动工具，从而使历史、政治、艺术

---

① 《马克思恩格斯全集》第 46 卷(上)，人民出版社 1979 年版，第 379 页。
② 同上书，第 393 页。

和科学的发展只有在上层社会内部才能实现的话，那么，资本却与此不同，它试图掌握历史的进步来为财富服务。其次，马克思指出，在生产、流通、交换、消费等不同的领域里，资本始终是以主体的方式出现的，始终充满着生命的活力，"但是，资本只有当它象像吸血鬼一样，不断地吸吮活劳动作为自己的灵魂的时候，才获得这样的能力"①。这就启示我们，资本的欲望乃是自身价值的不断增殖，而这种不断增殖要成为可能，资本就必须进入生产过程，通过对工人的活劳动的吸吮，以获得存在和发展的原动力。也就是说，工人在剩余劳动时间中所创造的剩余价值，构成资本的本质。最后，马克思启示我们，资本不是物，而是社会生产关系。他告诫我们：

> 诚然，社会主义者说：我们需要的是资本，而不是资本家。在这种情况下，资本被看作纯粹的物，而不是被看作生产关系，这种生产关系的自身反映恰恰就是资本家。②

在马克思看来，社会主义者的这个观点是十分荒谬可笑的。诚然，人们可以使资本与某个或某些资本家分离，但它不可能与一切资本家分离，因为资本家不是别的，他正是相应的生产关系的自身反映，是人格化的资本，而一种生产关系的存在是不依个人的主观意志为转移的。

第五，马克思提出了三大社会形态理论。通过对人类社会发展历史和国民经济学的深入研究，马克思发现：

> 人的依赖关系（起初完全是自然发生的），是最初的社会形态，在这种形态下，人的生产能力只是在狭窄的范围内和孤立的地点上发展着。以物的依赖性为基础的人的独立性，是第二大形态，在这

---

① 《马克思恩格斯全集》第 46 卷（下），人民出版社 1980 年版，第 153 页。
② 《马克思恩格斯全集》第 46 卷（上），人民出版社 1979 年版，第 262 页。

种形态下，才形成普遍的社会物质变换，全面的关系，多方面的需求以及全面的能力的体系。建立在个人全面发展和他们共同的社会生产能力成为他们的社会财富这一基础上的自由个性，是第三个阶段。第二个阶段为第三个阶段创造条件。①

在这段极为重要的论述中，我们可以引申出如下的结论：其一，马克思所说的三大社会形态包含以下三个发展阶段——以自然血缘关系为基础的人的依赖关系、以物的依赖性为基础的人的独立性、建立在个人全面发展基础上的自由个性。一般说来，不论我们考察的是哪个文明，它都无法跳过这三个阶段中间的任何一个。其二，"以物的依赖性为基础的人的独立性"这一历史发展阶段对应的是市场经济，尤其是资本主义的市场经济模式。尽管作为异化的物化构成资本主义市场经济中的普遍现象，但在马克思看来，没有这种普遍的异化现象，个人能力和关系的全面发展是不可能的。正是在这个意义上，他告诉我们："第二个阶段为第三个阶段创造条件。"其三，在第三个阶段，即共产主义社会中，马克思强调的是"个人全面发展"和"自由个性"，而不是像苏联、东欧和中国的马克思哲学教科书里所说的"人的全面发展"。正如我们在前面已经指出过的那样，处于任何历史时期中的人都能被称为"人"，却不一定能被称为"个人"，因为马克思所说的"个人"乃是现代社会的独有的产物。正是在《大纲》中，马克思十分明确地指出：

> 我们越往前追溯历史，个人，从而也是进行生产的个人，就越表现为不独立，从属于一个较大的整体：最初还是十分自然地在家庭和扩大成为氏族的家庭中；后来是在由氏族间的冲突和融合而产生的各种形式的公社中。只有到十八世纪，在"市民社会"中，社会联系的各种形式，对个人说来，才只是表现为达到他私人目的的手

---

① 《马克思恩格斯全集》第 46 卷（上），人民出版社 1979 年版，第 104 页。

段，才表现为外在的必然性。但是，产生这种孤立个人的观点的时代，正是具有迄今为止最发达的社会关系（从这种观点看来是一般关系）的时代。①

在马克思看来，"个人"是在 18 世纪的市民社会中才开始形成和发展起来的，而他所描绘的共产主义则必须以这样的"个人"，而不是泛泛而论的、与一切历史阶段相分离的、抽象的"人"为前提。总之，三大社会形态理论的阐发乃是《大纲》的卓越的理论贡献之一。它对我们探索人类社会的未来发展趋势具有无法估量的意义。

第六，马克思对资本主义以前的所有制形式，尤其是对亚细亚的所有制形式的本质特征的揭示。按照马克思的看法，资本主义雇佣劳动是以资本对活劳动的吸吮作为前提的，而活劳动要能够被工业资本利用，劳动者就必须脱离土地这个"天然的实验场"。这就启示我们，只有现代资本主义的雇佣劳动才能够使劳动者与天然的土地分离。换言之，马克思所说的资本主义以前的各种所有制形式都是以人与土地的天然联系为前提的。然而，在马克思看来，在前资本主义的、人与土地联系的漫长的发展过程中，仍然可以区分出三种不同的所有制形式。

最早的是"亚细亚的所有制形式"。必须注意，马克思这里所说的"亚细亚的所有制形式"实际上包含着以下两种不同的含义：一是专指亚细亚这个地域范围内曾经在历史上存在过的部落或公社的形式，我们不妨把这个含义理解为"狭义的亚细亚所有制形式"；二是指在世界历史范围内曾经存在过的、类似性质的部落或公社，我们不妨把这个含义理解为"广义的亚细亚所有制形式"。毋庸讳言，在马克思的论述中，这两种含义是交织在一起的。当然，既然他把人类历史上曾经存在过的这一发展阶段称为"亚细亚的所有制形式"，这就表明，这一阶段的本质特征在亚细亚地域中表现得最为典型。马克思写道：

---

① 《马克思恩格斯全集》第 46 卷（上），人民出版社 1979 年版，第 21 页。

在亚细亚的(至少是占优势的)形式中，不存在个人所有，只有个人占有；公社是真正的实际所有者；所以，财产只是作为公共的土地财产而存在。①

在马克思看来，尽管在古代亚细亚存在着东方专制制度，但公社仍然是土地财产的实际所有者。

接下去的是"古代的所有制形式"。这种所有制形式在古代希腊、罗马的城邦制度中获得了典型的表现。它与亚细亚的所有制形式既有联系，又有差别：

所有制的第二种形式——它也象第一种形式一样，曾经在地域上、历史上等等发生一些重要的变化——是原始部落更为动荡的历史生活、各种遭遇以及变化的产物，它也要以共同体作为第一个前提，但不象在第一种情况下那样：共同体是实体，而个人则只不过是实体的附属物，或者是实体的纯粹天然的组成部分。这第二种形式不是把土地作为自己的基础，而是把城市即已经建立起来的农村居民(土地所有者)的居住地(中心地点)作为自己的基础。在这里，耕地表现为城市的领土；不[象在第一种形式中那样]村庄表现为土地的单纯附属物。②

这种由家庭组成的公社是按军事方式组织起来的。住宅之所以集中于城市，就是为必要的军事行动——与其他共同体之间的战争提供基础。而"公社财产——作为国有财产，公有地——在这里是和私有财产分开的。在这里，单个人的财产不象在第一种情况下那样，本身直接就

---

① 《马克思恩格斯全集》第 46 卷(上)，人民出版社 1979 年版，第 481 页。
② 同上书，第 474—475 页。

是公社财产，在第一种情况下，单个人的财产并不是同公社分开的个人的财产，相反，个人只不过是公社财产的占有者"①。如果说，在亚细亚的所有制形式中只有公社财产，而无个人私有财产，那么，在古代的所有制形式中，既存在着公社的财产，特别是公有地，也存在着由个人组成的家庭和私有财产。在马克思看来，在这种所有制形式中，尽管存在着私有财产，但私有财产还没有获得充分发展自己的动力机制。因为个人被置于这样一种谋生的条件下，其目的不是发财致富，而是自给自足，满足于把自己作为公社成员和小块土地的所有者再生产出来，而全体成员的剩余时间则属于公社，属于公有地的耕作或战争事业，等等。

最后是"日耳曼的所有制形式"。在日耳曼人那里，各个家长住在森林中，彼此相隔很远的距离。尽管他们的自在的统一体现在彼此的家世渊源、语言、共同的过去和历史等因素中，但作为公社成员，只存在于每次集会的形式中。因此，确切地说，公社只是表现为土地所有者的联合，而不是共同体。尽管他们也有一种不同于个人财产的公有地，但性质和作用却完全不同于前两种所有制形式：

> 在日耳曼人那里，公有地只是个人财产的补充，并且只有在必须把它当作一个部落的共同占有物来保卫，使之免遭敌对部落侵犯的情况下，它才表现出是财产。不是个人财产表现为以公社为媒介，恰好相反，是公社的存在和公社财产的存在表现为要以他物为媒介，也就是说，表现为独立主体互相之间的联系。实质上，每一个单独的家庭就是一个经济整体，它本身单独地构成一个独立的生产中心(工业只是妇女的家庭副业等等)。②

按照马克思的观点，尽管在日耳曼的所有制形式中，家庭作为独立的经

---

① 《马克思恩格斯全集》第46卷(上)，人民出版社1979年版，第475页。
② 同上书，第481页。

济主体和私有财产一起，起着越来越重要的作用，作为实体形式的公社实际上已经处于解体的过程中，只有在每一次的集会上才表现出不同家庭之间的某种统一性，但总的说来，就像马克思所说的，它和前两种所有制形式一样，具有如下的特征：

> 土地财产和农业构成经济制度的基础，因而经济的目的是生产使用价值，是在个人对公社(个人构成公社的基础)的一定关系中把个人再生产出来。①

如果说，资本主义的雇佣劳动是以交换价值为生产目的的，那么，资本主义以前的所有制形式则本质上是以使用价值为生产目的的。也就是说，他们满足于自给自足。而在所有这些资本主义以前的所有制形式中：

> 亚细亚形式必然保持得最顽强也最长久。这取决于亚细亚形式的前提：即单个人对公社来说不是独立的，生产的范围仅限于自给自足，农业和手工业结合在一起，等等。②

不用说，马克思对资本主义以前的所有制形式的论述不仅丰富了历史唯物主义理论的内涵，而且也为我们认识资本主义以前的人类社会提供了一把钥匙，尤其是马克思关于东方社会和亚细亚所有制形式的观点，对于我们深入认识东方社会的发展规律，用以指导当前的现代化建设，具有重大的指导意义。

四、《民族学笔记》(以下简称《笔记》)

马克思的《民族学笔记》写于 1879—1881 年，是晚年马克思留下的

---

① 《马克思恩格斯全集》第 46 卷(上)，人民出版社 1979 年版，第 482—483 页。
② 同上书，第 484 页。

最重要的思想资源之一。《笔记》由以下五个摘要组成：《马·柯瓦列夫斯基〈公社土地占有制，其解体的原因、进程和结果〉(第一册，1879 年莫斯科版)一书摘要》《路易斯·亨·摩尔根〈古代社会〉一书摘要》《亨利·萨姆纳·梅恩〈古代法制史讲演录〉(1875 年伦敦版)一书摘要》《约·拉伯克〈文明的起源和人的原始状态〉(1870 年伦敦版)一书摘要》《约·布·菲尔〈印度和锡兰的雅利安人村社〉一书摘要》。前四个摘要均已收入《马克思恩格斯全集》中文版第 45 卷。这一卷于 1985 年由人民出版社翻译出版，它译自 1968 年开始出版的《马克思恩格斯全集》俄文第二版补卷(即第 40 卷至第 50 卷中对应的第 45 卷)。第五个摘要被收入中央编译局的《马列主义研究资料》1987 年第 1 期(人民出版社 1987 年 3 月版)中。所有这些摘要的原件都收藏在阿姆斯特丹的社会历史研究所内。美国人类学家克拉德(L. Krader)在该所的合作下，于 1972 年首次以原文编辑、出版了《卡尔·马克思的民族学笔记》一书，但未收入上述五个摘要中的第一个摘要。上面提到的中央编译局出版的《马列主义研究资料》1987 年第 1 期中收入的第五个摘要译自克拉德的《卡尔·马克思的民族学笔记》一书。在马克思晚年的《民族学笔记》中，下面的思想值得引起我们高度的重视。

第一，深化了对氏族公社解体过程的研究。马克思民族学研究的重心始终落在对原始公社解体过程的研究和对不同地域的氏族公社解体过程的差异的解析上。在《马·柯瓦列夫斯基〈公社土地占有制，其解体的原因、进程和结果〉(第一册，1879 年莫斯科版)一书摘要》中，马克思结合柯瓦列夫斯基的著作，描绘了原始公社解体的一般过程：

(1) 最初是实行土地共同所有制和集体耕种的氏族公社；

(2) 氏族公社依照氏族分支的数目而分为或多或少的家庭公社(土地所有权的不可分割性和土地的共同耕作制在这里最终消失了)；

(3) 由继承权，即由亲属等级的远近来确定相应的份地；

(4) 份地的不均等表明了不同的家庭在耕地的实际占有上的差异(这种差异引起了一些家庭的不满和反对);

(5) 公社确立起土地或长或短定期重分的制度(在不断重分的过程中,宅院、耕地和草地逐步成为私有财产,家庭也越来越演化为现代意义上的私人的个体家庭了)。①

当然,这里描述的只是氏族公社在一般情况下的解体过程。显然,在不同的地域和文明中,这种解体过程与新的社会制度的形成存在着非常大的差异。所以,当柯瓦列夫斯基引入欧洲社会演化中的"封建主义"的概念来分析印度氏族公社解体后的发展趋向时,马克思立即对他的错误观点做出了如下的批评:

> 由于在印度有"采邑制""公职承包制"(后者根本不是封建主义的,罗马就是证明)和荫庇制,所以柯瓦列夫斯基就认为这是西欧意义上的封建主义。别的不说,柯瓦列夫斯基忘记了农奴制,这种制度并不存在于印度,而且它是一个基本因素。②

在马克思看来,在不同的地域,对不同的人类文明来说,存在着不同的发展路向,绝不能把欧洲社会历史演化的进程简单地用来分析非欧社会,特别是东方社会。同样地,当菲尔把印度的村社理解为欧洲式的、封建主义的村社时,马克思也提出了严肃的批评:

> 菲尔这个蠢驴把村社的结构叫作封建的结构。③

---

① 《马克思恩格斯全集》第45卷,人民出版社1985年版,第242—243页。
② 同上书,第283—284页。
③ 参阅马克思:《约·布·菲尔〈印度和锡兰的雅利安人村社〉一书摘要》,见中央编译局:《马列主义研究资料》1987年第1辑,第16页。

尽管在《笔记》中马克思没有使用"亚细亚的所有制形式"这样的表达方式，但这并不意味着马克思已经放弃了这样的提法。实际上，马克思深化了对"亚细亚的所有制形式"的研究。马克思在1881年2月底到3月初致维·伊·查苏利奇的《复信草稿——三稿》中谈到亚细亚式的农业公社时曾经写道：

> 农业公社既然是原生的社会形态的最后阶段，所以它同时也是向次生的形态过渡的阶段，即以公有制为基础的社会向以私有制为基础的社会的过渡。不言而喻，次生的形态包括建立在奴隶制上和农奴制上的一系列社会。①

也就是说，晚年马克思更倾向于从动态的角度，而不是从静态的角度，去看待亚细亚的所有制形式。我们这里说的"动态的角度"，意思就是说，晚年马克思进一步把亚细亚的所有制形式理解为氏族公社从原生态向次生态演化的动态过程。

第二，探索了作为现代社会细胞的家庭的演化史。众所周知，家庭史的研究始于德国人类学家巴霍芬的重要著作《母权论》（1861）。这部著作的伟大贡献是，揭示出原始社会中存在过群婚的状态，因而世系只能从母方加以确定，从而导致了母权制的产生。马克思肯定了巴霍芬的这一功绩，他在摩尔根《古代社会》中关于原始群生活的段落边写下了这样的评语：

> 在这里只有母权能够起某种作用。②

但马克思也严厉地批评了巴霍芬用现代文明人的家庭观念去评价原始人

---

① 《马克思恩格斯全集》第19卷，人民出版社1963年版，第450页。
② 《马克思恩格斯全集》第45卷，人民出版社1985年版，第338页。

的家庭观念时所持的实用主义态度：

> 如果巴霍芬认为这种普那路亚家庭是"非法的"，那么，那一时代的人也许要认为今日从兄弟姐妹或表兄弟姐妹之间结婚，近的和远的，大多数都是血亲婚配，正如亲兄弟和亲姐妹之间结婚一样。①

在马克思看来，巴霍芬的《母权论》的优点和弱点均未引起同时代人的充分关注。比如，梅恩既不了解巴霍芬的《母权论》，也没有认真研究过摩尔根在这方面的重要著作，以至于竟把印度现存的私人家庭看作原始氏族发展的基础。至于拉伯克则强化了巴霍芬的弱点，竟把文明人的淫婚或卖淫和原始人的群婚等同起来了。马克思认为，只有摩尔根的《古代社会》一书才使家庭史的叙述上升为一门科学。在巴霍芬的影响下，摩尔根经过多年的实地考察，确定了原始的母权制氏族是一切文明民族的父权制氏族以前的阶段。这一重大的发现使摩尔根得以首次描绘出家庭史的略图：从杂乱性交关系中发展出来的第一种家庭形式是血缘家庭；第二种家庭形式是普那路亚家庭；第三种家庭形式是氏族与氏族之间的婚姻中产生的对偶家庭；第四种家庭形式是父权制家庭；第五种家庭形式是与文明时代相适应的专偶制家庭。摩尔根推断说，既然家庭形式随社会的变化而变化，那么，随着人类文明的发展，家庭形式也可能发生新的变化。马克思特别关注专偶婚制的起源和实质，他写道：

> 傅立叶认为专偶婚制和土地私有制是文明时代的特征。现代家庭在萌芽时，不仅包含着 Servitus（奴隶制），而且也包含着农奴制，因为它从一开始就是同田野耕作的劳役有关的。它以缩影的形式包

---

① 《马克思恩格斯全集》第 45 卷，人民出版社 1985 年版，第 565 页。

含了一切后来在社会及其国家中广泛发展起来的对抗。①

在马克思看来，专偶家庭这种家庭形式不仅构成文明社会的细胞，而且也是其全部对抗和冲突得以发展起来的一个缩影。马克思也赞同摩尔根的观点，不把这种家庭形式视为"永恒的"，而是肯定它是一种历史的形式。

第三，考察了古代社会的财产关系。摩尔根十分重视财产及其财产制度在人类发展中的重要作用。他认为：

> 无论怎样高度估计财产对人类文明的影响，都不为过甚。财产曾经是把雅利安人和闪米特人从野蛮时代带进文明时代的力量。②

在摩尔根看来，所有的管理机关和法律制度的建立主要是为了保护财产。马克思摘录了摩尔根这方面的许多论述，也十分关注对氏族公社解体过程中的财产关系和相关的法律制度的研究，并肯定当时氏族内部和外部的许多冲突是由财产关系的差异或变更而引起的。马克思写道：

> 不管地域如何：同一氏族中的财产差别使氏族成员的利益的共同性变成了他们之间的对抗性；此外，与土地和牲畜一起，货币资本也随着奴隶制的发展而具有了决定的意义。③

事实上，在氏族公社中，除了土地是公共的财产之外，由于考虑到庆典、祭祀、狩猎等公共事业的需要，也有不少财产必须以公共财产的方式存在。然而，随着经济的发展和氏族公社的逐步解体，公共财产也渐渐地转移到氏族首领的手中。而在氏族公社演化为家庭公社以后，在古

---

① 《马克思恩格斯全集》第45卷，人民出版社1985年版，第366页。
② 同上书，第377页。
③ 同上书，第522页。

代印度，家庭财产也逐步从不可析分转化为可以析分，而在这个过程中，僧侣发挥了重要的作用。马克思认为，与摩尔根的《古代社会》一样，柯瓦列夫斯基的《公社土地占有制》的一个卓越之处，是注意到了印度僧侣通过接受施与，推进了财产私有化的过程。马克思为此评论道：

> 所以，僧侣贼徒（pack）在家庭财产个体化的过程中起着主要作用。①

此外，马克思还激烈地批评了殖民主义者在加速土著部落或农村公社的土地和其他财产私有化过程中所起的粗暴的、恶劣的作用。马克思寓意深刻地指出，随着私有财产的形成和氏族公社的瓦解："一切人反对一切人的战争开始了。"②

第四，探讨了古代管理机构的演化。马克思认为，对古代社会的管理机构和权力的演化做出了比较科学的说明的，仍然是摩尔根。因此，他大量摘录了摩尔根相关方面的论述。摩尔根通过深入的研究指出，人类最古老的社会组织是氏族、胞族和部落。在这些社会组织中，氏族是基础，氏族的主要权力机构是氏族会议，它讨论涉及氏族整体利益的大问题，并有权选举和罢免酋长、酋帅；酋长处理和平时期的事务，酋帅则领导军事行动；酋长和氏族发生关系，酋帅则和部落发生关系。在原始部落中，酋长会议是最高的管理机关，在野蛮时期低级阶段的部落联盟出现后，产生了酋长会议和最高军事首长平行并列的管理机关。前者执掌民权，后者执掌军务，以指挥几个部落联合作战。马克思认为，最高军事首长这一职位的设立，并使之永久化，乃是人类历史上一个"不可避免的不幸的"大事。由于民政权力与军事权力的分离，管理机关发生了根本性的变化：前者后来成了奴隶社会的最高行政长官的雏形，后

---

① 《马克思恩格斯全集》第 45 卷，人民出版社 1985 年版，第 258 页。
② 同上书，第 304 页。

者则演化为后来的国王。马克思联系财产和家庭形式的变化，说明了人类社会从氏族管理机关发展到国家的必然性。国家看来是独立的、至高无上的，但在马克思看来，这不过是一种假象，因为国家的形成是离不开一定的经济条件的，"这种条件是国家赖以建立的基础，是它的前提"①。从而也表明，一旦社会经济的发展达到了迄今尚未达到的阶段，国家也会自然地消亡。马克思在批判地分析摩尔根的《古代社会》和梅恩的《古代法制史讲演录》的基础上，全面地阐述了国家理论，尤其是国家的起源和实质的理论。

综上所述，马克思晚年的《笔记》不仅打开了新的研究领域，极大地丰富了历史唯物主义的内涵，而且也阐述了非欧社会，特别是东方社会与欧洲社会发展的不同的路向，从而为东方社会的发展指明了方向。

第二节　遗著的新读

众所周知，马克思生前也留下了一些未发表的遗著。这些著作原来都是打算出版的，但或许是由于马克思的研究兴趣的转移，或许是由于问题本身已经被弄清楚了，或许是由于没有足够的时间对已完成的著作进行修改和润色，或许是因为出版方面的障碍，总之，由于各种原因，这些遗著在马克思生前没有问世。尽管它们当时没有被出版，但这不意味着它们是不重要的。事实上，马克思的这些遗著无一例外地具有重要的学术价值。我们下面着重论述马克思的三部遗著。

一、《德谟克利特的自然哲学与伊壁鸠鲁的自然哲学的差别》

马克思的博士论文《德谟克利特的自然哲学与伊壁鸠鲁的自然哲学的差别》写于 1840 年下半年到 1841 年 3 月，经过删节被收入《卡尔·马克思、弗里德里希·恩格斯及斐迪南·拉萨尔的遗著》并第一次于 1902

---

① 《马克思恩格斯全集》第 45 卷，人民出版社 1985 年版，第 647 页。

年公开出版于斯图加特。全文公开发表于 1927 年的《马克思恩格斯全集》国际版第 1 部分第 1 卷第 2 分册。也就是说，恩格斯生前没有接触过马克思的这篇博士论文。如果列宁没有读过 1902 年出版的《卡尔·马克思、弗里德里希·恩格斯及斐迪南·拉萨尔的遗著》的话，他也不可能了解马克思的这篇博士论文。当青年马克思撰写博士论文时，作为一个青年黑格尔主义者，他在思想上仍然深受黑格尔的影响。如前所述，在《哲学史讲演录》中，黑格尔把斯多葛派、伊壁鸠鲁派和怀疑派哲学都理解为自我意识哲学，马克思接受了黑格尔的这一观点，并追随布·鲍威尔，弘扬自我意识哲学。尽管青年马克思的思想立场还从属于黑格尔式的思辨唯心主义，但已有一些重要的见解被提了出来，而这些见解对于理解马克思思想的发展来说具有不可低估的意义。

第一，马克思恢复了伊壁鸠鲁哲学的历史地位。长期以来，由于哲学史家们受到西塞罗和普罗塔克的影响，把伊壁鸠鲁的自然哲学看作对德谟克利特的自然哲学的简单重复，甚至看作剽窃。马克思认为，有必要通过对他们的自然哲学之间的差别的说明来为伊壁鸠鲁正名：

> 我选择了伊壁鸠鲁的自然哲学对德谟克利特的自然哲学的关系作为这样一个例子。我并不认为这是一个最适当的出发点。因为，一方面人们有一个根深蒂固的旧偏见，即把德谟克利特的物理学和伊壁鸠鲁的物理学等同起来，并把伊壁鸠鲁所作的改变看作只是一些随心所欲的臆造；另一方面，就某些细节来说，我又不得不去作一些看起来好像是咬文嚼字的琐事。但是，正因为这种偏见是和哲学的历史同样的古老，而二者间的判别又极其隐蔽，好象只有用显微镜才能发现它们，——所以尽管德谟克利特的物理学和伊壁鸠鲁的物理学之间有着联系，但是指出存在于它们之间的极其细微的本质差别就显得特别重要了。①

① 《马克思恩格斯全集》第 40 卷，人民出版社 1982 年版，第 195—196 页。

马克思通过自己的深入研究发现，在德谟克利特和伊壁鸠鲁的自然哲学之间存在着一系列的重要的差别。如前者肯定必然性，后者则肯定偶然性；前者主张原子在虚空中做直线下坠运动，而后者则提出了"原子偏斜说"；前者重视理性，后者则重视感性；等等。马克思还在前人研究成果的基础上指出：

> 德谟克利特只是从原子特性与现象世界的差别的形成的关系上来考察原子的特性的，而不是从原子本身来考察的。此外还可以看出，德谟克利特并没有把重量当作原子的一种本质特性提出来。①

而马克思则通过对德谟克利特和伊壁鸠鲁自然哲学之间的重要差别，尤其是原子在重量上的差别的揭示，说明了伊壁鸠鲁的"原子偏斜说"的理论依据，从而证明他是一位富有独创性的哲学家。这就从哲学史上恢复了伊壁鸠鲁自然哲学所应有的历史地位和作用。②

第二，马克思肯定了伊壁鸠鲁哲学的原则是自我意识。在马克思看来，原子不外是个别的自我意识的自然形式，而感性的自然也不外是客观化了的、经验的自我意识。在这个意义上，原子之间的排斥则是自我意识的最初形式，而伊壁鸠鲁的"原子偏斜说"改变了原子王国的整个内部结构，从而表明，他最先以感性的方式理解了排斥的本质。围绕着自我意识这个要点，马克思进一步阐明了伊壁鸠鲁的自然哲学同德谟克利

---

① 《马克思恩格斯全集》第 40 卷，人民出版社 1982 年版，第 220 页。

② 艾思奇主编的《辩证唯物主义 历史唯物主义》一书认为："希腊古代唯物主义发展的最高形式，是德谟克利特的原子论学说。他认为，万物都是由微小不可分的原子构成的，不同形状和不同重量的原子构成不同的事物。"（艾思奇主编：《辩证唯物主义 历史唯物主义》，人民出版社 1961 年版，第 9 页。）在艾思奇看来，德谟克利特已经认识到原子具有"不同重量"。显然，他把伊壁鸠鲁的原子论同德谟克利特的原子论混淆起来了。也就是说，他重新退回到马克思博士论文之前去了。（参阅俞吾金：《纠正一个理论错误》，《学术月刊》1982 年第 9 期。）

特的自然哲学的差别：

> 在伊壁鸠鲁那里，原子论及其所有矛盾，作为自我意识的自然
> 科学业已实现和完成，有了最后的结论，而这个在抽象的个别性形
> 式下的自我意识对其自身来说是绝对的原则，是原子论的取消和普
> 遍的东西的有意识的对立物。反之，对于德谟克利特，原子只是对
> 整个自然进行经验研究的一般客观的表现。因此对他说来原子仍然
> 是纯粹的和抽象的范畴，是表示经验的结果的一种假设，而不是经
> 验的推动原则；这种假设因此也仍然没有得到实现，正如真正的自
> 然研究的进一步发展并没有受到它的规定那样。①

按照马克思的看法，既然伊壁鸠鲁通过其"原子偏斜说"的提出，意识到
了自我意识的存在，所以，从一方面看，他完成了原子论，因为他已经
揭示出原子之间的差别和相互之间的排斥性；从另一方面看，他实际上
又取消了原子论，因为在他那里，原子论不再是对物理世界，而是对个
人内心世界的描述。相反，由于德谟克利特的原子论缺乏自我意识的灵
光，所以在他那里，原子只是对外在的物理世界的一种假设。

第三，马克思认同了伊壁鸠鲁哲学对自由的追求。在德谟克利特看
来，一切都是命定的，人们是无法与自己的命运相抗争的。而在伊壁鸠
鲁看来，学习哲学正是为了争取自由，改变命运。当马克思谈到伊壁鸠
鲁在哲学中感到满足和幸福时，随之写道：

> 他说："要得到真正的自由，你必须为哲学服务。凡是倾心降
> 志地献身于哲学的人，他用不着久等，他立即会变得自由，因为服
> 务于哲学本身就是自由。"②

---

① 《马克思恩格斯全集》第 40 卷，人民出版社 1982 年版，第 242—243 页。
② 同上书，第 202 页。

事实上，伊壁鸠鲁倡导的"原子偏斜说"正蕴含着自我意识对自由的向往和追求。所以，马克思在他的博士论文的"笔记四"中这样写道：

> "偏离直线"就是"自由意志"，是特殊的实体，原子真正的质。①

同样地，在博士论文的正文中，马克思也提醒我们注意：

> 因此伊壁鸠鲁哲学的原理不是阿尔谢斯特拉图斯的美食学，象克里齐普斯所臆想的那样，而是自我意识的绝对性和自由，尽管这个自我意识只是在个别性的形式上来理解的。②

在马克思看来，乍看起来，伊壁鸠鲁通过原子的偏斜运动描绘了物理世界的运动和变化，实际上，他内心世界真正思考的问题是个人作为自我意识对自由的追求。他在政治领域里提出著名的"契约说"就是一个明证。

第四，马克思创造性地发挥了伊壁鸠鲁的时间观念。按照德谟克利特和伊壁鸠鲁的哲学观点，既然原子本身是永恒的和独立的，那么，实际上也就是说，他们把时间从原子中排除出去了。马克思认为，在这一点上，他们两个人是一致的，但在把排除出去的时间归到什么地方去这一问题上，他们却存在着不同的看法。在德谟克利特那里，从原子世界中被排除掉的时间，被移置到进行哲学思考的主体的自我意识中去了，从而与世界本身毫不相干了。然而：

> 伊壁鸠鲁却不是这样。从本质世界中排除掉的时间，在他看

---

① 《马克思恩格斯全集》第 40 卷，人民出版社 1982 年版，第 121 页。
② 同上书，第 241 页。

来，就成为现象的绝对形式。时间被规定为偶性之偶性。偶性是一般实体的变化。偶性之偶性是作为自身反映的变化，是作为变换的变换。现象世界的这种纯粹形式就是时间。①

也就是说，在伊壁鸠鲁那里，时间没有被归结为正在进行哲学思考的主体的自我意识，而是被归结为现象世界的纯粹形式。众所周知，现象世界蕴含着两个不同的方面：一方面，它是本质世界，即原子世界的显现；另一方面，这种显现同时又是以主体的感官的感知为前提的。正如马克思所说的：

> 感性和时间的联系表现在：事物的时间性和事物对感官的显现，被设定为本身同一的东西。②

在这个意义上可以说，人的感性就是形体化了的时间，就是感性世界自身的存在着的反映。这也正是伊壁鸠鲁的时间观所要告诉我们的东西。正如马克思所说的：

> 在伊壁鸠鲁给希罗多德的信里，时间是这样被规定的：当被感官知觉到的物体的偶性被认为是偶性时，时间就发生了。因此，自身反映的感性知觉在这里就是时间的源泉和时间本身。③

显而易见，在伊壁鸠鲁那里，时间是现象世界的形式，而现象世界的形成又是以人的感性为前提的，于是，人的感性也就成了时间的源泉。在马克思看来，形象是自然物体的形式，这些形象就像一张表皮一样，不断地从自然物体上脱落下来，侵入人的感官，并作为现象显现出来。因

---

① 《马克思恩格斯全集》第40卷，人民出版社 1982 年版，第 230 页。
② 同上书，第 233 页。
③ 同上书，第 232 页。

此，自然在听觉中听到了它自己，在嗅觉中嗅到了它自己，在视觉中看到了它自己。

> 所以人的感性就是一个媒介，通过这个媒介，犹如通过一个焦点，自然的种种过程得到反映，燃烧起来照亮了现象界。①

由此可见，青年马克思不但赞同伊壁鸠鲁的感性时间观念，而且对其做了富有创意的发挥。但在当时的情况下，马克思还没有进一步把感性理解为人的社会实践活动。然而，马克思后来对实践活动的基本形式——生产劳动中的时间问题的研究与其青年时期的感性时间观念是有内在联系的。②

综上所述，马克思的博士论文《德谟克利特的自然哲学与伊壁鸠鲁的自然哲学的差别》从多方面反映出马克思哲学思考的特点。事实上，马克思成熟时期的许多观点都可以追溯到这部早期的遗著。它的重要性是不言而喻的。

二、《黑格尔法哲学批判》

这是一部未完成的遗著——写于 1843 年 3 月中到 9 月底，它由 39 页手稿组成，每页手稿上均有马克思本人标的罗马数字，但遗著的第 1 页没有被保留下来。这部遗著对黑格尔《法哲学原理》一书的第 261~313 节作了全面的分析和评论。它第一次全文公开发表于《马克思恩格斯全集》1927 年国际版第 1 部分第 1 卷。这部未完成的遗著原来是没有标题的，但编者根据马克思写于 1843 年 10 月中到 12 月中、1844 年 2 月发表于《德法年鉴》的《黑格尔法哲学批判导言》一文，推断出上述遗著的标题应该是《黑格尔法哲学批判》。事实上，按照马克思原来的计划，他打算先在《德法年鉴》上发表《黑格尔法哲学批判导言》，再回过头去完成

---

① 《马克思恩格斯全集》第 40 卷，人民出版社 1982 年版，第 232 页。
② 参阅俞吾金：《马克思时空观新论》，《哲学研究》1996 年第 3 期。

《黑格尔法哲学批判》，并把它付印。但在《德法年鉴》停刊后，马克思放弃了原来的计划。在《1844 年经济学哲学手稿》的"序言"中，马克思曾经简要地谈过当时的想法：

> 我在《德法年鉴》上曾预告要以黑格尔法哲学批判的形式对法学和国家学进行批判。在加工整理准备付印的时候发现，把仅仅针对思辨的批判同针对各种不同材料本身的批判混在一起，十分不妥，这样会妨碍阐述，增加理解的困难。此外，由于需要探讨的题目丰富多样，只有采用完全是格言式的叙述，才能把全部材料压缩在一本著作中，而这种格言式的叙述又会造成任意制造体系的外表。因此，我打算连续用不同的单独小册子来批判法、道德、政治等等，最后再以一本专著来说明整体的联系、各部分的关系并对这一切材料的思辨加工进行批判。①

实际上，马克思上面提到的这个改变了的计划也没有被实现。但无论如何，有一点是可以肯定的，即他最初的计划是把《黑格尔法哲学批判》写成一部著作。我们知道，黑格尔的《法哲学原理》全书共 360 节，由以下三篇组成。第一篇是"抽象的法"，包括"所有权""契约"和"不法"；第二篇是"道德"，包括"故意和责任""意图和福利"和"善和良心"；第三篇是"伦理"，包括"家庭""市民社会"和"国家"。马克思摘录并加以评论的第 261～313 节均在第三篇的"国家"部分，而整个"国家"部分则是第 257～360 节。尽管马克思的遗著《黑格尔法哲学批判》涉及的只是黑格尔《法哲学原理》第三篇中的"国家"中的一部分内容，但马克思做出的相关的评论仍然具有全局性的意义。

　　第一，马克思对家庭、市民社会和国家的真实关系的探索。众所周知，按照黑格尔的国家理论，国家乃是地上的神物，它既是家庭和市民

---

① 《马克思恩格斯全集》第 42 卷，人民出版社 1979 年版，第 45 页。

社会的外在必然性和最高权力，又是它们的内在目的。所谓"外在必然性"和"最高权力"是指，一旦家庭和市民社会的利益与国家发生冲突，就应该无条件地服从国家利益。所谓"内在目的"是指，国家作为一个完美的存在物乃是家庭和市民社会发展的目标。在黑格尔的思辨唯心主义的理解方式和表达方式中，国家这一理念成了主体，而家庭和市民社会则成了谓词，成了从属性的存在物。马克思为此评论道：

> 政治国家没有家庭的天然基础和市民社会的人为基础就不可能存在。它们是国家的 conditio sine qua non〔必要条件〕。但是在黑格尔那里，条件变成了被制约的东西，规定其他东西的东西变成了被规定的东西，产生其他东西的东西变成了它的产品的产品。现实的理念之所以下降为家庭和市民社会的"有限的领域"，只是为了在扬弃它们的同时享有自己的无限性并重新产生这种无限性。①

显然，在黑格尔的以思辨唯心主义为基础的国家理论中，一切都是头足倒置的。此外，黑格尔还论述了市民社会与作为政治社会的国家之间的某种分离的倾向，但他对这种分离趋势的理解仅限于表面。在马克思看来，这种分离的趋势正是现代社会的内在需求。马克思以法国革命为例论证道：

> 只有法国革命才完成了从政治等级到社会等级的转变过程，或者说，使市民社会的等级差别完全变成了社会差别，即没有政治意义的私人生活的差别。这样就完成了政治生活同市民社会分离的过程。②

---

① 《马克思恩格斯全集》第 1 卷，人民出版社 1956 年版，第 252 页。
② 同上书，第 344 页。

后来，在《论犹太人问题》中，马克思进一步论述了市民社会与国家（即政治社会）分离并对立的现象。毫无疑问，马克思对黑格尔关于市民社会和国家理论的研究对他以后思想的发展具有重大的影响。如果说，费尔巴哈是在被直观的自然的基础上来探讨一切问题的，那么，马克思则是在市民社会的基础上来思索一切问题的。

第二，马克思对黑格尔法哲学的神秘主义思想倾向的批判。当马克思读到黑格尔在《法哲学原理》第262节中把家庭和市民社会理解为理念运动中分离出来的两个有限的领域时，忍不住批评道：

> 逻辑的泛神论的神秘主义在这里已经暴露无遗。①

又说：

> 这一节集法哲学和黑格尔全部哲学的神秘主义之大成。②

因为在马克思看来，家庭和市民社会并不是抽象的理念运动的产物，而是现实的主体，是国家得以形成的现实的基础。同样地，当马克思发现黑格尔在《法哲学原理》第269节中把国家理解为理念向它的各种差别的客观现实性发展的结果时，情不自禁地评论道：

> 黑格尔要做的事情不是发展政治制度的现成的特定的理念，而是使政治制度和抽象理念发生关系，使政治制度成为理念发展链条上的一个环节，这是露骨的神秘主义。③

在《法哲学原理》第279节中，黑格尔提出了"主观性只是作为主体才真

---

① 《马克思恩格斯全集》第1卷，人民出版社1956年版，第250页。
② 同上书，第253页。
③ 同上书，第259页。

正存在，人格只是作为人才存在"的观点，并以此论证君主存在的必要性时，马克思评论道：

> 主观性是主体的规定，人格是人的规定。而黑格尔不把主观性和人格看做主体的谓语，反而把这些谓语弄成某种独立的东西，然后神秘地把这些谓语变成这些谓语的主体。①

马克思在阅读黑格尔《法哲学原理》第 304 节中关于"政治上的等级要素"的论述时，也写下了类似的评语：

> 这种非批判性，这种神秘主义，既构成了现代国家制度形式（χατ'εξοχην〔主要地〕它的等级形式）的一个谜，也构成了黑格尔哲学、主要是他的法哲学和宗教哲学的秘密。②

在这里，马克思对黑格尔思想的神秘主义倾向的指责并没有局限于法哲学的范围之内，而是涉及对他的全部哲学的批评。事实上，黑格尔思辨唯心主义哲学的核心是逻辑学，因而逻辑理念是他心目中的真正的主体，唯一的现实，而现实地存在着的一切对于他来说，都不过是谓语，是表象，是理念的环节。所以，在马克思看来，黑格尔的神秘主义本质上是一种"逻辑的泛神论的神秘主义"。总之，马克思未完成的遗著《黑格尔法哲学批判》的重要性在于，一方面，马克思深入地批判了黑格尔的国家理论乃至他的全部哲学的神秘主义倾向；另一方面，马克思在黑格尔的法哲学中找到了他自己的思想今后得以展开的历史舞台——市民社会。

三、《德意志意识形态》(与恩格斯合著)

从 1845 秋到 1846 年 5 月左右，马克思和恩格斯合著了《德意志意

---

① 《马克思恩格斯全集》第 1 卷，人民出版社 1956 年版，第 272 页。
② 同上书，第 348 页。

识形态》。1846—1847 年间，马克思和恩格斯曾多次在德国为出版这部著作而寻找出版商，但由于当时书报检查机关的阻挠，也由于出版商对书稿的内容有异议，这部著作在马克思和恩格斯生前始终未能出版，只在 1847 年《威斯特伐利亚汽船》杂志 8 月和 9 月号上发表过该书第二卷的第四章。全书以手稿的形式被保存下来，没有总标题。后来的总标题是根据马克思于 1847 年 4 月 8 日发表于《德意志-布鲁塞尔报》第 28 号上的文章《驳卡尔·格律恩》而加上去的。正是在这篇文章中，当马克思提到他和恩格斯之所以打算把《德意志意识形态》第二卷的第四章作为评论文章交给《威斯特伐里亚汽船》杂志去发表时，写道：

> 这篇评论是对弗·恩格斯和我合写的"德意志思想体系"（对以费尔巴哈、布·鲍威尔和施蒂纳为代表的现代德国哲学和以各式各样的预言家为代表的德国社会主义的批判）一书的补充。①

还须说明的是，这部遗著中第 1 卷的第 1 章"费尔巴哈"是由马克思起草的、未完成的手稿，但就其理论内容来说，该章具有独立的价值。"费尔巴哈"章在马克思和恩格斯生前也未能独立发表，直到 1924 年才第一次由苏联马列主义研究院出版了俄译本，1926 年以德文原文出版于《马克思恩格斯文库》第 1 卷。《德意志意识形态》全书则于 1932 年第一次以原文出版于《马克思恩格斯全集》国际版第 1 部分第 5 卷，其中"费尔巴哈"章由编者重新编排，加了分节标题，删去了手稿结尾部分关于社会意识形式的札记。这就表明，至少列宁生前未接触过这部由马克思和恩格斯合写的遗著。毋庸讳言，这部遗著在马克思哲学思想发展史上具有里程碑式的意义。在这部遗著中，尤其是在该书第 1 卷第一章"费尔巴哈"中，马克思提出了一系列极为重要的理论观点，值得引起我们的充分重视。

---

① 《马克思恩格斯全集》第 4 卷，人民出版社 1958 年版，第 43 页。

第一，马克思首次表述了历史唯物主义理论。马克思通过对现实斗争的参与、对国民经济学的潜心研究和对黑格尔法哲学思想的深入批判，形成了富有独创性的历史唯物主义理论。在这部遗著的"费尔巴哈"章，马克思写道：

> 由此可见，这种历史观就在于：从直接生活的物质生产出发来考察现实的生产过程，并把与该生产方式相联系的、它所产生的交往形式，即各个不同阶段上的市民社会，理解为整个历史的基础；然后必须在国家生活的范围内描述市民社会的活动，同时从市民社会出发来阐明各种不同的理论产物和意识形式，如宗教、哲学、道德等等，并在这个基础上追溯它们产生的过程。①

在马克思看来，这种崭新的历史观与以黑格尔为代表的唯心主义历史观根本不同，它不是在每个时代中寻找某种范畴，而是始终站在现实历史的基础上；不是从观念出发来解释实践，而是从物质实践出发来解释观念的东西。这一新的历史观蕴含着以下的结论：

其一，"……我们首先应当确定一切人类生存的第一个前提也就是一切历史的第一个前提，这个前提就是：人们为了能够'创造历史'，必须能够生活。但是为了生活，首先就需要衣、食、住以及其他东西。因此第一个历史活动就是生产满足这些需要的资料，即生产物质生活本身"②。已经得到满足的第一个需要本身以及为满足而使用的工具又引起了新的需要。与此同时，一些人生产另一些人，即繁衍后代的需要也产生了，家庭等社会组织由此而逐步建立起来。而与这些过程相伴随的社会关系也不断地被复制出来。在认同了这些前提之后，人们才有条件来谈论意识问题。

---

① 《马克思恩格斯全集》第 3 卷，人民出版社 1960 年版，第 42—43 页。
② 同上书，第 31 页。

其二，"我们的出发点是从事实际活动的人，而且从他们的现实生活过程中我们还可以揭示出这一生活过程在意识形态上反射和回声的发展"①。在马克思看来，意识从一开始就是社会的产物，是社会生活过程在人脑中的反映。换言之，意识植根于人们的现实生活和社会关系。

其三，"意识的一切形式和产物不是可以用精神的批判来消灭的，也不是可以通过把它们消融在'自我意识'中或化为'幽灵''怪影''怪想'等来消灭的，而只有实际地推翻这一切唯心主义谬论所由产生的现实的社会关系，才能把它们消灭；历史的动力以及宗教、哲学和任何其他理论的动力是革命，而不是批判"②。在马克思看来，历史并不是自我意识的狂想曲，事实上，任何一个历史阶段都是以一定的物质基础作为出发点的，如一定数量的生产力、资金、环境和社会关系等。每个个人和每一代人当作现成的东西承受下来的生产力、资金和社会交往关系的总和，是哲学家们想象为"实体"和"人的本质"的东西的现实基础。

其四，"统治阶级的思想在每一时代都是占统治地位的思想。这就是说，一个阶级是社会上占统治地位的物质力量，同时也是社会上占统治地位的精神力量。支配着物质生产资料的阶级，同时也支配着精神生产的资料，因此，那些没有精神生产资料的人的思想，一般地是受统治阶级支配的"③。在马克思看来，统治者不但支配着物质生活资料生产的领域，而且也作为思维着的人、作为思想的生产者而进行统治，并调节着自己时代的思想的生产和分配。比如，以往的唯心主义历史观一直是统治阶级制造并传播幻想的舞台。按照这种历史观，历史不过是元首和国家的丰功伟绩。事实上，马克思的历史唯物主义理论本身就蕴含着对唯心主义历史观的驳斥。

其五，"历史不外是各个世代的依次交替。每一代都利用以前各代遗留下来的材料、资金和生产力；由于这个缘故，每一代一方面在完全

---

① 《马克思恩格斯全集》第 3 卷，人民出版社 1960 年版，第 30 页。
② 同上书，第 43 页。
③ 同上书，第 52 页。

改变了的条件下继续从事先辈的活动，另一方面又通过完全改变了的活动来改变旧的条件"①。而随着各个相互影响的活动范围在历史发展进程中越来越扩大，各民族的闭关自守的状态也日益为交往实践的扩展而破坏。

其六，"历史向世界历史的转变，不是'自我意识'、宇宙精神或某个形而上学怪影的某种抽象行为，而是纯粹物质的、可以通过经验确定的事实，每一个过着实际生活的、需要吃、喝、穿的个人都可以证明这一事实"②。当已经置身于经济全球化浪潮中的当代人回过头去重温马克思关于"历史向世界历史的转变"的观点时，都会对马克思的卓越的预见能力表示衷心的赞赏。

第二，马克思对以费尔巴哈为代表的青年黑格尔主义的哲学信仰的清算。在这部遗著中，这种"清算"的动机起着十分重要的作用。马克思在《〈政治经济学批判〉序言》（1859）中提到他和恩格斯的合作时写道：

> 当1845年春他也住在布鲁塞尔时，我们决定共同阐明我们的见解与德国哲学的意识形态的见解的对立，实际上是把我们从前的哲学信仰清算一下。这个心愿是以批判黑格尔以后的哲学的形式来实现的。两厚册八开本的原稿早已送到威斯特伐利亚的出版所，后来我们才接到通知说，由于情况改变，不能付印。既然我们已经达到了我们的主要目的——自己弄清问题，我们就情愿让原稿留给老鼠的牙齿去批判了。③

为什么马克思在这部遗著中要把青年黑格尔主义的哲学信仰作为自己清算的对象呢？这不仅因为以布·鲍威尔、费尔巴哈和施蒂纳为代表的青年黑格尔主义在当时的德国思想界拥有较大的影响，而且其基本特征是

---

① 《马克思恩格斯全集》第 3 卷，人民出版社 1960 年版，第 51 页。
② 同上书，第 52 页。
③ 《马克思恩格斯选集》第 2 卷，人民出版社 1995 年版，第 33—34 页。

夸夸其谈，散布种种哲学的幻想。显而易见，如果不与这一占统治地位的德意志意识形态划清界限，不把人们的思想从中解放出来，就无法开展现实的斗争。所以，马克思单刀直入地揭示了青年黑格尔主义哲学的思想基础：

> 德国的批判，直到它的最后的挣扎，都没有离开过哲学的基地。这个批判虽然没有研究过它的一般哲学前提，但是它谈到的全部问题终究是在一定的哲学体系，即黑格尔体系的基地上产生的。不仅是它的回答，而且连它所提出的问题本身，都包含着神秘主义。①

乍看起来，青年黑格尔主义的成员们都声称自己超越了黑格尔的哲学，他们各自抓住黑格尔哲学中的某个片面的原则，相互进行攻击，甚至发出了震撼世界的喧嚷。然而，他们触及的只是思想、观念和词句，正如马克思所批评的：

> 这些哲学家没有一个想到要提出关于德国哲学和德国现实之间的联系问题，关于他们所作的批判和他们自身的物质环境之间的联系问题。②

在对青年黑格尔主义哲学的批判中，马克思的重点始终落在费尔巴哈的身上，这不仅因为费尔巴哈哲学的影响在当时依然如日中天，而且因为他的思想更具有迷惑力，事实上，它对马克思的哲学思想也产生过一定的影响。

首先，马克思批判了费尔巴哈对自然界所采取的直观的态度：

---

① 《马克思恩格斯全集》第 3 卷，人民出版社 1960 年版，第 21 页。
② 同上书，第 23 页。

他没有看到，他周围的感性世界决不是某种开天辟地以来就已存在的、始终如一的东西，而是工业和社会状况的产物，是历史的产物，是世世代代活动的结果，其中每一代都在前一代所达到的基础上继续发展前一代的工业和交往方式，并随着需要的改变而改变它的社会制度。①

事实上，费尔巴哈只要认真地考量一下，就会发现，哪怕是最简单的感性的对象，也只是由于社会的发展、由于工业和商业的往来才提供给他的。比如，樱桃树和几乎所有其他的果树一样，只是在几个世纪以前，依靠商业的结果才出现在这个地区的。也就是说，樱桃树只是依靠一定历史时期的社会活动，才可能为费尔巴哈的感官所感知。

其次，马克思批评了费尔巴哈对自然科学采取的直观的态度：

费尔巴哈特别谈到自然科学的直观，提到一些秘密只有物理学家和化学家的眼睛才能识破，但是如果没有工业和商业，自然科学会成为什么样子呢？甚至这个"纯粹的"自然科学也只是由于商业和工业，由于人们的感性活动才达到自己的目的和获得材料的。②

在马克思看来，自然科学也是在生产劳动的推动下发展起来的，而这种生产劳动哪怕只停顿一年，费尔巴哈就会看到，不仅自然界将发生巨大的变化，而且连他本身的存在也会被取消。由此可见，自然科学也绝不是科学家直观自然的结果，而是在生产劳动的基础上发展起来的。

最后，马克思批判了费尔巴哈对人所采取的直观的态度：

诚然，费尔巴哈比"纯粹的"唯物主义者有巨大的优越性：他也

---

① 《马克思恩格斯全集》第 3 卷，人民出版社 1960 年版，第 48—49 页。
② 同上书，第 49—50 页。

承认人是"感性的对象"。但是，毋庸讳言，他把人只看作是"感性的对象"，而不是"感性的活动"，因为他在这里也仍然停留在理论的领域内，而没有从人们现有的社会联系，从那些使人们成为现在这种样子的周围生活条件来观察人们。①

诚然，费尔巴哈也谈到了"现实的、单独的、肉体的人"，但除了人与人之间的爱、友情等关系外，他不知道人与人之间还有什么关系。因此，费尔巴哈仍然停留在对市民社会的单个人的直观上，他没有把人的本质理解为一切社会关系的总和。他谈论的人归根到底是抽象的人，因而他的哲学在把神学归结为人类学后，也就无事可做了。不用说，马克思创立的历史唯物主义远远地超越了费尔巴哈，因为他克服了费尔巴哈的直观态度，把实践理解为整个哲学思想的奠基石。

第三，马克思对历史上的所有制形式和共产主义的论述。在马克思看来，分工发展的不同阶段，对应着所有制的不同形式。他认为，第一种所有制形式是"部落所有制"。在这个阶段上，分工仅限于家庭中现有的自然产生的分工的扩大化，因而社会结构也只限于父权制家庭的扩大。第二种所有制形式是"古代公社所有制和国家所有制"。这种所有制是由于几个部落通过契约或征服联合为一个城市而产生的。在这种所有制下仍然保留着奴隶制。在这种所有制形式中，分工已经比较发达，城乡之间的对立已经产生，国家之间的对立也相继出现，公民和奴隶之间的阶级关系已经充分发展。第三种所有制形式是"封建的或等级的所有制"。在这种所有制中，等级结构表现得非常鲜明。在乡村有王公、贵族、僧侣和农民；在城市有师傅、帮工、学徒和平民短工。除这些划分以外，再也没有大的分工了。

有趣的是，在分析了这三种所有制形式后，马克思就打住了。他并没有像在《1844年经济学哲学手稿》中所做的那样，对现代资本主义社

---

① 《马克思恩格斯全集》第3卷，人民出版社1960年版，第50页。

会的所有制形式，尤其是异化劳动进行专门的分析。但马克思谴责了现代资本主义社会的分工方式，因为这种分工不是出于自愿，所以人的活动对于人本身来说，还是一种异己的、强制性的力量：

> 而在共产主义社会里，任何人都没有特定的活动范围，每个人都可以在任何部门内发展，社会调节着整个生产，因而使我有可能随我自己的心愿今天干这事，明天干那事，上午打猎，下午捕鱼，傍晚从事畜牧，晚饭后从事批判，但并不因此就使我成为一个猎人、渔夫、牧人或批判者。①

当然，在这里，马克思还只是从未来共产主义社会不再受传统的、强制性的分工限制的角度来描绘这一社会形式，而在"费尔巴哈"章的"[C.]共产主义。——交往形式本身的生产"中，马克思的论述就显得更全面了。他写道：

> 共产主义和所有过去的运动不同的地方在于：它推翻了一切旧的生产和交往的关系的基础，并且破天荒第一次自觉地把一切自发产生的前提看作是先前世世代代的创造，消除这些前提的自发性，使它们受联合起来的个人的支配。②

综上所述，马克思上面三部遗著为我们重新理解他的哲学思想提供了重要的思想酵素。如果说，《德谟克利特的自然哲学与伊壁鸠鲁的自然哲学的差别》显示出马克思对偶然性、自我意识和自由的关切，《黑格尔法哲学批判》显示出马克思对市民社会和政治社会(国家)理论的重视，那么，《德意志意识形态》，尤其是该书的"费尔巴哈"章则充分体现出马

---

① 《马克思恩格斯全集》第 3 卷，人民出版社 1960 年版，第 37 页。
② 同上书，第 79 页。

克思对整个现代德国哲学信仰的清算和对历史唯物主义理论的最初表述。所有这一切，都与我们从正统的阐释者们那里读到的东西存在着明显的区别，而对马克思哲学的重新理解正是从对这些区别的反思开始的。

第三节　当代的启示

20世纪二三十年代以来，随着马克思的手稿、遗著和笔记的陆续出版，随着卢森堡的《论俄国革命》(1922)一书的出版，随着人们对苏联出现的一系列重大政治事件的深入反思，随着西方资本主义国家出现的生态、女权、种族等一系列新形式的社会运动的发展，正统的阐释者们对马克思和黑格尔关系的阐释方式面临着严峻的挑战。当代西方学者，尤其是西方马克思主义者的思考，也为我们深入反思传统阐释路线存在的偏失，重新理解马克思哲学提供了重要的启示。

首先，我们注意到的是作为西方马克思主义肇始人的卢卡奇。尽管卢卡奇作为一个"黑格尔主义的马克思主义者"，既对马克思哲学中的黑格尔来源作了过高的评价，也没有在一些重大的理论问题上把马克思思想与黑格尔思想严格地区分开来，但卢卡奇文本中的某些思想酵素仍然能够激励我们去重新探索马克思哲学和黑格尔哲学之间的复杂关系。

第一，在早期代表作《历史与阶级意识》中，卢卡奇明确地提出，马克思主义是一种社会理论。正是从这一见解出发，他肯定了历史唯物主义理论的重要性。在收入该书的《历史唯物主义的功能变化》一文中，他写道：

> 在这场为了意识，为了社会领导权的斗争中，最重要的武器就是历史唯物主义。①

---

① ［匈］卢卡奇：《历史与阶级意识——关于马克思主义辩证法的研究》，杜章智等译，商务印书馆1992年版，第311页。

在卢卡奇看来，历史唯物主义乃是资本主义社会的自我认识，它的最重要的任务是对资本主义社会制度作出准确的判断，以揭露其发展的必然的历史趋势，从而使无产阶级能够看清形势，根据自己的阶级地位正确地去行动，"这样，历史唯物主义的首要功能就肯定不会是纯粹的科学认识，而是行动"①。而第二国际理论家，如考茨基之流的一个普遍性的错误，就是把历史唯物主义阐释成一种对资本主义社会的"纯粹的科学认识"，而不同时把它理解为无产阶级行动的指南。事实上，马克思哲学，即历史唯物主义之所以在某些正统的阐释者们那里变质为学院化的高头讲章，正因为他们把理论和实践分离开来了。他们没有意识到，历史唯物主义既是马克思关于资本主义社会发展规律的科学认识，也是无产阶级的阶级意识。这就启示我们，即使是在社会主义社会里，历史唯物主义也不单是在课堂上被讲解、被传授的知识，更重要的是，它应该成为现实生活的指南，而它本身也应该在与现实生活的互动中获得向前发展的动力。

第二，在流亡苏联时写下的《青年黑格尔》(1948)这部名作中，卢卡奇说，黑格尔"是试图认真地把握英国工业革命的唯一的德国思想家，也是在古典经济学的问题和哲学及辩证法之间建立联系的唯一的人"②。卢卡奇深入地分析了青年黑格尔在《伦理体系》《耶拿实在哲学》和《精神现象学》中对劳动、异化问题的论述，强调"劳动的辩证法使黑格尔认识到，人类只能通过劳动走上发展的道路，实现人的人性化和自然的社会化"③。这就启示我们：一方面，青年黑格尔的思想，尤其是《精神现象学》对马克思的影响是巨大的。由于正统的阐释者们重视的只是成熟时期的黑格尔和成熟时期的马克思之间的理论关系，所以，无论是青年黑格尔，还是青年马克思的思想都逸出了他们的理论视野。另一方面，在

---

① ［匈］卢卡奇：《历史与阶级意识——关于马克思主义辩证法的研究》，杜章智等译，商务印书馆 1992 年版，第 307 页。

② Georg Lukács, *The Young Hegel*, Cambridge：The MIT Press, 1976, p. xxvi.

③ *Ibid.*, p. 327.

黑格尔和马克思那里，辩证法的最根本的含义不是体现在抽象的、与人相分离的自然上，而是体现在人改造自然的最基本的社会活动——劳动上。当然，在黑格尔的思辨唯心主义哲学体系中，劳动不过是一种抽象的精神劳动，但在马克思的语境中，劳动乃是一种既改变人与自然之间的关系，又改变人与人之间关系的现实的活动。

第三，在深入钻研马克思的《1857—1858年经济学手稿》的基础上撰写出来的《社会存在本体论》(1971)这部晚年巨著中，虽然卢卡奇主张"自然存在"是"社会存在"的一般前提，从而重新返回到他早期并不赞成的自然辩证法的立场上，但是平心而论，这部著作的重心始终落在社会存在问题上。卢卡奇写道：

> 我们的考察首先要确定社会存在的本质和特征。然而，仅仅为了能够更明智地论述这样一个问题，就不应该忽视一般的存在问题，确切些说，不应该忽视这三大社会存在类型(无机自然、有机自然、社会)之间的联系和差别。如果没有把握这种联系及其动力，也就不能阐述真正的社会存在本体论问题，更不用说按照这种存在的性质相应地解决这类问题了。①

这段话表明，晚年卢卡奇的基本立场仍未脱出"自然存在本体论"，但从他的这部著作的书名可以看出，他关注的重点始终落在"社会存在本体论"上。事实上，在这部著作的第二部分中，卢卡奇列出的最重要的问题，如劳动、再生产、思想、意识形态、异化等，都关涉到社会存在问题。尽管晚年卢卡奇在理论上的某些失误引发了他的学生对他的批评，但无论如何，他把马克思哲学理解为"社会存在本体论"的做法打开了重新理解马克思的一条根本性的路径。

---

① G. Lukács, *Zur Ontologie des gesellschaftlichen Seins*，Ⅰ. Halbband, Darmstadt：Hermann Luchterhand Verlag，1984，S. 8.

其次，我们注意到的是意大利"新实证主义的马克思主义者"德拉-沃尔佩和科莱蒂。1950 年，德拉-沃尔佩出版了《逻辑是一门实证科学》一书，把马克思的哲学传统追溯到休谟、伽利略和亚里士多德，否定了马克思与黑格尔之间的哲学联系。在他看来，马克思与黑格尔之间的虚假的哲学联系是卢卡奇、柯尔施、葛兰西等人通过左翼黑格尔派的媒介建立起来的，而实际上，马克思断然拒绝了黑格尔的唯心主义的形而上学。众所周知，科莱蒂是德拉-沃尔佩的学生，他也像他的老师一样，肯定在马克思哲学和黑格尔哲学之间存在着根本性的区别，并把阐明这种区别理解为自己最重要的哲学任务之一。不难发现，德拉-沃尔佩和科莱蒂对马克思哲学的来源、方法和实质的阐释是富有新意的，也是发人深省的。

第一，肯定了马克思与法国哲学家卢梭的社会政治理论之间的继承关系。在《卢梭与马克思》(1957)一书中，德拉-沃尔佩把重新理解马克思与卢梭之间在社会政治理论上的联系视为重新理解马克思哲学的一个开端。他认为，马克思和恩格斯都受惠于卢梭，但他们自己似乎并没有意识到这一点。德拉-沃尔佩写道：

> 在我看来，有充分证据表明，科学社会主义的创立者们对自己在历史上受惠于卢梭这一点的认识是混乱的。①

德拉-沃尔佩甚至把马克思的《黑格尔法哲学批判》一书称为"一部完全充满了典型的卢梭人民主权思想的著作"。② 在他看来，马克思在《哥达纲领批判》和列宁在《国家与革命》中关于资产阶级法权问题，尤其是关于"平等权利"问题的论述，卢梭早在 1755 年出版的《论人类不平等的起源和基础》一书中已经提到了。他引证了卢梭下面的论述：

---

① Della-Volpe, *Rousseau and Marx*, London Atlantic Highlands, N. J.：Humanities Press，1978，p. 149.

② *Ibid.*，p. 144.

我认为在人类中有两种不平等：一种，我把它叫做自然或生理上的不平等，因为它是基于自然，由年龄、健康、体力以及智慧或心灵的性质的不同而产生的；另一种可以称为精神上或政治上的不平等，因为它是起因于一种协议，由于人们的同意而设定的，或者至少是它的存在为大家所认可的。第二种不平等包括某一些人由于损害别人而得以享受的各种特权，譬如，比别人更富足、更显赫、更有权势，或者甚至叫别人服从他们。①

　　显然，马克思在《哥达纲领批判》中讨论的，正是卢梭上面谈到的第一种不平等。事实上，作为平民思想家，卢梭也像马克思一样，希望未来社会能达到一种充分认可每个人才能和贡献不平等基础上的平等。德拉-沃尔佩认为，马克思继承了卢梭的思想遗产，扬弃了其资产阶级人道主义关于抽象的人和人性的说教，但马克思却未能对卢梭的贡献作出合理的评价。相反，他把卢梭看作一个第二流的社会批评家、一个自然法的崇拜者。

　　正是在卢梭和马克思的启发下，德拉-沃尔佩提出了现代自由和民主具有"两个灵魂"的著名见解：

　　现代自由和民主的两个方面或两个灵魂是：一个是公民的（政治的）自由[civil(political)liberty]，它是由国会的或政治的民主所建立的，在理论上是由洛克、孟德斯鸠、康德、洪堡和康斯坦特提出的；另一个是平等的（社会的）自由[egalitarian(social)liberty]，它是由社会主义民主所创立的，在理论上首先是由卢梭提出的，后来，马克思、恩格斯和列宁或多或少地作了论述。②

---

　　①　Della-Volpe, *Rousseau and Marx*, London Atlantic Highlands, N. J.：Humanities Press，1978，p. 139.

　　②　*Ibid.*，p. 109.

从上面的论述可以看出，德拉-沃尔佩所谓现代文明的"两个灵魂"，也就是指现代社会的"两种自由"：公民的自由或政治的自由，也就是资产阶级的自由，它是资产阶级通过革命而争得的；而平等的自由或社会的自由，也就是社会主义社会所倡导的自由，那是绝大多数人享受的自由。德拉-沃尔佩认为，第二种自由是以第一种自由为基础的。无疑，德拉-沃尔佩提出的"两种自由"的观点具有极大的现实意义。一方面，在社会主义国家中，由于还保留着资产阶级法权的残余，公民的自由仍然是整个自由观念的一个基础性的、不可或缺的层面。在德拉-沃尔佩看来，"苏联社会主义国家或社会主义法律中的平等的民主辩证地复兴了公民的自由"①。为什么呢？因为苏联的宪法依然承认个人的私有财产不容侵犯，承认个人有宗教信仰的自由，承认公民有结社、集会、出版等方面的自由，而所有这些自由本质上都属于公民的自由的范围。另一方面，在西方资本主义国家中，公民的自由仍然在社会生活中起着十分重要的作用，即使无产阶级要利用资产阶级的议会来实现社会主义，也必须充分地利用公民的自由，正如德拉-沃尔佩所说的：

> 在欧洲大多数群众政党的政治斗争中，需要新的富有成果的渐进主义创造各种通向社会主义的民族道路。例如，认为资产阶级民主有新的用途，可以作为实现民主的结构性改革及反垄断改革的工具等等。②

显而易见，德拉-沃尔佩启示我们，应该用更宏大的视野来重新探索马克思与前人的思想遗产之间的关系。马克思不仅继承了德国古典哲学的思想遗产，还继承了像卢梭这样的社会政治思想家的重要的思想遗产。

---

① Della-Volpe，*Rousseau and Marx*，London Atlantic Highlands，N. J.：Humanities Press，1978，p. 73.

② *Ibid.*，p. 73.

第二，论述了马克思辩证法与黑格尔辩证法的根本区别。正如德拉-沃尔佩曾经提出"两种自由"的观念一样，他也提出了"两种辩证法"的观念：一种是黑格尔所坚持的"先天的辩证法"（a priori dialectic），通常也可以称作"思辨的辩证法""形而上学的辩证法"或"神秘主义的辩证法"；另一种是马克思所坚持的"科学的辩证法"（scientific dialectic），通常也可以称作"分析的辩证法"。他认为，"先天的辩证法"的传统一直可以追溯到古希腊哲学家柏拉图，其特点是从先天的理念、目的出发来阐释各种后天的经验现象。这种辩证法在黑格尔那里达到了登峰造极的地步。与此不同，"科学的辩证法"的传统则可以追溯到意大利科学家伽利略。伽利略方法的本质特征是诉诸后天的经验、事实和实验。这正是现代实验科学的唯物主义的逻辑和方法。德拉-沃尔佩强调，马克思既继承了伽利略的科学实验的方法论传统，又融入了他自己关于社会历史的经验知识，从而以前所未有的彻底性批判了黑格尔辩证法的先天主义倾向。

在马克思批判黑格尔的"先天的辩证法"的著作中，德拉-沃尔佩认为，最重要的是《黑格尔法哲学批判》。正如他的学生科莱蒂所评论的：

> 对于德拉-沃尔佩来说，马克思早年的《黑格尔法哲学批判》是一个中心的出发点。①

为什么德拉-沃尔佩特别重视马克思的这部早期著作呢？在他看来，正是通过这部著作，马克思深入地批判了黑格尔的"先天的辩证法"，建立了自己的"科学的辩证法"，从而为以后思想的发展奠定了基础。德拉-沃尔佩写道：

---

① NLR（eds.），*Western Marxism：A Critical Reader*，London：Verso，1977，p. 322.

之所以说《黑格尔法哲学批判》是最重要的文本，是因为它以批判黑格尔逻辑学（通过批判黑格尔的伦理-法哲学）的方式，包含着新的哲学方法的最一般的前提。凭借这一批判，马克思揭示了先验唯心主义的以及一般思辨的辩证法的"神秘性"。这些神秘性就是黑格尔哲学的基本逻辑矛盾或实质性的（不仅仅是形式上的）同义反复，这些矛盾和重复来自黑格尔辩证法的概念结构的一般的（先天的）特征。与此同时，马克思建立了与之相对立的革命的"科学的辩证法"。①

尽管德拉-沃尔佩把马克思的《黑格尔法哲学批判》称作"最重要的文本"的说法是有片面性的，因为马克思在与恩格斯合著的《神圣家族》《德意志意识形态》等著作中也对黑格尔哲学，包括他的辩证法思想的神秘性做过透彻的批判。与这些著作比较起来，《黑格尔法哲学批判》中的思想应该是更不成熟的，至多只能说是马克思批判黑格尔辩证法的神秘性的开端。当然，一方面，德拉-沃尔佩重视的是马克思一个人撰写的著作，他在《卢梭与马克思》一书中还提到马克思的《1844年经济学哲学手稿》和《哲学的贫困》都表明了这一点；另一方面，把《黑格尔法哲学批判》理解为马克思起来清算黑格尔唯心主义辩证法思想的开端是有意义的。德拉-沃尔佩认为，黑格尔的"先天的辩证法"的要害是先把现实归结为理念，接着再把理念理解为真正的现实和活动的主体，而真正外在于人的观念的现实反倒成了宾词，成了逻辑范畴的工具。在德拉-沃尔佩看来，马克思批判黑格尔的"先天的辩证法"的目的是建立"科学的辩证法"。在《黑格尔法哲学批判》中，马克思曾经写道：

对现代国家制度的真正哲学的批判，不仅要揭露这种制度中实

---

① Della-Volpe, *Rousseau and Marx*, London: Atlantic Highlands, N. J.: Humanities Press, 1978, p. 162.

际存在的矛盾，而且要解释这些矛盾；真正哲学的批判要理解这些矛盾的根源和必然性，从它们的特殊意义上来把握它们。但是，这种理解不在于像黑格尔所想像的那样到处去寻找逻辑概念的规定，而在于把握特殊对象的特殊逻辑。①

德拉-沃尔佩认定，马克思的这段话乃是他的"科学的辩证法"的最初表述。它从一开始就与黑格尔的"先天的辩证法"截然相反，不是使思维起源于逻辑范畴，而是明确地主张要"把握特殊对象的特殊逻辑"。在《1844 年经济学哲学手稿》中，马克思又写道：

> 历史本身是自然史的即自然界成为人这一过程的一个现实部分。自然科学往后将包括关于人的科学，正象关于人的科学包括自然科学一样；这将是一门科学。②

在德拉-沃尔佩看来，马克思在这里强调的人类史与科学史的统一，既体现为各门科学知识的统一，也体现为伽利略主义与马克思主义的统一。也正是在这个意义上，他把马克思主义称为"道德的伽利略主义"（moral Galileanism）。按照他的看法，这种统一正是马克思的"科学的辩证法"的基本要素之一。在《哲学的贫困》中，马克思进一步论述了在经济学的研究中运用"科学的辩证法"的基本要求，即不应该把经济范畴看作永恒不变的观念，而应该把它们理解为历史的、与物质生产发展的一定阶段相适应的生产关系的理论表现。所有这些论述都为马克思在《1857—1858 年经济学手稿》的"导言"中提出的"科学的辩证法"的公式准备了条件。

正如我们在前面已经论述过的那样，在《1857—1858 年经济学手稿》

---

① 《马克思恩格斯全集》第 1 卷，人民出版社 1956 年版，第 359 页。
② 《马克思恩格斯全集》第 42 卷，人民出版社 1979 年版，第 128 页。

的"导言"中，马克思提出了"从抽象上升到具体"的方法论公式。德拉-沃尔佩主张把马克思的"科学的辩证法"的公式改变为"具体（concrete）—抽象（abstract）—具体（concrete）"，他告诉我们：

> 正确的方法能够被表述为一个从具体或实在到观念的抽象，然后再回到前者去的循环运动。①

德拉-沃尔佩强调，在上面这个公式中，实际上涉及两种不同的"具体"：第一个"具体"是指感性杂多，即我们的感官所感知的具体对象；第二个"具体"是指思想的具体，即在思维上再现出来的对象整体。在这个公式中，由于"抽象"夹在两个"具体"之中，所以，这里的"抽象"不可能是任意的，它表现为"确定的抽象"（determinate abstraction）。反之，黑格尔的"先天的辩证法"的公式是颠倒的，即"抽象—具体—抽象"，这就使他的思维的开端和终结都消散在一片模糊的、不确定的观念中。所以，德拉-沃尔佩把"先天的辩证法"中的"抽象"解读为"不确定的抽象"（indeterminate abstraction）。最后，他总结道：

> 科学的辩证法是一种确定的或历史的抽象，它是经过批判从思辨的辩证法或一般的辩证法中分解出来的。正如我们已经知道的，后一种辩证法是先天的、不确定的抽象，因而是错误的、神秘化的和无结果的，它实际上以同义反复为结果。②

德拉-沃尔佩的上述见解启示我们，黑格尔的辩证法在其原有的形态上，乃是一种神秘主义的辩证法，只有像马克思那样，对其进行根本性的改造，把它置于历史唯物主义的基础之上，它才能成为哲学研究中真正有

---

① Della-Volpe, *Rousseau and Marx*, London：Atlantic Highlands，N. J.：Humanities Press，1978，p. 201.

② *Ibid*.，pp. 199-200.

效的方法。

科莱蒂在《马克思主义和黑格尔》(1969)中从不同的视角出发批判了黑格尔的辩证法。他把黑格尔的辩证法称为"物质辩证法"(dialectic of mater)，并强调黑格尔是历史上第一个物质辩证法家，以后出现的关于物质世界辩证法的理论都不过是他的辩证法的机械的抄本。那么，"物质辩证法"的基本含义是什么呢？科莱蒂写道：

> 物质辩证法的要义如下：有限的是无限的，实在的是合乎理性的。换言之，规定者或实在的对象，这个唯一的"这一个"不再存在；存在的是理性、理念、对立面的逻辑的包涵物，是与那一个不可分离的这一个。此外，存在一旦被归结为思想，思想倒过来就成了存在物，即获得存在并在一个实在的对象中具体化的对立面的逻辑统一体。①

这段话中包含着以下三层意思：其一，物质辩证法取消了个别有限事物的独立存在，使有限事物成了内在于无限的、从属性的东西；其二，思想和观念是唯一客观实在的东西；其三，思想和观念所固有的逻辑矛盾投射出来，成了世界万物固有的内在矛盾。在批判黑格尔的物质辩证法的基础上，科莱蒂进一步指出，恩格斯、普列汉诺夫和列宁的辩证唯物主义实际上就是黑格尔的物质辩证法：

> "唯物辩证法"在其严格的意义上，就是黑格尔自己的物质辩证法。②

他把黑格尔在《逻辑学》中的论述与恩格斯在《反杜林论》和列宁在《哲学

---

① Lucio Colletti，*Marxism and Hegel*，London：NLB，1973，p. 20.
② *Ibid.*，p. 103.

笔记》中的论述加以比较，确信以恩格斯、列宁为代表的思想家所说的辩证唯物主义几乎原封不动地搬用了黑格尔的物质辩证法，而这是"一个迄今已存在差不多一个世纪的理论马克思主义的基础性错误"①。在科莱蒂看来，虽然卢卡奇所开创的西方马克思主义在某些方面与恩格斯、普列汉诺夫和列宁有分歧，但卢卡奇也无批判地接受了黑格尔的物质辩证法：

> 如果这一分析是正确的，那么，辩证唯物主义与西方马克思主义之间的差异就会显露出新的含义：它与其说是唯物主义模式的马克思主义和作为"实践哲学"的马克思主义之间的差别，毋宁说是同一个黑格尔传统的两个对立的和掺和了大量异物的分支之间的差别。②

与德拉-沃尔佩不同，科莱蒂没有提出其他的辩证法模式与黑格尔的物质辩证法相对立，但他强调，马克思主义者只有克服对黑格尔的迷恋，重新回到在康德哲学中已经显露出来的唯物主义的立场上去，才能坚持正确的哲学观点。

第三，强调了思维与存在的异质性。科莱蒂认为，沿着黑格尔的物质辩证法继续向前追溯，就会发现，黑格尔哲学的真正的基础是思维与存在的同一性：一方面，实在的过程被归结为单纯的逻辑范畴的演化过程；另一方面，观念和逻辑的东西倒过来又成了实在的主体和基质。所以，他认为，回到真正的唯物主义立场上来的第一步就是中止思维对存在的吞并，承认思维与存在的异质性，从而从根本上切断把实在归结为观念，倒过来又把观念视为实在主体的唯心主义倾向。他这样写道：

---

① Lucio Colletti, *Marxism and Hegel*, London：NLB, 1973, p. 27.
② *Ibid.*, pp. 194-195.

这是一个真正的、基本的两难问题：或者是思维与存在的同一性，或者是思维与存在的异质性(either the identity, or the heterogeneity, of thought and being)，这个选择把独断主义与批判的唯物主义区分开来了。①

按照科莱蒂的看法，思维与存在异质性的基本含义是：实在是一个独立发展的过程，它存在于思维之外，观念之外，逻辑之外。实在的过程不能被归结为逻辑的过程，反之，逻辑上可能的东西并不意味着在实在中已经存在或必定会存在。从哲学史上看，存在着两条对立的思想路线：一条路线是肯定思维与存在的同一性，大陆唯理论哲学家和黑格尔坚持的正是这样的思想路线；另一条路线是肯定思维与存在的异质性，这是英国经验论和康德所坚持的思想路线。科莱蒂认为，批判的唯物主义的立场始于康德。康德的这一立场是在批判大陆唯理论，尤其是莱布尼茨哲学的过程中形成起来的。同样地，马克思的批判的唯物主义的立场是在批判黑格尔关于思维与存在的同一性的观点的基础上形成和发展起来的，而马克思关于"从抽象上升到具体"的方法正是对思维与存在的异质性的充分肯定。科莱蒂指出：

> 与黑格尔相反，马克思坚持实在的过程和逻辑的过程是平列的。从抽象到具体的过渡是思想适应于实在的唯一的办法；决不能把它同具体本身产生的途径混淆起来。②

在科莱蒂看来，正是从思维与存在的异质性的观念出发，马克思很早就摆脱了黑格尔思辨哲学的影响，从事对资本主义社会现实的研究，并分析了"异化"这一重要的社会现象。事实上，异化现象的存在本身就是对

---

① Lucio Colletti, *Marxism and Hegel*, London：NLB, 1973, p. 97.
② *Ibid.*, p. 121.

思维与存在的异质性的一种确证。人们按照自己的理性创造的合理的世界倒过来成了压抑自己的异己的存在物，这本身就表明，实在在理性和思维之外，是与理性、思维完全不同质的另一种东西。科莱蒂认为，恩格斯的自然辩证法深受黑格尔的思维与存在的同一性的影响，而列宁的思想则表现为一个过程：

> 在《唯物主义和经验批判主义》中，有一个对唯物主义的清楚的论述，因此也有一个对思维与存在异质性的清楚的论述，缺少的是关于理性的理论，即关于概念和科学法则的理论（这本书中提出的反映论具有隐喻的、想象的特征，可以说，它肯定是一种"原始"水平的唯物主义）。反之，在列宁论述辩证矛盾的地方，比如在《哲学笔记》中，都以牺牲实在与逻辑的异质性为代价。①

为什么科莱蒂要把列宁的《哲学笔记》与《唯物主义和经验批判主义》这两部著作对立起来呢？因为在他看来，在后一部著作中，列宁充分肯定了康德的批判的唯物主义的立场，而在前一部著作中，列宁赞同黑格尔而反对康德，赞同思维与存在的同一性而反对思维与存在的异质性。科莱蒂最后强调说：

> 为了成为唯物主义的一种形式，"辩证唯物主义"必须肯定思维与存在的异质性。②

必须指出，科莱蒂把"思维与存在的异质性"与"思维与存在的同一性"对立起来，在理论上并不是明晰的。其实，与"异质性"概念相对立的应该是"同质性"（homogeneity）。所谓"同质性"，也就是把思维与存在看作性

---

① Lucio Colletti, *Marxism and Hegel*, London: NLB, 1973, pp. 104-105.

② *Ibid.*, p. 104.

质完全相同的东西，思维就是存在，存在就是思维。所谓"同一性"是指：思维可以认识存在，把握存在，向存在转化。因此，应该加以反对的不是"思维与存在的同一性"，而是"思维与存在的同质性"。说得明白一些，我们反对的是"以思维与存在的同质性为基础的思维与存在的同一性"，赞成的则是"以思维与存在的异质性为基础的思维与存在的同一性"。① 不管如何，科莱蒂主张从黑格尔回溯到康德的批判的唯物主义的立场，把思维与存在的异质性理解为批判的唯物主义立场的根本要求，有着异乎寻常的重要性。②

第四，提出了"社会生产关系"理论。科莱蒂认为，德拉-沃尔佩的《逻辑是一门实证科学》是第二次世界大战后欧洲马克思主义者贡献出来的一部最重要的著作，但他又不满意德拉-沃尔佩对马克思主义的探讨局限于"逻辑—方法论"或"逻辑—认识论"的层面上。在他看来，要彻底地摈弃黑格尔的思辨唯心主义立场，深入地把握马克思主义的真精神，就要把整个问题域从逻辑和思维的层面上拖下来，转移到现实生活中，尤其是转移到马克思的历史唯物主义所关注的核心问题"社会生产关系"（social relations of production）上。科莱蒂批评了那种把马克思主义归结为单纯的认识论的见解，指出：

> 在任何根本的意义上，马克思主义至少不是一种认识论，在马克思的著作中，反映论几乎完全是不重要的，重要的是把认识论作为一个出发点，以便富有独创性地并撇开整个思辨传统去理解像"社会生产关系"这样的概念是如何从古典哲学的发展和转变中产生出来的。③

① 参阅俞吾金：《从思维与存在的同质性到思维与存在的异质性——马克思哲学思想演化中的一个关节点》，《哲学研究》2005 年第 12 期。

② 参阅俞吾金：《关于哲学基本问题的再认识》，《北京大学学报（哲学社会科学版）》1997 年第 2 期。

③ Lucio Colletti, *Marxism and Hegel*, London：NLB, 1973，p. 199.

在科莱蒂看来，把握马克思主义的认识论本身并不是目的，真正的目的是通过认识论来把握历史唯物主义的精髓——社会生产关系理论。他认为，在马克思的历史唯物主义理论中，"社会生产关系"概念起着基础和核心的作用。马克思主义者不仅用这个概念来解释人类社会的演化，也用它来说明人的本质。事实上，在马克思那里，一旦新概念，尤其是像"社会生产关系"这样的新概念被使用，也就意味着，马克思完全超越了黑格尔的问题域：

> 马克思第一次成功地把整个先前的哲学问题域转变为关于"社会生产关系"概念及分析这一概念的新的问题域。①

从上面的论述可以看出，"新实证主义的马克思主义者"德拉-沃尔佩和科莱蒂思想的深刻之处在于，他们试图通过向康德哲学的返回，来阐明马克思哲学与黑格尔哲学之间的本质差别。这个尝试得到了阿尔都塞的充分肯定。阿尔都塞在谈到人们应该如何看待马克思 1843 年对黑格尔哲学的批判时曾经写道：

> 比如，我认为，意大利的德拉-沃尔佩和科莱蒂的著作就非常重要，因为在我们的时代，只有这两位学者有意识地把马克思与黑格尔的不可调和的理论区别，以及把马克思主义哲学的特殊性，作为他们探讨的中心问题。②

在阿尔都塞看来，德拉-沃尔佩和科莱蒂的理论贡献是提出了马克思与黑格尔之间的根本性的理论区别，但他们把马克思与黑格尔思想决裂的时间定在 1843 年却是不合适的。显然，阿尔都塞主张沿着德拉-沃尔佩

---

① Lucio Colletti, *Marxism and Hegel*, London：NLB, 1973, p. 248. 参阅俞吾金：《马克思哲学是社会生产关系本体论》，《学术研究》2001 年第 10 期。

② Louis Althusser, *For Marx*, London：NLB, 1977, pp. 37-38.

和科莱蒂的思路来重新认识马克思哲学与黑格尔哲学之间的关系，但他又不完全同意他们关于马克思哲学思想的发展所做出的某些结论。

最后，我们注意到的是法国"结构主义的马克思主义者"阿尔都塞。在《政治和历史：孟德斯鸠、卢梭、黑格尔和马克思》(1959)、《保卫马克思》(1965)、《阅读〈资本论〉》(1965)等著作中，阿尔都塞提出了一系列原创性的观点。在《保卫马克思》的序言"今天"中，阿尔都塞写道：

> 历史把我们推到了理论的死胡同中，为了从中脱身，我们必须探讨马克思的哲学思想①

那么，在阿尔都塞对马克思哲学的重新探索中，他究竟提出了哪些新见解呢？

第一，肯定了马克思哲学与黑格尔哲学之间的对立。《政治和历史：孟德斯鸠、卢梭、黑格尔和马克思》这部著作的第三部分的标题就是"马克思对黑格尔的关系"。在阿尔都塞看来，阐明这种关系始终是保卫马克思思想的纯洁性的一个前提。他认为，从科学史上看，存在着三块"科学的大陆"：一是古希腊人开启的"数学的大陆"，在此基础上形成了柏拉图哲学；二是由伽利略开启的"物理学的大陆"，在此基础上形成了笛卡尔哲学；三是由马克思开启的"历史的大陆"，在此基础上形成了马克思主义哲学或辩证唯物主义。阿尔都塞强调：

> 马克思对历史科学的奠基是当代历史中最重大的理论事件。②

人们也许会问，在西方哲学史上，黑格尔是把理性历史化的重要哲学家，为什么阿尔都塞不说是黑格尔开启了"历史的大陆"？道理很简单，

---

① Louis. Althusser, *For Marx*, London：NLB, 1977, p. 21.

② Louis. Althusser, *Politics and History*：*Montesquieu，Rousseau，Hegel and Marx*, London：Verso, 1982, p. 166.

因为在阿尔都塞看来，黑格尔哲学，尤其是他的神秘的辩证法思想不可能使他真正地洞见历史的本质，相反，只有马克思——从其历史唯物主义立场和合理的辩证法思想出发——才能成为"历史的大陆"当之无愧的开启者。正是基于这样的考虑，阿尔都塞写道：

> 在马克思的著作中，我们发现了下述实质性的东西：一个非黑格尔的历史观念，一个非黑格尔的社会结构观念(一个占支配地位的结构整体)，一个非黑格尔的辩证法观念。因此，如果这些就是很好的理由的话，它们对于哲学来说已经产生了决定性的结果：这种结果首先体现为对古典哲学范畴的基本体系的拒斥。①

与德拉-沃尔佩和科莱蒂一样，阿尔都塞也认为，在马克思与黑格尔乃至整个德国古典哲学之间，存在着问题域的根本性转变。

第二，论述了"意识形态"与"科学"之间的对立关系。什么是"意识形态"呢？阿尔都塞告诉我们：

> 一个社会或一个时代的意识形态无非是该社会或该时代的自我意识，即在自我意识的意象中包含、寻求并自发地找到其形式的直接素材，而这种自我意识又透过其自身的神话体现着世界的总体。②

所谓"神话"，也就是通过幻想的、颠倒的关系反映着现实世界。意识形态具有普遍性(每个人都无法回避它)、实践性(拥有现实的力量)、强制性(人们无法对它进行选择)和虚假性(以幻想的关系表现现实的关系)等特点。那么，这里的"科学"又是指什么呢？阿尔都塞认为：

---

① Louis Althusser, *Politics and History*: *Montesquieu*, *Rousseau*, *Hegel and Marx*, London: Verso, 1982, p. 173.

② Louis Althusser, *For Marx*, London: NLB, 1977, p. 144.

谁如果要得到科学，就要有一个条件，即要抛弃意识形态以为能接触到实在的那个领域，即要抛弃自己的意识形态总问题（它的基本概念的有机前提以及它的大部分基本概念），从而"改弦更辙"，在一个全新的科学总问题中确立新理论的活动。①

简言之，在"科学"与"意识形态"之间，存在着总问题上的根本性区别。"科学"作为科学奠基于对未遭到意识形态扭曲的现实世界的正确认识。因此，要达到"科学"的总问题，就要深入地反思并先行地超越意识形态的总问题。在阿尔都塞看来，这种超越体现出质的飞跃，而马克思的科学理论正是在与意识形态决裂的前提下形成起来的。

第三，揭示了"总问题"与"认识论断裂"之间的内在联系。阿尔都塞认为，总问题是一个整体性的概念，它不是着眼于一位思想家著作中的某一个问题，而是着眼于其整个问题体系，着眼于问题之间的内在联系。阿尔都塞强调：

总问题并不是作为总体的思想的抽象，而是一个思想以及这一思想所可能包括的各种思想的特定的具体结构。②

比如，在费尔巴哈的著作中，人本主义和异化不仅是其宗教批判中的总问题，也是贯通于其政治、历史、伦理思想中的总问题。判定一个思想家的某部著作的性质，归根到底取决于人们对他的思想中的总问题的把握，因为总问题是各种组成因素的前提。只有从它出发，各种组成因素才变得可以理解。此外，总问题作为思想的内在结构，并不是一目了然就可以见到的。在通常的情况下，一个思想家总是在总问题的框架内进

①　Louis Althusser, *For Marx*, London：NLB, 1977, pp. 192-193.
②　*Ibid.*, p. 68.

行思考，但从不怀疑、反思总问题本身，因为总问题通常深藏于他的无意识的层面上，他在意识层面上是接触不到的。正如阿尔都塞所说：

> 一般说来，总问题并不是一目了然的，它隐藏在思想的深处，在思想的深处起作用，往往需要不顾思想的否认和反抗，才能把总问题从思想深处挖掘出来。[1]

那么，"认识论断裂"又是怎么一回事呢？阿尔都塞告诉我们：

> 任何科学的理论实践总是同它史前的、意识形态的理论实践划清界限：这种区分的表现形式是理论上和历史上的"质的中断"，用巴歇拉尔的话来说就是"认识论断裂"。[2]

显而易见，阿尔都塞引入"认识论断裂"这个术语，其目的是要说明"意识形态"与"科学"之间的界限及认识进展过程中的非连续性。那么，"认识论断裂"的标志又是什么呢？阿尔都塞指出："认识论断裂标志着由前科学的总问题转变到科学的总问题。"[3]也就是说，在分析一个理论家的思路历程时，重要的不是阐明其思想发展的连续性，而是判别其是否出现认识论的断裂，即是否出现总问题的根本转变。如是，就要进一步判定"断裂"的确切位置。无疑地，"总问题"和"认识论断裂"这两个术语为我们重新反思马克思哲学与黑格尔哲学之间的关系提供了重要的启发。[4]

　　第四，提出了马克思思想发展的"四阶段论"。阿尔都塞引入"认识论断裂"这一术语，对马克思思想发展历程做出了新的说明：

---

① Louis Althusser, *For Marx*, London：NLB, 1977, p. 69.

② *Ibid.*，pp. 167-168.

③ *Ibid.*，pp. 32-33.

④ 参阅俞吾金：《阿尔都塞意识形态理论新探》，《江西社会科学》2004 年第 3 期。

在马克思的著作中，确实有一个"认识论断裂"；按照马克思本人的说法，这一断裂的位置就在他生前没有发表过的、用于批判他过去的哲学（意识形态）信仰的那部著作《德意志意识形态》。总共只有几段话的《关于费尔巴哈的提纲》是这个断裂的前岸；在这里，新的理论信仰以必定是不平衡的和暧昧的概念与公式的形式，开始从旧信仰和旧术语中显露出来。①

正是通过认识论断裂，马克思的思想可以被划分为两大阶段，即"意识形态"阶段（1845 年断裂前）和"科学"阶段（1845 年断裂后）。在前一个阶段中，马克思的思想还未突破意识形态的氛围，其思想还是不成熟的、前科学的；在后一阶段中，马克思抛弃了意识形态的总问题，退回到真正的现实中，形成了自己科学理论的新的总问题。具体说来，马克思的整个思想过程可以划分为以下四个阶段。

第一个阶段：青年时期著作（1840—1844）。在这一阶段中，马克思先采纳了康德、费希特的总问题"理性和自由"，接着又接受了费尔巴哈的总问题"人本主义和异化"。有趣的是，阿尔都塞坚持，马克思从来就不是黑格尔派，他在思想上始终与黑格尔保持着距离。他先是康德和费希特派，后是费尔巴哈派。

第二个阶段：断裂时期著作（1845）。即《关于费尔巴哈的提纲》和《德意志意识形态》。在这两部论著中，首次出现了马克思的新的总问题，但它还不是严格的、规范的，而是以批判的方式表达出来的。《关于费尔巴哈的提纲》可以比喻为思想的闪电，其中还有好多谜没有解开。在《德意志意识形态》中，新术语和旧概念混合在一起，增加了阅读上和理解上的困难。但在马克思的思想发展史上，这两部论著的重要性是无与伦比的。

---

① Louis Althusser, *For Marx*, London：NLB, 1977, p. 33.

第三个阶段：成长时期著作(1845—1857)。这是马克思撰写《资本论》初稿前的那个阶段，其中包括《哲学的贫困》(1847)、《共产党宣言》(1848)等著作。事实上，马克思必须进行长期的、深入的理论思考，才能确立起一套适合于新的总问题的概念和术语。

第四个阶段：成熟时期著作(1857—1883)。这个阶段的主要代表作是《资本论》和《哥达纲领批判》(1875)。在这个阶段中，马克思与德国哲学意识形态完全分离，新的总问题由假设转变为科学，马克思系统地表达了自己的科学理论。

尽管阿尔都塞提出的"四阶段论"还有不少可商榷之处，尤其是他认为马克思始终未受黑格尔影响的见解也与马克思本人的一些表述相冲突，但他把"认识论断裂"的观念引入对马克思思想发展进程的理解和阐释中，这对我们深入地把握马克思思想发展的脉络是有积极意义的。

第五，倡导了从阅读《资本论》着手去把握马克思思想的新思路。众所周知，《资本论》是马克思花了大半生的精力研究政治经济学的结晶，也是马克思最重要的著作。阿尔都塞认为，《资本论》既是政治经济学著作，也是哲学著作。他甚至认为"如果没有马克思哲学的帮助，那是不可能读懂《资本论》的"。① 那么，究竟如何借助马克思哲学来正确地阅读《资本论》呢？阿尔都塞认为，只注意马克思行文的字面含义和表层意思的"直接阅读"(immadiate reading)是不够的。为此，他提出了一种新的阅读方法——"根据症候阅读"(symptomatic reading)。他写道：

> 我建议，我们不应该用直接阅读的方法来对待马克思的文本，而必须采取根据症候阅读的方法来对付它们，以便在话语的表面的连续性中辨认出缺失、空白和严格性上的疏忽。在马克思的话语中，这些东西并没有说出来，它们是沉默的，但它们在他的话语本

---

① Louis Althusser, *Reading* Capital, New York：Pantheon Books，1970，p. 75.

身中浮升出来。①

按照阿尔都塞的观点，这里说的"缺失""空白"和"严格性上的疏忽"等等，就是"症候"的具体表现形式。他主张通过对这些症候的觉察来揭示隐藏在文本深处的总问题。他认为，在"直接阅读"中呈现出来的只是"第一文本"（the first text），即文本的表层结构和字面上的意思。尽管这种阅读方法也是必要的，但停留在这种阅读方法中又是不够的。因而，必须通过"根据症候阅读"来捕捉隐藏在深处的"第二文本"（the second text）。只有通过这样的文本，总问题才有可能浮现出来。

在阿尔都塞看来，一个给定的总问题总是具有一个与之相应的视界。在这个确定的视界中，只有某些问题是可见的，另一些问题，即逸出这个总问题的问题，则是不可见的。因此，当读者阅读某个文本时，如果他本人赖以进行思考的总问题与被阅读的文本所蕴含的总问题是一致的，那他就能见到这个文本向他显现出来的全部问题；如果是不一致的，那他就只能见到他自己的总问题允许他看到的问题，而对被阅读的文本所蕴含的总问题和问题体系就可能失察。因此，阿尔都塞强调：

> 要看见那些不可见的东西，要看见那些失察的东西，要在充斥着的话语中辨认出缺乏的东西，在充满文字的文本中发现空白的地方，我们需要某种完全不同于直接注视的方式；我们需要的是一种新的注视，即有根据的注视，它是由"视界的变化"对正在起作用的视野的思考而产生出来的，马克思把它描绘为"总问题的转换"（transformation of the problematic）。②

这就启示我们，在阅读文本的过程中，读者首先要运用"根据症候阅读"

---

① Louis Althusser, *Reading* Capital, New York：Panttheon Books，1970，p. 143.
② *Ibid*．，p. 27.

的方法，努力追随并把握蕴含在文本深处的总问题，超越自己固有的总问题，转换到新的总问题中，才可能真正发现那些在自己的总问题中必定处于失察状态的新问题。

阿尔都塞举了下面的例子来说明马克思本人是如何运用根据症候阅读的方法来解读英国古典经济学的。众所周知，在古典经济学的文本中，劳动价值问题乃是一个基本的问题。英国古典经济学家们普遍认为：劳动的价值相当于维持和再生产劳动所必需的商品的价值。但马克思却看到了这一普遍性结论中所包含的"空白"。实际上，这个结论可以改写为：劳动（）的价值相当于维持和再生产劳动（）所必需的商品的价值。因为"劳动"作为过程是无法被再生产出来的，"劳动"本身也是无法作为商品的，唯有"劳动力"才能成为商品。这样一来，上述结论就进一步改写为：劳动（力）的价值相当于维持和再生产劳动（力）所必需的商品的价值。正因为马克思读出了英国古典经济学文本中的"空白"，所以他创立了"劳动力价值"的新理论，从而超越了英国古典经济学的总问题和视界。阿尔都塞写道：

> 马克思能够看到斯密的注视所回避的东西，因为他已经拥有一个新的视界，这一新的视界是从新的回答中产生出来的，是无意识地从旧的总问题那里产生出来的。①

阿尔都塞运用结构主义的方法重新阅读《资本论》，确实读出了新意。总之，阿尔都塞对马克思哲学的独特的探索路径，尤其是他对马克思哲学与黑格尔哲学关系的独特的理解方式，为我们重新阐释马克思的哲学思想提供了许多宝贵的启示。

在当代哲学家中，能为我们重新理解马克思哲学提供启发性的思想酵素的当然不止卢卡奇、德拉-沃尔佩、科莱蒂和阿尔都塞。在这里我

---

① Louis Althusser, *Reading* Capital, New York：Panttheon Books，1970，p. 28.

们还没有涉及法兰克福学派，尤其是哈马斯重建历史唯物主义的努力，也没有涉及葛兰西对马克思哲学所作的实践哲学维度的诠释，更没有涉及后现代主义的学者，尤其是鲍德里亚对马克思经济哲学思想的批评性重建。我们之所以重视卢卡奇，主要不是因为他的早期著作《历史与阶级意识》，而是因为他的晚期著作《社会存在本体论》。在《历史与阶级意识》中，受到重视的主要是方法论问题，这表明，青年时期卢卡奇的思想还没有穿破近代西方哲学的问题域，而《社会存在本体论》则表明，晚年卢卡奇既受到海德格尔、哈特曼等人的本体论研究方向的引导，也受到了马克思《1857—1858年经济学手稿》中关于"社会存在"理论的影响，从而展示出一条重新理解马克思哲学的根本性道路——"社会存在本体论"之路。我们之所以重视德拉-沃尔佩、科莱蒂和阿尔都塞的理论，是因为他们都把是否承认在马克思和黑格尔之间存在着一个根本性的问题域的转换作为正确理解马克思哲学的前提，而这个前提对于当前马克思哲学的研究来说，确实是无法回避的。①

第四节　形象的重塑

无论是马克思的手稿和遗著的出版，还是当代哲学家，尤其是当代西方哲学家对马克思哲学做出的新的诠释，都推动我们去超越正统的阐

①　如前所述，尽管阿尔都塞对马克思哲学思想的阐释是富有原创性的，然而，由于他的结构主义的学术背景的影响，他对于"总问题""认识论断裂"等基本概念的含义的确定仍然显得过于简单化。他没有看到，马克思哲学思想的发展是一个复杂的过程。有些重要的概念，如"异化"贯穿马克思的一生，不是把它简单地判定为费尔巴哈和马克思早期哲学思想的总问题就可以解决的。所以，在我们自己对马克思哲学的阐释中，将不使用"总问题""认识论断裂"这类简单化的概念，而使用"问题域"和"问题域转换"这样的新概念。参阅俞吾金：《从"道德评价优先"到"历史评价优先"——马克思异化理论发展中的视角转换》，《中国社会科学》2003年第2期。

释者们所制定的阐释路线和阅读策略。事实上，在一系列新材料和新观点面前，传统的阐释路线已经千疮百孔。深入的研究告诉我们，传统的阐释路线的最大问题是正统的阐释者们站在近代西方哲学，尤其是德国古典哲学的问题域中去解读马克思的著作和思想。其实，在马克思的著作和思想中，已经形成了一个与近代西方哲学（包括德国古典哲学在内）判然有别的新的问题域。这个新的问题域是与当代西方哲学相切合的。也就是说，为了正确地把握马克思哲学中的问题域，我们先得使自己的思想从近代西方哲学的问题域中摆脱出来，转到当代西方哲学的问题域中去。事实上，也只有通过对我们自己思想的深入反省，使之实现问题域转换，我们才有可能真正地超越正统的阐释者们的思想视野和阐释路线，重塑马克思的理论形象。

我们认为，重塑马克思的理论形象并不是一件轻而易举的事情。一方面，我们应该努力阐明马克思哲学与近代西方哲学，尤其是德国古典哲学之间的差别；另一方面，我们也应该努力阐明马克思哲学与当代西方哲学之间的本质联系和共同点。

我们先来看看马克思哲学与近代西方哲学之间的差别。

其一，马克思哲学超越了以笛卡尔主义为代表的近代西方哲学的问题域。众所周知，笛卡尔主义的问题域主要是在认识论和方法论的范围内展开的。它主要关切的是下面三个问题：我思、主体对客体的认识关系、认识过程中的方法论。

首先，就"我思"而言，正如我们在前面已经指出过的那样，笛卡尔提出了著名的"我思故我在"的所谓"第一真理"。但用"我思"来证明"我"的存在，"我"实际上已经被虚化为无肉体的"心理实体"。正如费尔巴哈所批评的：

> 哲学的灵魂说，我思故我在；没有肉体我也能思维自己，因此，没有肉体我也能存在。然而，正如以上所说，这种情况只能发

生在思维中，而不发生在现实中，因为，"没有肉体我也能存在"只是意味着：我不思想肉体，我是如此地沉没于思想中，以致我对于自己的肉体一无所知，而且丝毫也不需要有所知。①

在费尔巴哈看来，脱离人的肉体，单纯从人的思维的角度来思索人的存在是根本不可能的。所以，在《幸福论》(1867—1869)一书中他以更明确的口吻指出：

> 人的最内秘的本质不表现在"我思故我在"的命题中，而表现在"我欲故我在"的命题中。②

确实，费尔巴哈的"我欲故我在"比笛卡尔的"我思故我在"更切近地证明了"我"的存在。"我"不光是一个心理实体、思维实体，不光有一个会思维的大脑，更重要的是，"我"有自己的肉体，"我"首先是一个感性的存在物。从上面的论述可以看出，与其说费尔巴哈对笛卡尔的"我思"的批评是深刻的，不如说是机智的，因为他的批评的出发点是生理学，而不是社会学。他把人理解为一个有肉体、有欲望的自然存在物，但还没有把人理解为一个社会存在物。正是在这一点上，马克思远远地超越了费尔巴哈。尽管马克思没有直接批判笛卡尔的"我思"，但他却阐明了笛卡尔的"我思"得以可能的前提：

> 每个个人和每一代当作现成的东西承受下来的生产力、资金和社会交往形式的总和，是哲学家们想像为"实体"和"人的本质"的东西的现实基础，是他们神化了的并与之作斗争的东西的现实基础，这种基础尽管遭到以"自我意识"和"唯一者"的身分出现的哲学家们

---

① ［德］路德维希·费尔巴哈：《费尔巴哈哲学著作选集》上卷，荣震华、李金山等译，商务印书馆1984年版，第477—478页。
② 同上书，第591页。

的反抗，但它对人们的发展所起的作用和影响却丝毫也不因此而有
所削弱。①

在马克思看来，"我思"并不像笛卡尔所描绘的那样，是无前提的。相
反，笛卡尔的命题应该被颠倒过来，成为"我存在故我思"，因为"我"首
先得活在这个世界上，才可能进行思维。而"我"的思维又不像笛卡尔所
想象的那样，是完全任意的。相反，"我思"是以"我"这个社会存在物从
历史上作为现成的东西承受下来的"生产力、资金和社会交往形式的总
和"为前提的。因而，马克思认为，笛卡尔的"我思"并不是一个始源性
的出发点，他的"我思故我在"的命题也不是什么"第一真理"，而真正始
源性的、决定着"我思"之可能性和现实性的前提则是不依个人的主观意
志为转移的物质生产关系和交往关系。实际上，马克思对布·鲍威尔的
"自我意识"和施蒂纳的"唯一者"的批判，也就是对笛卡尔的"我思"观念
的间接的批判。

　　其次，就"主体对客体的认识关系"而言，笛卡尔试图把一个认识主
体与一个认识对象分离开来并对立起来。然而，这种主、客两分的简单
做法必定会导致近代认识论的抽象性和无根基性。从主体方面看，孤零
零的认识主体的出现，也就意味着主体的抽象化，因为任何一个具有现
实品格的主体都处于与其他主体的联系中。在《关于费尔巴哈的提纲》
中，马克思告诉我们：

　　　　费尔巴哈把宗教的本质归结于人的本质。但是，人的本质不是
　　单个人所固有的抽象物。在其现实性上，它是一切社会关系的
　　总和。
　　　　费尔巴哈没有对这种现实的本质进行批判，因此他不得不：
　　　　(1)撇开历史的进程，把宗教感情固定为独立的东西，并假定

---

① 《马克思恩格斯全集》第 3 卷，人民出版社 1960 年版，第 43 页。

有一种抽象的——孤立的——人的个体。

（2）因此，本质只能被理解为"类"，理解为一种内在的、无声的、把许多个人自然地联系起来的普遍性。①

笛卡尔主义的认识论是以某个孤立的主体作为起始点的，但正如马克思在批评费尔巴哈时就已指出过的那样，由于这样的主体与一切其他的主体和社会联系相分离，它本身就是抽象的、虚假的主体。从客体方面看，把一个孤零零的客体抽取出来，实际上也就否定了这个客体与其他客体之间的普遍联系。事实上，在马克思看来，这种普遍联系正是我们认识这个客体的前提：

> 例如在荷马的著作中，一物的价值是通过一系列各种不同的物来表现的。②

也就是说，一旦某个认识的对象或客体是以孤立的状态进入认识过程的，那么，主体要认识它、把握它实际上就是不可能的。归根到底，任何一个客体都处于与其他客体之间的普遍联系中。一旦这种普遍联系被抽掉了，客体也就蜕变成康德笔下的"物自体"（thing in itself），也就是不可知的了。从主、客体之间的关系方面看，这一关系的基础性维度也不是认识的维度，而是生存的维度。也就是说，任何一个认识主体作为人，要在这个世界上生存下去，他首先需要的不是认识事物，而是取用事物。他的认识活动是在取用客体、生产客体的过程中开始的。马克思在批判阿·瓦格纳试图把理论关系或认识关系理解为人与自然客体之间的基础性关系时，曾经写道：

---

① 《马克思恩格斯选集》第1卷，人民出版社1995年版，第56页。
② 马克思：《资本论》第1卷，人民出版社1975年版，第77页注(22a)。

人们决不是首先"处在这种对外界物的理论关系中"。正如任何动物一样，他们首先是要吃、喝等等，也就是说，并不"处在"某一种关系中，而是积极地活动，通过活动来取得一定的外界物，从而满足自己的需要。（因而，他们是从生产开始的。）由于这一过程的重复，这些物能使人们"满足需要"这一属性，就铭记在他们的头脑中了，人和野兽也就学会"从理论上"把能满足他们需要的外界物同一切其他的外界物区别开来。在进一步发展的一定水平上，在人们的需要和人们借以获得满足的活动形式增加了，同时又进一步发展了以后，人们就对这些根据经验已经同其他外界物区别开来的外界物，按照类别给以各个名称。……但是这种语言上的名称，只是作为概念反映出那种通过不断重复的活动变成经验的东西，也就是反映出，一定的外界物是为了满足已经生活在一定的社会联系中的人（这是从存在语言这一点必然得出的假设）的需要服务的。①

从马克思的这段重要的论述可以看出，当一个笛卡尔主义者谈论主体对客体的关系时，是从单纯的认识关系着手的，他撇开了人作为主体的其他的更为本质的属性，如人首先要满足自己的吃、喝、住、穿，也就是要取用可以吃的客体、可以喝的客体、可以住的客体、可以穿的客体等等，以便活在世界上。当他活在世界上的前提得到满足了，他才可能有兴趣去认识客体。也就是说，在主体对客体的关系中，首要的关系是从主体的生存出发取用客体，然后才可能有主体对客体的认识关系。

　　最后，就"认识过程中的方法论"而言，正如我们在前面已经论述过的，如果说，以弗兰西斯·培根为首的英国经验主义哲学家比较注重归纳法，那么，以笛卡尔为首的大陆理性主义者则比较注重演绎法。比较起来，虽然归纳法获得的不可能是普遍有效的知识，但它总是怀着开放的心态去面对新鲜的经验。相反，演绎法追求的却是知识的确定性，因

---

　　①　《马克思恩格斯全集》第 19 卷，人民出版社 1963 年版，第 405 页。

而重视的只是理性的推演，对感性经验采取不信任的态度。尽管这两种方法论的价值取向是相反的，但它们的共同点是对自然界中的客体取直观的态度。所谓"直观的态度"，就是以静观的方式对自然界的客体或现象进行观察。从否定方面看，直观的态度也就是以非实践的态度对待自然界。这种笛卡尔主义式的直观或培根主义式的直观在费尔巴哈身上得到了集中的表现，以至马克思批评道：

> 费尔巴哈不满意抽象的思维而喜欢直观；但是他把感性不是看作实践的、人的感性的活动。①

事实上，正因为费尔巴哈在方法论上没有走出笛卡尔主义的阴影，所以，虽然他提倡观察自然、观察人，但在他那里，被观察的自然和被观察的人都没有经过社会实践活动的媒介，因而都是抽象的、虚假的。在马克思看来，不仅自然界中的客体必须通过人改造自然的实践活动的媒介去加以认识，而且全部社会生活本质上也是实践的，因而也必须通过实践的媒介加以认识。他写道：

> 直观的唯物主义，即不是把感性理解为实践活动的唯物主义至多也只能达到对单个人和市民社会的直观。②

在马克思看来，除了费尔巴哈以外，17、18 世纪欧洲启蒙哲学家关于"自然状态"中的个人的谈论，英国古典经济学家关于"鲁宾逊"故事的诠释，都是对"单个人和市民社会的直观"的经典性例子。总之，按照马克思的看法，蕴含在笛卡尔主义和培根主义中的这种直观的方法论并不能揭示出自然界，尤其是社会生活中的真理。

---

① 《马克思恩格斯选集》第 1 卷，人民出版社 1995 年版，第 56 页。
② 同上书，第 56—57 页。

有人也许会问：马克思的意图是否是把实践论植入笛卡尔主义，乃至整个近代西方哲学认识论和方法论的基础中去呢？我们的回答是：也是，也不是。说"也是"，因为马克思确实把实践论理解为一切认识论和方法论的基础。他甚至认为：

　　　　人的思维是否具有客观的[gegenstaendliche]真理性，这不是一个理论的问题，而是一个实践的问题。人应该在实践中证明自己思维的真理性，即自己思维的现实性和力量，自己思维的此岸性。关于思维——离开实践的思维——的现实性或非现实性的争论，是一个纯粹经院哲学的问题。①

显而易见，在马克思看来，既然"离开实践的思维"只能导致经院哲学式的无谓的争论，那么，毫无疑问，实践应该成为任何理论思维的基础和出发点。同样地，笛卡尔主义者乃至整个近代西方哲学思潮都把方法论理解为如何进行思维的方法，所以，实践论必定同时也是方法论的基础和出发点。说"也不是"，因为马克思对笛卡尔主义，乃至整个近代西方哲学的批判，并不限于认识论和方法论的范围，而是触及了哲学的根基部分——本体论。马克思这方面的意图十分明晰地体现在下面这段重要的论述中：

　　　　从前的一切唯物主义（包括费尔巴哈的唯物主义）的主要缺点是：对对象、现实、感性，只是从客体的或直观的形式去理解，而不是把它们当作感性的人的活动，当作实践去理解，不是从主体方面去理解。②

---

① 《马克思恩格斯选集》第 1 卷，人民出版社 1995 年版，第 55 页。
② 同上书，第 54 页。

在这里，马克思把自己的学说，即实践唯物主义的学说与"从前的一切唯物主义"学说对立起来。尽管这种对立也蕴含着认识论和方法论上的对立，但根本性的对立仍然是在本体论上。马克思的实践唯物主义的这种本体论的维度不但在批判以笛卡尔主义为代表的近代西方哲学的认识论和方法论的过程中得到了表述，也在批判近代西方哲学从传统西方哲学中沿袭下来的、抽象的"物质本体论"中得到了表述。事实上，早在《1844 年经济学哲学手稿》中，马克思就已经指出：

> 只有当物按人的方式同人发生关系时，我才能在实践上按人的方式同物发生关系。①

显然，马克思以自己的实践唯物主义所蕴含的实践的、非直观的方式超越了笛卡尔主义所主张的静观的认识方法。

总之，马克思对以笛卡尔为代表的近代西方哲学问题域的超越主要表现在：马克思的注意力转向作为认识论和方法论基础的本体论，并通过实践唯物主义(即历史唯物主义)的确立，扬弃了传统哲学，包括近代西方哲学所隐含的物质本体论，从而阐明了自己与整个传统哲学，尤其是与以笛卡尔主义为代表的近代西方哲学之间的差别。

其二，马克思哲学超越了作为德国古典哲学集大成者的黑格尔哲学及青年黑格尔主义的问题域。黑格尔哲学及青年黑格尔主义的问题域的基本特征是：以泛逻辑主义为核心的唯心主义，非批判的、神秘主义的辩证法，"思想统治着世界"的幻想主义。

首先，马克思指出，"以泛逻辑主义为核心的唯心主义"构成黑格尔哲学的本质特征。马克思总是不遗余力地指出并批判黑格尔哲学的这一本质特征。在《德意志意识形态》中，他写道：

---

① 《马克思恩格斯全集》第 42 卷，人民出版社 1979 年版，第 124 页注②。

黑格尔完成了实证的唯心主义，他不仅把整个物质世界变成了思想世界，而且把整个历史也变成了思想的历史，他并不满足于记录思想中的东西，他还试图描绘它们的生产的活动。①

尽管这段话在马克思的手稿中被删去了，但如果我们在阅读《德意志意识形态》中的"费尔巴哈"章时，把这段话与马克思批判黑格尔唯心主义立场的其他论述联系起来，就会发现，这段话以十分简洁明了的方式揭示了黑格尔哲学的思想倾向。进一步的考察表明，黑格尔唯心主义的内核是"泛逻辑主义"。在《黑格尔法哲学批判》中，马克思尖锐地指出：

在这里，注意的中心不是法哲学，而是逻辑学。在这里，哲学的工作不是使思维体现在政治规定中，而是使现存的政治规定化为乌有，变成抽象的思想。在这里具有哲学意义的不是事物本身的逻辑，而是逻辑本身的事物。不是用逻辑来论证国家，而是用国家来论证逻辑。②

马克思把这种黑格尔式的唯心主义称为"逻辑的泛神论"③。众所周知，黑格尔于1817年出版的《哲学全书纲要》是由三部著作——《逻辑学》《自然哲学》和《精神哲学》构成的。黑格尔思辨唯心主义的基础和出发点乃是《逻辑学》中的逻辑理念。逻辑理念通过自身的运动，外化出自然界，从而过渡到《自然哲学》，而作为《自然哲学》探讨对象的自然界在发展的过程中产生了人。于是，外化在自然界中的逻辑理念通过人而过渡到精神世界，从而成了《精神哲学》研究的对象。而《精神哲学》既是对《自然哲学》的超越，又是对《逻辑学》的回归。由此可见，在黑格尔的哲学体系中，逻辑学始终居于基础的、核心的位置上。事实上，在耶拿时期，

① 《马克思恩格斯全集》第3卷，人民出版社1960年版，第16页注①。
② 《马克思恩格斯全集》第1卷，人民出版社1956年版，第263页。
③ 同上书，第250页。

黑格尔在哲学上的最大突破就是把逻辑学与形而上学理解为同一个东西。在这个意义上可以说，逻辑学也就是黑格尔的形而上学，是他全部思想的灵魂和核心。在《1844 年经济学哲学手稿》中，马克思深刻地批判了黑格尔思辨唯心主义哲学的这种泛逻辑主义的倾向：

> 因为黑格尔的《哲学全书》以逻辑学，以纯粹的思辨的思想开始，而以绝对知识，以自我意识的、理解自身的哲学的或绝对的即超人的抽象精神结束，所以整整一部《哲学全书》不过是哲学精神的展开的本质，是哲学精神的自我对象化；而哲学精神不过是在它的自我异化内部通过思考理解即抽象地理解自身的、异化的世界精神。逻辑学是精神的货币，是人和自然界的思辨的思想的价值——人和自然界的同一切现实的规定性毫不相干的、因而是非现实的本质，——是外化的因而从自然界和现实的人抽象出来的思维，即抽象思维。①

在马克思看来，黑格尔从自然界和现实的人的基础上抽象出概念，再从概念中抽象出最具普遍性的逻辑范畴或逻辑理念。然后，他把逻辑理念理解为最根本的东西，把自然界和现实的人理解为逻辑理念外化的结果，而把精神理解为浸淫于自然界的逻辑理念通过人向自身的复归。黑格尔的这种泛逻辑主义的思辨唯心主义导致的结果是把"整个现实世界都淹没在抽象世界之中，即淹没在逻辑范畴的世界之中"②。马克思从历史唯物主义的立场出发批判了黑格尔的思辨唯心主义思想：

> 人们按照自己的物质生产的发展建立相应的社会关系，正是这些人又按照自己的社会关系创造了相应的原理、观念和范畴。

---

① 《马克思恩格斯全集》第 42 卷，人民出版社 1979 年版，第 160 页。
② 《马克思恩格斯全集》第 4 卷，人民出版社 1958 年版，第 141 页。

所以，这些观念、范畴也同它们所表现的关系一样，不是永恒的。它们是历史的暂时的产物。①

这样一来，黑格尔的以泛逻辑主义为根本特征的唯心主义也就被弃置一旁了。马克思告诉我们，逻辑范畴或逻辑理念非但不是世界的基础和出发点，非但不是永恒的东西，相反，它们不过是人的实践活动的产物，它们将随着人的实践活动和社会关系的发展而变化。人类历史的基础是物质实践活动，而不是黑格尔的逻辑理念运动。

其次，马克思强调，"非批判的、神秘主义的辩证法"构成黑格尔辩证法的本质特征。黑格尔认为，辩证法并不是什么新东西，人们通常把古代哲学家柏拉图称为辩证法的发明者，因为辩证法在柏拉图那里第一次以客观的范畴的形式出现，而在他的老师苏格拉底那里，辩证法还只是带有主观色彩的辩难和反讽。在近代西方哲学的发展中，康德恢复了辩证法的地位。他启示我们，辩证法并不是偶然的，而是内在于人类理性的本性之中的，但他仍然延续了传统哲学的思路，把辩证法理解为应当予以排除的东西。正如黑格尔所批评的：

> 按照旧形而上学的观点看来，如果知识陷于矛盾，乃是一种偶然的差错，基于推论和说理方面的主观错误。但照康德的说法，当思维要去认识无限时，思维自身的本性里便有陷于矛盾（二律背反）的趋势。……就康德理性矛盾说在破除知性形而上学的僵硬独断，指引到思维的辩证运动的方向而论，必须看成是哲学知识上一个很重要的推进。但同时也须注意，就是康德在这里仅停滞在物自体不可知性的消极结果里，而没有更进一步达到对于理性矛盾有真正积极的意义的知识。理性矛盾的真正积极的意义，在于认识一切现实之物都包含有相反的规定于自身。因此认识甚或把握一个对象，正

---

① 《马克思恩格斯全集》第4卷，人民出版社1958年版，第144页。

在于意识到这个对象作为相反规定之具体的统一。①

按照黑格尔的看法，知性形而上学停留在 A＝A 的抽象同一性和非此即彼的思维方式中，康德超过知性形而上学的地方在于他发现当思维试图去认识无限时，思维本身、理性本身便会陷于矛盾之中。康德关于辩证法的见解破除了知性形而上学的僵硬独断，表明思维、理性内蕴着矛盾运动。然而，他又对矛盾采取了温情主义的态度，把它视为应予克服的东西。与康德相比，黑格尔又进了一步。他认为，应该对矛盾和辩证法采取积极的态度，即不但不应该排除矛盾或辩证法，而应该充分肯定其积极意义，因为正是矛盾和辩证法构成了一切事物发展变化的内在动力。但马克思认为，在黑格尔的语境中，辩证法是非批判的、神秘主义的。

乍看起来，黑格尔的辩证法有着批判一切、否定一切的外观，但实际上，由于它只是一种概念的辩证法，只是单纯思维领域或思想领域中的风暴，所以归根到底，这样的辩证法无法在现实生活中发挥自己的作用。它只满足于从观念上扬弃一切，而在现实生活中，一切仍然被原封不动地保留着。在这个意义上可以说，黑格尔的辩证法是非批判的，所以马克思提醒我们：

> 在《现象学》中，尽管已有一个完全否定的和批判的外表，尽管实际上已包含着那种往往早在后来发展之前就有的批判，黑格尔晚期著作的那种非批判的实证主义和同样非批判的唯心主义——现有经验在哲学上的分解和恢复——已经以一种潜在的方式，作为萌芽、潜能和秘密存在着了。②

---

① ［德］黑格尔：《小逻辑》，贺麟译，商务印书馆 1980 年版，第 132—133 页。
② 《马克思恩格斯全集》第 42 卷，人民出版社 1979 年版，第 161—162 页。

那么，究竟如何改造内在于黑格尔辩证法中的这种根深蒂固的"非批判性"呢？在马克思看来，重要的是阐明辩证法的载体应该是什么。众所周知，在黑格尔那里，辩证法的载体就是逻辑范畴。而在马克思那里，辩证法的载体则是人的实践活动。正是通过实践活动这一载体，世界历史得以生成，而人的五官感觉和实践感觉，乃至整个人的本质得以形成。正如马克思所指出的：

> 不仅五官感觉，而且所谓精神感觉、实践感觉（意志、爱等等），一句话，人的感觉、感觉的人性，都只是由于它的对象的存在，由于人化的自然界，才产生出来的。五官感觉的形成是以往全部世界历史的产物。①

其实，马克思改造并提升黑格尔辩证法的最重要的措施是引入实践活动这一载体来取代黑格尔那里的辩证法载体——抽象的逻辑范畴。遗憾的是，马克思这方面的改造工作常常为正统的阐释者们所忽视。值得注意的是，马克思在批判黑格尔辩证法时，特别注意清算的是其神秘主义的特征。在写于1873年1月的《资本论》第一卷"第二版跋"中，马克思写道：

> 将近三十年以前，当黑格尔辩证法还很流行的时候，我就批判过黑格尔辩证法的神秘方面。②

事实上，马克思对"神秘主义"的理解与黑格尔完全不同。如前所述，黑格尔把思辨理性对知性的僵硬性的超越理解为"神秘主义"，而在马克思看来，这种超越完全是合乎理性的，因而并不是神秘的。马克思认为，

---

① 《马克思恩格斯全集》第42卷，人民出版社1979年版，第126页。
② 马克思：《资本论》第1卷，人民出版社1975年版，第24页。

黑格尔辩证法的真正的神秘主义的倾向表现在：一方面，它是唯心主义的，头足倒置的；另一方面，它有着"正题——反题——合题"这样古怪的外观。马克思改造黑格尔辩证法的神秘主义倾向的做法是，把它颠倒过来，更换它的古怪的外观，使它从"神秘形式"转化为"合理形态"。一言以蔽之，马克思对黑格尔辩证法进行了彻底的改造，以合理性取代了神秘性，以批判性取代了非批判性，以革命性取代了调和性。而这一改造的根本点则是引入了实践活动这一载体，从而用实践辩证法取代了黑格尔的概念辩证法或范畴辩证法。

最后，马克思发现，随着黑格尔的逝世和黑格尔学派的解体，青年黑格尔主义逐渐在德国思想界占据主导地位，而这一派别的特点是停留在"'思想统治着世界'的幻想主义"中。马克思指出：

> 按照黑格尔体系，观念、思想、概念产生、规定和支配人们的现实生活、他们的物质世界、他们的现实关系。他的叛逆的门徒从他那里承受了这一点……①

既然青年黑格尔主义者从他们的老师——黑格尔那里接受了"思想统治着世界"的唯心主义的观点，所以，他们就陷入错误的幻想中，以为只要诉诸单纯的思想批判，就能从根本上改变现实世界。马克思对青年黑格尔主义的幻想主义进行了无情的批判。他指出：

> 意识在任何时候都只能是被意识到了的存在，而人们的存在就是他们的实际生活过程。如果在全部意识形态中人们和他们的关系就像在照像机中一样是倒现着的，那末这种现象也是从人们生活的历史过程中产生的，正如物象在眼网膜上的倒影是直接从人们生活

---

① 《马克思恩格斯全集》第 3 卷，人民出版社 1960 年版，第 16 页注①。

的物理过程中产生的一样。①

也就是说，无论是黑格尔，还是青年黑格尔主义分子，他们所坚持的"思想统治着世界"的观点从根本上就是错误的。人们的思想、观念和意识是在人们的实际生活过程中形成并发展起来的；不是意识决定人们的实际生活，而是人们的实际生活决定意识。马克思关于思想、观念和意识起源的阐述从根本上颠覆了"思想统治着世界"的思辨唯心主义观点。与此同时，马克思又告诉我们：

> 意识的一切形式和产物不是可以用精神的批判来消灭的，也不是可以通过把它们消融在"自我意识"中或化为"幽灵""怪影""怪想"等等来消灭的，而只有实际地推翻这一切唯心主义谬论所由产生的现实的社会关系，才能把它们消灭；历史的动力以及宗教、哲学和任何其他理论的动力是革命，而不是批判。②

在马克思看来，不管青年黑格尔主义者如何以"批判"活动或以"批判的批判"活动的承担者自居，也不管他们是把被批判的观念消融在"自我意识"中，还是归并在"幽灵"或"怪影"中，其结果都不可能真正消灭这些观念。他们只有同时在现实生活中推翻这些观念所由产生的现实的社会关系，才能从根本上消灭这些观念。历史的动力是现实的革命活动，而不是单纯的思想批判。

综上所述，正是通过实践(生产劳动、政治革命)概念的引入，马克思从根本上超越了黑格尔和青年黑格尔主义的问题域，形成了实践唯物主义或历史唯物主义的新的问题域。而在这一新的问题域中，以实践活动为载体的辩证法发挥着重要的方法论的作用。

---

① 《马克思恩格斯全集》第3卷，人民出版社1960年版，第29—30页。
② 同上书，第43页。

其三，马克思哲学究竟属于近代西方哲学，还是属于当代西方哲学？这是我们必须加以辨明的重大理论问题。在对马克思哲学的研究中，当人们把马克思的文本与正统的阐释者们编写的关于马克思的文本（尤其是马克思主义哲学教科书）加以比较时，就会发现，正统的阐释者们总是自觉地或不自觉地置身于近代西方哲学的问题域中来阐释马克思哲学。不用说，这种阐释模式导致的一个严重的结果是把马克思哲学近代化了。我们认为，马克思哲学的近代化主要表现在以下三个方面。

第一，把马克思哲学理解为"物质本体论"。在正统的阐释者们看来，"世界统一于物质"或"世界是物质的"乃是马克思哲学的本体论基础。肖前等人主编的《辩证唯物主义原理》告诉我们：

> 认为世界是物质的，物质是一切事物、现象的共同本原和统一基础，这就是唯物主义一元论的世界观。①

我们知道，传统的唯物主义者，包括近代以来的唯物主义者都自觉地或不自觉地以这种物质本体论作为自己哲学的基础部分。其实，只要认真地解读马克思的《1844 年经济学哲学手稿》《关于费尔巴哈的提纲》等文本，就会发现，马克思的哲学立场早已超出了传统唯物主义，特别是近代唯物主义的立场。事实上，马克思本人也阐述了自己的唯物主义与传统的唯物主义（包括作为近代唯物主义巅峰的费尔巴哈哲学）之间的本质差别。所以，正统的阐释者们不顾马克思的本意，坚持把马克思哲学阐释成物质本体论，正表明了他们陷入近代西方哲学的问题域有多深。

第二，把马克思哲学的基本问题理解为"思维与存在的关系"问题。众所周知，黑格尔在《哲学史讲演录》里早已告诉我们，中世纪哲学的特点是思维与存在的分离和差异，而近代哲学的特征则体现为思维与存在的对立与和解。事实上，以黑格尔为代表的"同一哲学"正是在这样的背

---

① 肖前等主编：《辩证唯物主义原理》，人民出版社 1981 年版，第 54 页。

景下形成并发展起来的。黑格尔本人就已指出：

> 近代哲学并不是淳朴的，也就是说，它意识到了思维与存在的对立。必须通过思维去克服这一对立，这就意味着把握住统一。①

在这个意义上，思维与存在的关系乃是发自近代西方哲学问题域的典型问题，然而，这个问题却绝对不可能是马克思哲学的基本问题。在《关于费尔巴哈的提纲》中，马克思写道：

> 人的思维是否具有客观的[gegenstaendliche]真理性，这不是一个理论的问题，而是一个实践的问题。人应该在实践中证明自己思维的真理性，即自己思维的现实性和力量，自己思维的此岸性。关于思维——离开实践的思维——的现实性或非现实性的争论，是一个纯粹经院哲学的问题。②

在马克思看来，撇开实践来讨论思维与存在的关系问题，本来就是传统哲学，尤其是中世纪经院哲学的做法。所以，就马克思本人来说，他是不可能厕身于传统哲学，特别是黑格尔哲学之中，继续把思维与存在的关系理解为自己哲学的基本问题的。那么，马克思哲学是否也有自己的基本问题呢？我们的回答是肯定的。早在《1844年经济学哲学手稿》中，马克思已经指出：

> 这种共产主义，作为完成了的自然主义，等于人道主义，而作为完成了的人道主义，等于自然主义，它是人和自然界之间、人和人之间的矛盾的真正的解决，是存在和本质、对象化和自我确证、

---

① ［德］黑格尔：《哲学史讲演录》第4卷，贺麟、王太庆译，商务印书馆1978年版，第7页。

② 《马克思恩格斯选集》第1卷，人民出版社1995年版，第55页。

自由和必然、个体和类之间的斗争的真正解决。它是历史之谜的解
答，而且知道自己就是这种解答。①

从这段重要的论述可以看出，马克思所说的"历史之谜"也就是马克思哲
学的基本问题，而这一基本问题就是指"人和自然界之间、人和人之间
的矛盾"。当然，在马克思看来，这一基本问题也蕴含着"存在和本质、
对象化和自我确证、自由和必然、个体和类之间的斗争"，但这些斗争
不过是"人和自然界之间、人和人之间的矛盾"的具体的表现方式罢了。
因此，把人与自然界、人与人之间的关系理解为马克思哲学的基本问题
也就是顺理成章的了。事实上，马克思后来的一系列论述也证明了我们
的理解的合理性和正当性。在《德意志意识形态》的"费尔巴哈"章的一个
脚注中，马克思写道：

> 到现在为止，我们只是主要考察了人类活动的一个方面——人
> 们对自然的作用。另一方面，是人对人的作用……②

众所周知，马克思哲学是以实践活动，尤其是生产劳动作为出发点的，
而生产劳动本身就蕴含着两个方面：一个方面是人与自然界的关系，另
一个方面是人与人的关系。要言之，人们必定结成一定的社会生产关
系，才能对自然界进行改造。也就是说，人与自然界之间的关系同人与
人之间的关系，在人类社会的发展中是交织在一起的。即使在人类社会
发端之初，这两方面的关系也始终是存在着的。马克思在谈到原始社会
的"自然宗教"时指出：

> 这里立即可以看出，这种自然宗教或对自然界的特定关系，是

---

① 《马克思恩格斯全集》第 42 卷，人民出版社 1979 年版，第 120 页。
② 《马克思恩格斯全集》第 3 卷，人民出版社 1960 年版，第 41 页注①。

受社会形态制约的，反过来也是一样。这里和任何其他地方一样，自然界和人的同一性也表现在：人们对自然界的狭隘的关系制约着他们之间的狭隘的关系，而他们之间的狭隘的关系又制约着他们对自然界的狭隘的关系。①

按照马克思的观点，在任何社会形态中，人与自然界的关系同人与人的关系都是交织在一起的。一般说来，人与自然界关系的水准达到什么程度，人与人关系也就相应地达到什么程度。反之亦然。自然宗教或其他宗教形式的存在正是人与自然界的关系同人与人的关系依然处于一定发展阶段上的证明。马克思在《资本论》第1卷中谈到古代社会的生产机体时说：

> 它们存在的条件是：劳动生产力处于低级发展阶段，与此相应，人们在物质生活生产过程内部的关系，即他们彼此之间以及他们同自然之间的关系是很狭隘的。这种实际的狭隘性，观念地反映在古代的自然宗教和民间宗教中。只有当实际日常生活的关系，在人们面前表现为人与人之间和人与自然之间极明白而合理的关系的时候，现实世界的宗教反映才会消失。只有当社会生活过程即物质生产过程的形态，作为自由结合的人的产物，处于人的有意识有计划的控制之下的时候，它才会把自己的神秘的纱幕揭掉。但是，这需要有一定的社会物质基础或一系列物质生存条件，而这些条件本身又是长期的、痛苦的历史发展的自然产物。②

在这里，马克思告诉我们，一定的宗教观念只能存在于一定的社会历史阶段，即拥有相应的人与自然界之间的关系同相应的人与人之间的关系

---

① 《马克思恩格斯全集》第3卷，人民出版社1960年版，第35页。
② 马克思：《资本论》第1卷，人民出版社1975年版，第96—97页。

的历史阶段。只有当这两种关系发展到"极明白而合理"的程度时，宗教观念才会自行消失。与此同时，马克思又告诉我们，只有当人改造自然界的物质生产过程达到相当高的水平时，人们才可能有意识地对物质生产过程加以控制和调节。从上面列举的这些论述可以清楚地看出，马克思哲学的基本问题根本就不是黑格尔所揭示的近代哲学的基本问题——"思维与存在的关系问题"的重复和延续，而是"人与自然界、人与人之间的关系"，是他视为"历史之谜"的东西。

第三，把马克思哲学理解为认识论、方法论（辩证法）和逻辑学的统一。如前所述，近代西方哲学无批判地接受了传统哲学遗留下来的物质本体论或理性本体论，而把自己的注意力集中在对认识论和方法论的研究上。而在认识方法的研究上，如果说笛卡尔和培根分别开启了对演绎逻辑和归纳逻辑的研究，那么康德和黑格尔则分别开启了对先验逻辑和辩证逻辑的研究。因此，认识论、方法论和逻辑学的一致性自然而然地成了近代西方哲学问题域的主导性结构。正如卢卡奇所指出的：

> 近几个世纪以来的哲学思维一直处于认识论、逻辑学和方法论的统治下，而且迄今为止，这种统治也没有被超越。①

正如我们在前面已经指出过的那样，由于正统的阐释者们深受近代西方哲学，尤其是黑格尔哲学的问题域的影响，所以也把这个问题域理解为马克思哲学的问题域。事实上，按照恩格斯在《反杜林论》《自然辩证法》和《路德维希·费尔巴哈和德国古典哲学的终结》等著作中的看法，随着实证科学的发展，哲学只留下来一个纯粹思维的领域，那就是形式逻辑和辩证法。列宁则在《哲学笔记》中把认识论、方法论和逻辑学的一致性理解为黑格尔和马克思哲学的共同的问题域。事实上，马克思哲学作为

---

① G. Lukács, *Zur Ontologie des Gesellschaftlichen Seins*，Ⅰ. Halbband，Darmstadt：Hermann Luchthand Verlag，1984，S. 7.

实践的、革命的哲学，与大学课堂里的高头讲章——学院化的黑格尔哲学存在着本质性的差异。黑格尔告诉我们：

> 概括讲来，哲学可以定义为对于事物的思维着的考察。如果说"人之所以异于禽兽在于他能思维"这话是对的（这话当然是对的），则人之所以为人，全凭他的思维在起作用。不过哲学乃是一种特殊的思维方式，——在这种方式中，思维成为认识，成为把握对象的概念式的认识。①

从思维到认识，再从认识到认识方法，最后从认识方法到逻辑，这是近代哲学，特别是黑格尔哲学向我们展示出来的基本思路。无怪乎列宁在《哲学笔记》中把黑格尔哲学，尤其是其逻辑学中的见解理解为认识论、方法论和辩证法的一致性。当列宁的这种见解仅限于对黑格尔哲学的判断时，并没有什么错。然而，当他同时把这种一致性视为马克思哲学的根本特征时，他就把两种不同性质的哲学理论混淆起来了。正如我们在前面已经引证过的，马克思在《关于费尔巴哈的提纲》中已经警告我们：

> 关于思维——离开实践的思维——的现实性或非现实性的争论，是一个纯粹经院哲学的问题。②

也就是说，马克思哲学根本不可能像近代西方哲学，尤其是黑格尔哲学一样，以与人的实践活动相分离的、单纯的思维活动或认识活动作为自己的起点。何况，马克思自己已经直截了当地告诉我们：

> 哲学家们只是用不同的方式解释世界，问题在于改变世界。③

---

① ［德］黑格尔：《小逻辑》，贺麟译，商务印书馆 1980 年版，第 38 页。
② 《马克思恩格斯选集》第 1 卷，人民出版社 1995 年版，第 55 页。
③ 同上书，第 57 页。

事实上，马克思的这段话最明确不过地启示我们，以"改变世界"作为自己根本意向的马克思哲学与以"解释世界"作为自己根本意向的传统哲学，尤其是近代西方哲学存在着根本性的区别。这两种具有不同意向的哲学理论是不可能共享一个问题域的。尽管海德格尔在晚年的讨论班中提到马克思的上述名言时曾经做过如下的评论：

> 〔让我们〕来考察以下这个论题：解释世界与改变世界之间是否存在着真正的对立？难道对世界每一个解释不都已经是对世界的改变了吗？对世界的每一个解释不都预设了：解释是一种真正的思之事业吗？另一方面，对世界的每一个改变不都把一种理论前见（Vorblick）预设为工具吗？①

不能说海德格尔的评论是没有道理的。确实，每一种对世界的新的解释都已经蕴含着改变它的可能性。同样地，每一种对世界的新的改变也都必定是以对世界的新的理解为前提的。海德格尔所说的"理论前见"确实是无法规避的。然而，"解释世界"与"改变世界"之间的内在联系的存在并不表明，它们之间是可以相互取代的。就像康德在批判上帝存在的本体论证明时提到的一百塔勒，我们还得承认，口袋里的一百塔勒并不等于观念上的一百塔勒。一种哲学理论，如果仅仅满足于对世界本身做出解释，还不等于已经改变了世界。否则，一个人的现实的行动和他的白日梦之间就不会有任何原则性的区别了。遗憾的是，海德格尔意识到了"改变世界"与"解释世界"之间的联系，却没有注意到这两者之间的差异。实际上，马克思也不见得没有注意到这两者之间的联系，否则他就没有必要去钻研哲学和政治经济学，并对其做出新的、批判性的叙述

---

① ［法］F. 费迪耶等辑录：《晚期海德格尔的三天讨论班纪要》，丁耘摘译，《哲学译丛》2001 年第 3 期。

了。众所周知，马克思早在 1843 年 9 月致卢格的信中已经阐明了意识改革对于行动的积极意义：

> 意识的改革只在于使世界认清本身的意识，使它从迷梦中惊醒过来，向它说明它的行动的意义。①

显而易见，按照马克思的看法，在意识和观念的领域里批判旧世界，揭示关于旧世界的真理，目的正是通过行动而改造旧世界。这就深刻地启示我们，马克思从来也没有像海德格尔所想象的那样，把"改变世界"同"解释世界"割裂开来并对立起来。然而，正是在把重点放在"改变世界"这一点上，马克思从根本上与传统哲学划清了界限。在《德意志意识形态》的"费尔巴哈"章中，马克思以更明确的口吻指出：

> ……实际上和对实践的唯物主义者，即共产主义者说来，全部问题都在于使现存世界革命化，实际地反对和改变事物的现状。②

既然马克思作为实践唯物主义者，其主旨在于"使现存世界革命化"，那么，他根本就不可能把近代西方哲学的问题域，即认识论、方法论和逻辑学的一致性理解为自己的问题域。那么，马克思哲学的问题域究竟是什么呢？我们认为，尽管马克思哲学也蕴含着认识论、方法论和逻辑学上的维度，但就其根本维度而言，乃是本体论领域里发生的划时代的革命。在《德意志意识形态》的"费尔巴哈"章中，马克思写道：

> 这种活动、这种连续不断的感性劳动和创造、这种生产，是整个现存的感性世界的非常深刻的基础，只要它哪怕只停顿一年，费

---

① 《马克思恩格斯全集》第 1 卷，人民出版社 1956 年版，第 418 页。
② 《马克思恩格斯全集》第 3 卷，人民出版社 1960 年版，第 48 页。

尔巴哈就会看到，不仅在自然界将发生巨大的变化，而且整个人类世界以及他(费尔巴哈)的直观能力，甚至他本身的存在也就没有了。①

在这段话中，虽然马克思没有使用像"本体论"这样传统的哲学术语，但他生动地阐述了作为"整个现存的感性世界的非常深刻的基础"的"生产"的重要性。一旦生产停顿下来，不但费尔巴哈，而且作为意义主体的整个人类本身的"存在"也就消失了。② 而正如马克思在《雇佣劳动与资本》一书中已经指出过的那样，人们要能够从事生产，就得结成一定的社会生产关系：

> 社会的物质生产力发展到一定阶段，便同它们一直在其中运动的现存生产关系或财产关系(这只是生产关系的法律用语)发生矛盾。于是这些关系便由生产力的发展形式变成生产力的桎梏。那时社会革命的时代就到来了。③

也就是说，马克思关于"社会革命"的理论或"使现存世界革命化"的理论一样，都奠基于在生产的过程中展开的生产力与生产关系的矛盾运动，而全部人类历史和社会现象也都是在生产力和生产关系的矛盾运动中展示出来的。由此可见，马克思哲学的问题域完全异于近代西方哲学的问题域，它的表现形式根本不是"认识论、方法论和逻辑学的一致性"，而是"实践本体论、社会生产关系论和社会革命论的一致性"。

从上面的论述可以看出，绝不能从近代西方哲学的问题域出发去解读马克思哲学。在我们看来，马克思哲学从属于当代西方哲学，因为在

---

① 《马克思恩格斯全集》第 3 卷，人民出版社 1960 年版，第 50 页。
② 参阅俞吾金：《作为全面生产理论的马克思哲学》，《哲学研究》2003 年第 8 期。
③ 《马克思恩格斯选集》第 2 卷，人民出版社 1995 年版，第 32—33 页。

马克思哲学的问题域与当代西方哲学的问题域之间至少存在着以下六个方面的共同点。

其一，以发自本体论的根基性的思考取代近代西方哲学注重的认识论和方法论思考，构成当代西方哲学的基本特征，而这也正是马克思哲学的基本特征之一。众所周知，自从尼采解读出隐藏在西方哲学文化中的虚无主义倾向后，当代西方哲学家都不约而同地致力于重建西方哲学文化，乃至整个西方文明的思想基础。而这方面的努力正体现在本体论研究在当代的复兴中。无论是胡塞尔的"形式本体论""区域本体论"，还是海德格尔的"基础本体论"；无论是 N. 哈特曼的"批判的本体论"，还是萨特的"现象学本体论"；无论是卢卡奇的"社会存在本体论"，还是 C. C. 古尔德的"社会本体论"；无论是保罗·海贝林的"一般本体论"，还是奎恩的"本体论承诺"，都反映出当代西方哲学注重本体论研究的基本倾向。① 而当我们沿着本体论的角度去理解马克思哲学时，常常会遭到下面这样的质疑，即马克思使用过"本体论"(Ontologie)概念吗？我们发现，马克思确实没有使用过 Ontologie 这个德语名词，但他却使用过 ontologisch(本体论的)这个德语形容词。这显然是一个不争的事实。

在为博士论文的写作做准备的《关于伊壁鸠鲁哲学的笔记·笔记一》中，马克思曾经写道：

> 一般为了阐明伊壁鸠鲁哲学及其内在辩证法的思想进程，重要的是要注意到，尽管原则是某种想象的、对于具体世界是以存在形式表现出来的东西，但辩证法，即这些本体论的规定〔(dieser ontologischen Bestimmungen)自身已失去本质性的绝对事物的一种形式〕的内在实质，只能这样地显示出来：由于这些规定是直接的，一定会同具体世界发生不可避免的冲突；在它们和具体世界的特殊关系

---

① 参阅俞吾金：《本体论研究的复兴和趋势》，《浙江学刊》2002 年第 1 期；又见俞吾金：《从传统知识论到生存实践论》，《文史哲》2004 年第 2 期。

中揭示出来，它们只是具体世界的观念性的一种想象的、对于本身来说是外在的形式，并且不是作为前提，而只是作为具体东西的观念性而存在着。因此，它们的规定本身是不真实的，是自我扬弃的。①

从上下文的关系可以看出，马克思在这里提到的"本体论的规定"是指"必然性""联系""差别""运动"这样一些属于辩证法探讨范围的概念。一方面，马克思指出，由于这些"本体论的规定"只是具体世界在观念上的一种想象的表述方式，因而它们既不是真实的，也不可能成为具体世界的前提；另一方面，马克思也肯定了伊壁鸠鲁哲学的重要性，正是通过对这些"本体论的规定"的辩证表达，伊壁鸠鲁提出了"原子偏斜说"，从而肯定了人的自由意志的作用。在《关于伊壁鸠鲁哲学的笔记·笔记二》中，当马克思提到早期希腊哲人时，又指出：

> ……这些哲人因此一方面只在最片面、最一般的本体论规定（den einseitigsten allgemeinsten ontologischen Bestimmungen）中表现绝对的东西，而另一方面他们本身又是一种自我封闭的实体在现实中的显露。②

马克思在这里提到的早期希腊哲人主要是指泰勒斯、阿那克西美尼、阿那克西曼德等人，而这里说的"最片面、最一般的本体论规定"指的正是这些哲人提出的"水""气""无限者"等等。他们力图用这样的规定去阐明整个宇宙，在这样做的时候，他们也磨平了自己作为人的存在和其他物质实体之间的差异。马克思认为，从诡辩学派和苏格拉底起，潜在地也从阿那克萨哥拉起，情况才发生了变化，逐渐觉醒的主观精神才成了哲学的原则。在博士论文的"附录"中，当谈到上帝存在的本体论证明，马

---

① 《马克思恩格斯全集》第 40 卷，人民出版社 1982 年版，第 38—39 页。
② 同上书，第 66 页。

克思发挥道：

> 上帝存在的证明或者不外是对于本体的人的自我意识的存在的
> 证明，自我意识的存在的逻辑说明。例如，本体论的证明。①

在马克思看来，既然上帝不过是人的自我意识的产物，那么，从逻辑上看，自我意识才是真正的本体论上的存在。这几段引文都表明，马克思至少关注过"上帝存在的本体论证明"这一哲学史上著名的公案，并表明了自己的见解。

在《1844 年经济学哲学手稿》中，马克思强调，黑格尔所说的"自我意识"实际上是人，人并不是纯粹思维的、精神性的存在物，人是对象性的、感性的存在物，因为人能感受痛苦，所以人是有情欲的存在物，"情欲(die Leidenschaft)、激情(die Passion)是人强烈追求他的对象的本质力量"②。与费尔巴哈一样，马克思把"情欲"提升到本体论的高度，但由于契入了国民经济学的研究，马克思思考这个问题的视野比费尔巴哈远为开阔、深邃。马克思指出：

> 人的感觉、情欲等等不仅是在[狭隘]意义的人类学的规定，而
> 且是对存在(自然界)的真正本体论的肯定。③

也就是说，情欲不光是人类学中规定人的主观情感的范畴，更是一种本体论的存在，而且是对它的对象——自然界的存在的一种本体论确证。马克思又说：

---

① 马克思：《博士论文(德谟克里特的自然哲学与伊壁鸠鲁的自然哲学的差别)》，贺麟译，人民出版社 1961 年版，第 94—95 页。译文有更动。

② 《马克思恩格斯全集》第 42 卷，人民出版社 1979 年版，第 169 页。译文有更动。

③ 同上书，第 150 页。译文有更动，此处的德语名词 Wesen 不应译为"本质"，而应译为"存在"。

只有通过发达的工业，也就是以私有财产为中介，人的情欲的本体论存在（das ontologische Wesen der menschlichen Leidenschaft）才能在总体上、合乎人性地实现。①

在人与自然的直接联系中，人的情欲是不可能完全地、合乎人性地得到实现的，这样的实现只有借助于发达的工业和私有财产的媒介，而工业和私有财产正是情欲，即人的本质力量的打开了的书本。费尔巴哈则囿于自然主义的眼光，并没有把工业和私有财产看作是人的情欲的本体论存在充分展开的必要条件。

从上面的论述可以看出，尽管马克思是在其青年时期，即思想不成熟的时期使用"本体论的"这一概念的，尽管成熟时期的马克思没有再使用这个概念，但我们绝不能由此推断，在马克思哲学中缺乏一个本体论的维度。事实上，按照奎恩的"本体论承诺"的观点，马克思的哲学理论也同其他任何哲学理论一样，蕴含着一个本体论的维度。毋庸讳言，晚年卢卡奇的《社会存在本体论》、葛兰西的《实践哲学》和 C. C. 古尔德的《马克思的社会本体论》等，都是从本体论的视角出发重新解读马克思哲学的尝试。更为重要的是，对马克思所发动的哲学革命的理解也应当从本体论着手。也就是说，马克思不是在具体的、细小的问题上更新了哲学观念，而是在本体论的维度上改变了哲学研究的整个路向。正如海德格尔所评论的，马克思和尼采颠覆了整个传统的形而上学，把哲学重新引回到对现实问题，尤其是人们的实际生活过程的关注上。必须把握这一点，才能看到马克思哲学问题域与近代西方哲学问题域之间的本质性差异。②

---

① 《马克思恩格斯全集》第 42 卷，人民出版社 1979 年版，第 150 页。此处的 Wesen 也译为"存在"。

② 参阅俞吾金：《马克思哲学本体论思路历程》，《学术月刊》1991 年第 11 期；俞吾金：《再论马克思的哲学本体论》，《哲学战线》1995 年第 1 期；俞吾金：《古尔德〈马克思的社会本体论〉评析》，《马克思主义与现实》1995 年第 1 期；俞吾金：《马克思本体论研究中的一些基本概念》，《哲学动态》2001 年第 10 期。

其二，以彻底的一元论超越近代西方哲学的二元论，构成当代西方哲学的基本特征，而这也正是马克思哲学的基本特征之一。众所周知，作为近代西方哲学肇始人的笛卡尔哲学乃是以身、心分离为前提的二元论。在笛卡尔之后，对当代西方哲学产生巨大影响的康德哲学也是以二元论作为自己的特征的。当然，康德的二元论不同于笛卡尔的二元论。在康德那里，感性、知性与理性之间，或现象与物自体之间存在着不可逾越的鸿沟。作为近代西方哲学，尤其是德国古典哲学的集大成者，黑格尔试图以思维与存在的同一性为特征的"同一哲学"来总结并超越前人的研究成果，但在下面的论述中，我们将通过马克思对黑格尔哲学的批判来证明，黑格尔在这方面的努力也不见得是成功的，他试图以一种更隐蔽的二元论来取代前人的二元论。

正如我们在前面已经指出过的那样，当代西方哲学家的一个基本特征是对近代西方哲学的二元论倾向的克服和超越。作为现象学的创始人，胡塞尔力图把身与心、主体与客体、知性与理性的分离统一在"现象"这个概念上。作为存在主义思潮的最伟大的代表，海德格尔创立了"基础本体论"，从而把"存在的意义"阐释为一切哲学研究的基础性的、核心的问题。同样地，美国实用主义思潮的杰出代表杜威，致力于以"经验"这个内涵丰富的概念去取代近代西方哲学中的不同的二元论倾向，而英美分析哲学的最重要的代表维特根斯坦则把全部哲学归结为语言的分析和治疗活动。彻底的一元论的倾向，正是当代西方哲学家追求的共同目标。然而，遗憾的是，人们很少注意到马克思在这方面所做出的巨大努力。马克思的努力是通过以下两个侧面来展开的。

一个侧面是对黑格尔的隐蔽的二元论思想的批判。在《黑格尔法哲学批判》一书中，马克思在分析黑格尔的思辨唯心主义观念时指出：

> 谓语的存在是主体，所以主体是主观性等等的存在。黑格尔把谓语、客体变成某种独立的东西，但是这样一来，他就把它们同它们的真正的独立性、同它们的主体割裂开来。随后真正的主体即作

为结果而出现，实则正应当从现实的主体出发，并把它的客体化作为自己的研究对象。因此，神秘的实体成了现实的主体，而实在的主体则成了某种其他的东西，成了神秘的实体的一个环节。……黑格尔不是把普遍物看做一种现实的有限物（即现存的固定物）的现实本质，换句话说，他没有把现实的存在物看做无限物的真正主体，这正是二元论。①

在马克思看来，黑格尔也看到了现实生活中的感性主体的存在，但他通过自己的思辨哲学的语言，把本来用来表述感性主体的性质的谓语转化为独立的精神主体，而把原来的感性主体变成了精神主体的环节。所以，在黑格尔的语境中，实际上存在着两种不同的主体：一种是黑格尔视之为现实主体的精神主体，另一种是黑格尔视之为精神主体的外在表现或环节的感性主体。所以，乍看起来，黑格尔坚持的是思辨唯心主义的一元论立场，实际上却是一种隐蔽的二元论立场。马克思在评论黑格尔的国家理论时，也发挥道：

> 抽象的反思的对立性只是在现代世界才产生的。中世纪的特点是现实的二元论，现代的特点是抽象的二元论。②

在这里，马克思做了一个十分恰当的区分，即中世纪的哲学是"现实的二元论"，而以反思为特征的现代哲学，尤其是黑格尔哲学则是"抽象的二元论"。正是通过对黑格尔的隐蔽的二元论的批判和清算，马克思坚定不移地追求一元论的哲学境界。

另一个侧面是对自己独特的一元论思想的阐述。人们也许会提出这样的问题：在马克思哲学中，超越近代西方哲学二元论倾向的核心概念

---

① 《马克思恩格斯全集》第 1 卷，人民出版社 1956 年版，第 273 页。
② 同上书，第 284 页。

究竟是什么呢？答案只能是"实践"概念。在《关于费尔巴哈的提纲》中，马克思写道：

> 全部社会生活在本质上是实践的。凡是把理论引向神秘主义的神秘东西，都能在人的实践中以及对这个实践的理解中得到合理的解决。①

那么，为什么马克思要把"实践"概念作为扬弃近代西方哲学的二元论倾向的核心概念呢？因为实践本身就是主观见之于客观的活动：一方面，实践主体总是带着一定的主观目的或动机开始其实践活动的；另一方面，任何实践活动要取得预期的效果，就必须遵循客观的因果律。也就是说，实践乃是主观性与客观性、心与身、目的性与因果性、知性与理性统一的载体和基础。显而易见，作为马克思一元论唯物主义的核心概念的"实践"，比当代西方哲学家提出的其他概念，如"现象""经验""存在的意义"和"语言的分析和治疗活动"等等，显得更为深刻与全面。

其三，以全面的关系理论取代近代西方哲学的孤立的实体理论，构成当代西方哲学的基本特征，而这也正是马克思哲学的基本特征之一。众所周知，近代西方哲学中的一些卓越的人物已经认识到关系问题的重要性，如英国哲学家贝克莱为避免"唯我论"的困境，对认识主体的讨论从"我"过渡到"我们"；德国哲学家莱布尼茨提出的"先定和谐说"虽然蕴含着强烈的宗教倾向，但它毕竟涉及了没有窗户的"单子"之间的关系和沟通；黑格尔在《精神现象学》中探讨的"我"与"我们"这两个概念之间的关系；等等。然而，在近代西方哲学的语境中，关系问题毕竟还没有作为独立的理论问题被提出来。近代西方哲学家们关注的中心仍然落在孤立的实体或对象的身上。

我们知道，在当代西方哲学家那里，关系问题不但作为独立的问题

---

① 《马克思恩格斯选集》第1卷，人民出版社1995年版，第56页。

被提出来了，而且得到了充分的、深入的讨论。比如，以布拉德雷为代表的新黑格尔主义者提出了"内在关系"与"外在关系"问题；现象学家胡塞尔在晚年提出了"主体际性"的问题，这个问题在哈贝马斯和其他许多哲学家那里得到了呼应；法国哲学家萨特、德里达、列维纳斯等深入地探讨了"自我"与"他者"之间的关系。所有这一切都表明，关系问题引起了当代西方哲学家们的高度重视。其实，马克思不仅十分重视关系问题，而且通过自己的研究，对关系问题做出了富于独创性的说明。早在《关于费尔巴哈的提纲》一文中，马克思已经告诉我们：

> 人的本质不是单个人所固有的抽象物，在其现实性上，它是一切社会关系的总和。①

尽管马克思没有像后来的胡塞尔一样，使用"主体际性"的概念，但他所说的"一切社会关系的总和"是一个内涵更为丰富的概念。其实，早在《1844 年经济学哲学手稿》中，马克思已经把人理解为社会存在物。既然人是社会存在物，那么说人的本质在现实性上是一切社会关系的总和，也就是顺理成章的了。在马克思看来，这种人与人之间的普遍的社会关系的载体正是人的实践活动，因为他告诉我们：

> 直观的唯物主义，即不是把感性理解为实践活动的唯物主义至多也只能达到对单个人和市民社会的直观。②

也就是说，对社会生活采取直观的，即非实践态度的唯物主义者是不可能看到人与人之间存在的普遍的社会关系的。在《德意志意识形态》的"费尔巴哈"章中，马克思进一步强调，不是在动物那里，而是在人那

---

① 《马克思恩格斯选集》第 1 卷，人民出版社 1995 年版，第 56 页。
② 同上书，第 56—57 页。

里，才会产生关系问题：

> 凡是有某种关系存在的地方，这种关系都是为我而存在的；动物不对什么东西发生"关系"，而且根本没有"关系"；对于动物说来，它对他物的关系不是作为关系存在的。[①]

按照马克思的看法，人与人之间的社会关系是在实践活动，尤其是作为实践活动的基本形式的生产劳动中形成并发展起来的：

> 由此可见，事情是这样的：以一定的方式进行生产活动的一定的个人，发生一定的社会关系和政治关系。[②]

在马克思看来，人们的意识或观念，从根本上看是受他们不自觉地置身于其中的社会关系的制约的。假如他们的观念或意识是狭隘的，那么他们置身于其中的社会关系也必定是狭隘的；假如他们关于现实生活的观念或意识是虚幻的，那么这种虚幻性归根到底也是由他们置身于其中的社会关系造成的；假如他们试图消除某些观念，那么他们同时也必须摧毁作为这些观念基础的相应的社会关系。毋庸讳言，在所有的社会关系中，最基本的关系无疑是社会生产关系。[③] 当然，这种社会生产关系并不是一成不变的，而是随着生产力的发展而向前发展的。在《雇佣劳动与资本》中，马克思指出：

---

① 《马克思恩格斯全集》第 3 卷，人民出版社 1960 年版，第 34 页。
② 同上书，第 28—29 页。
③ 列宁在《什么是"人民之友"以及他们如何攻击社会民主党人?》一书中谈到马克思关于社会经济形态发展的自然历史过程时写道："马克思究竟是怎样得出这个基本思想的呢？他做到这一点所用的方法，就是从社会生活的各种领域中划分出经济领域，从一切社会关系中划分出生产关系，即决定其余一切关系的基本的原始的关系。"参阅《列宁选集》第 1 卷，人民出版社 1995 年版，第 6 页。

因此，各个人借以进行生产的社会关系，即社会生产关系，是随着物质生产资料、生产力的变化和发展而变化和改变的。生产关系总和起来就构成所谓社会关系，构成所谓社会，并且是构成一个处于一定历史发展阶段上的社会，具有独特的特征的社会。①

显然，按照马克思的观点，正是社会生产关系从根本上决定着在社会生活中展示出来的一切现象的本质。比如，黑人就是黑人，只有在一定的社会生产关系中，他才成为奴隶；纺纱机就是纺棉花的机器，只有在一定的社会生产关系中，它才成为商品，甚至成为资本。社会生产关系不仅决定着一切社会现象的本质和比重，也决定着整个人类社会演化的三大基本阶段。在《1857—1858年经济学手稿》中，马克思写道：

人的依赖关系（起初完全是自然发生的），是最初的社会形态，在这种形态下，人的生产能力只是在狭窄的范围内和孤立的地点上发展着。以物的依赖性为基础的人的独立性，是第二大形态，在这种形态下，才形成普遍的社会物质变换，全面的关系，多方面的需求以及全面的能力的体系。建立在个人全面发展和他们共同的社会生产能力成为他们的社会财富这一基础上的自由个性，是第三个阶段。②

马克思认为，在人类社会发展的第一大形态中，人与人之间处于血缘的、地区性的依赖关系中；在第二大形态中，虽然人对物的依赖性使人与人之间处于异化的状态下，但这种普遍的异化状态也为个人能力和关系的全面发展奠定了基础；在第三大形态中，形成了以个人能力和关系的全面发展为基础的自由个性。

---

① 《马克思恩格斯选集》第1卷，人民出版社1995年版，第345页。
② 《马克思恩格斯全集》第46卷（上），人民出版社1979年版，第104页。

总之，关系、社会关系和社会生产关系一直是马克思哲学关注的重点问题。这也从一个侧面启示我们，马克思的思想远远地超越了近代西方哲学以单个实体或主体作为关注对象的思想方式。

其四，以批判性的阅读解构传统的哲学观念，构成当代西方哲学的基本特征，而这也正是马克思哲学的基本特征之一。在某种意义上可以说，马克思是康德以来的批判哲学传统的真正的继承者。在 1843 年 9 月致卢格的信中，马克思已经表明：

> 新思潮的优点就恰恰在于我们不想教条式地预料未来，而只是希望在批判旧世界中发现新世界。①

事实上，马克思在其一系列论著的标题或副标题中使用了"批判"这个词。如《黑格尔法哲学批判》《黑格尔法哲学批判导言》《神圣家族，或对批判的批判所做的批判》《德意志意识形态：对费尔巴哈、布·鲍威尔和施蒂纳所代表的现代德国哲学以及各式各样先知所代表的德国社会主义的批判》《〈政治经济学批判〉序言》《资本论：政治经济学批判》等等。毋庸讳言，在马克思的批判精神中，蕴含着当代西方哲学家，尤其是法国哲学家德里达所倡导的深层的"解构"（Deconstruction）意识，即对传统哲学的问题域和思想结构的拆解、转换和超越。

我们不妨对马克思这方面的思想做一个具体的分析。

首先，青年马克思通过博士论文的写作，解构了古希腊哲学家对"必然性"的普遍信念。这种信念在德谟克利特的自然哲学中表现得最为突出，普卢塔克在《论诸哲学家的见解》第 1 卷中陈述道：

> 在巴门尼德和德谟克利特看来，一切均由必然性而产生，这必

---

① 《马克思恩格斯全集》第 1 卷，人民出版社 1956 年版，第 416 页。

然性就是命运、法律、天意和世界的创造者。①

这种必然性的信念也表现在德谟克利特的"原子说"中。他认为，原子的直线运动也正是受这种盲目的、强制性的必然性的支配的。但是，这样一来，也就产生了一个问题，正如卢克莱修在《物性论》中所提出的：

> 如果它们[象雨点一样地]继续下落，
>
> 经过广阔的虚空时丝毫也不偏斜，
>
> 那原子既不会有遇合，也不会有碰撞，
>
> 自然界也就永远不会产生出任何东西。②

卢克莱修既看出了德谟克利特的原子说的困境，又洞察了伊壁鸠鲁的"原子偏斜说"的用意，即正是通过原子的偏斜运动，偶然性上升为根本性的哲学原则，从而超越了德谟克利特的必然性和命运的束缚。所以马克思以肯定的口吻指出：

> 众所周知，偶然是伊壁鸠鲁派居支配地位的范畴。③

伊壁鸠鲁还把这种偶然性的原则推广到人类生活中，强调在生活中通向自由的道路到处都开放着，谁也不会被必然性束缚住。如果说，必然性、命运、天意、决定论是古希腊哲学的基本信念，那么，正是通过对伊壁鸠鲁的未受重视的"原子偏斜说"的重大理论意义的阐发和对偶然性哲学原则的颂扬，马克思解构了这种崇拜必然性的传统哲学观念。

其次，马克思通过与恩格斯合著的《德意志意识形态》一书的写作，解构了黑格尔和青年黑格尔主义者所坚持的"观念统治着世界"的意识形

---

① 《马克思恩格斯全集》第40卷，人民出版社1982年版，第253页注(33)。

② 同上书，第120页。

③ 同上书，第130页。

态的根本见解。马克思指出：

> 所有的德国哲学批判家们都断言：观念、想法、概念迄今一直统治和决定着人们的现实世界，现实世界是观念世界的产物。这种情况一直保持到今日，但今后不应继续存在。①

这种错误见解的具体表现是：第一，青年黑格尔主义者们自己创造出关于神、模范人等各种虚假的观念，但却跪倒在这些观念之前顶礼膜拜。也就是说，他们心甘情愿地把自己置于自己头脑的产物的统治之下。第二，青年黑格尔主义者们把对社会现实的改造理解为纯粹的观念上的改造，即认为他们只要抛弃了某些观念，也就从根本上改变了社会现实。第三，青年黑格尔主义者们把历史描绘成单纯的思想史。其具体的做法是：先把统治者的思想同统治者本人分割开来，"从而承认思想和幻想在历史上的统治"；再使这种思想统治获得某种秩序，必须证明，在一个承继着另一个的统治思想之间存在着某种神秘的联系，达到这一点的通常做法是把这些思想看作是"概念的自我规定"；最后，为了消除这种"自我规定着的概念"的神秘外观，再把它们变成某些人物，如思想家、哲学家、政治家等人的"自我意识"。马克思嘲讽说：

> 这样一来，就把一切唯物主义的因素从历史上消除了，于是就可以放心地解开缰绳，让自己的思辨之马自由奔驰了。②

在马克思看来，一旦现实的历史被曲解为观念的历史，历史就必然被描绘成某种神秘莫测的东西，被描绘成元首和国家的丰功伟绩。

再次，马克思通过《资本论》的写作，解构了作为资本主义社会日常

---

① 《马克思恩格斯全集》第 3 卷，人民出版社 1960 年版，第 16 页注①。
② 同上书，第 56 页。

意识的核心观念的"商品拜物教"。如果说，青年马克思通过"异化劳动"这一中心概念对资本主义社会进行批判性考察，那么，成熟时期的马克思则通过对政治经济学的系统的、批判性的研究，把探讨的重点转向对异化的日常形式——"商品拜物教"的分析和解构。马克思写道：

> 要找一个比喻，我们就得逃到宗教世界的幻境中去。在那里，人脑的产物表现为赋有生命的、彼此发生关系并同人发生关系的独立存在的东西。在商品世界里，人手的产物也是这样。我把这叫做拜物教。①

在马克思看来，这种拜物教是同商品生产不可分割地联系在一起的，其奥秘在于：商品形式在人们面前把人们本身的劳动的社会性质反映成劳动产品本身的物的性质，反映成这些物的天然的社会属性，从而把生产者同总劳动的社会关系反映成存在于生产者之外的物与物之间的社会关系，而"由于这种转换，劳动产品成了商品，成了可感觉而又超感觉的物或社会的物"②。这种拜物教导致的结果是：物的自然属性被主体化了，从而成了超感觉的、神秘莫测的东西。比如，生产资本会自动地产生利润，生息资本会自动地产生利息，土地会自动地提供地租：

> 这是一个着了魔的、颠倒的、倒立着的世界。在这个世界里，资本先生和土地太太，作为社会的人物，同时又直接作为单纯的物，在兴妖作怪。③

其实，马克思批判商品拜物教的目的是揭示出物与物之间的关系掩盖下的人与人之间的真实的社会关系。

---

① 马克思：《资本论》第 1 卷，人民出版社 1975 年版，第 89 页。
② 同上书，第 89 页。
③ 马克思：《资本论》第 3 卷，人民出版社 1975 年版，第 938 页。

最后，晚年马克思通过对人类学的研究，解构了在欧洲哲学史上占主导地位的"欧洲中心论"。如果我们着眼于世界范围内来考察马克思哲学思想的发展，就会发现，马克思对古希腊哲学、德意志意识形态和商品拜物教的解构，主要是他研究欧洲社会，尤其是近代欧洲社会的结果。然而，作为一个世界主义者，马克思的视野并没有局限在欧洲的范围之内。从中年时期起，特别是在晚年，马克思通过对人类学的深入研究，不但把自己的视野从近代欧洲社会扩展到古代欧洲社会，而且进一步扩展到非欧社会，尤其是东方社会。在一定的意义上，我们可以把晚年马克思的思想发展阶段称作"东方社会阶段"。正统的阐释者们或者不太注意这一阶段，或者仅仅在欧洲中心论的范围内去评价晚年马克思的贡献。实际上，这一阶段之所以特别重要，是因为马克思解构了根深蒂固的欧洲中心论观念。

一方面，马克思解构了西欧资本主义起源方式和社会发展形态理论的普适性。正如我们在前面已经指出过的，俄国民粹主义者米海洛夫斯基试图把马克思关于西欧资本主义起源的论述推广到一切国家（包括俄国）中去。马克思在《给〈祖国纪事〉杂志编辑部的信》（生前未发出）中对他进行了严肃的批评：

> 他一定要把我关于西欧资本主义起源的历史概述彻底变成一般发展道路的历史哲学理论，一切民族，不管他们所处的历史环境如何，都注定要走这条道路，——以便最后都达到在保证社会劳动生产力极高度发展的同时又保证人类最全面的发展的这样一种经济形态。但是我要请他原谅。他这样做，会给我过多的荣誉，同时也会给我过多的侮辱。①

马克思认为，极为相似的事情在不同的历史环境中会引出完全不同的结

---

① 《马克思恩格斯全集》第19卷，人民出版社1963年版，第130页。

果，如果把西欧资本主义起源的模式绝对化，那就什么也解释不了。与此同时，马克思也解构了西欧社会发展形态理论的普适性。不论是西方学者，还是东方学者，在研究东方社会的演化时，都自觉地或不自觉地把西欧社会演化的模式作为参照系。比如，当柯瓦列夫斯基发现印度有采邑制、荫庇制和公职承包制时，就轻易认定，在印度存在着西欧意义上的封建主义。马克思批评说：

> 别的不说，柯瓦列夫斯基忘记了农奴制，这种制度并不存在于印度，而且它是一个基本因素。①

事实上，在印度普遍存在着的是农村公社。英国殖民主义者入侵后，利用高利贷加速了农村公社的瓦解和向资本主义社会的发展。由此可见，绝不可简单地把仅仅适合于西欧社会演化的五大形态理论简单地套用到东方社会上去。

另一方面，正如我们在前面已经指出过的那样，在分析俄国农村公社的发展趋向时，马克思提出了跨过"卡夫丁峡谷"的著名论断。在马克思看来，俄国农村公社具有两重性：一方面，公有制及公有制造成的各种社会关系使公社基础稳定；另一方面，房屋的私有、小块土地耕种和产品的私人占有，又使个人利益获得发展。假如听凭各种破坏公社的因素（如国家财政搜刮、高利贷等）发展，就会导致农村公社的灭亡，重走西方资本主义发展的道路；假如创造历史条件来发展前一方面，逐步把土地的个人耕作发展为集体耕作，它就可能"不通过资本主义制度的卡夫丁峡谷，而把资本主义制度的一切肯定的成就用到公社中来"②。

在这里，马克思的提法虽然是十分谨慎的，但充分表现出他对欧洲中心论的解构和超越。在马克思看来，东方国家并不一定要走西方国家

---

① 《马克思恩格斯全集》第 45 卷，人民出版社 1985 年版，第 284 页。
② 《马克思恩格斯全集》第 19 卷，人民出版社 1963 年版，第 436 页。

的老路，相反，只要它们把握住历史的契机，并创造客观物质条件来实现这一契机的话，它们就有可能自觉地跨越"卡夫丁峡谷"，走向新的社会形态。总之，马克思哲学内蕴的批判的、解构的特征使它在思想学术的视野中远远地超越了传统哲学，尤其是近代西方哲学的问题域和思想结构，显现出当代西方哲学的思想高度。①

其五，以"资本动力论"的观点透视现代西方社会，构成当代西方哲学的基本特征，而这也是马克思哲学的基本特征之一。说得更确切一些，当代西方哲学家的这一视角还是在马克思的影响下形成并发展起来的。不难发现，马克思之所以把自己最重要的著作命名为《资本论》是有深意的。早在与恩格斯合著的《共产党宣言》中，马克思已经指出：

> 生产的不断变革，一切社会状况不停的动荡，永远的不安定和变动，这就是资产阶级时代不同于过去一切时代的地方。一切固定的僵化的关系以及与之相适应的素被尊崇的观念和见解都被消除了，一切新形成的关系等不到固定下来就陈旧了。一切等级的和固定的东西都烟消云散了，一切神圣的东西都被亵渎了。人们终于不得不用冷静的眼光来看他们的生活地位、他们的相互关系。②

那么，究竟是什么因素造成了资本主义社会的动荡不安？毫无疑问，这个因素就是资本。在马克思看来，资本乃是资本主义生产关系的根本体现，乃是资本主义社会一切变化的根本动力：

> 资本作为财富一般形式——货币——的代表，是力图超越自己界限的一种无止境的和无限制的欲望。③

①　参阅俞吾金：《马克思的解构学说》，《江海学刊》1996 年第 2 期。
②　《马克思恩格斯选集》第 1 卷，人民出版社 1995 年版，第 275 页。
③　《马克思恩格斯全集》第 46 卷(上)，人民出版社 1979 年版，第 299 页。

其实，资本作为物本来是无欲望可言的，而作为"人格化的资本"的资本家倒是充满了欲望。显而易见，在一个以交换价值的生产为目的的社会里，资本家的全部欲望就是使自己的资本不断地增殖。在以资本主体化、人客体化为基本特征的资本主义社会中，人们完全可以说，具有独立性和个性的资本甚至比资本家具有更强烈的欲望，正如马克思所说的：

> 资本只有当它象吸血鬼一样，不断地吸吮活劳动作为自己的灵魂的时候，才获得这样的能力。①

也就是说，资本的本质是通过对活劳动的不断吸吮来使自己增殖。正是这种自我增殖的无限的欲望和冲动，使资本主义生产的社会化和私人占有之间矛盾变得越来越尖锐。在马克思看来，这种矛盾的不断尖锐化正表明，资本主义的丧钟已经敲响了。事实上，马克思的"资本动力论"还蕴含着一个极有发展潜力的"资本诠释学"。② 也就是说，资本主义社会的大量现象都可以通过"资本"这一概念得到合理的解释。在这个意义上可以说，《资本论》开启了当代经济哲学和社会哲学研究的崭新视角。众所周知，在马克思之后，希法亭出版了《金融资本》(1910)，卢森堡出版了《资本积累论》(1913)，阿尔都塞出版了《阅读〈资本论〉》(1965)，布尔迪厄发表了论文《文化资本与社会炼金术》(1988)，I. 梅扎罗斯出版了《超越资本》(1995)，贡德·弗兰克出版了《白银资本：重视经济全球化中的东方》(1998)，等等。关于资本研究的著作清单还可以不断地开列下去。在这里，布尔迪厄的卓越贡献在于，他进一步拓宽了马克思主要从经济学的视野来理解资本概念含义的思路，提出了"文化资本"和"社会资本"的概念。他告诉我们：

---

① 《马克思恩格斯全集》第 46 卷(下)，人民出版社 1980 年版，第 153 页。
② 参阅俞吾金：《资本诠释学——马克思考察、批判现代社会的独特路径》，《哲学研究》2007 年第 1 期。

事实上，除非人们引进资本的所有形式，而不只是思考被经济理论所承认的那一种形式，不然，是不可能解释社会世界的结构和作用的。①

当代西方理论界的"资本研究热"表明，虽然马克思生活在 19 世纪，但他却以如炬的眼光预见到 20 世纪和 21 世纪人类的理论需要。②

其六，以世界性的、全球性的眼光来看待一切社会问题和思想问题，构成当代西方哲学的基本特征，而这也是马克思哲学的基本特征之一。事实上，在某种意义上，当代西方哲学的这一基本特征也源于马克思。在《德意志意识形态》的"费尔巴哈"章中，马克思在谈到历史发展时指出：

各个相互影响的活动范围在这个发展进程中愈来愈扩大，各民族的原始闭关自守状态则由于日益完善的生产方式、交往以及因此自发地发展起来的各民族之间的分工而消灭得愈来愈彻底，历史就在愈来愈大的程度上成为全世界的历史。③

在马克思看来，历史向世界历史的转变并不是"自我意识"的幻想，而是可以通过每天都在我们周围演绎的无数经验事实加以确证的。比如，假定在英国发明了一种机器，它夺走了印度和中国的千千万万工人的饭碗，并引起这些国家的整个生存形式的变化，那么这个发明便成了世界历史性的事实。在与恩格斯合著的《共产党宣言》中，马克思以更明确的口吻指出了历史发展的这种倾向：

---

① 包亚明主编：《文化资本与社会炼金术——布尔迪厄访谈录》，包亚明译，上海人民出版社 1997 年版，第 190 页。

② 参阅俞吾金：《马克思对现代性的诊断及其启示》，《中国社会科学》2005 年第 1 期。

③ 《马克思恩格斯全集》第 3 卷，人民出版社 1960 年版，第 51 页。

不断扩大产品销路的需要，驱使资产阶级奔走于全球各地。它必须到处落户，到处开发，到处建立联系。

资产阶级，由于开拓了世界市场，使一切国家的生产和消费都成为世界性的了。……物质的生产是如此，精神的生产也是如此。各民族的精神产品成了公共的财产。民族的片面性和局限性日益成为不可能，于是由许多民族的和地方的文学形成了一种世界文学。①

马克思肯定，资产阶级在历史上起过非常革命的作用。在它取得统治地位的地方，它把一切封建的、宗法的和田园诗般的关系都破坏了，它把一切民族，甚至最野蛮的民族都卷入文明中来了，它的商品的低廉的价格是摧毁一切万里长城、征服野蛮人的仇外心理的重炮。一句话，它按照自己的面貌为自己创造出一个新的世界。

马克思逝世于 1883 年。他逝世后，一个多世纪已经过去了。今天的生活完全证实了马克思当时的预言，世界已经在越来越大的程度上嬗变为"地球村"。正如当代美国学者约翰·卡西迪在《马克思的回归》一文中所指出的：

"全球化"是 20 世纪末每一个人都在谈论的时髦词语，但 150 年前马克思就预见到它的许多后果。现在，资本主义正把世界变成一个独一无二的市场，欧洲、亚洲和美洲的民族国家正日益发展成为这一市场内相互竞争的贸易集团。②

事实上，马克思哲学以及他的全部思想遗产都具有当代性。我们对当代西方哲学的研究越深入，就越发现离不开马克思的思想资源。在这个意

---

① 《马克思恩格斯选集》第 1 卷，人民出版社 1995 年版，第 276 页。

② 《马克思主义与现实》1998 年第 5 期。参阅俞吾金：《"全球化"问题的哲学反思》，《学术月刊》2002 年第 5 期。

义上可以说，马克思哲学是从属于当代西方哲学的，马克思既是 19 世纪的伟大的思想家，更是 20 世纪和 21 世纪的伟大思想家。要言之，马克思是我们的同时代人。绝不能站在近代西方哲学的问题域中去理解马克思，不然，我们就会与真正的马克思失之交臂。正统的阐释者们之所以无法对马克思哲学做出正确的解释，是因为他们的思想从未超越近代西方哲学的问题域。这就启示我们，要对马克思哲学的本质和问题域做出正确的阐释，就应该把自己的立场从近代西方哲学的问题域转换到当代西方哲学的问题域来。重要的不是埋头于马克思的文本，而是先行地确立一种解读马克思文本，尤其是他的哲学文本的当代意识和当代眼光。

第五章　问题域的转换

从前面的论述中可以看出，在我们的探讨所涉及的范围内，存在着以下四种不同的问题域。

一是近代西方哲学问题域。近代西方哲学，尤其是笛卡尔主义，以非批判的方式接受了传统西方哲学，特别是滥觞于亚里士多德的物质本体论和理性本体论。近代西方哲学探讨的基本问题是思维与存在的关系问题，而对这个问题的探索可能存在着三种结果，即肯定物质第一性的唯物主义(物质本体论)，肯定思维第一性的唯心主义(理性本体论)或同时肯定思维与存在、心与身的始源性的二元论(物质本体论与理性本体论的并存乃是笛卡尔主义的根本标志)。由于对传统的本体论采取默认的态度，近代西方哲学自然而然地把哲学研究的重点转向认识论和方法论；由于认识方法与逻辑有着千丝万缕的联系，所以近代西方哲学也就以"认识论、方法论和逻辑学的一致"的方式来建构自己的问题域，而贯通于这一问题域的基本问题则是思维与存在的关系问题。假如说，其中的"存在"主要关涉到本体论的维度，那么，"思维"则主要关涉到认识论、方法论和逻辑学的维度。

二是当代西方哲学的问题域。如果说，近代

西方哲学把"思维与存在的关系"理解为哲学的基本问题，那么，当代西方哲学则把"人与世界的关系"理解为哲学的基本问题。在前一种关系中，活生生的、有血有肉的人被抽象为单纯的思维，而这种单纯的思维则获得了与"存在"对峙的地位。当代西方哲学恢复了"人"作为心、身统一体的全部丰富性。人不仅有理性，能思维，而且人也有自己的本能、欲望、情感和意志。作为唯意志主义学说的创始人，叔本华甚至把意志（生命、欲望）与认识（理性、思维）的关系完全颠倒过来了。他写道：

> 意志是第一性的，最原始的；认识只是后来附加的，是作为意志现象的工具而隶属于意志现象的。因此，每一个人都是由于他的意志而是他……他是随着，按着意志的本性而认识自己的；不是如旧说那样以为他是随着，按着他的认识而有所欲求的。①

在叔本华看来，对于"人"来说，其根本性的维度不是理性、认识和思维，而是决定着它们如何得以展开的意志。意志才是人之为人、世界之为世界的始源性的因素。还须说明的是，当代西方哲学言说的"世界"概念也与近代西方哲学不同。近代西方哲学把"世界"作为与人的思维相对峙的抽象的存在物，即一个现成地摆放在那里的、有待于我们去认识的存在者整体。然而，对于当代西方哲学来说，"世界"并不是一个现成地摆放在那里的东西，它本身就是人的生存的境域，是人在生存活动中建构起来的。假如说，世界就是人的生存境域，那么，按照海德格尔的看法，人则是"在世之在"（In-der-Welt-sein）。在这个意义上可以说，人与世界的关系问题乃是一而二、二而一的问题。

与近代西方哲学把关注的重点落在认识论和方法论上的做法不同，当代西方哲学则把关注的重点落在本体论上，而这种本体论又与传统西

---

① ［德］叔本华：《作为意志和表象的世界》，石冲白译，商务印书馆 1982 年版，第401—402 页。

方哲学，尤其是近代西方哲学所信奉的物质本体论或理性本体论不同，它是一种"生存论的本体论"，即以人的生存活动和生存结构作为基础来和解近代西方哲学关于心与身、思维与存在之间的分裂。由于当代西方哲学家普遍地希望通过对一元论哲学的重构来超越笛卡尔的二元论，因而与近代西方哲学家不同，他们注重的不是对单个事物和单个人的直观，而是对人与人之间、人与事物之间、事物与事物之间的关系的探索。而在所有的关系中，他们特别加以重视的不是"外在关系"，而是"内在关系"。显然，当代西方哲学所蕴含的各种关系论，尤其是"主体际性"的理论，远远地超越了近代西方哲学的实体论。还须指出的是，正是通过对本体论和关系论的倚重，当代西方哲学自然而然地蕴含着一种指向传统西方哲学，特别是近代西方哲学的批判性的、解构性的思想倾向。

正是基于上面这些要素，形成了当代西方哲学的特殊的问题域，即"本体论、关系论和批判论的统一性"。这里的"本体论"主要表现为以海德格尔为代表的"生存论的本体论"；"关系论"主要表现为"主体际性""自我与他者""人与社会""人与自然界""思想与语言"等关系；"批判论"主要表现为蕴含在各个哲学流派中的、具有不同指向的批判意识和批判理论，如法兰克福学派的"社会批判理论"、哈贝马斯的"批判诠释学"和德里达的"解构理论"等等。要言之，当代西方哲学的问题域乃是"本体论、关系论和批判论的一致"，而贯通于其中的基本问题则是人与世界的关系。而在这一关系中，无论是"人"，还是"世界"的含义都获得了当代西方哲学所独有的丰富性。

三是马克思哲学的问题域。正如我们在前面已经指出过的那样，就其实质和时代性而言，马克思哲学从属于当代西方哲学。尽管马克思哲学诞生于 19 世纪，但就其所关注的问题和发展的潜力来说，却远远地超越了那个世纪。马克思哲学之所以在 21 世纪仍然具有生命的活力和广泛的影响，是因为它所蕴含的问题域与当代西方哲学的问题域是一致的。当然，仅仅认识到这一点是不够的，因为马克思哲学不但从属于当代西方哲学，而且马克思还是当代西方哲学的奠基人之一。

事实上，马克思创立的历史唯物主义理论极其深刻地影响了整个当代西方哲学的发展方向。无论是海德格尔对马克思哲学的高度评价，还是哈贝马斯对历史唯物主义的重建；无论是卢卡奇对马克思的社会存在本体论的构建，还是德里达对马克思思想遗产的分析；无论是梅劳-庞蒂对马克思辩证法的反思，还是萨特对辩证理性的批判，无不体现出马克思哲学的当代意蕴。正如我们在前面已经论述过的，马克思哲学的基本问题不是近代西方哲学所主张的思维与存在的关系问题，而是当代西方哲学所普遍认同的人与世界的关系问题。而在这一关系中，马克思关注的不是人与世界的单纯的理论关系，而是人与世界的实践关系。在马克思那里，即使探讨到人与世界的理论关系，这种关系也始终是以人与世界之间的实践关系作为基础和媒介的。因而在马克思的语境中，人与世界的关系本质上是实践的关系。在这一关系中包含着相互关联的两个方面：一是人与自然界的关系；二是人与社会（或人与人）的关系。而这两方面的关系则统一于人的实践活动，尤其是生产劳动中。因为生产劳动是对自然界的改造，而人们必须结成一定的社会关系才能对自然界进行改造。所以，任何生产劳动都蕴含着上述两个方面的关系。[①]

这一新的哲学基本问题的形成深刻地影响了整个当代西方哲学的发展方向。必须指出，与近代西方哲学注重认识论和方法论的思路不同，马克思重视的是对哲学基础理论，尤其是对本体论的研究。当然，马克思的本体论完全不同于传统的物质本体论或理性本体论。尽管他没有使用过"本体论"这个术语，但实际上，他先于海德格尔而确立了生存论的本体论的基本路向。然而，从总体上看，马克思的本体论又不限于此。在《德意志意识形态》的"费尔巴哈"章中，马克思在论述人类历史的起源

---

① 参阅俞吾金：《论马克思对西方哲学传统的扬弃——兼论马克思的实践、自由概念与康德的关系》，《中国社会科学》2001 年第 3 期；俞吾金：《如何理解马克思的实践概念——兼答杨学功先生》，《哲学研究》2002 年第 11 期；俞吾金：《对马克思实践观的当代反思——从抽象认识论到生存论本体论》，《哲学动态》2003 年第 6 期。

时，这样写道：

> ……我们首先应当确定一切人类生存的第一个前提也就是一切历史的第一个前提，这个前提就是：人们为了能够"创造历史"，必须能够生活。但是为了生活，首先就需要衣、食、住以及其他东西。因此第一个历史活动就是生产满足这些需要的资料，即生产物质生活本身。同时这也是人们仅仅为了能够生活就必须每日每时都要进行的(现在也和几千年前一样)一种历史活动，即一切历史的一种基本条件。①

显然，在马克思那里，"生存""生活"和"生产"差不多是同样性质的概念。人类的生存不光是人类得以延续的前提，也是人类历史得以可能的前提。在这个意义上可以说，马克思所倡导的本体论就是"生存论的本体论"，而"生存论的本体论"实际上也就是"生活本体论"或"生产本体论"。

然而，按照我们的看法，仅仅在这个层面上理解马克思的本体论还是不够的，因为无论是"生存论的本体论"，还是"生活本体论"或"生产本体论"，都还停留在解释性的层面上，即对人类和人类历史的前提的解释上。但是，正如我们在前面早已指出过的那样，马克思哲学不仅负有"解释世界"的使命，也负有"改变世界"的使命。事实上，对于马克思来说，后一个使命更为重要，而正是这一自觉的使命划清了马克思哲学与一切传统哲学之间的本质性差别。因此，马克思的本体论应该表述为"实践本体论"。而在马克思的"实践本体论"的语境中，"实践"主要具有以下两方面的含义，即"生产"和"革命"。当然，这两个含义并不是没有关联的。事实上，按照马克思的看法，政治革命和社会革命并不是凭空发生的。在《〈政治经济学批判〉序言》中，马克思告诉我们，人们在生产

---

① 《马克思恩格斯全集》第 3 卷，人民出版社 1960 年版，第 31—32 页。

中结成一定的关系，即与他们的物质生产力的一定发展阶段相适应的生产关系，这些生产关系的总和构成社会的经济结构，即有法律的和政治的上层建筑竖立其上并有一定的社会意识形式与之相适应的现实基础：

> 社会的物质生产力发展到一定阶段，便同它们一直在其中运动的现存生产关系或财产关系（这只是生产关系的法律用语）发生矛盾。于是这些关系便由生产力的发展形式变成生产力的桎梏。那时社会革命的时代就到来了。随着经济基础的变更，全部庞大的上层建筑也或慢或快地发生变革。①

在马克思看来，社会革命的前提是人们在生产中结成的一定的生产关系是否已经成为生产力发展的桎梏，假如是，那么，社会革命的时代就到来了。由此可见，在马克思那里，"实践本体论""社会生产关系论"和"社会革命论"是不可分离地联系在一起的。在这个意义上可以说，马克思哲学的问题域乃是"实践本体论、社会生产关系论和社会革命论的一致性"。

马克思哲学的问题域的确定，反过来使我们对贯通于他的哲学思想中的基本问题，即人与世界的关系问题获得了更深刻的认识。一方面，正如我们在前面已经指出过的，马克思始终是以实践活动为基础和媒介来探索人与世界的关系的，他把排除实践活动的、描述或规范人与世界关系的任何理论都斥为"纯粹经院哲学"；另一方面，在人与自然界之间的实践关系同人与人之间的实践关系这两个维度上，马克思更重视的是人与人之间的实践关系。实际上，"社会生产关系论"和"社会革命论"都是沿着这一个维度引申出来的。由于哈贝马斯没有深入地发掘马克思哲学在这一维度上的思想资源，而主要从人对自然界的实践关系的维度上去理解马克思的实践概念，所以他把马克思的"实践"概念降低为"工具

----

① 《马克思恩格斯选集》第2卷，人民出版社1995年版，第32—33页。

合目的性的行动"，并把自己的"交往行动"与之对立起来。其实，在马克思的实践概念所蕴含的人与人之间关系的层面上，马克思早已阐明了"交往行动"的基础性层面，即人们在市民社会中的相互关系。在《德意志意识形态》的"费尔巴哈"章中，马克思写道：

> 由此可见，这种历史观就在于：从直接生活的物质生产出发来考察现实的生产过程，并把与该生产方式相联系的、它所产生的交往形式，即各个不同阶段上的市民社会，理解为整个历史的基础；然后必须在国家生活的范围内描述市民社会的活动，同时从市民社会出发来阐明各种不同的理论产物和意识形式，如宗教、哲学、道德等等，并在这个基础上追溯它们产生的过程。①

这段话极其清楚地表明，哈贝马斯所谈论的以符号为媒介的交往奠基于马克思所说的根本性的交往形式，即市民社会。事实上，在马克思的实践概念所蕴含的人与人之间关系的维度上，"交往"这个词获得了更为丰富的理论内涵。

四是正统的阐释者们视野中的马克思主义哲学的问题域。正如我们在前面已经指出过的，正统的阐释者们是从近代西方哲学的问题域出发去理解并阐释他们心目中的马克思主义哲学的。这一阐释过程始于恩格斯，经过普列汉诺夫的媒介，列宁发挥了重要的作用，而在苏联、东欧和中国的马克思主义哲学教科书中得到了完整的体现。

在《路德维希·费尔巴哈和德国古典哲学的终结》一书中，恩格斯接受了黑格尔的哲学观念，把思维与存在的关系理解为全部哲学，特别是近代哲学的基本问题。恩格斯认为，思维与存在的关系包含两个方面：第一方面涉及思维与存在、精神与自然界究竟哪者第一性的问题，虽然恩格斯没有使用"本体论"的概念，但这方面的讨论无疑地属于本体论领

---

① 《马克思恩格斯全集》第3卷，人民出版社1960年版，第42—43页。

域。恩格斯从唯物主义的立场出发，坚持存在、自然界或物质是第一性的，与近代西方哲学家们一样，他实际上认同了亚里士多德以来的"物质本体论"。第二个方面涉及认识论，而认识论的关键在于认识过程中采纳什么样的方法论。由于恩格斯深受黑格尔思想的熏陶，所以在对认识论和方法论的探索中他又特别重视辩证法、思维和逻辑的作用。在《路德维希·费尔巴哈和德国古典哲学的终结》一书中，在谈到辩证的历史观结束了历史哲学、辩证的自然观结束了自然哲学时，他写道：

> 这样，对于已经从自然界和历史中被驱逐出去的哲学来说，要是还留下什么的话，那就只留下一个纯粹思想的领域：关于思维过程本身的规律的学说，即逻辑和辩证法。①

尽管恩格斯本人从来没有谈过他自己的哲学所关注的问题域，但这一隐藏着的问题域——"认识论、方法论（辩证法）和逻辑学的一致性"——却很容易从他的哲学著作中发现出来。在《哲学笔记》中，列宁进一步阐述了这三者之间的一致性关系。在阅读黑格尔《逻辑学》中的"观念篇"时，列宁评论道：

> 差不多是关于辩证法的最好的阐述。就在这里，可说是特别天才地指明了逻辑和认识论的一致。②

在《谈谈辩证法问题》一文中，列宁又指出：

> 辩证法也就是（黑格尔和）马克思主义的认识论。③

---

① 《马克思恩格斯选集》第 4 卷，人民出版社 1995 年版，第 257 页。
② 列宁：《哲学笔记》，人民出版社 1956 年版，第 205 页。
③ 同上书，第 410 页。

当我们把上面两段话合在一起加以理解时，列宁关于"认识论、方法论（辩证法）和逻辑学的一致性"的观念也就十分清楚地显现出来了。尽管列宁强调，这三者的统一是在实践的基础上形成并发展起来的，但由于他把实践的作用主要局限在认识论的范围内，所以列宁并没有从近代西方哲学的问题域中超拔出来。

正是在恩格斯和列宁的阐释路线的影响下，苏联、东欧和中国的其他正统的阐释者们把"认识论、方法论（辩证法）和逻辑学的一致性"理解为马克思主义哲学的问题域。比如，从 20 世纪 60 年代起，苏联理论界曾经展开过对列宁关于"认识论、方法论（辩证法）和逻辑学的一致性"观念的讨论。科普宁出版了《作为逻辑和认识论的辩证法》(1973)、《辩证法、逻辑、科学》(1973)等著作。奥伊泽尔曼在《辩证唯物主义与哲学史》(1979)一书中高度评价了列宁的这一观念，并强调：

> 同样重要的是，马克思列宁主义哲学要求无例外地在一切科学中实现辩证法、逻辑和认识论一致的原则。①

在中国理论界，列宁的这一见解更成了马克思主义哲学研究的主题。肖前等人主编的《辩证唯物主义原理》认为：

> 马克思主义的辩证法、认识论、逻辑学，从研究对象上大体上可以作这样的区分：唯物辩证法研究自然、社会、思维（认识）的一般规律；唯物辩证法的认识论（联系客观对象和社会实践）研究整个认识过程（包括感性认识和逻辑思维）的一般规律；辩证逻辑（联系客观对象和整个认识过程）研究思维（理性认识）的辩证法。从它们的这种区别中，就可以看到辩证法和认识论、辩证法和逻辑学以及

---

① ［苏］奥伊泽尔曼：《辩证唯物主义与哲学史》，娄自良译，上海译文出版社 1985年版，第 225 页。

认识论和逻辑学的一致性。①

从这段论述可以看出，肖前等人已经把"认识论、方法论（辩证法）和逻辑学的一致"理解为马克思主义哲学的整个问题域。

综上所述，正统的阐释者们通过自己的阐释活动，竭力使马克思哲学的问题域认同于近代西方哲学的问题域。于是，马克思哲学被近代化了，它成了近代西方哲学的一个支脉，而它通过哲学革命，即创立历史唯物主义来扬弃近代西方哲学乃至整个传统西方哲学的意图和结果也被掩蔽起来了。所有这一切都表明，只要阐释者们还没有对近代西方哲学的问题域做出批判性的反思，他们的阐释活动就只可能有一个结果，即把马克思的哲学近代化。在这里，能否正确地理解马克思并正确地阐释马克思哲学的当代意义，完全取决于阐释者们是否确立起真正的历史意识。我们这里所谓的"真正的历史意识"指的是阐释者们对当代生活世界的本质的领悟。唯有这样的领悟才能引导他们去发现当代西方哲学的问题域，并看到它与马克思哲学的问题域之间的内在联系，从而对马克思哲学的问题域做出正确的理解和阐释。

第一节　从物质本体论到实践–社会生产关系本体论

如前所述，在正统的阐释者们那里，马克思哲学通常被理解为物质本体论。按照这种理论，哲学的使命乃是考察与人的实践活动相分离的自然界或物质世界本身。毋庸讳言，恩格斯坚持的正是这样的哲学立场。在《路德维希·费尔巴哈和德国古典哲学的终结》一书中，当他谈到社会与自然的某些共同点以后，笔锋一转，写道：

---

① 肖前等主编：《辩证唯物主义原理》，人民出版社 1981 年版，第 446 页。

但是，社会发展史却有一点是和自然发展史根本不同的。在自然界中(如果我们把人对自然界的反作用撇开不谈)全是没有意识的、盲目的动力。这些动力彼此发生作用，而一般规律就表现在这些动力的相互作用中。……相反，在社会历史领域内进行活动的，是具有意识的、经过思虑或凭激情行动的、追求某种目的的人；任何事情的发生都不是没有自觉的意图，没有预期的目的的。①

乍看起来，恩格斯对社会与自然的差异的论述是合乎常识的，但全部问题在于，在现代社会中，"把人对自然界的反作用撇开不谈"究竟是否可能？从马克思的论述可以看出，这是不可能的。马克思告诉我们：

　　在人类历史中即在人类社会的产生过程中形成的自然界是人的现实的自然界；因此，通过工业——尽管以异化的形式——形成的自然界，是真正的、人类学的自然界。②

与恩格斯的看法不同，马克思认为，当人们考察自然界的时候，非但不能"把人对自然界的反作用撇开不谈"，反过来，全部考察应当以人的实践活动，尤其是工业生产，即"人对自然界的反作用"为前提。只有基于这样的前提，自然界对于他们来说，才是"真正的、人类学的自然界"。在《德意志意识形态》的"费尔巴哈"章中，马克思在批评费尔巴哈对自然所采取的直观态度时指出：

　　费尔巴哈特别谈到自然科学的直观，提到一些秘密只有物理学家和化学家的眼睛才能识破，但是如果没有工业和商业，自然科学会成为什么样子呢？甚至这个"纯粹的"自然科学也只是由于商业和

---

① 《马克思恩格斯选集》第 4 卷，人民出版社 1995 年版，第 247 页。
② 《马克思恩格斯全集》第 42 卷，人民出版社 1979 年版，第 128 页。

工业，由于人们的感性活动才达到自己的目的和获得材料的。……此外，这种先于人类历史而存在的自然界，不是费尔巴哈在其中生活的那个自然界，也不是那个除去在澳洲新出现的一些珊瑚岛以外今天在任何地方都不再存在的、因而对于费尔巴哈说来也是不存在的自然界。①

在马克思看来，社会不过是人和自然界的本质上的统一，因而不可能撇开人对自然界的反作用、撇开人的实践活动，把自然界与人分离开来，抽象地对自然界进行直观。马克思甚至告诉我们：

> 被抽象地孤立地理解的、被固定为与人分离的自然界，对人说来也是无。②

尽管马克思反复说明，不能离开人的目的活动抽象地考察自然界或物质世界本身，但恩格斯关于与人的反作用分离的自然界或物质世界的本体论理论在马克思主义的传播史上仍然产生了决定性的影响。正是在恩格斯的影响下，列宁为"物质"概念下了这样的定义：

> 物质是标志客观实在的哲学范畴，这种客观实在是人通过感觉感知的，它不依赖于我们的感觉而存在，为我们的感觉所复写、摄影、反映。③

基于这样的理解，列宁自然而然地沿着恩格斯关于"哲学基本问题"的思路，提出如下的问题：物质第一性，还是精神第一性？尽管列宁也赋予实践活动，即人的目的活动以相当的重要性，但他主要是在认识论的范

①　《马克思恩格斯全集》第 3 卷，人民出版社 1960 年版，第 49—50 页。
②　《马克思恩格斯全集》第 42 卷，人民出版社 1979 年版，第 178 页。
③　《列宁选集》第 2 卷，人民出版社 1995 年版，第 89 页。

围内肯定实践活动的重要性的。在《哲学笔记》中，他写道：

> 理论观念(认识)和实践的统一——要注意这点——这个统一正
> 是在认识论中。①

也就是说，尽管列宁十分看重实践在认识论中的作用，但在本体论上，他始终坚持的是物质本体论的立场。正是在恩格斯和列宁的阐释路线的影响下，苏联、东欧和中国的马克思主义哲学教科书也坚持这种物质本体论，热衷于脱离人的实践活动，抽象地谈论如下的问题：世界统一于物质，物质是运动的，时间和空间是运动着的物质的存在形式，而物质运动是有规律的，等等。显而易见，这种抽象的物质本体论并没有超越旧唯物主义的基本立场和观点，从而也不可能对马克思的本体论理论做出正确的说明。

那么，马克思的本体论究竟是什么样的本体论呢？正如我们在前面已经指出过的，马克思的本体论乃是"实践本体论"。在《关于费尔巴哈的提纲》一文中，马克思明确地指出：

> 从前的一切唯物主义(包括费尔巴哈的唯物主义)的主要缺点
> 是：对对象、现实、感性，只是从客体的或者直观的形式去理解，
> 而不是把它们当作感性的人的活动，当作实践去理解，不是从主体
> 方面去理解。②

这段话道出了马克思的唯物主义与历史上一切旧唯物主义之间的本质差别。马克思主张从实践主体的角度出发去看待世界，这既表明马克思继承了康德以来的、倚重主体性的传统，也表明马克思超越了这一传统，

---

① 列宁：《哲学笔记》，人民出版社 1956 年版，第 236 页。
② 《马克思恩格斯选集》第 1 卷，人民出版社 1995 年版，第 54 页。

因为他不是把主体的静观式的思维活动，而是把它的实践活动视为哲学的真正的出发点。也正是在这样的意义上，马克思强调说：

> 全部社会生活在本质上是实践的。凡是把理论引向神秘主义的神秘东西，都能在人的实践中以及对这个实践的理解中得到合理的解决。①

在这段重要的论述中，马克思不仅把实践理解为自己哲学的出发点，同时也把它理解为全部社会生活的基础。马克思告诉我们，人与世界的一切关系都是在实践活动的基础上发生的。在这里，"实践唯物主义"的概念差不多是呼之欲出了。果然，在稍后的《德意志意识形态》的"费尔巴哈"章中，马克思直截了当地提出了这个术语：

> ……实际上和对实践的唯物主义者，即共产主义者说来，全部问题都在于使现存世界革命化，实际地反对和改变事物的现状。②

尽管马克思在这里使用的是"实践的唯物主义者"，而不是"实践唯物主义"的术语，但可以肯定的是，"实践唯物主义者"这一概念蕴含着对"实践唯物主义"的认可。事实上，没有"实践唯物主义"，又何来践行这一主义的"实践的唯物主义者"？当然，在马克思那里，"实践唯物主义"也就是"历史唯物主义"。正如马克思在论述自己创立的历史唯物主义的本质特征时所指出的：

> 这种历史观和唯心主义历史观不同，它不是在每个时代中寻找某种范畴，而是始终站在现实历史的基础上，不是从观念出发来解

---

① 《马克思恩格斯选集》第 1 卷，人民出版社 1995 年版，第 56 页。
② 《马克思恩格斯全集》第 3 卷，人民出版社 1960 年版，第 48 页。

释实践，而是从物质实践出发来解释观念的东西。①

马克思这里说的"从物质实践出发来解释观念的东西"既是历史唯物主义的基本观念，也是实践唯物主义的核心观念。在这个意义上，把马克思哲学称为"实践本体论"也是无可厚非的。事实上，与物质本体论比较起来，正是这种实践本体论真正触及了马克思的实践唯物主义的本质特征。然而，它仍然没有把这一本质特征完整地反映出来。众所周知，本体论是关于存在的学说，而存在与存在者之间的差别正在于：存在者是可见的、可触摸的、可感觉的，而存在则是不可见的、不可触摸的、不可感觉的。马克思在《资本论》第一版序中曾经指出：

> 分析经济形式，既不能用显微镜，也不能用化学试剂。二者都必须用抽象力来代替。②

显然，马克思在这里说的"抽象力"指的正是理性思维，而理性思维乃是人的感觉和知觉所无法取代的。这就启示我们，实践本体论涉及的还只是马克思本体论中的一个层面，即可感觉的实践活动的层面，而完全没有涉及另一个更重要的、超感觉的层面，即理性思维的层面。正是在这一层面上，我们在现象世界中考察的事物和事件的本质才会显露出来。在这个意义上可以说，我们既要重视实践本体论的层面，又要超越这一层面。事实上，只有同时深入到这一超感觉的层面上，马克思本体论思想的全幅内容才会展现出来。

那么，马克思本体论中的这个超感觉的、必须通过理性思维才能把握的层面究竟是什么呢？我们认为，正是意大利的"新实证主义的马克思主义"者科莱蒂在马克思著作中抉出来的"社会生产关系"这个重要的

---

① 《马克思恩格斯全集》第 3 卷，人民出版社 1960 年版，第 43 页。
② 马克思：《资本论》第 1 卷，人民出版社 1975 年版，第 8 页。

概念。在这里，我们仍然要提到马克思在《雇佣劳动与资本》一书中的相关论述。在马克思看来，人们为了进行生产，就不得不结成一定的关系。只有在这些关系的范围内，生产活动才成为可能，而各个人借以进行生产的社会关系，就是社会生产关系。社会生产关系作为整个社会关系中的基础性层面，是看不见摸不着的，是一个超感觉的层面，但它却从根本上制约着他们的生产活动乃至全部社会生活。正是在这个意义上，马克思指出：

> 黑人就是黑人。只有在一定的关系下，他才成为奴隶。纺纱机是纺棉花的机器。只有在一定的关系下，它才成为资本。脱离了这种关系，它也就不是资本了，就像黄金本身并不是货币，砂糖并不是砂糖的价格一样。①

马克思在这里说的"关系"，也就是社会生产关系。他认为，一切人和物的本质都是在特定的社会生产关系中显现出来的。在马克思哲学的特定的语境中，假如说作为感性活动的实践活动是其他一切感性活动的基础和出发点，那么作为超感觉的社会存在的社会生产关系则是其他一切超感觉的存在物的基础和出发点。在《1857—1858 年经济学手稿》的"导言"部分，马克思以更明晰的语言表达了这方面的思想：

> 在一切社会形式中都有一种一定的生产决定其他一切生产的地位和影响，因而它的关系也决定其他一切关系的地位和影响。这是

---

① 《马克思恩格斯选集》第 1 卷，人民出版社 1995 年版，第 344 页。在《资本论》中，马克思更巧妙地阐述了人与人之间的关系的始源性。他写道："在某种意义上，人很象商品。因为人来到世间，既没有带着镜子，也不象费希特派的哲学家那样，说什么我就是我，所以人最初是以别人来反映自己的。名叫彼得的人把自己当作人，只是由于他把名叫保罗的人看作是和自己相同的。因此，对彼得来说，这整个保罗以他保罗的肉体成为人这个物种的表现形式。"参阅马克思：《资本论》第 1 卷，人民出版社 1975 年版，第 67 页注（18）。

一种普照的光，它掩盖了一切其他色彩，改变着它们的特点。这是一种特殊的以太，它决定着它里面显露出来的一切存在的比重。①

在这段重要的论述中，马克思把一定的社会生产关系比喻为掩盖一切其他色彩的"普照的光"和决定其他一切存在物比重的"特殊的以太"。这两个比喻不但说明了社会生产关系在全部社会生活中的基础性的地位，而且也说明了它起作用的宽泛性，即没有一种人类社会的形式可以逃避它的影响。

一般说来，人们可以把马克思的本体论简要地称为"实践本体论"（ontology of praxis）②。但在更完整、更深刻的理论视野中，马克思的本体论应该被理解并表述为"实践-社会生产关系本体论"（ontology of praxis-relations of social production）。这一本体论具有两个不同的层面：从现象或感觉经验的层面看，马克思的本体论乃是一种"实践本体论"，实践构成马克思探索其他一切哲学问题的基础和出发点。实际上，正是实践这一理论基础的确立，从根本上把马克思哲学与一切传统哲学区分开来了。然而，值得注意的是，马克思的本体论并没有停留在感性实践的层面上。他从经济哲学研究的视角出发，深入地探索了作为实践的基本形式的生产劳动，并进而发现了超感觉的社会生产关系的始源性地位和作用。这样一来，在更深刻的、超感觉的意义上，马克思的本体论又显现出"社会生产关系本体论"的维度。如果说，实践、生产劳动属于感性现象的领域，因而是可感觉的，那么，社会生产关系则属于本质领域，

① 《马克思恩格斯全集》第46卷（上），人民出版社1979年版，第44页。
② 有趣的是，有的学者主张把马克思的本体论理解为"物质-实践本体论"。这样做的意图很明确，即害怕"实践本体论"因为未受到"物质"的制约而陷入唯心主义的泥淖。其实，"物质-实践本体论"这样的表述本身就是十分可笑的。第一，"实践"在结构上是由实践主体、实践工具（媒介物）和实践对象（物质性的存在物）组成的。除非把"实践"残疾化，变成一种无对象的活动，才需要把"物质"这个对象补充进来。换言之，只要我们承认任何实践活动都蕴含着对象，那么增加这个"物质"的概念就是毫无意义的。第二，"物质"不过是一个抽象的哲学范畴，即使增补进来也不可能成为实践的对象，而能被蕴含在实践中并成为实践对象的只能是"物质性的存在物"。

因而是超感觉的，只有人的理性思维才能加以把握。在马克思的本体论中，"实践"的层面与"社会生产关系"的层面既有区别又有联系，忽视其中的任何一个层面都不可能再现出马克思本体论的完整的理论形象。也正是基于这样的考虑，我们主张把马克思的本体论命名为"实践-社会生产关系本体论"。那么，这样命名究竟有何意义呢？

首先，"实践-社会生产关系本体论"这一新的提法超越了传统的"物质本体论"，正确地展示出实践概念在马克思哲学中的地位、作用和局限性。一方面，我们应该看到，实践概念在马克思哲学中拥有极为重要的地位和作用。它不光具有生存论的本体论方面的意义，而且也具有认识论和方法论方面的意义。何况，马克思正是借用这个概念与传统哲学划清界限的。另一方面，我们又必须意识到，实践概念的作用又是有限度的，因为它只与感觉经验和现象世界有关，它无法取代马克思在超感觉的本质领域里的思考。事实上，仅仅停留在实践层面上去理解马克思的本体论，就很难阐明马克思哲学与实证主义、实用主义的根本差别。只有在肯定实践概念重要性的前提下，进一步把对实践问题的探索引申到社会生产关系的这一本质性的领域中，马克思本体论的完整的理论形象才会向我们显示出来。

其次，"实践-社会生产关系本体论"这一新的提法既超越了卢卡奇的"社会存在本体论"，又超越了科莱蒂的"社会生产关系"理论。正如我们在前面已经指出过的那样，就卢卡奇而言，他只是把马克思哲学理解为社会存在本体论，未进一步揭示出社会存在的基础性层面——社会生产关系。就科莱蒂而言，尽管他把社会生产关系理论的提出理解为马克思的伟大贡献，但他的实证主义倾向又使他拒绝谈论本体论，从而无法彰显出马克思哲学革命的真正意义之所在。

最后，"实践-社会生产关系本体论"这一新的提法使我们对马克思哲学的本质获得了新的、全面的理解。一方面，实践概念构成马克思哲学的基础和出发点，但基于对理论的完整性的考虑，马克思哲学又不能归结为单纯的"实践哲学"或"实践本体论"，因为它不是现象主义，也不是实证主义，更不是实用主义，它还有更重要的、涉及本质领域方面的内容。另一方面，从对"社会存在"的思考到对其基础层面——"社会生产关系"的揭示乃是马克思在本质领域内和理论思维上的重大贡献。当然，必须指出的是，马克思哲学也不应该被归结为一种先验主义的理论。在这个意义上也可以说，只有通过实践概念的引入，才能彰显马克思对现实生活的关切，才能把马克思哲学与传统的学院化的烦琐哲学严格地区分开来。总之，马克思的本体论贯通现象、本质两大领域，因而唯有把它称为"实践-社会生产关系本体论"，才能展示出它的全幅内容。

第二节　从抽象认识论到意识形态批判①

毋庸讳言，在马克思哲学中，蕴含着一个丰富的认识论思想的维度。然而，正统的阐释者们却在近代西方哲学问题域的影响下，把马克思的认识论转换成一种无生气的、抽象的认识论。所谓"抽象认识论"（abstract epistemology），也就是脱离社会历史和社会实践活动来探索认识的起源、要素、本质、过程和意义的认识理论。有人也许会提出这样的问题：正统的阐释者们不也把社会实践和生活理解为马克思主义认识论的基础吗？他们怎么可能把马克思主义的认识论阐释成"抽象认识论"呢？

诚然，我们并不否认，正统的阐释者们充分地肯定了社会实践在认识过程中的基础性的、核心的作用，但我们仍然要指出，在他们那里，实践仍然是一个空壳，实际上是起不了什么作用的。

首先，在正统的阐释者们的视野中，马克思先研究自然，创立了辩

---

① 本节系俞吾金教授《从抽象认识论到意识形态批判》（原载于《天津社会科学》1995年第5期；《新华文摘》1995年第12期全文转载；收录于俞吾金：《俞吾金集》，学林出版社1998年版，第75—84页）的修改扩展版，本节文字亦收录于俞吾金：《被遮蔽的马克思》，人民出版社2012年版，第99—115页。——编者注

证唯物主义，然后再把辩证唯物主义推广到社会历史领域，从而创立了历史唯物主义。按照这种阐释方式，认识论被置于"辩证唯物主义"的范畴内，而"辩证唯物主义"只研究自然，社会历史和社会实践活动则是在"历史唯物主义"的范围内被研究的。既然辩证唯物主义与历史唯物主义是分离的，那么，认识论与历史唯物主义也必定是分离的。正是这种分离，即认识论与社会历史和社会实践活动的分离，决定了正统的阐释者们视野中的马克思主义的认识论必定是抽象的认识论。

其次，由于辩证唯物主义的出发点是物质本体论，而这种本体论的核心命题则是"世界统一于物质"或"世界的物质性"。在这样的核心命题中，所有的存在者都被归结为物质的具体的样态。于是，人这种特殊的存在者和其他存在者(如一块石头、一棵树)之间的根本差异被忽略了。既然这种根本性的差异在物质本体论中被抹杀了，那么，在认识论中同样也会被抹杀。换言之，以物质本体论为基础和出发点的认识论是不可能真正重视人和人的实践活动在认识过程中的作用的。

最后，乍看起来，"实践是认识的基础"①这种在马克思主义哲学教科书中十分流行的表达方式，似乎充分强调了实践在认识论中的作用，但仔细地推敲起来，这种表达方式正是把实践空壳化的典型表现。为什么这么说呢？因为任何实践作为有目的的活动，其本身都蕴含着实践者的主观认识。换言之，任何实践者在开始自己的实践活动之前，他的大脑绝不可能是一块白板，他已经拥有一定的认识。所以，我们只能说：实践是达到新的认识的基础，却不能说：实践是认识的基础。因为后一种说法是有语病的。一方面，它把实践看作完全是外在于认识，并与认识相对立的某个东西；另一方面，它完全抽去了蕴含在实践活动中的实践者的主观意图和认识。其实，这种抽去了实践者的主观意图和认识的实践活动乃是残缺不全的，而这种所谓"实践"实质上就是正统的阐释者们最喜欢谈论的"物质"。于是，上述流行的命题就转化为另一个隐藏着

---

① 艾思奇主编：《辩证唯物主义 历史唯物主义》，人民出版社1961年版，第159页。

的命题，即"物质是认识的基础"。事实上，这个隐藏着的命题与辩证唯物主义认可的物质本体论的前提是息息相关的。总之，在与历史唯物主义相分离的辩证唯物主义的语境内，不管人们如何阐释马克思主义的认识论，这种认识论都将注定是抽象的。下面，我们再就这种正统阐释者们视野中的抽象认识论做一些具体的分析。

一、认识主体的抽象化

首先，由于在正统的阐释者们的视野里，认识论与历史唯物主义成了相互分离的领域，所以认识主体作为社会存在物这一根本特征就无法得到深入的反思。正统的阐释者们至多只能反思到这样的层面上，即认识主体的阶级归属将决定他们在认识活动中的价值取向。其实，这样的见解是十分肤浅的。尽管认识主体的阶级归属或多或少地会在其认识活动中发生影响，但这里并不存在着严格的一一对应关系，因为每个阶级都会有自己思想上的叛逆者。认识主体作为社会存在物的更深刻的含义在于，他在认识的方式、过程和内容上都会深受他置身于其中的历史时期的意识形态、时代精神、文化习俗和思维方式的影响。而我们这里提到的"意识形态、时代精神、文化风俗和思维方式"并不为某个阶级所独有，它们渗透于这一历史时期的一切社会成员的认识活动和思维活动中。部分地受到马克思哲学思想影响的知识社会学就力图揭示个人的思维或认识活动与社会存在之间的内在联系。德国社会学家卡尔·曼海姆认为：

> 严格地说，说单个的人进行思维是不正确的。更确切地说，应认为他参与进一步思考其他人在他之前已经思考过的东西，这才是更为正确的。他在继承下来的环境中利用适合这种环境的思想模式发现自我并试图进一步详细阐述这种继承下来的反应模式，或用其他的模式取代它们以便更充分地对付在他所处的环境变化中出现的新挑战。因此，每个个人都在双重意义上为社会中正在成长的事实所预先限定：一方面他发现了一个现存的环境，另一方面他发现了

在那个环境中已形成的思想模式和行为模式。①

阿尔都塞进一步分析了每个时代的意识形态是如何对人们的认识活动发生深刻影响的。由于正统的阐释者们对认识主体与社会存在的内在联系缺乏深入的研究，所以他们喋喋不休地加以谈论的"认识主体的能动性"也完全是耽于幻想的，不真实的。

其次，正统的阐释者们接受了亚里士多德以来关于"求知是人类的本性"传统观念，力图把"认识主体"理解为人之为人的第一属性，仿佛人一生下来的使命就是认识世界。其实，这样的见解不但把认识主体，而且也把人抽象化了。众所周知，人≠认识主体，说得更明确一些，人＞认识主体。因为人不光有大脑，也有躯体；不光有感觉、知觉和理性，也有本能、意志、欲望和情感。事实上，人并不是抽象的认识容器，在认识主体的认识活动中，本能、意志、欲望和情感都发生着重要的作用。由于正统的阐释者们完全撇开了人的躯体及人身上的这些非理性的因素来谈论认识主体，因而在他们那里，认识主体始终是抽象的。

最后，正统的阐释者们也没有汲取当代西方哲学中的"主体际性"(inter-subjectivity)的理论来探讨认识主体。他们至多谈到"人们"或"我们"这样的模糊的概念，但对"主体际性"的运作机制及对每个认识主体的作用却缺乏系统的理论反思。②

二、认识客体的抽象化

首先，正统的阐释者们没有认真地消化康德哲学的研究成果。我们知道，康德把认识客体或对象区分为"现象"和"物自体"。在他看来，"物自体"是不可知的，人们的全部认识都停留在现象的范围内。康德的这一哲学态度，即把哲学理解为现象学的态度，是对传统的独断论哲学

① ［匈］卡尔·曼海姆：《意识形态与乌托邦》，黎鸣、李书崇译，商务印书馆 2000 年版，第 3 页。

② 参阅俞吾金：《"主体间性"是一个似是而非的概念》，《华东师范大学学报（哲学社会科学版）》2002 年第 4 期。

态度的根本性的超越，而按照独断论哲学，人们可以直接地认识并把握"物自体"。正统的阐释者们重新退回到传统的独断论哲学的立场上，主张马克思主义的认识论可以直接地把握"物自体"。比如，他们集体撰写了一部著作，并把这部著作称为《马克思哲学》。其实，他们采用这个书名是不合法的，确切的书名应该是《我们对马克思哲学的理解》。因为在这部著作中叙述的只是正统的阐释者们对马克思哲学的一种理解模式，至于这部著作叙述的所谓"马克思哲学"究竟是不是马克思哲学本身，我们不得而知。必须指出，"被认识的客体"并不等于"对客体的认识"。只要这两者还没有被严格地区分开来，这些阐释者视野中的马克思主义认识论就始终是抽象的、简单化的。

其次，正统的阐释者们在叙述认识客体时，常常把它理解为现成地、甚至自古已然地存在在那里的东西。这实际上就等于把认识的客体抽象化和非历史化了。马克思在批判费尔巴哈的认识理论时，曾经这么写道：

> 他没有看到，他周围的感性世界决不是某种开天辟地以来就已存在的、始终如一的东西，而是工业和社会状况的产物，是历史的产物，是世世代代活动的结果，其中每一代都在前一代所达到的基础上继续发展前一代的工业和交往方式，并随着需要的改变而改变它的社会制度。甚至连最简单的"可靠的感性"的对象也只是由于社会发展、由于工业和商业往来才提供给他的。大家知道，樱桃树和几乎所有的果树一样，只是在数世纪以前依靠商业的结果才在我们这个地区出现。由此可见，樱桃树只是依靠一定的社会在一定时期的这种活动才为费尔巴哈的"可靠的感性"所感知。①

马克思在这里批判的，正是费尔巴哈对认识客体的抽象的、直观的理

---

① 《马克思恩格斯全集》第 3 卷，人民出版社 1960 年版，第 48—49 页。

解。在他看来，认识客体，如一棵樱桃树，似乎是现成地存在在那里的。实际上，按照马克思的看法，这棵樱桃树之所以能够进入费尔巴哈的眼帘，成为他的直观的对象，也是由于人的实践活动，尤其是工业和商业发展的结果。由此可见，当正统的阐释者们以直观的、非实践的态度看待认识的客体时，他们实际上重复了马克思早已批判过的费尔巴哈的理论错误。

再次，正统的阐释者们深受传统哲学思维方式的影响，常常只注意到认识客体的自然属性，而忽略其社会属性。马克思认为，"商品拜物教"的实质就在于，人们把商品在一定的社会关系中具有的属性误解为商品的自然属性。如人们错误地以为，黄金制品天然地就是昂贵的。其实，只有在一定的社会关系中，当黄金充当货币和资本的时候，黄金制品才会成为人们崇拜的对象。正如马克思所说的：

> 商品世界的这种拜物教性质，象以上分析已经表明的，是来源于生产商品的劳动所特有的社会性质。①

其实，在当代社会中，人们所面对的任何一个认识客体都不再是纯粹自然的，而是被社会关系所覆盖。比如，一块土地，不仅具有长出植物的自然属性，而且作为社会资源或私人财产，也处于一定的法律关系的制约中。在当代社会中，任何事物的后一种属性，即它作为"社会的物"的属性，已经具有决定性的作用。正是在这个意义上，马克思写道：

> 一切关系都是由社会决定的，不是由自然决定的。②

这就启示我们，只有充分肯定并深入研究认识客体的社会属性，它们才

---

① 马克思：《资本论》第 1 卷，人民出版社 1975 年版，第 89 页。
② 《马克思恩格斯全集》第 46 卷（上），人民出版社 1979 年版，第 234 页。

不会被抽象化。

最后，正统的阐释者们在传统的认识观念的影响下，习惯于把认识客体理解为"事物"（things）或"实体"（substances），而不是把它们理解为"事件"（events）或"关系"（relations）。换言之，他们还缺乏"客体际性"（inter-objectivity）的意识。归根到底，在他们那里，认识的客体还只是一些孤立的、抽象的存在物，它们所蕴含的现实的、丰富的关系还没有真正进入他们的眼帘。

三、主客体关系的抽象化

首先，正统的阐释者们习惯于把主体与客体的关系割裂开来，再来谈两者的关系。尽管这一关系看上去叙述得十分"辩证"，实际上却是以对主客体关系的割裂为前提的。比如，正统的阐释者们十分崇拜认识的"客观性"，不但喜欢侈谈所谓"客观真理"或"真理的客观性"，而且常常强调自己的观点是"客观的"。殊不知，"客观的"（objective）与"主观的"（subjective）本来就是相反相成的。就像"上"与"下"、"大"与"小"的关系。没有"上"，就没有"下"；没有"大"就没有"小"，反之亦然。同样地，没有"主观的"，也就没有"客观的"，反之亦然。由此可见，正统的阐释者们显然忘记了，他们越是强调某个观点是"客观的"，也就越是肯定它同时也是"主观的"。道理很简单，没有"主观的"背景，任何"客观的"观点都是不可能的。在正统的阐释者们中，有些持有极端立场的人甚至认为，在地球上没有人的时候，"客观事物"就存在着。其实，普通的常识就会告诉我们，没有主观方面的人，何来"客观事物"。显然，这种以割裂主体、客体关系为前提的所谓"主客体关系的辩证法"只能是抽象的、虚假的。

其次，正统的阐释者们在探讨主客体关系时，常常受到传统的认识观念的影响，撇开人们的生存实践活动的媒介，对客体采取直接的、静观的态度。显而易见，这种静观的认识态度是无根基的，因为人对周围环境和事物的认识并不是闲来无事的诗词，而是奠基于他在环境中展开的生存实践活动。要言之，正是这种生存实践活动制约着主、客体相互作用的范围、方式和方向。因此，撇开人们的生存实践活动，抽象地、漫无边际地谈论主体、客体关系是没有意义的。

最后，在正统阐释者们谈论的主、客体关系中，缺少一个根本性的维度，即他们通常把客体理解为主体之外的对象，忘记了当主体把自我作为认识对象的时候，主体与客体的关系在自我中获得了统一。也就是说，自我既是主体，又是客体。其实，这种自我对自我的"反思"（reflection）关系蕴含着认识论研究中的根本性的维度，但却常常为正统的阐释者们所忽略，而这也正是他们视域中的所谓的"马克思主义认识论"缺乏深度的原因之一。总之，由于忽略了诸多现实的因素，正统的阐释者们对主客体关系的理解和阐释也是抽象的、难以令人信服的。

四、认识起源的抽象化

一方面，正统的阐释者们总是热衷于在认识论的研究中提出如下的问题：在地球上没有人和人的意识（包括认识）之前，地球是什么样子的？其实，这个问题属于宇宙起源论研究的范围，与人们正在探讨的认识论是无涉的。为什么？因为认识论讨论的前提是承认认识主体和认识客体的存在，换言之，承认认识语境的存在。显然，没有认识主体在场的认识论本身就是荒谬的，就像人们试图拔着自己的头发离开地球一样。由此可见，在认识论研究的框架内去询问作为认识主体的人类存在之前的地球状况，是认识起源问题被抽象化的最为典型的表现。真正现实的认识的起源问题应该到人类的生存实践中去寻找，而不是到还没有人存在的世界中去寻找。

另一方面，正统的阐释者们试图把马克思主义的认识论解释成"反映论"。尽管他们在"反映论"前面加上了"能动的、革命的"这样的漂亮的定语，但这丝毫也不能改变"反映论"隐含的"镜子之喻"所表达出来的、人们在认识过程中的纯粹的受动状态。在《唯物主义和经验批判主义》一书中，列宁指出：

> 我们的感觉、我们的意识只是外部世界的映象；不言而喻，没

有被反映者，就不能有反映，但是被反映者是不依赖于反映者而存在的。唯物主义自觉地把人类的"素朴的"信念作为自己的认识论基础。①

列宁认为，"没有被反映者，就不能有反映"，但他显然忘了，没有认识主体的存在，同样也不可能有"反映"这种现象的发生。同样地，列宁关于"被反映者是不依赖于反映者而存在的"说法也是有语病的。事实上，当人们称某个事物为"被反映者"的时候，已经假定这个事物进入了认识论语境，而在这个语境中，"被反映者"必定是依赖于"反映者"而存在的。这种辩证的认识关系恰恰是人类的"素朴的信念"所深究不到的。此外，列宁把主体的意识理解为"只是外部世界的映像"，这就完全否认了意识的主动作用。有趣的是，我们发现，在《哲学笔记》中，列宁的看法却发生了变化。他写道：

> 人的意识不仅反映客观世界，并且创造客观世界。②

尽管列宁还在继续使用"反映"这个词，但既然"创造客观世界"不可能被涵盖在"反映客观世界"中，这就表明，列宁已经超越了早先坚持的单纯的"反映论"的立场。显然，撇开意识创造性和构造性的"反映论"乃是一种没有准确地表明认识的真实过程的抽象的认识理论。

五、认识过程的抽象化

一方面，正统的阐释者们把认识的过程理解为从"感性认识"这一初级的认识阶段向"理性认识"这一高级的认识阶段发展的单向的过程。在他们看来，虽然"感性认识"是直接的、生动的、可靠的，但同时又是表面的、肤浅的和片面的，甚至也可能是虚假的。至于"理性认识"，虽然

---

① 《列宁选集》第 2 卷，人民出版社 1995 年版，第 66 页。
② 列宁：《哲学笔记》，人民出版社 1956 年版，第 228 页。

是抽象的、内部的、概念性的，但同时又是深刻的、全面的和本质性的。无疑地，这种阐释模式把整个认识过程抽象化和单向度化了。正统的阐释者们完全没有考虑到，尽管"理性认识"有可能把握住认识客体的本质，但在这种"本质主义"（essentialism）倾向的引导下，由感性认识所发现的、认识客体之间的差异也就被取消掉了。比如，当人们说"克劳塞维茨是军事家，拿破仑也是军事家"的时候，在"军事家"这个理性思维的、本质主义的概念中，克劳塞维茨与拿破仑这两个人之间的差异以及他们对军事事业的贡献上的差异全都被忽略了。假如我们要了解这些差异，就需要再从"理性认识"这个高级的阶段折返到"感性认识"这个初级阶段上，以便发现在"理性认识"的硫酸池中被清洗掉的认识客体之间的个性差异或法国哲学家萨特称之为"微分"的东西。也就是说，现实的认识过程不是单向度的，而是双向度的。按照萨特的观点，认识过程既包含着从"感性认识"→"理性认识"的"前进"过程，也包含着从"理性认识"→"感性认识"的"逆溯"过程。事实上，也只有这种双向的认识过程才能同时再现出认识客体的本质特征和个性差异。另一方面，正统的阐释者们也把认识的过程概括为"特殊→一般→特殊"的过程。这种见解直接来自毛泽东的《矛盾论》。毛泽东认为：

> 就人类认识运动的秩序说来，总是由认识个别的和特殊的事物，逐步地扩大到认识一般的事物。人们总是首先认识了许多不同事物的特殊的本质，然后才有可能进一步地进行概括工作，认识诸种事物的共同的本质。当着人们已经认识了这种共同的本质以后，就以这种共同的认识为指导，继续地向着尚未研究过的或者尚未深入地研究过的各种具体的事物进行研究，找出其特殊的本质，这样才可以补充、丰富和发展这种共同的本质的认识，而使这种共同的本质的认识不致变成枯槁的和僵死的东西。这是两个认识的过程：一个是由特殊到一般，一个是由一般到特殊。人类的认识总是这样循环往复地进行的，而每一次的循环（只要是严格地按

照科学的方法)都可能使人类的认识提高一步，使人类的认识不断地深化。①

　　其实，这里涉及的问题比上面提到的"感性认识"和"理性认识"的关系更为复杂。毛泽东没有意识到，他上面这段论述蕴含着一个理论上的矛盾，即在"由特殊到一般"的认识过程中，认识主体的心灵似乎处于英国哲学家洛克所说的"白板"的状态下；而在"由一般到特殊"的认识过程中，认识主体的心灵似乎已拥有一般性的观念，并在这一观念的指导下去认识新的特殊事物。如何看待这一矛盾呢？问题的症结在于：认识主体是否有可能以心灵白板的方式去认识特殊事物？我们认为是不可能的。事实上，不管是在"由特殊到一般"的认识过程中，还是在"由一般到特殊"的认识过程中，心灵都不可能处于白板状态下。也就是说，认识主体在认识任何特殊事物之前，他的心灵已有关于将被认识的特殊事物的一般观念。由于认识主体的这种先入之见，认识活动从来就不可能完全下降到赤裸裸的特殊事物上。

　　事实上，"诠释学循环"的理论早已启示我们，认识主体试图获得关于认识客体的客观认识，但认识主体在认识客体之前已有先入之见。认识主体的心灵在任何时候都不可能处于白板的状态下。意识到这一点，就会发现，真实的认识过程应该是颠倒过来的，即"一般 1→特殊→一般 2"。这里所谓"一般 1"就是认识主体原先具有的观念，"一般 2"是认识主体通过对特殊事物的认识后获得的新观念。这个新公式才准确地再现了认识的实际过程，因为它肯定，认识主体在认识活动开始之时绝不可能是一块白板。②

　　通过上述五个方面的分析，我们发现，经过正统的阐释们的阐释工作，马克思主义的认识论被阐释成一种抽象的认识论。之所以产生这

---

　　① 《毛泽东选集》第 1 卷，人民出版社 1991 年版，第 309—310 页。
　　② 参阅俞吾金：《认识论之元批判》，见俞吾金：《寻找新的价值坐标——世纪之交的哲学文化反思》，复旦大学出版社 1995 年版，第 38—44 页。

样的结果，是因为这些阐释者们从来也没有认真地反思过自己置身于其中的问题域。换言之，他们始终陷于传统西方哲学，尤其是近代西方哲学的问题域中而无法自拔。

众所周知，马克思的实践唯物主义或历史唯物主义乃是具有革命倾向的哲学理论。这种理论根本不可能蕴含一个抽象认识论，相反，它通过本体论上策动的哲学革命，从根本上改造了传统西方哲学，包括近代西方哲学的认识论，把它转换并提升为一种意识形态批判理论。在《德意志意识形态》的"费尔巴哈"章中，马克思全面地叙述了这种意识形态批判理论。

首先，马克思从来没有像传统的唯物主义哲学家一样，把认识理解为人们的大脑对外部世界的"反映"或对外部事物的"感受"，而是把它理解为认识主体所信奉的观念向外部世界的"投射"或对外部事物的"塑造"。在《德意志意识形态》的"序言"中，马克思这样写道：

> 人们迄今总是为自己造出关于自己本身、关于自己是何物或应当成为何物的种种虚假的观念。他们按照自己关于神、关于模范人等等观念来建立自己的关系。他们头脑的产物就统治他们。他们这些创造者就屈从于自己的创造物。我们要把他们从幻想、观念、教条和想像的存在物中解放出来，使他们不再在这些东西的枷锁下呻吟喘息。我们要起来反抗这种思想的统治。①

马克思这里说的"种种虚假的观念"就是意识形态，在当时的德国，就是德意志意识形态。这种意识形态的核心见解是：观念、幻想和概念一直统治和决定着人们的现实世界，现实世界不过是观念世界的产物。这种核心见解既是当时的德意志意识形态的基本观点，也是以费尔巴哈、

---

① 《马克思恩格斯全集》第3卷，人民出版社1960年版，第15页。

布·鲍威尔和施蒂纳为代表的青年黑格尔主义者的基本观点。正如马克思在该书的"序言"中被删去的一段话中所说的：

> 德国唯心主义和其他一切民族的意识形态没有任何特殊的区别。后者也同样认为思想统治着世界，把思想和概念看作是决定性的原则，把一定的思想看作是只有哲学家们才能揭示的物质世界的秘密。①

按照马克思的看法，在德意志意识形态的种种虚假观念的影响下，人们要对现实生活获得正确的认识是不可能的。因为这些虚假的观念已经内化为人们的信念，人们不但不怀疑这些观念，反而努力把它们"投射"出去理解并阐释现实世界，"创造"理想世界。然而，由于这些观念从根本上扭曲了现实世界，所以，它们不但不可能揭示出现实世界的真相，而且也使理想世界成了纯粹的幻想世界。

其次，马克思认为，既然意识形态的虚假观念已经内化为认识主体的信念，那么认识论的首要任务就是反身向内，对意识形态进行深入的批判。因为只有这样的批判才能促使认识主体穿破各种虚假观念的束缚，揭穿意识形态对现实世界的扭曲，从而为认识现实世界奠定正确的基础。

> 我们仅仅知道一门唯一的科学，即历史科学。历史可以从两方面来考察，可以把它划分为自然史和人类史。但这两方面是密切相联的；只要有人存在，自然史和人类史就彼此相互制约。自然史，即所谓自然科学，我们在这里不谈；我们所需要研究的是人类史，因为几乎整个意识形态不是曲解人类史，就是完全撇开人类史。意

---

① 《马克思恩格斯全集》第 3 卷，人民出版社 1960 年版，第 16 页注①。

识形态本身只不过是人类史的一个方面。①

这段重要的论述告诉我们，虽然意识形态不过是人类史的一部分，但它同时又扭曲着整个人类史。这种扭曲主要是通过历史唯心主义的观点的传播得以实现的。依照这种观点，在历史上起决定性作用的乃是宗教的、哲学的或政治上的观念。这些观念的产生、被接受、被抛弃或被消灭构成人类历史向前发展的根本性动力。因而哲学的任务是对一切传统的旧观念进行批判，而这种批判就意味着对现实世界的根本性改造。根深蒂固地隐藏在意识形态中的这种历史唯心主义观点把现实世界和现实的人类史中的一切都颠倒过来了，而这种普遍存在的颠倒并不是没有原因的。马克思写道：

> 如果在全部意识形态中人们和他们的关系就像在照像机中一样是倒现着的，那末这种现象也是从人们生活的历史过程中产生的，正如物象在眼网膜上的倒影是直接从人们生活的物理过程中产生的一样。②

显然，在马克思看来，意识形态对现实世界的扭曲和颠倒，归根到底源自人们生活的历史过程，因为一定历史阶段的社会关系制约着人们对外部世界的观念，尤其是统治阶级，为了维护自己的长久统治，总是千方百计地掩蔽现实生活的真相。在这个意义上可以说，意识形态归根到底是统治阶级手中的工具。

最后，意识形态批判的出发点是历史唯物主义。马克思认为，一切人类生存的第一个前提，也就是一切历史的第一个前提是：人们为了能够创造历史，必须能够生活，而为了生活，就需要衣、食、住及其他必需品。因此，人类的第一个历史活动就是生产满足这些需要的资料，即

① 《马克思恩格斯全集》第 3 卷，人民出版社 1960 年版，第 20 页注①。
② 同上书，第 29—30 页。

生产物质生活本身。而已经得到满足的第一个需要本身、满足需要的活动和已经获得的为满足需要而使用的工具又引起了新的需要。这种不断产生的新的需要推动着历史向前发展。而一开始纳入历史发展过程的第三种关系是人的生产，即人类对后代的繁殖。第四种关系则是社会关系的生产和再生产。马克思认为，只有考察了以上四个方面的关系后，才涉及人的意识问题，而且意识或精神一开始就注定要受到物质的纠缠，而物质在这里则表现为震动着的空气层、声音。在阐明这些基本的关系后，马克思写道：

> 我们的出发点是从事实际活动的人，而且从他们的现实生活过程中我们还可以揭示出这一生活过程在意识形态上的反射和回声的发展。甚至人们头脑中模糊的东西也是他们的可以通过经验来确定的、与物质前提相联系的物质生活过程的必然升华物。因此，道德、宗教、形而上学和其他意识形态，以及与它们相适应的意识形式便失去独立性的外观。它们没有历史，没有发展；那些发展着自己的物质生产和物质交往的人们，在改变自己的这个现实的同时也改变着自己的思维和思维的产物。不是意识决定生活，而是生活决定意识。①

这段话乃是马克思对历史唯物主义理论的初步表述。它表明，历史唯物主义的立场与德意志意识形态所蕴含的历史唯心主义的立场是完全相反的。如果说，德意志意识形态认定思想和观念统治着现实世界，那么，历史唯物主义则肯定，"不是意识决定生活，而是生活决定意识"，归根到底，人们的生活过程决定着意识、观念，乃至整个意识形态。如果说，德意志意识形态试图把意识、观念、一般意识形态夸大为独立性的力量，那么，马克思则表明，独立性不过是意识、观念和一般意识形态

---

① 《马克思恩格斯全集》第3卷，人民出版社1960年版，第30页。

的外观，就其实质而言，它们的全部内容都取决于实际生活过程。在这个意义上甚至可以说，"它们没有历史，没有发展"，因为人们在改变自己的生活过程的同时，也改变着他们的意识、观念和一般意识形态。在马克思看来，意识、观念和一般意识形态从一开始就是社会的产物，就是物质生活过程的必然的升华物。这样一来，被德意志意识形态视为无足轻重的现实生活，在马克思的历史唯物主义学说中获得了始源性的、基础性的地位。正是马克思，把被意识形态扭曲并颠倒的观念重新颠倒过来了。正如他所指出的：

> 这种历史观就在于：从直接生活的物质生产出发来考察现实的生产过程，并把与该生产方式相联系的、它所产生的交往形式，即各个不同阶段上的市民社会，理解为整个历史的基础；然后必须在国家生活的范围内描述市民社会的活动，同时从市民社会出发来阐明各种不同的理论产物和意识形式，如宗教、哲学、道德等等，并在这个基础上追溯它们产生的过程。①

在马克思看来，这种历史观和唯心主义历史观不同，它不是在每个时代中寻找某种思想范畴，而是始终站在现实历史的基础上；不是从观念出发去解释实践，而是从物质实践出发去解释观念的东西。这种历史观还蕴含着如下的结论：意识的一切形式和产物不是可以用精神的批判来消灭的，也不是可以通过把它们消融在"自我意识"中或化为"幽灵""怪影""怪想"等等来消灭的，而只有实际地推翻这一切唯心主义谬论所由产生的现实的社会关系，才能把它们消灭；历史的动力以及宗教、哲学和任何其他理论的动力是革命，而不是批判。

不用说，马克思的这些观点为批判和清理认识主体在开始自己的认识活动以前已经认同的意识形态中的种种虚假的观念提供了坚实的基

---

① 《马克思恩格斯全集》第3卷，人民出版社1960年版，第42—43页。

础。也正是在这个意义上，马克思把历史唯物主义理论称为"真正批判的世界观"①。这就启示我们，必须超越正统的阐释者们制造的"辩证唯物主义和历史唯物主义"的神话。

我们认为，成熟时期的马克思哲学就是历史唯物主义（或实践唯物主义），成熟时期的马克思没有提出过历史唯物主义以外的任何其他的哲学理论。基于这样的认识，我们就会发现，应该把认识论归入历史唯物主义的语境中。事实上，正是在马克思哲学的独特的语境中，传统的、学院化的认识论才转化为意识形态批判理论。因为马克思哲学的历史使命是唤醒无产阶级的阶级意识，而当无产阶级的阶级意识仍然屈从于资产阶级的意识形态的时候，无产阶级是不可能获得对资本主义社会的正确认识的。因而在马克思那里，认识论的任务不是像正统的阐释者们在马克思主义哲学的教科书中所做的那样，侈谈意识的发生和认识的起源，而是联系无产阶级的革命斗争实践，深入地批判资产阶级的意识形态，以便无产阶级对自己的历史地位和使命、对资本主义社会的规律和发展趋势获得正确的认识。

显然，在马克思那里，认识论是奠基于并隶属于历史唯物主义理论的。也正是在这个意义上，卢卡奇在《历史唯物主义的功能变化》一文中正确地指出：

> 历史唯物主义正是资本主义社会的自我认识。②

那么，卢卡奇这里所说的、对资本主义社会的"自我认识"究竟是指什么呢？在同一篇论文的另一段重要的论述中，他告诉我们：

> 历史唯物主义最重要的任务是，对资本主义社会制度作出准确

---

① 《马克思恩格斯全集》第3卷，人民出版社1960年版，第261页。
② ［匈］卢卡奇：《历史与阶级意识——关于马克思主义辩证法的研究》，杜章智等译，商务印书馆1995年版，第315页。

的判断，揭露资本主义社会制度的本质。因此，在无产阶级的阶级斗争中，历史唯物主义总是为以下目的而被加以运用：在资产阶级用各种意识形态成分来修饰和掩盖了真实情况即阶级斗争状况的一切场合，用科学的冷静之光来透视这些面纱，指出这些面纱多么虚伪、骗人，多么同真相不一致。这样，历史唯物主义的首要功能就肯定不会是纯粹的科学认识，而是行动。历史唯物主义不是目的本身，它的存在是为了使无产阶级看清形势，为了使它在这种明确认识到的形势中能够根据自己的阶级地位去正确地行动。①

在这段话中，卢卡奇清楚地告诉我们，历史唯物主义所蕴含的认识理论的主旨是正确地认识资本主义社会，而要达到这种"自我认识"，就必须批判和揭露资产阶级的意识形态。卢卡奇最清楚不过地表明，传统的认识论如何在马克思的历史唯物主义的语境中转化为意识形态批判理论。我们知道，在卢卡奇之后，阿尔都塞通过自己的研究，把意识形态批判理论的重要性提升到一个新的高度上。按照他的观点，在马克思思想的发展历程中存在着一个"认识论断裂"。在1840—1844年期间撰写的论著中，马克思的思想还从属于当时的意识形态。直到1845年的《关于费尔巴哈的提纲》和《德意志意识形态》中，马克思才与意识形态决裂，第一次提出了自己的"总问题"，即历史唯物主义的总问题。基于上述观点，阿尔都塞批评道：

> 我们甚至没有读过马克思成熟时期的著作，因为我们太热衷于在马克思青年时期著作的意识形态火焰里重新发现自己炽热的热情。②

与卢卡奇不同，阿尔都塞不再满足于把意识形态批判理论的对象限制在

---

① ［匈］卢卡奇：《历史与阶级意识——关于马克思主义辩证法的研究》，杜章智等译，商务印书馆1995年版，第307页。

② ［法］路易·阿尔都塞：《保卫马克思》，顾良译，商务印书馆1984年版，第3页。

资产阶级意识形态上，而是把马克思青年时期的著作也理解为这一批判的对象。在他看来，青年马克思特别受到费尔巴哈的"异化和人本主义"总问题的影响，而这一总问题代表的正是当时的德意志意识形态，直到断裂时期的著作中，马克思才开始从总体上清算这种意识形态，形成自己独立的哲学理论。这就启示我们，当年马克思对德意志意识形态的批判，同时也是对自己青年时期所接受的意识形态观念的清算。事实上，马克思后来也承认，1845年春，他和恩格斯在布鲁塞尔时，"决定共同阐明我们的见解与德国哲学的意识形态的见解的对立，实际上是把我们从前的哲学信仰清算一下"①。这就表明，阿尔都塞的观点是正确的，即马克思的意识形态批判既指向以费尔巴哈等人为代表的德意志意识形态，同时也指向自己青年时期的哲学信仰。就后一方面来说，马克思的认识理论，作为意识形态批判理论，同时也蕴含着自我批判、自我超越的维度。

综上所述，马克思哲学乃是以实践为旨归的学说，所以，传统哲学中的抽象认识论，在马克思的历史唯物主义的语境中已经被转变为一种意识形态批判理论，其主旨是正确地认识资本主义社会的本质，清理意识形态对无产阶级认识主体的侵蚀，使无产阶级始终站在自己阶级的阶级意识的高度上。②

第三节　从自然辩证法到社会历史辩证法③

正如我们在前面已经指出过的那样，在正统的阐释者们的视野里，马克思主义哲学被区分为辩证唯物主义和历史唯物主义，分别研究自然

---

①　《马克思恩格斯选集》第2卷，人民出版社1995年版，第34页。

②　参阅俞吾金：《从抽象认识论到意识形态批判》，《天津社会科学》1995年第5期。

③　本节原载于《社会科学战线》2007年第4期，原标题为《自然辩证法，还是社会历史辩证法？》。亦收录于俞吾金著：《传统重估与思想移位》，黑龙江大学出版社2007年版，第432—449页；《实践与自由》，武汉大学出版社2010年版，第232—251页。——编者注

界和社会历史。作为方法论，辩证法和前面已经讨论过的认识论一样，是归属于辩证唯物主义的。不管正统的阐释者们把他们所理解的马克思主义的辩证法称为"唯物辩证法"，还是"自然辩证法"，其结果都是一样的，即把辩证唯物主义所研究的自然界作为辩证法的载体来考虑。要言之，在他们的理论视域中，马克思主义的辩证法实质上就是自然辩证法。然而，我们发现，这一与历史唯物主义分离并被安顿在辩证唯物主义范围内的自然辩证法从一开始起就是抽象的，因为作为辩证法载体的自然界是与社会历史相分离的，因而是抽象的。这种抽象的自然观主要表现在以下两个方面。

其一，主张撇开人的目的活动，即实践活动对自然的影响，只考察自然自身的运动。当恩格斯在《自然辩证法》的"导言"中谈到 17、18 世纪的哲学家时，指出：

> 它——从斯宾诺莎一直到伟大的法国唯物主义者——坚持从世界本身说明世界，而把细节方面的证明留给未来的自然科学。[①]

在这里，"坚持从世界本身说明世界"也就是肯定自然是自我运动的。显然，肯定这一点对于自然科学的研究摆脱宗教世界观的影响来说是有积极意义的，但它同时也蕴含着一个消极的倾向，即把自然与人的一切目的性活动分离开来。那么，上述观念是否仅仅是斯宾诺莎和法国唯物主义者的观念呢？我们的回答是否定的。实际上，恩格斯本人也坚持了同样的观念，他自己告诉我们：

> 唯物主义的自然观不过是对自然界本来面目的朴素的了解，不附加以任何外来的成分，所以它在希腊哲学家中间从一开始就是不

---

① 恩格斯：《自然辩证法》，人民出版社 1971 年版，第 11 页。

言而喻的东西。①

在恩格斯看来，马克思主义的自然观不同于以前的唯物主义自然观的地方仅仅在于它批判地吸收了黑格尔辩证法的成果，自觉地强调了自然界自身的辩证运动。在《路德维希·费尔巴哈和德国古典哲学的终结》一书中，恩格斯也强调，在考察自然时，应该把"人对自然界的反作用撇开不谈"②。这段话表明，恩格斯的自然观与斯宾诺莎及法国唯物主义者的自然观在"坚持从世界本身说明世界"这一点上是完全一致的。但这种撇开人的目的性活动而受到考察的自然，在马克思看来，只能是抽象的自然。在《1844 年经济学哲学手稿》中，马克思把黑格尔从逻辑学中外化出来的自然界称为"抽象的自然界"，并一针见血地指出：

> 被抽象地孤立地理解的、被固定为与人分离的自然界，对人说来也是无。③

在马克思看来，哲学所要探讨的不是抽象的自然，而是现实的自然，而现实的自然是与人的目的和活动交融在一起的。有人也许会提出这样的疑问：马克思不也肯定自然界的"先在性"，即在人类诞生之前自然界就已存在了吗?④ 确实，马克思不但承认自然界是先于人类而存在的，而且还强调，如果人类在今天突然毁灭了，自然界的这种先在性仍然会保持下去。但马克思在批判费尔巴哈的"抽象的自然观"时已经指出：

---

① 恩格斯：《自然辩证法》，人民出版社 1971 年版，第 177 页。
② 《马克思恩格斯选集》第 4 卷，人民出版社 1995 年版，第 247 页。
③ 《马克思恩格斯全集》第 42 卷，人民出版社 1979 年版，第 178 页。
④ 在列宁看来，自然界的先在性问题对唯心主义者说来，是"特别毒辣的"。然而，列宁忘记了，"唯物主义"或"唯心主义"这样的用语是在认识论的话语框架中给出的，因为没有人及人的思维活动的存在，上述两个用语都是没有意义的。也就是说，只要人们一进入认识论的话语框架，作为认识者和思维者的人总是已经存在。所以在这个框架中去设想一个未被人的认识或思维"污染"的自然界是没有任何意义的。这表明，列宁对认识论的理解仍然停留在朴素意识的层面上。

这种先于人类历史而存在的自然界，不是费尔巴哈在其中生活的那个自然界，也不是那个除去在澳洲新出现的一些珊瑚岛以外今天在任何地方都不再存在的、因而对于费尔巴哈说来也是不存在的自然界。①

按照马克思的看法，他和费尔巴哈正在谈论的那个自然界，既不是人类诞生之前的自然界，也不是初民时期的自然界，而是在相当程度上已被人化的、现实的自然界。撇开这个现实的自然界，去侈谈人类诞生以前的自然界，是没有意义的。即使是马克思对自然界的"先在性"的认定，也是以人类的一定的目的活动为前提的。因为人类并不是刚诞生的时候就有能力发现自然界的"先在性"的，事实上，只有当人类的发展达到一定的社会历史阶段后，才可能通过科学实验活动（如同位素的衰变），大致推算出地球的年龄和人类诞生的时间。由此可见，就连人类诞生前的自然界也是在后来人类改造自然界的目的性活动的基础上被发现出来的。显然，马克思自然观的出发点不是排除人的目的活动的抽象的自然界，而是被人的目的性活动中介过的"人化的自然界"。

其二，主张自然科学与人类生活、自然科学与人的科学是相互分离的。尽管晚年恩格斯对自然科学有很多研究，也充分肯定了自然科学的发现，特别是其划时代的发现对唯物主义哲学发展的巨大推动作用。但

① 《马克思恩格斯全集》第 3 卷，人民出版社 1960 年版，第 50 页。这段话引自马克思和恩格斯合著的《德意志意识形态》一书。正如奥古斯特·科尔纽指出的："在这部著作中，要明确指出哪一部分思想出于马克思，哪一部分思想出于恩格斯，那是很困难的。"（参见［法］奥古斯特·科尔纽：《马克思恩格斯传》第 3 卷，管士滨译，生活·读书·新知三联书店 1980 年版，第 203 页。）我们认为，在形式上做出这种区分确实是很困难的，但在内容上进行区分却是可能的。在把《德意志意识形态》与马克思和恩格斯的其他著作做了比较研究以后，我们认定，至少该书的第一卷第一章中的基本思想是属于马克思的。所以我们在这里和下面引证这一章中的观点时，都把它们理解为马克思的观点。显然，这些观点和恩格斯晚期著作，如《自然辩证法》《路德维希·费尔巴哈和德国古典哲学的终结》等比较起来，存在着差异。当然，我们在这里并不全面地探讨这些差异，而只注重对自然观上的差异作出必要的说明。

他所赞同的"纯粹自然科学的唯物主义"却蕴含着使自然科学与人类的社会生活分离的倾向。在《路德维希·费尔巴哈和德国古典哲学的终结》中，恩格斯这样写道：

> 费尔巴哈说得完全正确：纯粹自然科学的唯物主义虽然"是人类知识的大厦的基础，但不是大厦本身"。因为，我们不仅生活在自然界中，而且生活在人类社会中，人类社会同自然界一样也有自己的发展史和自己的科学。①

这段话包含着以下两层意思：第一，恩格斯同意费尔巴哈的观点，认为纯粹自然科学的唯物主义是全部自然科学和社会科学知识的基础；第二，正像自然界有自己的科学和发展史一样，人类社会也有自己的科学和发展史，但恩格斯在这里只注意到这两类科学之间的差异，而不是它们之间的内在联系。何况，他也忘了，费尔巴哈的"纯粹自然科学的唯物主义"正是与社会历史相分离的、抽象的自然科学的唯物主义。正如马克思所指出的：

> 那种排除历史过程的、抽象的自然科学的唯物主义的缺点，每当它的代表越出自己的专业范围时，就在他们的抽象的和唯心主义的观念中立刻显露出来。②

其实，早在《1844年经济学哲学手稿》中，马克思已经告诉我们：

> 至于说生活有它的一种基础，科学有它的另一种基础——这根本就是谎言。③

---

① 《马克思恩格斯选集》第4卷，人民出版社1995年版，第230页。
② 马克思：《资本论》第1卷，人民出版社1975年版，第410页注(89)。
③ 《马克思恩格斯全集》第42卷，人民出版社1979年版，第128页。

每一个不存偏见的人都会发现，自然科学已通过工业日益从实践上进入并改造人的生活，为人的解放做准备；而工业作为人的本质力量的打开了的书本，是自然界同人之间，因而也是自然科学同人的科学之间的现实的、历史的关系。所以，马克思指出：

> 自然科学将失去它的抽象物质的或者不如说是唯心主义的方向，并且将成为人的科学的基础，正象它现在已经——尽管以异化的形式——成了真正人的生活的基础一样。①

马克思还从自然科学与人的社会生活的内在统一出发，提出了如下的预言：

> 自然科学往后将包括关于人的科学，正象关于人的科学包括自然科学一样：这将是一门科学。②

在《德意志意识形态》中，马克思进一步批判了德国哲学家关于"纯粹的自然科学"的神话，指出自然科学也只是由于商业和工业的发展、由于人们的感性活动才获得材料并达到自己的目的。事实上，如果撇开人类的社会生活和需求，自然科学的发展也就失去了自己的原动力。从上面的论述可以看出，当正统的阐释者们把马克思主义的方法论理解为自然辩证法的时候，当自然辩证法以自我运动着的、与人的实践活动相分离的抽象的自然作为自己的载体的时候，这种辩证法本身也是抽象的。

那么，马克思究竟是如何看待辩证法的呢？这里的关键仍然在于如何确定辩证法的载体。马克思并不赞成以自我运动着的、与人的实践活

---

① 《马克思恩格斯全集》第 42 卷，人民出版社 1979 年版，第 128 页。
② 同上书，第 128 页。

动相分离的、抽象的自然作为辩证法的载体。也就是说，马克思并不赞成"自然辩证法"这样的提法。事实上，"自然辩证法"的概念最早也不是恩格斯提出来的，而是杜林最先提出来的。众所周知，杜林在1865年出版了《自然辩证法：科学和哲学的新的逻辑基础》一书。正是在该书中，杜林率先提出了"自然辩证法"的概念。在1868年1月11日致恩格斯的信中，马克思以嘲讽的口吻提道：

> 在博物馆里，我只翻了翻目录，就这样我也发现杜林是个伟大的哲学家。譬如，他写了一本《自然辩证法》来反对黑格尔的"非自然"辩证法。……德国的先生们（反动的神学家们除外）认为，黑格尔的辩证法是条"死狗"。就这方面说，费尔巴哈是颇为问心有愧的。①

这段话表明，马克思并不赞成杜林用所谓"自然辩证法"来反对黑格尔的辩证法。在马克思看来，杜林的这种做法迎合了当时德国学术界把黑格尔的辩证法看作"死狗"的浅薄的时尚，而造成这一时尚的根源之一是费尔巴哈在批判黑格尔的哲学思想时轻易地抛弃了黑格尔的辩证法。从这段话中也可以看出，尽管马克思没有对杜林的自然辩证法思想进行批判，但他是不赞成这种辩证法的。在1868年3月6日致路德维希·库格曼的信中，马克思再度提到了杜林和他的著作：

> 我现在能够理解杜林先生的评论中的那种异常困窘的语调了。一般说来，这是一个极为傲慢无礼的家伙，他俨然以政治经济学中的革命者自居。他做了一件具有两重性的事情。首先，他出版过一本（以凯里的观点为出发点）《国民经济学说批判基础》（约五百页），和一本新《自然辩证法》（反对黑格尔辩证法的）。我的书（《资本论》

---

① 《马克思恩格斯全集》第32卷，人民出版社1974年版，第18页。

第一卷，原注)在这两方面都把他埋葬了。他是由于憎恨罗雪尔等等才来评论我的书的。此外，他在进行欺骗，这一半是出自本意，一半是由于无知。他十分清楚地知道，我的叙述方法和黑格尔的不同，因为我是唯物主义者，黑格尔是唯心主义者。黑格尔的辩证法是一切辩证法的基本形式，但是，只有在剥去它的神秘的形式之后才是这样，而这恰好就是我的方法的特点。至于说到李嘉图，那末使杜林先生感到伤心的，正是在我的论述中没有凯里以及他以前的成百人曾用来反对李嘉图的那些弱点。因此，他恶意地企图把李嘉图的局限性强加到我身上。但是，我们不在乎这些。我应当感谢这个人，因为他毕竟是谈论我的书的第一个专家。①

我们之所以把这一长段论述全部加以引证，是因为它在内容上是连贯的、不可割裂的。在这段论述中，马克思阐明了以下五层意思：第一，就杜林是谈论《资本论》第 1 卷的第一位专家而言，应当感谢他；就其著作的语调而言，他是个傲慢无礼的家伙；就其见解而言，又是充满错误的。第二，如果说杜林的自然辩证法以反对黑格尔的辩证法作为自己的出发点，那么他的经济学思想则是以凯里的庸俗经济学为出发点的。第三，杜林的自然辩证法的宗旨是反对黑格尔辩证法。第四，马克思的辩证法就其基本立场而言，与黑格尔完全不同，但杜林试图把它们混淆起来。第五，杜林竭力抹杀马克思与李嘉图在经济思想上的根本差异。

现在的问题是，既然"自然辩证法"的概念是由杜林最先提出来的，而且他提出这个新概念的意图是反对黑格尔的辩证法，而马克思对他的《自然辩证法》一书又进行了无情的批判，那么为什么恩格斯仍然把自己生前未完成的、关于自然科学研究方面的手稿命名为"自然辩证法"呢？恩格斯和杜林的"自然辩证法"概念除了内容上的根本差别(这些差别在《反杜林论》一书中得到了明晰的说明)外，是否还存在着表述上的差异

---

① 《马克思恩格斯全集》第 32 卷，人民出版社 1974 年版，第 525—526 页。

呢？所有这些问题都是我们必须弄清楚的。在 1873 年 5 月 30 日致马克思的信中，恩格斯写道：

> 今天早晨躺在床上，我脑子里出现了下面这些关于自然科学的辩证思想。①

在这封信中，恩格斯谈到了物理学和各种运动的形式、化学和有机体等问题。同年，恩格斯在"自然科学的辩证法"（Dialektik der Natur-wissenschaft）的小标题下写下了类似的内容。② 人们通常把这封信看作是恩格斯酝酿并写作《自然辩证法》的开端。然而，恩格斯在这里使用的是"自然科学的辩证法"的概念，而不是"自然辩证法"的概念。我们发现，在恩格斯于 1876 年写下的笔记中，有一个小标题是：

> Naturdialektik—references[Verweise]（自然辩证法—引据）。③

这可以说是恩格斯首次使用"自然辩证法"的概念，但我们必须注意到，这一概念在德语的表述上与杜林存在着重大的区别。在杜林那里，"自然辩证法"的德文是 die Natuerliche Dialektik，其中 Natuerliche 是名词 Natur（自然）的形容词；而在恩格斯的表述方式 Naturdialektik 中，名词 Natur 直接充当形容词来修饰另一个名词 Dialektik（辩证法），从而构成了一个不可分割的复合词。在另一段不知道确切写作时间的笔记里，恩格斯写道：

---

① 《马克思恩格斯全集》第 33 卷，人民出版社 1973 年版，第 82 页。
② Friedrich Engels, *Dialektik Der Natur*, Berlin：Dietz Verlag, 1952, S. 264，参阅恩格斯：《自然辩证法》，人民出版社 1971 年版，第 226 页。
③ Friedrich Engels, *Dialektik Der Natur*, Berlin：Dietz Verlag, 1952, S. 325，参阅恩格斯：《自然辩证法》，人民出版社 1971 年版，第 278 页。

自然辩证法的一个很好的例子（Huebsches Stueck Naturdialek-
tik）是：根据现代的理论，用同名电流的吸引说明同名磁极的排斥
（加思里，第264页）①

除这些笔记中的表述外，在1882年11月23日致马克思的信中，恩格
斯曾提道：

现在必须尽快地结束自然辩证法（Naturdialektik）。②

恩格斯在这里论及的"自然辩证法"是指自己正在写的那些手稿。我们注
意到，恩格斯在这里使用了同样的德语复合词Naturdialektik。显然，恩
格斯之所以创制这个新的复合词，其用意是把自己和杜林关于"自然辩
证法"的表述方式严格地区分开来。

众所周知，恩格斯对"自然辩证法"的研究从1873年一直延续到
1886年。马克思于1883年逝世后，恩格斯倾注全力编纂、出版《资本
论》的余稿，直到1895年逝世前仍未能完成相应的著作，而留下了四束
亲自冠有不同标题的手稿。据中央编译局译本的说明，第三束手稿的标
题是"自然辩证法"。③ 然而，由于这一译本未标明是从哪个德文本译出
的，所以我们无法进行判断和评论。但据柏林狄茨出版社1952年德文
本"前言"中的说明，恩格斯第三束手稿的标题应为"辩证法和自然"（Di-
alektik und Natur）。④ 究竟哪个标题是恩格斯生前亲自写下的，只能留
待新的研究资料来说明。但有一点是可以肯定的，至少在上面提到的手
稿和书信中，恩格斯都是用Naturdialektik这个复合词来标识自己关于

---

① Friedrich Engels, *Dialektik Der Natur*, Berlin：Dietz Verlag，1952，S. 511，参阅
恩格斯：《自然辩证法》，人民出版社1971年版，第268页。

② 《马克思恩格斯全集》第35卷，人民出版社1971年版，第115页。

③ 参阅恩格斯：《自然辩证法》，人民出版社1971年版，第290—291页，未注明其
德文的对应表达式是什么。

④ Friedrich Engels, *Dialektik Der Natur*, Berlin：Dietz Verlag，1952，S. xvii.

"自然辩证法"的思想的。此外，虽然恩格斯没有给自己的手稿冠之以 Naturdialektik 的总的书名，但 1882 年 11 月 23 日致马克思的信中的提法表明，至少恩格斯有过以 Naturdialektik 来指称自己这方面研究的全部手稿的意向。然而，1925 年，当恩格斯的手稿在莫斯科以德俄对照本的形式出版时，编者给全部手稿按上了《自然辩证法》的书名，但这个书名的德文表述方式却是 die Dialektik der Natur，既不同于杜林的 die Natuerliche Dialektik，也不同于恩格斯的 Naturdialektik。①

从上面的历史性考察可以看出，马克思批判过杜林的自然辩证法，因为杜林的辩证法是用来反对黑格尔的辩证法的。尽管马克思也批评过黑格尔的辩证法，但他与杜林试图否定黑格尔辩证法的做法完全不同，他主张祛除黑格尔辩证法的神秘主义形式，使之安顿在唯物主义的基础之上。然而，正是在如何理解"唯物主义"这个基本点上，恩格斯与马克思之间存在着分歧。

恩格斯是从传统的唯物主义观点出发来理解并叙述唯物主义的。他把承认自然第一性、精神第二性的哲学观点称为唯物主义的观点，反之则是唯心主义的。但他忘记了，马克思试图建立的唯物主义与传统的唯物主义之间存在着根本性的差别。传统的唯物主义是直观的唯物主义，而马克思的唯物主义则是实践唯物主义。

众所周知，实践唯物主义是以实践作为基础和出发点的，而实践作为人的有目的的活动或主观见诸于客观的活动，是蕴含着主观意识的。也就是说，实践唯物主义并没有把精神与物质、人的目的与自然割裂并对立起来。实际上，这些关系正统一在实践概念中。而当恩格斯主张，自我运动着的、与人的实践活动相分离的自然界是第一性时，他所说的"唯物主义"，依然是传统的唯物主义，而不是马克思的实践唯物主义。在恩格斯看来，只要去掉黑格尔辩证法的载体——"绝对精神"，代之以

---

① 参阅俞吾金：《论两种不同的自然辩证法的概念——兼论康德哲学的一个理论贡献》，《哲学动态》2003 年第 3 期。

"自然"，黑格尔的辩证法就以唯物主义的方式得到了改造。所以，尽管他批判了杜林的自然辩证法，但仍然沿用了自然辩证法这个术语，只是在德语的表达方式上做了调整。

对于马克思说来，在剥掉黑格尔辩证法的载体——"绝对精神"后，应该取而代之的并不是抽象的、与人的实践活动相分离的"自然界"，而是以人类的实践活动为基础和核心的"社会历史"。也就是说，与恩格斯不同，马克思没有沿用"自然辩证法"的概念，他主张的乃是"社会历史辩证法"。在马克思看来，以人类的实践活动为基础和核心的"社会历史"才是合理的辩证法的真正载体。

我们认为，在马克思的社会历史辩证法中，包含着以下几层含义。

首先，马克思的社会历史辩证法的基础和核心是"实践辩证法"。在《关于费尔巴哈的提纲》中，马克思告诉我们：

> 环境的改变和人的活动或自我改变的一致性，只能被看作是并合理地理解为革命的实践。①

一般说来，实践活动也就是实践主体的有目的的活动，在这一活动的过程中，自我从躯体到思想都会发生相应的变化；与此同时，实践活动也改变了环境。然而，实践活动要对环境做出有效的改变，就必须遵循环境变化的因果律。在这个意义上可以说，实践活动乃是主观的目的性与客观的因果性之间的辩证的统一。事实上，实践辩证法作为主观见诸于客观的辩证法，正体现在目的性与因果性的统一中。马克思进而认为，实践活动的基本形式是劳动。在这个意义上也可以说，实践辩证法的基本形式是劳动辩证法，而作为社会存在物的现实的人正是在劳动的过程中诞生出来的：

---

① 《马克思恩格斯选集》第 1 卷，人民出版社 1995 年版，第 55 页。

整个所谓世界历史不外是人通过人的劳动而诞生的过程，是自然界对人说来的生成过程。①

这就是说，人的诞生与自然界对人的生成，通过人的劳动而交织在一起，构成了世界历史的发展。正如我们在前面已经指出过的那样，在对劳动的辩证法的叙述中，马克思提出了"异化劳动"的著名观点：

异化借以实现的手段本身就是实践的。因此，通过异化劳动，人不仅生产出他同作为异己的、敌对的力量的生产对象和生产行为的关系，而且生产出其他人同他的生产和他的产品的关系，以及他同这些人的关系。正象他把他自己的生产变成使自己失去现实性，使自己受惩罚一样，正象他丧失掉自己的产品并使它变成不属于他的产品一样，他也生产出不生产的人对生产和产品的支配。②

在马克思看来，一方面，异化劳动是私有财产产生的直接原因；另一方面，私有财产和私有制的形成又使异化劳动成为现代社会的普遍现实。其实，私有财产本身就是人的自我异化的具体表现。不用说，异化劳动造成了劳动者与劳动过程、劳动产品、其他劳动者乃至人的本质之间的普遍异化，甚至使劳动者失去了人性。在马克思看来，只有共产主义能够扬弃异化，实现人性的复归：

共产主义是私有财产即人的自我异化的积极的扬弃，因而是通过人并且为了人而对人的本质的真正占有；因此，它是人向自身、向社会的（即人的）人的复归，这种复归是完全的、自觉的而且保存了以往发展的全部财富的。这种共产主义，作为完成了的自然主

---

① 《马克思恩格斯全集》第 42 卷，人民出版社 1979 年版，第 131 页。
② 同上书，第 99—100 页。

义，等于人道主义，而作为完成了的人道主义，等于自然主义，它是人和自然界之间、人和人之间的矛盾的真正解决，是存在和本质、对象化和自我确证、自由和必然、个体和类之间的斗争的真正解决。它是历史之谜的解答，而且知道自己就是这种解答。①

由于受到费尔巴哈思想的影响，尽管当时马克思的有些观点，包括共产主义的观点还是不成熟的，但以扬弃异化劳动为旨归的未来共产主义的理想已经在他心中形成了。实际上，马克思关于异化劳动和扬弃异化劳动的论述乃是其劳动辩证法中的核心内容。只要我们认真地阅读成熟时期马克思的文本，就会发现，关于异化和异化劳动的思考贯穿马克思的一生。当然，假如说，青年马克思的异化劳动理论还没有完全摆脱历史唯心主义的影响，那么，成熟时期的马克思已经自觉地把异化劳动的理论奠基于历史唯物主义。然而，在正统的阐释者们看来，成熟时期的马克思似乎已经放弃了异化劳动的理论。其实，成熟时期的马克思仍然继续使用"异化"概念，并以相当多的篇幅探讨了异化的日常表现形式——商品拜物教、货币拜物教和资本拜物教。总之，异化劳动及其扬弃构成了马克思劳动辩证法的核心内容，应该引起我们的高度重视。

其次，马克思的社会历史辩证法也蕴含着"人化自然辩证法"。事实上，只要承认"实践辩证法"，尤其是"劳动辩证法"的存在，也就必然会承认"人化自然辩证法"的存在。与恩格斯主张的"自然辩证法"不同，马克思主张的是"人化自然辩证法"。假如说，前者主张撇开人类的实践活动，考察自然自身运动，那么，后者则主张，只有以人类实践活动为媒介的"人化的自然界"才是现实的自然界。在《1844年经济学哲学手稿》中，当马克思论述到人的感觉的形成及其丰富性时，他这样写道：

> 不仅五官感觉，而且所谓精神感觉、实践感觉（意志、爱等

---

① 《马克思恩格斯全集》第42卷，人民出版社1979年版，第120页。

等），一句话，人的感觉、感觉的人性，都只是由于它的对象的存在，由于人化的自然界，才产生出来的。①

马克思这里所说的"人化的自然界"是指作为人的感觉、认识和实践活动对象的自然界，即被人的精神活动和实践活动打上印记的那部分自然界。只要人类生存着、活动着，自然界就处于不断被人化的过程中。反之，也正是在自然界被人化的过程中，人的感觉和需求变得越来越丰富多样。在马克思看来，人的周围环境的改变，人化的自然界的形成和发展都是人的本质力量的确证。也正是在这个意义上，他把工业称作人的本质力量的打开了的书本，并把通过工业媒介而形成起来的自然界称为"人类学的自然界"。马克思指出：

> 在人类历史中即在人类社会的产生过程中形成的自然界是人的现实的自然界；因此，通过工业——尽管以异化的形式——形成的自然界，是真正的、人类学的自然界。②

从这些论述可以看出，马克思考察的对象始终是"人化的自然界"或"人类学的自然界"，他从不谈论与人类实践活动和社会历史相分离的、抽象的自然界。在《德意志意识形态》的"费尔巴哈"章中，马克思在驳斥那种把自然与社会历史对立起来的错误观点时写道：

> 我们仅仅知道一门唯一的科学，即历史科学。历史可以从两方面来考察，可以把它划分为自然史和人类史。但这两方面是密切相联的；只要有人存在，自然史和人类史就彼此相互制约。③

---

① 《马克思恩格斯全集》第42卷，人民出版社1979年版，第126页。
② 同上书，第128页。
③ 《马克思恩格斯全集》第3卷，人民出版社1960年版，第20页注①。

总之，被马克思视为辩证法载体的自然界乃是"人化的自然界"，诚如施密特在《马克思的自然概念》一书中所指出的：

> 一开始就把马克思的自然概念同其他自然观区别开来的是马克思自然概念的社会—历史性质。[1]

这段话说得非常好，因为它表明了马克思自然观的本质。那么，马克思的人化自然辩证法究竟包括哪些方面呢？我们认为，主要包括以下三个方面。

第一，人与自然的辩证关系。马克思认为，人与自然是不可分离地联系在一起的。一方面，人是靠自然界来生活的，离开自然界，人就失去了获得物质生活资料的可能性，从而无法生存下去。正是在这个意义上，马克思指出，"自然界，就它本身不是人的身体而言，是人的无机的身体"[2]。另一方面，自然界的人的本质只有对社会的人说来才是存在的。因为只有在社会中，自然界对人说来才是人与人联系的纽带，才是人的现实生活的要素。事实上，也只有在社会中，人的自然的存在对他说来才是他的人的存在，从而自然界对他说来才成为人。马克思告诉我们，"社会是人同自然界的完成了的本质的统一"[3]，这就启示我们，离开社会，人与自然的关系便无法索解。人作为社会存在物，作为有意识的类的存在物的基本特征是他所从事的自由自觉的活动，即劳动。人的才能正表现在他能通过劳动来改造整个自然界，并从自然界中超拔出来。在劳动中，人致力于从自然界攫取生活资料，从而塑造一个和谐的"人化的自然界"。然而，在一定的社会形态中，由于异化劳动的存在，作为人的劳动对象的自然界却开始与劳动者相分离、相对立了。马克思说：

---

① Alfred Schmidt, *The Concept of Nature in Marx*, London：NLB, 1971. p. 15.
② 《马克思恩格斯全集》第 42 卷，人民出版社 1979 年版，第 95 页。
③ 同上书，第 122 页。

> 异化劳动从人那里夺去了他的生产的对象，也就从人那里夺去了他的类生活，即他的现实的、类的对象性，把人对动物所具有的优点变成缺点，因为从人那里夺走了他的无机的身体即自然界。①

同时，由于劳动的自发性，人实际上成了自然界的破坏者。人与自然界的和谐让位于人与自然界的尖锐的对立。在马克思看来，资本主义社会归根到底不能妥善地解决人与自然界的关系，只有在以公有制为基础的未来共产主义社会中，联合起来的生产者才有可能合理地调节人与自然界之间的物质交换关系，从而真正达到人与自然界的统一。

第二，人与自然界同人与人之间的辩证关系。马克思认为，人与人之间的直接的、自然的、必然的关系是男女之间的关系：

> 在这种自然的、类的关系中，人同自然界的关系直接就是人和人之间的关系，而人和人之间的关系直接就是人同自然界的关系，就是他自己的自然的规定。②

如果说，在现代文明社会内，男女之间的关系具有深刻的、丰富的社会文化内涵，那么，在史前人类社会中，这种关系则主要表现为一种自然的、直接的关系。在原始的社会形态中，自然作为一种完全异己的、有无限威力的力量与人们相对抗，人们同它的关系完全像动物同它的关系一样，人对自然界的意识也是一种纯粹动物般的意识，即自然宗教。人与自然界之间的这种狭隘关系是与极度不发展的、以直接的血缘关系为纽带的人与人之间的关系互为因果的。正如马克思指出的：

---

① 《马克思恩格斯全集》第 42 卷，人民出版社 1979 年版，第 97 页。
② 同上书，第 119 页。

> 人们对自然界的狭隘的关系制约着他们之间的狭隘的关系，而他们之间的狭隘的关系又制约着他们对自然界的狭隘的关系。①

这样，我们就会明白，无休止地抓住自然界的"先在性"问题，把自然界描述为脱离我们而存在的实体，并没有抓住马克思自然观的真谛。这种被马克思批评为"抽象物质的或者不如说是唯心主义的方向"恰恰表现为自然宗教的残余，表现为人类早期思想的特征。随着劳动和分工的发展，人与自然同人与人之间的关系发生了重大的变化，这尤其体现在以工业革命为先导的西方资本主义社会中。

一方面，人越是成功地改造自然界，人与人之间在劳动中的分工和协作关系就越扩大。但随着财富的积累和私有制的产生，人与人之间的对立和冲突也变得越来越尖锐。马克思在分析异化劳动时指出：

> 人同自己的劳动产品、自己的生命活动、自己的类本质相异化这一事实所造成的直接结果就是人同人相异化。当人同自身相对立的时候，他也同他人相对立。②

另一方面，在资本主义的雇佣劳动制度下，当人作为自由劳动者出现时，当人与人之间的分工协作关系获得巨大发展时，人对自然的改造和利用也达到了前所未有的程度：

> 与这个社会阶段相比，以前的一切社会阶段都只表现为人类的地方性发展和对自然的崇拜。只有在资本主义制度下自然界才不过是人的对象，不过是有用物。③

---

① 《马克思恩格斯全集》第3卷，人民出版社1960年版，第35页。
② 《马克思恩格斯全集》第42卷，人民出版社1979年版，第97—98页。
③ 《马克思恩格斯全集》第46卷（上），人民出版社1979年版，第393页。

当自然界从被崇拜、被神化的对象降低为"有用物"之后，人与自然界的关系也被倒转过来了。与这一变化同步的是，人也开始肆意地破坏自然界，从而给自己的生存带来严重的危机。按照马克思的看法，要使人与自然界同人与人之间的冲突获得根本性的解决，就必须扬弃异化劳动，扬弃私有制，实现共产主义。当然，在当时的马克思的视野中，生态学的问题还没有被主题化。

第三，自然科学与人的科学之间的辩证关系。在《1844年经济学哲学手稿》中，马克思反复重申，人是社会存在物，甚至当人在从事很少同别人直接交往的科学活动时，这种活动也是以社会生活为基础的。不仅研究科学的人所需要的材料，而且他进行思考的语言，都是社会给予的。在马克思看来，被康德称为"纯粹的"自然科学的东西，不过是由于工业和商业的发展，由于人们的感性活动才获得材料，达到自己的目的。此外，自然科学也不是消极地置身于社会生活之外的东西，它反过来通过工业日益从实践上进入人的社会生活，改造人的社会生活。正如马克思所说的：

> 工业是自然界同人之间，因而也是自然科学同人之间的现实的历史关系。①

马克思进而主张自然科学今后将包括人的科学，正像人的科学包括自然科学一样。也就是说，它们将成为一门科学。在《德意志意识形态》中，马克思又把自然史和人类史看作是历史科学的两个方面，并强调它们是彼此相互制约的。在《资本论》中，马克思再度重申：

> 那种排除历史过程的、抽象的自然科学的唯物主义的缺点，每当它的代表越出自己的专业范围时，就在他们的抽象的和唯心主义

---

① 《马克思恩格斯全集》第42卷，人民出版社1979年版，第128页。

的观念中立刻显露出来。①

这就告诉我们，不管是自然科学，还是人的科学，归根到底都是人的存在方式。尽管它们在对象、材料和研究方法上都存在着差异，但最终都辩证地统一在人的社会生活中。在当代哲学的发展中，人文主义思潮和科学主义思潮在人类学、诠释学、交往理论、新托马斯主义等思潮中的不断融合，一再证明马克思的上述预见是多么深刻。②

最后，马克思的社会历史辩证法也蕴含着"社会形态发展的辩证法"。在《1857—1858年经济学手稿》中，马克思提出了著名的"三大社会形态"理论：

> 人的依赖关系(起初完全是自然发生的)，是最初的社会形态，在这种形态下，人的生产能力只是在狭窄的范围内和孤立的地点上发展着。以物的依赖性为基础的人的独立性，是第二大形态，在这种形态下，才形成普遍的社会物质变换，全面的关系，多方面的需求以及全面的能力的体系。建立在个人全面发展和他们共同的社会生产能力成为他们的社会财富这一基础上的自由个性，是第三个阶段。第二个阶段为第三个阶段创造条件。③

马克思的"三大社会形态"理论是围绕着人与物之间的辩证关系而展开的。在第一大社会形态中，物处于极度匮乏的状态下，人与人之间处于自然的、地区性的依赖关系中；在第二大形态中，物的重要性充分展示，以至于人的独立性建基于对物的依赖之上，从而为个人的全面发展创造了条件，但人与人之间仍然处于异化的状态下；在第三大形态中，物的丰富性达到了"按需分配"的程度，人与人之间的异化关系被扬弃，

---

① 马克思：《资本论》第1卷，人民出版社1975年版，第410页注(89)。
② 参阅俞吾金：《论马克思的人化自然辩证法》，《学术月刊》1992年第12期。
③ 《马克思恩格斯全集》第46卷(上)，人民出版社1979年版，第104页。

个人获得了充分自由和全面发展的可能性。在马克思的"社会形态发展的辩证法"中，以下三点值得引起我们的重视。

第一，在人类社会的发展和社会形态的变更中，尽管普遍异化的现象在道德评价上受到了谴责，但从历史评价的角度来看，其作用又是积极的。马克思写道：

> 全面发展的个人——他们的社会关系作为他们自己的共同的关系，也是服从于他们自己的共同的控制的——不是自然的产物，而是历史的产物。要使这种个性成为可能，能力的发展就要达到一定的程度和全面性，这正是以建立在交换价值基础上的生产为前提的，这种生产才在产生出个人同自己和同别人的普遍异化的同时，也产生出个人关系和个人能力的普遍性和全面性。在发展的早期阶段，单个人显得比较全面，那正是因为他还没有造成自己丰富的关系，并且还没有使这种关系作为独立于他自身之外的社会权力和社会关系同他自己相对立。留恋那种原始的丰富，是可笑的，相信必须停留在那种完全空虚之中，也是可笑的。①

在马克思看来，没有商品经济和普遍异化的存在，个人社会关系的丰富性和能力的全面发展都是不可能的。在这个意义上，异化本身就显现出人类社会发展和社会形态变更的辩证性。一方面，普遍存在的异化现象使人与人之间的关系变得疏远，事实上，异化（alination）这个词本身就蕴含着"疏远"这层意思；另一方面，异化又为个人的全面发展奠定了基础。这就启示我们，异化也是马克思的"社会形态发展的辩证法"的中心内容。

第二，人类社会的发展和社会形态的变更是服从马克思的历史唯物主义理论所揭示的发展规律的。作为实践主体的人类必须遵循这一规

---

① 《马克思恩格斯全集》第 46 卷（上），人民出版社 1979 年版，第 108—109 页。

律，必须清醒地意识到自己的主体作用的限度。在《〈政治经济学批判〉序言》中，马克思告诉我们：

> 无论哪一个社会形态，在它所能容纳的全部生产力发挥出来以前，是决不会灭亡的；而新的更高的生产关系，在它的物质存在条件在旧社会的胎胞里成熟以前，是决不会出现的。所以人类始终只提出自己能够解决的任务，因为只要仔细考察就可以发现，任务本身，只有在解决它的物质条件已经存在或者至少是在生成过程中的时候，才会产生。①

这段话之所以特别重要，因为它彻底地结束了唯心主义的历史观在解释人类社会演化中的错误观念，即历史的变化完全是由伟大人物的主观意志或偶然事件所决定的。在马克思看来，无论是人类社会的变化，还是社会形态的更替，都是有客观规律可循的。任何一个社会形态，在它所能容纳的全部生产力发挥出来之前，它是绝不会轻易灭亡的。无疑地，马克思的这一极其重要的研究结论也划定了人类主体性发挥作用的范围。也正是在这个意义上，马克思告诫我们：

> 在以交换价值为基础的资产阶级社会内部，产生出一些交往关系和生产关系，它们同时又是炸毁这个社会的地雷。（有大量对立的社会统一形式，这些形式的对立性质决不是通过平静的形态变化就能炸毁的。另一方面，如果我们在现在这样的社会中没有发现隐蔽地存在着无阶级社会所必需的物质生产条件和与之相适应的交往关系，那么一切炸毁的尝试都是唐·吉诃德的荒唐行为。）②

---

① 《马克思恩格斯选集》第2卷，人民出版社1995年版，第33页。
② 《马克思恩格斯全集》第46卷（上），人民出版社1979年版，第106页。

显然，马克思的上述见解为无产阶级的政治革命和社会革命指出了明确的方向，也在哲学上为哲学家们最喜欢谈论的"主体性"或"能动性"的社会历史含义划定了明确的界限。这也表明，传统的哲学家们，甚至包括笛卡尔、康德这样伟大的哲学家在内，撇开人作为社会存在物的历史限度来讨论主体性的问题是多么肤浅！

第三，在人类社会的发展和社会形态的变更中，东方社会有其特殊的发展规律，绝不应该把西欧社会演化的规律轻易地套用到东方社会上去。在"导论"中，我们曾经提到马克思对俄国学者米海洛夫斯基的批评，因为米海洛夫斯基试图把马克思关于西欧资本主义起源的历史概述解释成适用于世界上一切民族的历史哲学理论。同样地，在分析东方社会的演化态势时，马克思坚决反对把仅仅适合于西欧社会的发展规律作为先验图式套用到东方社会上去，而是力图从对东方社会的具体情况分析出发，引申出相应的结论。马克思给俄罗斯学者维·伊·查苏利奇的复信草稿就是经典性的例子。在《复信草稿——初稿》中，马克思分析了当时俄国农村公社的特殊环境，指出：

> 和控制着世界市场的西方生产同时存在，使俄国可以不通过资本主义制度的卡夫丁峡谷，而把资本主义制度的一切肯定的成就用到公社中来。①

然而，马克思同时也对俄国农村公社中正在不断地生长着的私有化因素表示深切的担忧。在《复信草稿——二稿》中，马克思没有再提到"跨过卡夫丁峡谷"的比喻，而是写道：

> 威胁着俄国公社生命的不是历史的必然性，不是理论，而是国家的压迫，以及渗入公社内部的、也是由国家靠牺牲农民培养起来

---

① 《马克思恩格斯全集》第 19 卷，人民出版社 1963 年版，第 435—436 页。

的资本家的剥削。①

在《复信草稿——三稿》中，马克思既充分地分析了俄国农村公社"使自己毁灭的因素"，又重提"跨过卡夫丁峡谷"的比喻，为俄国农村公社将来"可能的发展"指明了方向：

> 在整个欧洲，只有它是一个巨大的帝国内农村生活中占统治地位的组织形式。土地公有制赋予它以集体占有的自然基础，而它的历史环境(资本主义生产和它同时存在)又给予它以实现大规模组织起来的合作劳动的现成物质条件。因此，它可以不通过资本主义制度的卡夫丁峡谷，而吸取资本主义制度所取得的一切肯定成果。……如果它在现在的形式下事先被引导到正常状态，那它就能直接变成现代社会所趋向的那种经济体系的出发点，不必自杀就能获得新的生命。②

当然，马克思也知道，"跨过卡夫丁峡谷"，即越过资本主义发展的整个社会形态，并非易事。事实上，马克思在这里谈论的只是俄国农村公社"可能的发展"趋势，而这一趋势又是受制于相应的种种历史条件的。只要它没有受到自觉的"引导"，只要相应的历史条件没有具备，俄国的农村公社就会毁灭。当今俄国社会的发展也已表明，它的农村公社已经普遍地瓦解了，"跨过卡夫丁峡谷"也成了永恒的幻想。然而，马克思当时对其"可能的发展"的历史意义的解析仍然是富有启迪作用的。

综上所述，我们分析了马克思社会历史辩证法的三个不同的层面。这些分析表明，马克思从来不赞成把自我运动着的、与人的实践活动无涉的、抽象的自然作为辩证法的载体，要言之，从来不赞成所谓"自然

---

① 《马克思恩格斯全集》第 19 卷，人民出版社 1963 年版，第 446 页。
② 同上书，第 451 页。

辩证法"这样的提法。在马克思看来，辩证法只关系到"人"这个社会存在物的全部活动，因而现实地存在着的只能是"社会历史辩证法"，换言之，社会历史才是辩证法的真正载体。进一步的考察表明，马克思的"社会历史辩证法"蕴含着相互关联的三个层面，即"实践辩证法"（包括"劳动辩证法"）、"人化自然辩证法"和"社会形态发展的辩证法"。从总体上看，"实践辩证法"（包括"劳动辩证法"）乃是马克思的"社会历史辩证法"的基础和核心。

结　论　从历史深处走出来[①]

　　如前所述，假如说德国古典哲学是近代西方哲学的集大成者，那么黑格尔哲学则是德国古典哲学的集大成者。正统的阐释者们所犯的共同的错误是：把近代西方哲学，尤其是黑格尔哲学的问题域，误解为自己全部研究活动的出发点。这种误解由于列宁的《帝国主义是资本主义的最高阶段》(1916)的出版而进一步加剧了。按照列宁的见解，帝国主义是垄断的、腐朽的、垂死的资本主义，是无产阶级革命的前夜。从这样的见解出发，自然而然引申出来的结论是：帝国主义时期的一切意识形态，包括哲学在内都是腐朽的、垂死的。由于这种见解作为主导性的见解在苏联、东欧和中国理论界得到了广泛的传播，这就使正统的阐释者们对当代西方哲学采取了全盘否定的态度，而这种态度又强化了他们对近代西方哲学，特别是对德国古典哲学的亲和性。由于正统的阐释者们把近代西方哲学，尤其是黑格尔哲学的问题域引入对马克思哲学与黑格尔哲学的关系的解读中，所以，这种解读注定会成为失败的

---

　　① 本部分引言和第一、二节原载于《当代国外马克思主义评论(5)》，人民出版社，2007年版，第3—19页，原标题为《重新理解马克思哲学与黑格尔哲学之间的关系》。亦收录于俞吾金：《传统重估与思想移位》，黑龙江大学出版社2007年版，第326—340页。——编者注

解读。

一方面，正统的阐释者们把马克思黑格尔化了，即他们看到的只是马克思哲学对黑格尔哲学的认同，却看不到两者之间在基本立场上的对立。尤其是列宁在《哲学笔记》中留下的那句名言：

> 不钻研和不理解黑格尔的全部逻辑学，就不能完全理解马克思的《资本论》，特别是它的第 1 章。因此，半个世纪以来，没有一个马克思主义者是理解马克思的！！①

这样的判断几乎使黑格尔哲学成了马克思哲学的入门书，这就使马克思哲学在相当程度上被黑格尔化了。

另一方面，在更深刻的程度上，正统的阐释者们也把马克思哲学近代化了，把它误解为近代西方哲学的一个支脉。主要表现为以下几点。

其一，对马克思哲学的出发点和研究重心的误置。如前所述，由于近代西方哲学对传统西方哲学的物质本体论和理性本体论采取了非批判的态度，而正统的阐释者们则追随近代西方哲学家，也以非批判的态度把物质本体论引入到对马克思哲学的阐释中。苏联、东欧和中国的马克思主义哲学教科书中关于"世界统一于物质"或"世界的物质性"的讨论，乃是物质本体论的经典性表达。而在正统的阐释者们的视野中，"物质（或物质世界）"也就是自然界，而且是与人的实践活动相分离的、自我运动着的自然界。在这个意义上，自然辩证法实质上也就是物质本体论。沿着这样的思路，正统的阐释者们把"自然（或物质世界）"理解为马克思主义哲学研究的首要对象，于是，以"自然（或物质世界）"作为研究对象的辩证唯物主义在整个马克思主义哲学中的基础和核心的地位被确立起来了。与此同时，在人的实践活动的基础上形成和发展起来的"社会历史"却被边缘化了，它成了历史唯物主义的研究对象，而历史唯物

---

① 列宁：《哲学笔记》，人民出版社 1960 年版，第 191 页。

主义不过是辩证唯物主义在社会历史领域里加以"应用"或"推广"的结果。其实，作为"实践-社会生产关系本体论"，马克思思考的出发点和重心始终落在"社会历史"上。近年来，在中国理论界对马克思哲学的研究中，为什么政治哲学、法哲学、社会哲学、道德哲学、经济哲学和宗教哲学等实践哲学的研究维度成了新的焦点？道理很简单，因为在正统的阐释者们所倡导的、以物质本体论为导向的解释模式中，这些维度只能处于边缘化的或沉默的状态中。①

其二，对马克思哲学蕴含的人本主义维度的剥落。众所周知，马克思既是西方人本主义传统的伟大继承者，又是这一传统的卓越的批判者和改造者。正是后一个方面的努力使马克思远远地超越了近代西方哲学的视野，成了当代西方人本主义精神的引领者。马克思的人本主义精神主要是通过对私有制和异化劳动的批判、对费尔巴哈的人本主义学说的扬弃而形成并发展起来的。也正是这种人本主义的精神构成了马克思解读黑格尔哲学的特殊的、批判性的视角。在与恩格斯合著的《神圣家族》一书中，马克思写道：

> 在黑格尔的体系中有三个因素：斯宾诺莎的实体，费希特的自我意识以及前两个因素在黑格尔那里的必然的矛盾的统一，即绝对精神。第一个因素是形而上学地改了装的、脱离人的自然。第二个因素是形而上学地改了装的、脱离自然的精神。第三个因素是形而上学地改了装的以上两个因素的统一，即现实的人和现实的人类。②

尽管马克思当时的思想还处于费尔巴哈的影响之下，尽管马克思在这里对黑格尔的"绝对精神"概念的实质性的解读还没有超越费尔巴哈的"以

---

① 参阅俞吾金：《本体论视野中的当代中国马克思主义哲学》，《复旦学报（社会科学版）》2006年第5期。

② 《马克思恩格斯全集》第2卷，人民出版社1957年版，第177页。

自然为基础的现实的人"的水平，然而，在稍后的《关于费尔巴哈的提纲》以及《德意志意识形态》的"费尔巴哈"章中，马克思初步叙述了自己创立的历史唯物主义理论，并在这一理论的基础上与传统的人本主义理论划清了界限。在马克思哲学中，未来共产主义社会的实现和个人的自由、解放以及全面发展是根本性的目的，而阶级斗争和无产阶级专政只是达到上述根本性目的的手段。

然而，在正统的阐释者们那里，由于非批判地引入了传统哲学中的物质本体论，从而磨平了"人"这一特殊的存在者与其他一切存在者之间的差异。既然这种差异被抹掉了，在这样的阐释方向中，是不可能关切人和人本主义问题的。换言之，人和人本主义问题必定会在正统的阐释者们的阐释活动中边缘化，甚至虚无化。事实也正是如此。正统的阐释者们在自己的阐释活动中把阶级斗争和无产阶级专政从"手段"拔高为"根本性的目的"，而把未来共产主义社会的实现和个人的自由、解放以及全面发展从"根本性的目的"贬低为"手段"。尤其令人感到匪夷所思的是，仿佛在现代社会中讲一点人情味和人的自由，只是为了唤起更强烈的阶级斗争情绪。一切都被本末倒置了。在正统的阐释者们的阐释活动中，蕴含在马克思哲学中的人本主义维度完全被剥落了，马克思哲学成了"斗争哲学"和"整人哲学"的代名词。显而易见，这样的阐释方向从根本上导致了对马克思的"魔化"。[①]

其三，对马克思哲学问题域的误解。由于正统的阐释者们把近代西方哲学的问题域误解为马克思哲学的问题域，这就从根本上把马克思哲学近代化了。如前所述，近代西方哲学的问题域是"认识论、方法论和逻辑学的一致性"，而马克思哲学的问题域则是"实践本体论、社会关系论和社会革命论的一致性"。这两个问题域之间存在着根本性的差异。事实上，只要我们浏览一下苏联、东欧和中国理论界的正统的阐释者们

---

① 参阅俞吾金：《人文关怀：马克思哲学的另一个维度》，《光明日报》2001年2月6日 B04 版。

留下的文本，就会发现，它们都是围绕"认识论、方法论和逻辑学的一致性"这一近代西方哲学的问题域来解读马克思哲学的。许多具体的哲学问题，如思维与存在是否具有同一性，主体与客体的关系，认识论与现代科学的关系，真理的客观性，感性认识与理性认识的关系，认识的起源与本质，辩证法，逻辑范畴的起源及相互关系，形式逻辑与辩证逻辑的关系，等等，都是围绕"认识论、方法论和逻辑学的一致性"这一问题域来展开的。也正是这样的问题域束缚了正统的阐释者们的理解力和想象力，使他们完全看不到蕴含在马克思的问题域——"实践本体论、社会关系论和社会革命论的一致性"中的种种问题：马克思哲学革命的本体论意义，马克思实践概念的本体论维度，人的本质与社会关系，异化劳动和商品拜物教，价值、资本与社会生产关系，社会历史辩证法，人的解放和个人的自由及全面发展，社会发展规律与社会革命，革命条件与阶级意识，等等。[①]

还须指出的是，正统的阐释者们对马克思哲学的误读和误解由于下面的因素而进一步加剧了。

首先，苏联、东欧和中国原来都是资本主义发展相对落后的地区和国家。在这样的国家和地区，阐释者们的理解的前结构中充塞着前现代的种种观念。在这些观念中，其中一部分与近代西方哲学的问题域相契合，其余部分甚至连近代西方哲学的认识水平都没有达到。比如，对于一个其思想长期浸淫于宗法等级制社会的文化意识中的阐释者来说，他连资本主义的平等、自由、民主和公正也没有经历过，又如何去阐释马克思所倡导的社会主义的平等、自由、民主和公正的思想呢？

其次，在苏联、东欧和中国这样的地区和国家，由于统治阶级的力量比较强大，革命的力量相对弱小，所以革命的领导者总是十分重视对策略问题的探索。只要浏览一下列宁和毛泽东论著的目录，就会发现，

---

① 参阅俞吾金：《从科学技术的双重功能看历史唯物主义叙述方式的改变》，《中国社会科学》2004 年第 1 期。

相当多的篇幅讨论的是革命的策略问题。显而易见，这种政治斗争和政治革命中的策略，相对于哲学来说，就是方法论问题。由此可见，正统的阐释者们的思想是十分容易与主张"认识论、方法论和逻辑学的一致性"的近代西方哲学问题域产生认同的。

最后，随着苏联、东欧诸国和中国因革命斗争的胜利而转化为社会主义国家，正统的阐释者们又过度地强调了马克思主义哲学的意识形态特征，从而把马克思加以"神化"。所有这些因素都促成了他们对马克思哲学及其问题域的误解。

作为当代的阐释者，当我们意识到正统的阐释者们的理论失误及其根源，当我们对当代西方哲学的问题域获得了批评性的识见，当我们深入地解读并领悟了马克思的文本，我们也就自然而然地从正统的阐释者们的视野中、从黑格尔哲学的视野中、从近代西方哲学的视野中超拔出来了。我们对马克思哲学与黑格尔哲学的关系、对马克思哲学的实质达到的新的认识，可以简要地叙述如下。

第一节　黑格尔哲学的定位

我们这里所说的"黑格尔哲学的定位"，并不意味着确定黑格尔哲学在整个西方哲学发展史上的地位和作用，显然，这方面的探讨超出了本书的范围。我们这里的探讨只涉及马克思哲学与黑格尔哲学之间的关系问题，因而所谓"定位"，实质上是解答下面这个问题，即相对于马克思哲学来说，黑格尔哲学究竟具有什么样的地位和作用？

正如我们在导论中已经指出过的，我们既不赞成把马克思看作黑格尔哲学的无批判的继承者，甚至干脆把马克思哲学黑格尔化，也不赞成把马克思哲学与黑格尔哲学截然分离开来并对立起来，甚至认为马克思从未受过黑格尔思想的影响。我们的基本观点是：黑格尔哲学曾对马克思，尤其是青年马克思的思想产生过重大的影响。但对现实斗争的参与、对国民经济学的研究和对费尔巴哈人本主义哲学的扬弃，促使马克思起来批判黑格尔哲学的唯心主义的、神秘主义的倾向。自从马克思创立了自己的哲学理论——历史唯物主义或实践唯物主义，他就从总体上把自己的哲学与黑格尔哲学——历史唯心主义明确地对立起来了。马克思的这种自觉的意识最充分地体现在他批判青年黑格尔主义者时写下的那段话上：

> 德国的批判，直到它的最后的挣扎，都没有离开过哲学的基地。这个批判虽然没有研究过它的一般哲学前提，但是它谈到的全部问题终究是在一定的哲学体系，即黑格尔体系的基地上产生的。不仅是它的回答，而且连它所提出的问题本身，都包含着神秘主义。对黑格尔的这种依赖关系正好说明了为什么在这些新出现的批判家中甚至没有一个人想对黑格尔体系进行全面的批判，尽管他们每一个人都断言自己已超出了黑格尔哲学。①

也正是在充分澄清哲学立场、思想体系的对立的基础上，马克思对黑格尔辩证法进行了彻底的改造，即把与黑格尔的历史唯心主义相适应的"神秘形式上"的辩证法改造为与马克思的历史唯物主义相适应的"合理形态上"的辩证法。除了辩证法外，成熟时期的马克思对黑格尔哲学中的任何一个有价值的观念的借鉴或引用，或者采取了"术语更新"的办法，或者采取了澄清"含义差异"的办法，而所有这一切做法都是建基于历史唯物主义的立场之上的。

在对黑格尔哲学的定位中，关键是要判定，在马克思哲学思想的发展历程中，究竟是黑格尔的哪些著作对马克思产生了重大的影响？如果沿着正统的阐释者们的思路来解答这个问题，就会发现，黑格尔的《逻辑学》和《自然哲学》对马克思的影响最大。而我们则认为，对马克思思

---

① 《马克思恩格斯全集》第3卷，人民出版社1960年版，第21页。

想产生最大影响的乃是黑格尔的《精神现象学》和《法哲学》。事实上，在马克思读过的黑格尔著作中，他留下最多札记、作过最系统研究和评论的，正是《法哲学》和《精神现象学》。而马克思本人也对这两本书的意义及与自己思想的联系做过明确的说明。在《〈政治经济学批判〉序言》中，当马克思回顾自己在《莱茵报》工作期间对有关物质利益的争论感到困惑时，这样写道：

> 为了解决使我苦恼的疑问，我写的第一部著作是对黑格尔法哲学的批判性的分析，这部著作的导言曾发表在 1844 年巴黎出版的《德法年鉴》上。我的研究得出这样一个结果：法的关系正像国家的形式一样，既不能从它们本身来理解，也不能从所谓人类精神的一般发展来理解，相反，它们根源于物质的生活关系，这种物质的生活关系的总和，黑格尔按照 18 世纪的英国人和法国人的先例，概括为"市民社会"，而对市民社会的解剖应该到政治经济学中去寻求。①

这段重要的论述表明，正是通过对黑格尔法哲学的批判性研究，马克思确立了以下两个思想：一是法的关系根源于物质的生活关系，这一思想构成马克思全部法哲学理论的基础；二是对市民社会的解剖应该诉诸政治经济学。于是，对黑格尔《法哲学》的批判性解读成了马克思思想演变，尤其是转向政治经济学研究的关键。不仅如此，黑格尔《法哲学》中的"市民社会"的概念还成了马克思创立新的哲学观——历史唯物主义的核心概念，因为在马克思看来，"这个市民社会是全部历史的真正发源地和舞台"②。马克思对黑格尔的《精神现象学》的倚重也是不言而喻的。在与恩格斯合著的《神圣家族》一书中，他这样写道：

---

① 《马克思恩格斯选集》第 2 卷，人民出版社 1995 年版，第 32 页。
② 《马克思恩格斯全集》第 3 卷，人民出版社 1960 年版，第 41 页。

> 黑格尔的《现象学》尽管有其思辨的原罪，但还是在许多方面提供了真实地评述人类关系的因素。①

也正是基于同样的考虑，马克思强调，在剖析黑格尔哲学体系时，"必须从黑格尔的《现象学》即从黑格尔哲学的真正诞生地和秘密开始"②。在马克思看来，黑格尔的《精神现象学》抓住了"人的异化"这个核心问题，并以此展开对整个社会、国家、哲学、宗教等领域的批判，而马克思的"异化劳动"的重要概念也正是在这样的语境中提出来的。此外，也正是通过《精神现象学》，马克思发现了黑格尔的否定性辩证法，即现实的人和现实的人类历史在劳动中的生成。

毋庸讳言，从黑格尔本人看来，他所有的著作中最重要的是逻辑学。其实，他在哲学探讨上功夫下得最多的也是逻辑学，这方面的著作包括耶拿时期的逻辑学、《大逻辑》和哲学全书纲要中的《小逻辑》。尤其是《小逻辑》，他晚年一直带在身边，随时进行修改，几乎到了千锤百炼的程度。在恩格斯看来，黑格尔著作中最重要的也是《逻辑学》，因为他既受到黑格尔的影响，也受到实证主义思潮的影响，因而认定，除了逻辑学和辩证法，传统哲学的其他领域将全部让渡给实证科学。至于恩格斯同时强调黑格尔的《自然哲学》的重要性，基于两方面的原因：一方面，他深受费尔巴哈哲学的影响。费尔巴哈在《关于哲学改造的临时纲要》(1842)中曾经宣布："观察自然，观察人吧！在这里你们可以看到哲学的秘密。"③由此可见，抽象的、被直观的自然和人正是费尔巴哈哲学的出发点。恩格斯非常重视费尔巴哈哲学。当恩格斯晚年回忆起费尔巴哈于1841年出版的《基督教的本质》一书的情形时，情不自禁地写道：

---

① 《马克思恩格斯全集》第2卷，人民出版社1957年版，第246页。
② 《马克思恩格斯全集》第42卷，人民出版社1979年版，第159页。
③ ［德］路德维希·费尔巴哈：《费尔巴哈哲学著作选集》上卷，荣震华、李金山等译，商务印书馆1984年版，第115页。

这部书的解放作用，只有亲身体验过的人才能想象得到。那时大家都很兴奋：我们一时都成为费尔巴哈派了。①

另一方面，恩格斯后来为了批判杜林，花了多年的功夫研究自然科学。实际上，他关于自然辩证法的札记也是在这样的语境下写出来的。无疑地，上述两方面的原因也使恩格斯片面地强调黑格尔的《自然哲学》对马克思的影响。与恩格斯一样，列宁也把黑格尔的《逻辑学》看作最重要的著作，因为他既接受了恩格斯思想的影响，也试图从《逻辑学》中找到自己的政治斗争策略的方法论基础。其实，从马克思本人看来，他最重视的是社会历史领域，尽管他也认真地阅读过黑格尔的《逻辑学》和《自然哲学》，但他真正关注的焦点始终是《精神现象学》和《法哲学》。

毋庸讳言，沿着正统的阐释者们的思路出发，黑格尔对马克思的影响主要被定位在《逻辑学》和《自然哲学》上。由于恩格斯和列宁都主张用唯物主义的眼光解读黑格尔著作，所以，把《逻辑学》中的逻辑理念颠倒过来，就是"自然"。这样一来，我们就明白了，恩格斯之所以把马克思主义哲学称为"唯物主义辩证法"、列宁之所以把马克思主义哲学称为"辩证唯物主义"，是因为这两个概念实际上是完全一样的，它们都以"自然"作为自己的研究对象。正如恩格斯告诉我们的：

> 归根到底，黑格尔的体系只是一种就方法和内容来说唯心主义地倒置过来的唯物主义。②

显然，恩格斯想告诉我们的是：把黑格尔哲学颠倒过来，就是"唯物主义辩证法"。黑格尔哲学的研究对象是"精神"，而"唯物主义辩证法"的研究对象则是"自然"。然而，在马克思看来，黑格尔的影响主要来自

---

① 《马克思恩格斯选集》第 4 卷，人民出版社 1995 年版，第 222 页。
② 同上书，第 226 页。

《精神现象学》和《法哲学》，因为这两部著作关注的并不是自身运动着的抽象的自然界，而是以人的实践活动为基础的社会历史，是人与人之间的现实的社会关系。众所周知，马克思哲学并不是学院哲学，而是实践的、革命的哲学，它关注的焦点始终落在现实的人、市民社会和国家上。因而，在马克思看来，如果把黑格尔在《精神现象学》和《法哲学》中的历史唯心主义观点颠倒过来，应该是历史唯物主义，而不是辩证唯物主义。

因此，按照我们的观点，不应该像正统的阐释者们所倡导的那样，从一般唯物主义的立场出发去解读和颠倒黑格尔的哲学体系，而应该从马克思所倡导的历史唯物主义的立场出发去解读和颠倒黑格尔的哲学体系。也就是说，我们把黑格尔对马克思的影响主要定位在《精神现象学》和《法哲学》上。

人们也许会问：为什么今天还有必要来关心"黑格尔哲学的定位"呢？这个问题提得非常好。我们认为，在今天讨论这个问题仍然是十分必要的。主要理由是，马克思在批判青年黑格尔主义者时所指出的"对黑格尔的这种依赖关系"在当今中国理论界还普遍地存在着。我们发现，在中国理论界，许多学者把黑格尔的观点当作"准马克思"的观点来使用，而以卢卡奇为代表的"黑格尔主义的马克思主义"的影响，进一步加剧了这种"对黑格尔的依赖关系"。长期以来，历史唯心主义在中国理论界的流行也表明了黑格尔哲学对中国理论界的巨大的影响。这种情形，不禁使我们联想起马克思当时发出的感慨：

> 德国哲学家们在他们的黑格尔的思想世界中迷失了方向，他们反对思想、观念、想法的统治，而按照他们的观点，即按照黑格尔的幻想，思想、观念、想法一直是产生、规定和支配现实世界的。①

---

① 《马克思恩格斯全集》第3卷，人民出版社1960年版，第16页注①。

我们有把握说，今天，在中国理论界，也有不少哲学家在"黑格尔的思想世界中迷失了方向"。因此，对于当代中国的研究者和阐释者来说，也许没有比肃清黑格尔的历史唯心主义更重要的思想任务了。必须深刻地认识马克思的历史唯物主义与黑格尔的历史唯心主义在哲学立场上的根本对立，必须杜绝人们对黑格尔哲学思想的无批判的、任意的借贷，必须通过对黑格尔哲学的系统的批判，让其退回到历史的黑暗中去。在这个意义上可以说，当代中国人思想的解放首先是从黑格尔哲学中的解放。

第二节　马克思哲学的实质

我们这里所说的"马克思哲学的实质"，指的是把马克思哲学与其他一切哲学区分开来的根本属性。显然，对这个问题的解答涉及许多因素，但与我们在第一节中讨论的"黑格尔哲学的定位"却有密切的关系。我们把这种关系理解为一种互动性的关系，因为一方面，对黑格尔哲学的合理定位，有助于我们准确地把握马克思哲学的实质；另一方面，对马克思哲学的实质的准确把握，又有助于我们对黑格尔哲学做出合理的定位。

正如我们在前面已经指出过的，由于正统的阐释者们夸大了黑格尔的《逻辑学》和《自然哲学》对马克思思想的影响，因而在他们看来，马克思对黑格尔哲学的批判和改造工作无非是：首先，从费尔巴哈哲学中取出"基本内核"——唯物主义；其次，从费尔巴哈式的唯物主义出发，把黑格尔的"逻辑理念"颠倒过来并解读为与人的实践活动相分离的、自身运动着的"自然（或物质世界）"；再次，从黑格尔哲学中取出"合理内核"——辩证法；最后，把以抽象的自然为载体的，即费尔巴哈式的唯物主义（"基本内核"）与黑格尔的辩证法（"合理内核"）结合起来，其结果就是"唯物主义辩证法"或"辩证唯物主义"。辩证唯物主义的研究对象是自然界，把它"推广"和"应用"到社会历史领域，就是历史唯物主义。按照这样的阐释路线，马克思哲学就是辩证唯物主义和历史唯物主义，而辩证唯物主义则构成马克思哲学的基础和核心。在这个意义上，马克思哲学的实质就是辩证唯物主义。要言之，马克思哲学就是辩证唯物主义。

尽管正统的阐释路线长期以来支配着苏联、东欧和中国的理论界，但这并不表明，它的阐释结论一定是合理的。

首先，把马克思哲学的实质理解为辩证唯物主义并不符合马克思的本意。正如我们在前面多次指出过的，马克思哲学作为具有强烈的实践倾向和革命倾向的哲学，其关注的焦点并不落在与人的实践活动相分离的、自身运动着的自然（或物质世界）上，而是落在市民社会、国家、资本、社会关系、个人的自由和解放等问题上。

其次，把马克思哲学的实质理解为辩证唯物主义，抹杀了马克思的唯物主义与传统的唯物主义（包括费尔巴哈的唯物主义）之间的根本区别。传统的唯物主义以与人的实践活动相分离的自然（或物质世界）作为出发点，而马克思的唯物主义则以人的实践活动作为出发点。在马克思看来，只有经过人的实践活动媒介的自然界，即"人化的自然界"，才是真正的、现实的自然界。

最后，把马克思哲学的实质理解为辩证唯物主义，大大地弱化了马克思划时代的哲学革命的理论意义。因为就"辩证唯物主义"而言，其中的"辩证法"是从黑格尔那里取来的，"唯物主义"则是从费尔巴哈那里取来的，似乎马克思的全部哲学创造就是把这两个概念结合在一起。其实，马克思哲学根本不可能在费尔巴哈式的唯物主义的基础上得以重建，即使把黑格尔辩证法融进这种直观的、以抽象的自然或物质世界为载体的唯物主义，得出所谓"唯物主义辩证法"或"辩证唯物主义"这样的结论，它们也不可能是马克思的东西。众所周知，马克思的真正的、划时代的哲学革命集中体现在他所创立的历史唯物主义理论上。历史唯物主义与辩证唯物主义之间的根本差别在于：后者是以抽象的（与人类的实践活动相分离的、自身运动着的）自然界为载体的，而前者则是以具体的（以人类实践活动为媒介的）社会历史为载体的。由此可见，从后者出发是绝对"推广"不出前者的，正如马克思所说的：

> 当费尔巴哈是一个唯物主义者的时候，历史在他的视野之外；当他去探讨历史的时候，他决不是一个唯物主义者。在他那里，唯物主义和历史是彼此完全脱离的。①

其实，马克思的这段话是对"推广论"的最透彻的驳斥。具有讽刺意义的是，当费尔巴哈坚持从唯物主义的立场出发去看待一切的时候，唯物主义之光却照射不到社会历史领域；反之，当他下定决心去探讨社会历史的时候，他又背弃了唯物主义的立场。这就表明，从对抽象的自然界或物质世界所取的唯物主义态度出发，根本"推广"不出历史唯物主义。也许有人会申辩说：从一般唯物主义的立场出发确实推广不出历史唯物主义，但如果把一般唯物主义与辩证法结合起来，建立辩证唯物主义，不就可以推广出历史唯物主义了吗？我们的回答依然是否定的。因为把一般唯物主义与辩证法结合起来，仍然没有引入实践活动这一基础性的媒介，而只有这一媒介的引入，才能把一般唯物主义作为叙事载体的、抽象的自然界转变为现实的"人化的自然界"，而单纯辩证法的引入并不能改变自然界这一叙事载体的抽象性。因而从辩证唯物主义出发根本"推广"不出历史唯物主义。换言之，辩证唯物主义并不是通向历史唯物主义的桥梁。相反，只有从后者出发，才有可能把前者的研究对象从抽象的自然界转化为具体的"人化的自然界"。

与正统的阐释者们不同的是，我们认为，对马克思思想产生更大影响的不是黑格尔的《逻辑学》和《自然哲学》，而是他的《精神现象学》和

---

① 《马克思恩格斯全集》第 3 卷，人民出版社 1960 年版，第 51 页。

《法哲学》。众所周知，这两部著作都是以人类社会的历史发展作为叙事载体的。假如说，《精神现象学》使马克思意识到异化，尤其是异化劳动在现实的人的生成和社会历史发展中的根本意义，那么，《法哲学》则使马克思把自己的注意力集中在社会历史的核心舞台——市民社会上。在这个意义上可以说，黑格尔的《精神现象学》和《法哲学》才是通向马克思的划时代的哲学创造——历史唯物主义的桥梁。

假如简要地加以叙述的话，我们的研究结果就是：成熟时期的马克思哲学的实质就是历史唯物主义。简言之，马克思哲学就是历史唯物主义。也就是说，成熟时期的马克思没有提出过历史唯物主义以外的其他任何哲学理论。为了更深入地理解马克思哲学的实质，我们有必要对历史唯物主义这一概念做一个具体的分析。实际上，在对马克思哲学的理解上，存在着三个不同的历史唯物主义的概念。

第一个概念是指正统的阐释者们所倡导的"辩证唯物主义和历史唯物主义"体系中的"历史唯物主义"。在这些阐释者们的语境中，辩证唯物主义以自然界为研究对象，历史唯物主义则以社会历史为研究对象。也就是说，自然界和社会历史表现为相互分离的两个研究领域，而历史唯物主义只是把辩证唯物主义"推广"和"应用"到社会历史领域的结果。

第二个概念是指当代阐释者们在质疑正统的阐释者们的过程中提出的相反的体系方案——"历史唯物主义和辩证唯物主义"中的历史唯物主义。与第一个概念不同，第二个概念在马克思哲学体系中居于基础和核心的位置上。也就是说，马克思先创立了历史唯物主义，以社会历史作为自己的研究对象，再把历史唯物主义"推广"和"应用"到自然界，从而形成了辩证唯物主义。比较起来，第二个概念比第一个概念更接近于对马克思哲学的实质的把握，因为第二个概念已经在马克思哲学体系的结构中居于基础和核心的位置上。然而，除了这种结构上、位置上的变化外，第二个概念在内涵上与第一个概念并没有什么原则性的区别。也就是说，在"历史唯物主义和辩证唯物主义"的语境中，自然界和社会历史依然表现为相互分离的两个研究领域。

第三个概念是我们上面已经提出来的新概念，即"马克思哲学体系＝历史唯物主义"中的历史唯物主义。与第一、第二个概念比较起来，第三个概念在内涵上最为丰富，它覆盖了成熟时期马克思的全部哲学思想。在这里，一个重大的变化发生了，即自然界和社会历史不再被分割为两个不同的研究领域，它们已经综合成一个研究领域。当然，必须指出，这一综合不是在自然界的基础上发生的，而是在社会历史的基础上发生的。事实上，当人们沿着"自然界→社会历史"的方向进行综合时，作为综合之基础和出发点的自然界是与人的实践活动相分离的，因而始终是抽象的、不真实的。反之，当人们沿着"社会历史→自然界"的方向进行综合时，作为综合之基础和出发点的社会历史始终是以人的实践活动为媒介的，因而作为综合之结果的自然界就成了马克思所说的"人化的自然界"。于是，自然界不再是与社会历史相分离的另一个研究领域，它已经被综合进社会历史这个总体性概念中去了。

　　当我们从第三个概念的含义上来理解历史唯物主义时，就会发现，马克思哲学就是历史唯物主义，历史唯物主义只有一个研究对象——社会历史，而社会历史涵盖着"人化的自然界"。这样一来，原来以抽象的自然界为研究对象的辩证唯物主义就成了一个多余的概念。如果一定要保留这一概念，那就必须改变它的内涵，即把它理解为历史唯物主义的代名词，它的功能不过是透显历史唯物主义所蕴含的历史辩证法的维度；而"自然辩证法"则应改为"人化自然辩证法"，以透显人在实践活动中与自然之间的辩证关系，而正如我们在前面已经论述过的，人化自然辩证法只是社会历史辩证法的一个组成部分。①

　　在肯定马克思哲学的实质就是历史唯物主义，并对历史唯物主义的内涵做出了新的界定以后，我们还得花一定的笔墨来谈谈"历史唯物主义"概念与"实践唯物主义"概念之间的关系。正如我们在前面早已指出过的，马克思在《德意志意识形态》的"费尔巴哈"章中使用过"实践唯物

---

　　① 参阅俞吾金：《论两种不同的历史唯物主义概念》，《中国社会科学》1995 年第 6 期。

主义者"的概念,但却没有单独使用过"实践唯物主义"的概念。然而,这里的逻辑蕴含关系明眼人一下子就可以看出来,即既然马克思使用了"实践唯物主义者"的概念,也就等于表明,他已经认可了"实践唯物主义"的存在。事实上,没有"实践唯物主义",又何来"实践唯物主义者"呢?我们也知道,马克思本人并没有使用过"历史唯物主义"或"唯物史观"这样的概念,但却使用过"这种历史观"这样的概念。在《德意志意识形态》的"费尔巴哈"章中,马克思这样写道:

> 这种历史观就在于:从直接生活的物质生产出发来考察现实的生产过程,并把与该生产方式相联系的、它所产生的交往形式,即各个不同阶段上的市民社会,理解为整个历史的基础;然后必须在国家生活的范围内描述市民社会的活动,同时从市民社会出发来阐明各种不同的理论产物和意识形式,如宗教、哲学、道德等等,并在这个基础上追溯它们产生的过程。①

显然,马克思这里谈到的"这种历史观"正是以"直接生活的物质生产"作为基础和出发点的,而这种物质生产正是社会实践活动的最基本的形式。因此,马克思所说的"这种历史观"实际上也就是"实践唯物主义"。后来,正是恩格斯把马克思的"这种历史观"称为"历史唯物主义"或"唯物史观"。基于这样的考察,我们完全可以说,"历史唯物主义"与"实践唯物主义"是两个完全一致的、可以互换的概念。如果说,在它们之间存在着什么差别的话,那么,"历史唯物主义"偏重于从总体上来界定和叙述马克思哲学,因为马克思曾经说过:

> 我们仅仅知道一门唯一的科学,即历史科学。历史可以从两方面来考察,可以把它划分为自然史和人类史。但这两方面是密切相

---

① 《马克思恩格斯全集》第3卷,人民出版社1960年版,第42—43页。

联的；只要有人存在，自然史和人类史就彼此相互制约。①

从这段论述可以看出，在马克思的语境中，"历史"乃是一个总体性的概念。正如"历史科学"涵盖"自然史"和"人类史"一样，"历史"同样涵盖人的全部社会生活。而"实践唯物主义"强调的则是马克思的新唯物主义的出发点，是实践在马克思的唯物主义理论中的基础的、核心的地位和作用，是马克思的唯物主义与一切传统的唯物主义的根本差别之所在。

综上所述，在正统的阐释者们所维护的"辩证唯物主义和历史唯物主义"的语境中，作为前者研究对象的"自然界"和作为后者研究对象的"社会历史"是相互分离的两个领域。而我们提出的是历史唯物主义的"第三个概念"，即历史唯物主义就是马克思哲学，成熟时期的马克思没有提出过历史唯物主义之外的任何其他的哲学理论。按照这个新概念，原来作为辩证唯物主义研究对象的、与人的实践活动相分离的、抽象的自然界，转化为"人化的自然界"，成了"社会历史"的一个组成部分。也就是说，对于我们提出的、新的历史唯物主义的概念来说，辩证唯物主义已经成了一个多余的概念，仅仅在它可以作为历史唯物主义概念的代名词的意义上，还可以保留它。此外，尽管历史唯物主义与实践唯物主义这两个概念在叙述马克思哲学的角度上存在着差异，但它们在内涵上完全是融合的，是可以相互替换的。

第三节　面向新的问题域

在本书第五章中，我们已经区分出以下四种不同的问题域：

　　　　近代西方哲学问题域，即"认识论、方法论和逻辑学的一致

---

① 《马克思恩格斯全集》第3卷，人民出版社1960年版，第20页注①。

性"。

当代西方哲学问题域，即"本体论、关系论和批判论的一致性"。

马克思哲学问题域，即"实践本体论、社会生产关系论和社会革命论的一致性"。

正统的阐释者们视野中的马克思主义哲学问题域，即"认识论、方法论(专指辩证法)和逻辑学的一致性"。

从上面罗列的四种问题域的差异上可以引申出如下的结论。

第一，由于正统的阐释者们深受近代西方哲学问题域的影响，所以，经过他们的阐释活动，马克思哲学成了近代西方哲学的分支或附庸。要言之，马克思哲学被近代化了。正统的阐释者们与近代西方哲学家们的差别在于：后者主要是在归纳法和演绎法的含义上谈论方法论，而前者则主要是在辩证法的含义上谈论方法论；此外，在后者中，主要是指那些唯心主义者，特别是黑格尔，热衷于谈论"认识论、方法论和逻辑学的一致性"，而前者则是从一般唯物主义立场出发，来谈论"认识论、方法论和逻辑学的一致性"。

第二，马克思哲学的问题域与当代西方哲学的问题域是一致的。在这个意义上，马克思哲学从属于当代西方哲学。但这样说，只是说明了问题的一个方面。问题的另一个方面是，马克思也是当代西方哲学的奠基人之一。在这个意义上至少可以说，当代西方哲学中的某些学派和某些理论思潮是从属于马克思哲学的思想脉络的。其实，从西方哲学发展史上看，马克思哲学在以下两个方面都发挥了巨大的作用：一方面，马克思批判地总结了传统西方哲学，尤其是德国古典哲学的思想遗产。在这方面，《德意志意识形态》中的"费尔巴哈"章就是一个典型的例子。另一方面，马克思又开创了当代西方哲学运思的某些新的方向，如他的《1844年经济学哲学手稿》《关于费尔巴哈的提纲》《资本论》，以及他与恩格斯合著的《共产党宣言》等作品。这就启示我们，对于当代的阐释者们说来，只有通过认真的自我反省，自觉地把自己的意识转换到当代西方哲学所关注的问题域上，才有可能对马克思哲学的实质做出准确的阐释。

第三，尽管近代西方哲学积极地推进了认识论、方法论和逻辑学的研究，但它的致命弱点是忽略了对本体论问题的探讨，或者换一种说法，近代西方哲学家们大多以非批判的方式借贷了传统西方哲学，尤其是亚里士多德以来的物质本体论或理性本体论学说。这种本体论反思的缺位暴露出近代西方哲学的无根基状态，而正统的阐释者们从近代西方哲学家那里感染了这种"疾病"，并把它带入对马克思哲学的阐释活动中。于是，造成了马克思哲学中本体论的缺位。说得更确切一点，正统的阐释者们同样向传统西方哲学借贷了物质本体论，并把它视为马克思哲学的基础部分。与近代西方哲学以非批判的态度对待本体论的做法不同，当代西方哲学则自觉地把本体论作为自己反思的首要对象。众所周知，在西方哲学的传统中，形而上学构成哲学的核心，而本体论则是形而上学的基础部分，因而其重要性是不言而喻的。而当代西方哲学之所以自觉地重视对本体论问题的研究，是因为它在一定的程度上受到了马克思的影响。如前所述，马克思生前从未使用过 Ontologie(本体论)这个德语名词，作为一个具有强烈的实践意识的学者，在哲学探索上他又选择了经济哲学这一特殊的切入点，所以他很少沿用传统哲学家们的专门术语。因为在他看来，这些术语正是使哲学家们的思想陷入迷茫和谬误的一个重要的原因：

> 哲学家们只要把自己的语言还原为它从中抽象出来的普通语言，就可以认清他们的语言是被歪曲了的现实世界的语言，就可以懂得，无论思想或语言都不能独自组成特殊的王国，它们只是现实生活的表现。①

---

① 《马克思恩格斯全集》第 3 卷，人民出版社 1960 年版，第 525 页。

其实，马克思在这里把哲学语言理解为"只是现实生活的表现"，已经蕴含着一场本体论意义上的哲学革命。因为这里说的"现实生活"也就是人们的实际生活过程，即人们的实践活动（包括生产劳动）覆盖的全部领域。马克思告诉我们，不是意识决定生活，而是生活决定意识；不是思想观念支配现实生活，而是现实生活支配思想观念；不是用观念去解释实践，而是用物质实践去解释观念。虽然马克思没有使用 Ontologie 这个术语，但他实际上已经在传统的本体论研究领域里掀起了一场重大的革命。

正如我们在前面已经指出过的，马克思创立了一种全新的本体论。这种本体论，假如我们仅仅在经验现象的范围内加以表述，就是"实践本体论"；假如我们把经验领域和超验领域综合起来加以表述，就是"实践-社会生产关系本体论"。比较起来，"实践本体论"的概念偏重于对马克思本体论的出发点——"实践"概念的强调，但未从总体上对其做出说明，而"实践-社会生产关系本体论"不但反映出马克思本体论的总体性，而且显露出这一理论的超经验的、只有理性思维才能把握的层面——"社会生产关系"层面。

这就启示我们：一方面，只有深入领悟当代西方哲学研究中出现的"本体论转向"，即当代西方哲学家们对本体论问题的自觉反思和创造性的重建，才可能重视马克思哲学所蕴含的本体论维度；另一方面，也只有深入理解马克思对传统本体论的革命性改造并努力把握马克思的新本体论——"实践-社会生产关系本体论"，才能获得对当代西方哲学家们提出的形形色色的本体论理论的批判意识。

在对上面罗列的四种问题域做了深入的比较和考察之后，我们更深切地意识到，无论是对马克思哲学与黑格尔哲学关系的探讨，还是对马克思哲学实质的探索，都必须告别近代西方哲学的问题域，进入当代西方哲学的问题域。我们也深切地意识到，对马克思哲学的研究，必须实现问题域的转换，即从正统的阐释者们所理解的马克思哲学的问题域转换到马克思自己确定的问题域，即"实践本体论、社会生产关系论和社会革命论的一致性"的问题域中去。一旦我们跨进这个新的问题域，正统的阐释者们所视而不见的新问题就会源源不断地向我们展露出来。

后　记

由于本人承担了繁重的教学、科研和社会工作，所以本书的写作花费了比我原来设想的更多的时间。然而，当我为本书画上最后一个句号的时候，心里却没有轻松的感觉，因为后面还有不少文债等待着我去偿还。

本书得以顺利完稿并出版，首先要感谢人民出版社的编审郇中建先生、田士章先生和邓仁娥女士。他们不但以极大的热情支持本书的写作，以极大的耐心经受漫长的等待，也以极端认真负责的态度对本书的初稿提出了修改意见和建议。每当我因为工作的繁忙而拖延我自己确定好的交稿时间时，邓仁娥女士总是在电话中表示理解，允许我延长交稿的时间。其实，她的宽容对我来说是一种更大的压力，促使我努力去完成本书的写作。

本书是由我和吴晓明教授共同主编的"马克思主义哲学前沿问题研究丛书"中的一种，在编写过程中，我与吴晓明教授、孙承叔教授和周林东教授相互切磋，相互砥砺，获益匪浅。本丛书的写作计划得以顺利完成，与他们的共同努力和支持是分不开的。

最后，也要对我的妻子张德埕表示谢意。在

本书的写作过程中，我年迈的父亲突然因腰椎病发作而住院开刀，他的治疗和康复过程延续了很长时间。她不但对他悉心进行照料，而且也替我处理了日常生活中的不少琐事，使我得以集中精力，尤其是利用好暑期的时间来完成本书的写作。

本书在写作过程中得到了 2004 年度教育部攻关课题《国外马克思主义的现状、发展趋势和基本理论》（课题批准号：04JZD002）、2003 年教育部攻关课题《马克思主义基础理论研究中的若干问题》（课题批准号：03JZD002）、2002 年教育部重大项目《西方马克思主义的意识形态理论及其最新发展趋势研究》（课题批准号：02JAZJD720005）、2004 年度国家社会科学基金重大委托课题《高校加强马克思主义意识形态工作和大学生思想教育工作研究》（课题批准号：04&ZD006）和复旦大学国外马克思主义与国外思潮创新基地研究项目《后现代主义与马克思主义》（项目批准号为 05FCZD008）的资助，在此一并表示感谢。

编者说明

（一）本卷收入俞吾金先生的著作《问题域的转换——对马克思和黑格尔关系的当代解读》。该著作于 2007 年 12 月由人民出版社出版。编者对原书文字进行了校订，并根据《俞吾金全集》的统一体例对原文格式进行了调整。

（二）对于需要加以说明的相关章节的发表信息，编者在注释中以"编者注"的形式予以说明。

（三）本卷由曾德华编校。

《俞吾金全集》编委会

2022 年 2 月

图书在版编目（CIP）数据

问题域的转换——对马克思和黑格尔关系的当代解读/俞吾金著.
—北京：北京师范大学出版社，2024.9
（俞吾金全集）
ISBN 978-7-303-28406-1

Ⅰ.①问… Ⅱ.①俞… Ⅲ.①范畴—文集 Ⅳ.①B812.21-53

中国版本图书馆 CIP 数据核字（2022）第 242046 号

营 销 中 心 电 话　010-58805385
北 京 师 范 大 学 出 版 社
主题出版与重大项目策划部

WENTIYU DE ZHUANHUAN

出版发行：北京师范大学出版社　www.bnupg.com
　　　　　北京市西城区新街口外大街 12-3 号
　　　　　邮政编码：100088
印　　刷：北京盛通印刷股份有限公司
经　　销：全国新华书店
开　　本：730 mm×980 mm　1/16
印　　张：36.25
字　　数：520 千字
版　　次：2024 年 9 月第 1 版
印　　次：2024 年 9 月第 1 次印刷
定　　价：158.00 元

策划编辑：祁传华　　　　　　　责任编辑：吴纯燕
美术编辑：王齐云　　　　　　　装帧设计：王齐云
责任校对：包冀萌　　　　　　　责任印制：马 洁 赵 龙